© KOMET Verlag GmbH, Köln
www.komet-verlag.de
Autor: Hans Otzen
Gesamtherstellung: KOMET Verlag GmbH, Köln
Alle Rechte vorbehalten

ISBN 978-3-89836-810-0

Hans Otzen

Das große Buch vom
Wasser

KOMET

Inhalt

Faszination Wasser – Wohnen, Wellness und Tourismus

Der Blaue Planet

Das Leben auf der Erde verdankt seine Existenz dem System gegenseitiger Abhängigkeiten im Weltall. Unser Planet kreist mit sieben anderen Planeten um die Sonne, einer von Milliarden von Sternen der Milchstraße, die wiederum nur eine von Milliarden von Galaxien ist – alles entstanden aus dem Urknall, jenem allumfassenden Schöpfungsakt, aus dem sich das Weltall seither ausbreitet, in dessen unendlicher Weite die Erde weniger als ein Staubkorn ausmacht.

Würde unsere Erde die Sonne mit etwas weniger oder etwas mehr Abstand umkreisen, hätte es auf unserem Planeten kein Wasser gegeben – jenen Stoff, dem das Leben entstammt und der bis heute das Antlitz der Erde als Blauem Planeten prägt. Unendlich erscheinen die Ozeane, groß die Seen und Ströme, Flüsse und Bäche. Selbst in der Wüste gibt es Wasser. Auch hier regnet es irgendwann einmal, hier gibt es Oasen, hier gibt es Grundwasser. Wasser scheint letztlich überall in irgendeiner Form verfügbar zu sein. Und so bedient sich der Mensch am Wasser, genauso

wie er auch alle anderen Rohstoffe unseres Planeten in wenigen Generationen verbraucht und seinen Nachfahren eine ausgebeutete Erde hinterlässt.

Der Mensch ist so vermessen, alles an sich zu reißen, was sein Planet bietet. Als Herrscher über das Leben engt er anderes Leben auf dem Planeten ein – und vergisst dabei, dass er selbst nur Teil dieses Lebens ist und sich damit seiner eigenen Lebensgrundlage beraubt. Das Elixier dieses Lebens ist das Wasser, die Existenzgrundlage aller Pflanzen und Tiere auf der Erde. Doch für unser Leben steht nur ein Bruchteil des Wassers als Trinkwasser zur Verfügung. Unser Wasserverbrauch steigt rapide an, die Frischwasserreserven werden zunehmend angegriffen, Wasser wird kontaminiert, Wasser wird verschwendet, mehr als einer Milliarde Menschen ist der Zugang zu hygienisch einwandfreiem Trinkwasser verwehrt. Wasserkrisen, die lange nur als Problem der Ärmsten auf der Welt gesehen wurden, betreffen zunehmend auch die reichen Länder.

Wasser wird knapp – die Wasserbombe könnte schon bald platzen!

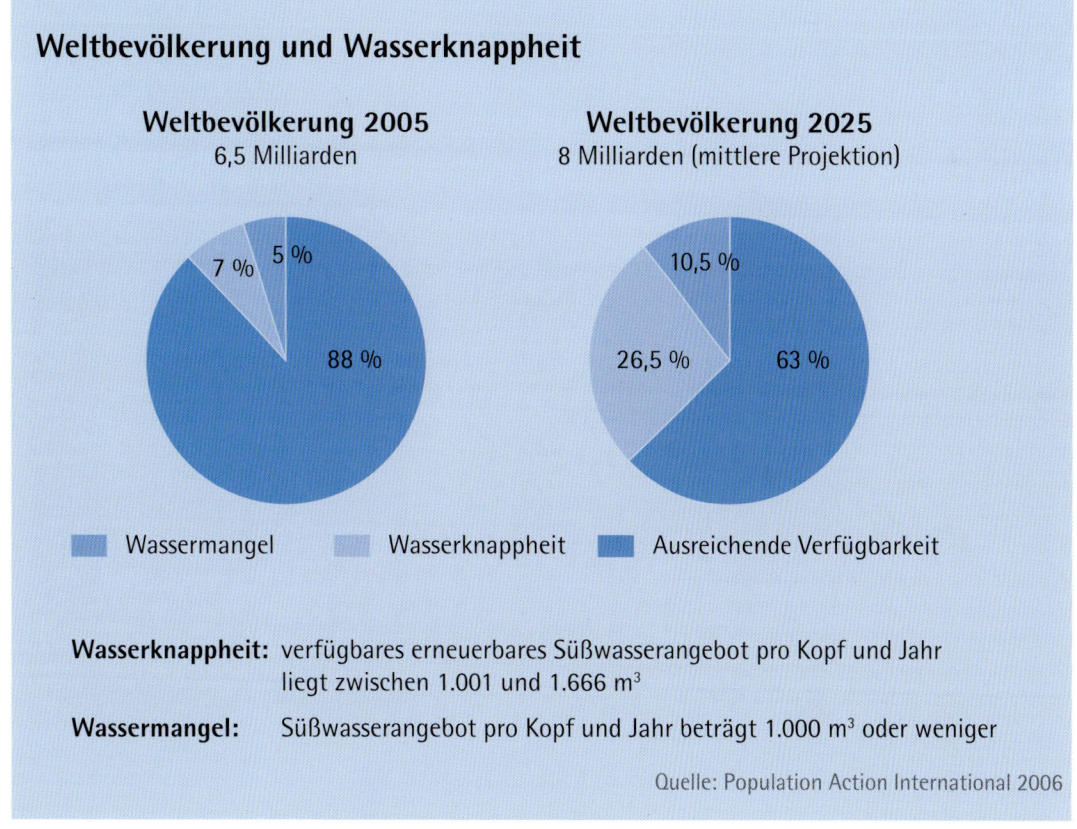

Weltbevölkerung und Wasserknappheit

Weltbevölkerung 2005
6,5 Milliarden

7 %   5 %
88 %

Weltbevölkerung 2025
8 Milliarden (mittlere Projektion)

10,5 %
26,5 %   63 %

■ Wassermangel   ■ Wasserknappheit   ■ Ausreichende Verfügbarkeit

Wasserknappheit: verfügbares erneuerbares Süßwasserangebot pro Kopf und Jahr liegt zwischen 1.001 und 1.666 m³

Wassermangel: Süßwasserangebot pro Kopf und Jahr beträgt 1.000 m³ oder weniger

Quelle: Population Action International 2006

Im Jahr 2005 lebten weltweit etwa 745 Millionen Menschen in Ländern, in denen Wassermangel oder Wasserknappheit herrscht. Bis zum Jahr 2025 wird sich ihre Zahl voraussichtlich verfünffachen.

Weltall – Wasser – Erde

Vom Weltall aus gesehen zeigt sich unsere Erde als blauer Planet. Begeistert berichteten Neil Armstrong und seine Astronauten-Gefährten, die am 21. Juli 1969 als erste Menschen auf dem Mond landeten, über den herrlichen Anblick, den die Erde von ihrem Trabanten aus bietet. Dass unser Planet so blau ist, liegt an der Tatsache, dass sein Antlitz vom Wasser geprägt ist. Über zwei Drittel der Erdoberfläche sind mit Wasser bedeckt. Und dass die Meeresoberfläche vom Weltall aus gesehen so blau erscheint, liegt an der Tatsache, dass langwelliges rotes Licht im Wasser stärker absorbiert wird als kurwelliges blaues Licht; auch spiegelt sich der blaue Himmel im Wasser. Und dass der Himmel blau ist, liegt an der Tatsache, dass die Erdatmosphäre den kurzwelligen blauen Anteil des Sonnenlichts fünfmal stärker reflektiert als den langwelligen roten Anteil – weswegen uns insbesondere bei hohem Sonnenstand der Himmel so blau erscheint.

Wasser im Sonnensystem

Vor annähernd 4,6 Milliarden Jahren verdichtete sich eine kosmische Wolke aus Wasserstoff und Helium mit einem kleinen Anteil schwererer Partikel zu unserem heutigen Sonnensystem. Diese Staubteilchen, oftmals auch mit einem Eismantel versehen, bestanden aus Kohlenstoff, Silizium und anderen schweren Elementen. Die als Sonnennebel bezeichnete Wolke zog sich durch Schwerkraft zusammen, ihre Kontraktion bildete mit dem ihr innewohnenden Drehimpuls eine in der Astrophysik als Akkretionsscheibe bezeichnete rotierende Materieansammlung aus. Diese Materie konzentrierte sich zu 99,9 Prozent zur Ursonne, in deren Innerem Druck und Temperatur so weit anstiegen, dass ihre Wasserstoffkerne in mehreren Stufen zu Heliumkernen verschmolzen. Dieser Kernfusionsprozess hält bis heute an – und spendet die für das Leben auf der Erde benötigte Energie. Doch zunächst sorgte vor allem der gegen die Gravitation wirkende Strahlungsdruck der Ursonne dafür, dass die weitere Kontraktion der Akkretionsscheibe unterblieb und dass sich die außerhalb der Ursonne verbliebene Materie verdichtete.

Aus diesen Materieverdichtungen entwickelten sich die Protoplanten, deren weitere Entwicklung vom Abstand zur Sonne abhängig war. Trotz der Hitze in Sonnennähe kondensierten schwerflüchtige Elemente und Verbindungen, während der Sonnenwind, jener Strom geladener Teilchen, der von der Sonne ins All strömt, die leichtflüchtigen Gase in den Außenbereich der Scheibe trieb. So kommt es, dass die inneren Planeten Merkur, Venus, Erde und Mars überwiegend aus festen Bestandteilen bestehen, wohingegen die äußeren Planeten Jupiter, Saturn, Uranus und Neptun als Gasriesen zu bezeichnen sind.

Nach der im Jahr 2006 verabschiedeten offiziellen Definition des Begriffs Planet durch die Internationale Astronomische Union (IAU) besitzt unser Sonnensystem nur noch acht statt neun Planeten: Pluto wird seitdem zur neu geschaffenen Klasse der Zwergplaneten gerechnet.

Anmerkung: Planetendefinition

Nach neuer Planetendefinition vom 24. August 2006 ist Pluto, das äußerste Objekt der Planetenreihe im sogenannten Kuipergürtel, nicht mehr als Planet zu definieren. Als Planeten gelten künftig nur noch diejenigen Himmelskörper, die auf einer kreisnahen Bahn die Sonne umlaufen und ausreichend Masse besitzen, damit die eigene Schwerkraft sie zu annähernd kugelförmiger Gestalt zusammenzieht. Außerdem müssen sie ihre Nachbarschaft von anderem kosmischen Material freigeräumt haben.

Exkurs: Wasser – ein kosmischer Saft?

Wasser kommt nicht nur auf der Erde vor. Wasser ist auf dem Mars nachgewiesen, die Saturnringe enthalten Wasser, vielleicht haben Meteoriteneinschläge Wasser in Kratern auf dem Erdenmond hinterlassen. Und auch außerhalb des Sonnensystems gibt es Wasser.

Auf der Suche nach der Entstehung des Wassers müssen wir bis zur Entstehung des Universums zurückblicken. Dieses fand seinen Anfang im Urknall. Man geht davon aus, dass dieser Urknall vor 13,7 Milliarden Jahren stattfand. „Big Bang" (= Großer Knall) sagen die Angloamerikaner dazu, eine anfänglich auch ironische Bezeichnung, denn die frühen Vertreter der Urknalltheorie fanden zunächst viele Kritiker. Als Begründer der Hypothese von einem explodierenden „Ur-Atom" und der Vorstellung vom expandierenden Universum gilt der belgische Priester und Physiker Georges Lemaître (1894–1966), der ein solches Modell 1927 vorstellte.

Der Urknall ist nun keinesfalls so etwas wie eine Riesenexplosion, sondern wissenschaftlich gesprochen die Entstehung des Kosmos aus Materie, Raum und Zeit. Am Anfang war dieser Kosmos unvorstellbar klein, unvorstellbar heiß und unvorstellbar dicht. Seither dehnt er sich aus und kühlt ab. Noch in den ersten Sekundenbruchteilen entstanden freie atomare Grundbausteine und Strahlung. Im Laufe der folgenden Abkühlung bildeten sich die Teilchen Proton, Neutron und Elektron, aus deren Zusammenlagerung sich dann die Elemente Wasserstoff und Helium entwickelten. Aus riesigen Wolken, insbesondere von Wasserstoff, formten sich später unter dem Einfluss der Gravitation Sterne, in denen auch schwerere Elemente wie Kohlenstoff und Sauerstoff bis zum Eisen entstanden. Im interstellaren Raum waren dann Helium, Wasserstoff und Sauerstoff die häufigsten Elemente.

Helium als Edelgas geht keine chemischen Verbindungen ein. Aufgrund der atomaren Beschaffenheit von Wasserstoff und Sauerstoff bildeten sich aus einem Sauerstoffatom und zwei Wasserstoffatomen relativ leicht Wasserstoffmoleküle – H_2O. Das Universum ist nämlich zwischen seinen Sternen keineswegs stofffrei – jedoch ist es fast ein Vakuum, wie wir es nicht in der Lage sind herzustellen. Aber selbst bei einer solch unvorstellbar geringen Dichte gibt es gigantisch große, wenn auch nur dünn verteilte Wassermengen im All, die im Übrigen noch von der Wasserdampfabgabe der seit dem Urknall entstandenen Himmelskörper angereichert werden.

Doch woher stammt nun das Wasser auf der Erde? Und wieso kommt es, dass die Erde mehr Wasser enthält als die anderen sonnennahen Planeten Merkur, Venus und Mars? Diese Fragen sind bis heute nicht abschließend geklärt.

Sicher ist, dass ein Teil des Wassers dem Ausgasen des Magmas aus dem Inneren der Erde entstammt. Ein weiterer Teil entstammt außerirdischen Körpern, denn in ihrer Entstehungszeit war die Erde einem dauerhaft schweren Beschuss durch Kometen und Asteroide ausgesetzt. Doch das Hauptproblem besteht in der Frage nach dem Wassergehalt der Planetesimale, jener Teile der Akkretionsscheibe, aus der auch die Erde entstand. Bis heute gibt es zwei Auffassungen dazu, die sich in der Theorie der trockenen Akkretion und der Theorie der nassen Akkretion niederschlagen. Die erste Theorie geht davon aus, dass die Planetesimale nicht genügend Wasser enthielten, um alleine den heutigen Wassergehalt der Erde zu erklären, und beruft sich auf überwiegend extraterrestrische Wasserquellen. Die Anhänger der „nassen" Theorie sehen vor allem das Ausgasen der irdischen Magma als Quelle des irdischen Wassergehaltes, verweisen aber darauf, dass der Wasserdampf, der heute bei Vulkanausbrüchen ausgestoßen wird, zum überwiegenden Teil dem Grundwasser entstammt. Und sie müssen erklären, warum angesichts der hohen Temperaturen in der Akkretionsscheibe Wasser nicht einfach durch Verdampfen in das Weltall verloren gegangen ist. Michael J. Drake als Hauptvertreter dieser Theorie geht davon aus, dass die Staubpartikel der Akkretionsscheibe brüchig waren und durch ihre große Oberfläche eben genügend Wasser absorbieren konnten.

Anmerkung: Kometen – schmutzige Schneebälle

Die Vorstellung von interstellarem Wasser ist schwer nachvollziehbar. Doch es gibt Himmelserscheinungen, an denen man dieses Phänomen immer wieder erkennen kann – so zum Beispiel, wenn ein Komet am Himmel erscheint.

Kometen sind Himmelskörper, deren Materie aus dem Rand des Sonnensystems stammt. Ihr Kern besteht aus gefrorenem Wassereis, Trockeneis (CO_2), CO-Eis, Methan und Ammoniak mit mineralischen Staubbeimengungen, weswegen Kometen auch als „dirty snowballs" (= schmutzige Schneebälle) bezeichnet werden. Geraten die Kometen in Sonnennähe, bilden sie eine als Koma bezeichnete Hülle aus, ein direkter Übergang von Stoffen aus dem festen in den gasförmigen Zustand. Von der Erde sichtbar, werden diese flüchtigen Bestandteile der Kometenhülle durch den Sonnenwind (= Licht- und Partikelstrahlung der Sonne) vom Kometen weggeblasen und bilden den sogenannten Schweif – genau genommen sind es sogar zwei Schweife: der mit bloßem Auge kaum erkennbare Gasschweif und der sehr viel hellere Staubschweif. Mit jedem Sonnendurchgang verlieren Kometen an Materie und die Helligkeit ihres Schweifes lässt nach.

Bekanntester Komet ist der Halleysche Komet, der 1986 wunderbar von der Erde beobachtet werden konnte und 2061 erneut auftauchen wird. Antike Berichte zeugen erstmals 240 v. Chr. vom Halleyschen Kometen. Auch auf dem berühmten, in der Zeit zwischen den Jahren 1070 und 1080 entstandenen Teppich von Bayeux, der von der Eroberung Englands durch den Normannenherzog Wilhelm in der Schlacht von Hastings (1066) berichtet, ist dieser damals noch viel hellere Komet abgebildet.

Hellster Komet der jüngeren Vergangenheit war Hale-Bopp, der 1995 zwei Jahre vor seiner Annäherung an die Erde von den Astronomen Alan Hale in New Mexico und Thomas Bopp in Arizona gleichzeitig entdeckt worden war. Dieser Komet war in den Jahren 1996/97 über mehrere Monate hinweg sogar mit bloßem Auge erkennbar.

Über einem Feld nahe der thüringischen Stadt Gotha war am 2. April 1997 der Flug des Kometen Hale-Bopp im Sternbild Andromeda zu verfolgen. Der im Sommer 1995 entdeckte spektakuläre „schmutzige Schneeball" war wahrscheinlich der am meisten beobachtete Komet des 20. Jahrhunderts.

Die Erde und ihre Atmosphäre

In ihrem Entstehungsprozess vor 4,6 bis 3,8 Milliarden Jahren unterschied sich die Urerde noch grundlegend von unserem Planeten, wie er sich heute darstellt, vor allem gab es noch keine feste Oberfläche. Diese Urerde war einem ungeschützten Bombardement von Meteoriten aus dem Weltall ausgesetzt – im frühen Sonnensystem kreiste noch viel nicht in Planeten gebunden Materie, von der die Urerde durch ihre wachsende Masse Teile anzog und in sich absorbierte. Durch diese zunehmende Masse der Urerde nahm der Druck nach Innen mit aufheizender Wirkung zu, des Weiteren erhitzte sie sich durch die Einschlagsenergie der Meteoriten und durch radioaktive Zerfallsprozesse bis zum Aufschmelzen, wobei die schwereren Bestandteile durch Schwerkraft im Inneren angereichert wurden. So hatte sich die Erde im Erdzeitalter des Archaikums zu einem Himmelskörper mit einem geschmolzenen Kern aus den schweren Elementen Eisen und Nickel sowie einer äußeren Schicht aus aufsteigenden leichteren Elementen wie Silizium, Aluminium und Sauerstoff entwickelt. Aus diesen Elementen gingen silikatische Minerale hervor, die sich verfestigten und im Laufe der Zeit die Erdkruste bildeten. Aus der flüssigen Oberfläche stiegen heiße Gase auf und bildeten zusammen mit der verdampften Materie eingeschlagener Meteoriten vor vier Milliarden Jahren die Uratmosphäre der Erde, die zu über 90 Prozent und damit überwiegend aus Wasserstoff (H) und zu 7 Prozent aus Helium (He) bestand. Dazu kamen mit 0,003 Prozent minimale Anteile an Kohlenstoff (C), 0,008 Prozent an Stickstoff (N) und 0,006 Prozent an Sauerstoff (O_2). Unter dem Einfluss des Sonnenwindes sowie aufgrund der noch geringeren Erdanziehungskraft und ihrer schnelleren Rotation als heute konnte die Erde die leichten Elemente nicht binden, die sich deswegen wieder in das Weltall verflüchtigten. Damit war die erste Atmosphäre der Urerde fast gänzlich abhanden gekommen.

Mit dem Abschluss des Kontraktionsprozesses des Protoplaneten Erde, der eigentlichen Geburtsstunde unseres Planeten, setzte durch Wärmeabstrahlung eine allmähliche Abkühlung ein. Damit senkte sich auch die Temperatur der austretenden Gase ab, und die daraus resultierende geringere Teilchengeschwindigkeit der Gase reduzierte ihre Diffusion ins All. Zunehmende

Ausgasungen erfolgten vor allem durch den intensiven Vulkanismus in diesem frühen Entstehungsstadium der Erde. Dieser Vulkanismus schleuderte auch schwerere Elemente wie vor allem Kohlenstoff (C) an die Oberfläche. Durch chemische Reaktionen verband sich der verbliebene Wasserstoff mit dem reaktionsfreudigen Sauerstoff zu Wasser (H_2O), das aufgrund der hohen Temperaturen als Wasserdampf auftrat. Des Weiteren verband sich Kohlenstoff mit Sauerstoff zu Kohlendioxid (CO_2), Wasserstoff mit Kohlenstoff zu Methan (CH_4) und mit Stickstoff (N_2) zu Ammoniak (NH_3). So entwickelte sich die zweite Atmosphäre der Erde, die sich im Unterschied zur ersten als stabil erwies. Sie bestand zu 80 Prozent überwiegend aus Wasserdampf, zu weiteren 10 Prozent aus Kohlendioxid, dazu aus Schwefelwasserstoff (H_2S) sowie in kleineren Spuren noch aus Stickstoff, Wasserstoff, Kohlenmonoxid (CO), Helium, Methan und Ammoniak. Mit der Anreicherung dieser zweiten Erdatmosphäre vor 4,3 Milliarden Jahren ging die weitere Abkühlung der Erdoberfläche einher. Das geschmolzene Gestein auf der Erdoberfläche begann vor 4,2 bis 3,8 Milliarden Jahren zu erstarren und schwamm auf dem darunter liegenden flüssigen Material. Aus Vulkanen austretende Magma kühlte aus und verfestigte diese Kruste weiter. Die Abkühlung der Atmosphäre unter-

Vulkanausbrüche sind die spektakulärsten Erscheinungsformen des Vulkanismus. Zu den aktivsten Vulkane der Erde gehört derzeit der Kilauea auf den Hawaii-Inseln. Seit Januar 1983 speit er wieder glühende Lava.

schritt im Laufe der Zeit die 100 °Celsius-Grenze. Der Wasserdampf in der Atmosphäre konnte nun zu Wolken kondensieren, die einen Schleier um die Erde bildeten und sich in heftigen Gewittern entluden. Dauerregen prasselte auf die Erde, verdampfte aber sofort wieder, weil die Bodentemperatur noch zu heiß war. Doch die Verdunstungskälte führte zur weiteren Abkühlung der Erde, und so füllten sich die ersten Ozeane auf der Erde auf. Dieser Dauerregen wusch gleichzeitig Kohlendioxid aus der Atmosphäre aus, das sich nun in den Ozeanen löste. Vulkanismus schleuderte aber weiter Kohlenstoff in die Atmosphäre, sodass sich ein Kohlenstoffkreislauf ergab, in dem die Urozeane immer mehr davon aufnahmen, den sie dann als Kohlenstoffsediment in Form von Karbonatgestein an ihrem Grund ablagerten.

Interessant ist der hohe Anteil von Wasserdampf an der zweiten Erdatmosphäre, der so lange erhalten blieb, wie abregnendes Wasser sofort von der noch zu heißen Erde wieder verdampfte. In dem Maße, wie sich die Ozeane auf der Erde füllten,

nahm der Wasserdampfgehalt in der Atmosphäre ab. Gleichzeitig wuchs der Anteil der anderen Atmosphärengase. Und dass der Anteil von Kohlendioxid damals auf annähernd 30 Prozent stieg, also auf das Tausendfache des heutigen Wertes, hat die Erde wohl vor einer dauerhaften lebensfeindlichen Vereisung bewahrt. Die Strahlungsintensität der Sonne machte damals nur annähernd ein Drittel ihrer heutigen Intensität aus. So konnte die Erde dank des außerordentlichen Treibhauseffektes dieses hohen Kohlendioxidgehaltes der Atmosphäre genügend Wärme zurückhalten, um nicht unter den Gefrierpunkt abzukühlen. Anzumerken bleibt in diesem Zusammenhang, dass angesichts der heutigen Sonnenstrahlungsintensität bei einem zu erwartenden ansteigenden Kohlendioxidgehalt der Atmosphäre von 0,038 Prozent auf 0,05 Prozent mit schlimmsten Auswirkungen auf das Lebensgefüge auf unserer Erde zu rechnen ist!

Die Strahlungsintensität der Sonne nimmt alle 100 Millionen Jahre um 1 Prozent zu – schon

bald nach der Stabilisierung des Sonnensystems zeigten sich die ersten Auswirkungen dieser ansteigenden UV-Einstrahlung unseres Zentralgestirns, die eine als Photodissoziation bezeichnete photochemische Zerlegung der Wasser-, Methan- und Ammoniakmoleküle bedingte, wodurch sich Kohlendioxid und Stickstoff ansammelten. Die leichten Gase wie Wasserstoff oder Helium verflüchtigten sich wie früher schon aus der ersten Atmosphäre weitgehend in den Weltraum. Das sich in den Ozeanen lösende Kohlendioxid säuerte das Wasser bis auf einen ph-Wert von 4 ab. Der stabilere Stickstoff sammelte sich mit der Zeit in der Atmosphäre an und bildete vor 3,4 Milliarden Jahren ihren Hauptbestandteil. So entstand die dritte Atmosphäre der Erde – eben hauptsächlich aus Stickstoff und Kohlendioxid.

Ihre vierte Atmosphäre verdankt die Erde dem sich entwickelnden Leben mit der Fähigkeit zur Photosynthese, jener Fähigkeit, im Blattgrün durch Einwirkung von Sonnenstrahlen aus den Ausgangsstoffen Kohlendioxid und Wasser die Endprodukte Glucose (Traubenzucker) und Sauerstoff entstehen zu lassen.

Genau genommen ist Sauerstoff eigentlich nur ein „Abfallprodukt" der Photosynthese; die Pflanze betreibt die Photosynthese nur, um Traubenzucker als Energie zu gewinnen. Bis sich aber die Erdatmosphäre nachhaltig mit Sauerstoff anreichern konnte, vergingen noch Hunderte von Millionen Jahren. Zunächst fanden Oxydationsprozesse unter Wasser statt, denn der Sauerstoff reagierte mit dem auf dem Ozeangrund vorhandenen Eisen. Als dieser Reaktionspartner im Wasser aufgebraucht war und zunehmend Sauerstoff aus dem Wasser in die Atmosphäre ausperlte, geschah das Gleiche an Land weiter – auch hier reagierte der Sauerstoff mit den an Land vorhandenen großen Eisenlagerstätten. Als allerdings dieses Eisen „verbraucht" war, löste der Sauerstoff die erste große Öko-Katastrophe unter den damals vorhandenen Lebewesen aus, für die Sauerstoff ein Öko-Gift war. Doch die veränderten Lebensvoraussetzungen unter Sauerstoff lösten einen neuen, geradezu explosiven Evolutionsprozess aus. Die Veratmung von Sauerstoff war zukunftsweisend – und mit weiter steigendem Sauerstoffgehalt in der Erdatmosphäre wurde auch der Ozon-Schutz-

Anmerkung: Wasserdampf in der Atmosphäre

Ist die Zusammensetzung der Gase in der Luft weltweit weitgehend einheitlich, so ist der Anteil von Wasserdampf an der Atmosphäre sehr unterschiedlich. Die Fähigkeit der Luft, Wasserdampf aufzunehmen, nimmt mit ihrer Temperatur zu. Sehr kalte Luft kann nur 0,1 Prozent Wasserdampf enthalten, während in der Tropenluft bis zu 4 Prozent Wasserdampf enthalten sind. Am Nordpol und am Südpol findet man in der oberen Troposphäre weniger als 1 Gramm Wasserdampf pro Kilogramm Luft, in den Tropen können es bis zu 30 Gramm sein. Diese großen Unterschiede machen es den Klimaforschern so schwer, die Bedeutung des Wasserdampfes für die weitere Klimaentwicklung aufzuzeigen.

schild vor den gefährlichen UV-Strahlen der Sonne immer dichter. Das Leben konnte sich nun ungefährdeter unter einer Sauerstoffglocke entwickeln. Vor etwa 600 Millionen Jahren traten Pflanzen dann den Landgang aus dem Wasser an und der Sauerstoffgehalt der Atmosphäre stieg bis vor 300 Millionen Jahren auf den Höchstwert von leicht über 30 Prozent an. In dem atmosphärischen Kreislauf, in dem Pflanzen der Luft Kohlendioxid entnehmen und Sauerstoff abgeben, Tiere dagegen Sauerstoff verbrauchen und Kohlendioxid ausstoßen, pendelte sich der Sauerstoffgehalt in der Atmosphäre vor 200 Millionen Jahren bei 21 Prozent ein.

So besteht die vierte Erdatmosphäre auch heute noch, es sei denn, der Mensch reichert sie durch seinen verantwortungslosen Verbrauch fossiler Energien soweit mit Kohlendioxid an, dass sich dadurch das Lebensgefüge auf der Erde wieder grundlegend ändert und dies zu einer neuen, fünften Atmosphäre führt – aber dann lebt die Menschheit nicht mehr.

Leben aus dem Wasser

Doch kehren wir in das Wasser der Ozeane zurück. Denn hier setzte im Zeitalter des Erdarchaikums die biologische Evolution auf unserem Planeten ein. Ihr vorausgegangen war die präbiotische Evolution, auch als chemische Evolution bezeichnet, die sich in der „Ursuppe" der frühen Ozeane abspielte, in der jene Moleküle entstanden, die für das spätere Leben auf der Erde so wichtig werden sollten.

In der Tat hat sich das Leben auf der Erde im Wasser und nicht auf dem Land entwickelt – die damalige Uratmosphäre enthielt nämlich keinen freien Sauerstoff, der als Schutzschild die hochenergetische Strahlung von der Sonne und aus dem Weltall fernhielt. Aber unterstützt durch diese hochenergetische ultraviolette Strahlung und Röntgenstrahlung der Sonne sowie durch die sich aus der ersten Atmosphäre immer wieder entladenden Blitze gingen die im Wasser gelösten organischen und anorganischen Moleküle immer komplexere Molekülverbindungen ein. Diese Makromoleküle konnten sich durch Anlagerung weiterer Moleküle noch vergrößern – und sich dann auf einmal auch selbst reproduzieren. So entstanden die ersten Biomoleküle, nämlich Aminosäuren, aus denen die lebende Materie besteht.

Biomoleküle sind lebenswichtige organische Substanzen. Diese komplexen Gebilde bestehen in

Im Jahr 1953 gelang es dem britischer Biochemiker Francis Crick zusammen mit seinem amerikanischen Kollegen James Watson, die Grundgestalt der DNS-Moleküle – der Träger der Erbinformation – als Doppelhelix zu beschreiben. Die Abbildung zeigt ein Computermodell der berühmten Doppelhelix.

Anmerkung: Das Ursuppenexperiment

Die amerikanischen Wissenschaftler Stanley Miller und Harold Clay Urey von der Universität von Kalifornien stellten 1953 in einem Experiment die auf der Urerde herrschenden Bedingungen nach, um zu überprüfen, ob schon damals Vorformen des Lebens entstehen konnten. Dazu mischten sie Wasser mit Methan, Wasserstoff und Ammoniak in einem Kolben als Reaktionsgefäß. Den Kolben erhitzten sie, in einem darüber gestülpten Ballon simulierten sie die Uratmosphäre. Mittels elektrischer Entladungen ließen sie Blitze in die Flüssigkeit („Ursuppe") einschlagen und erhielten so darin eine Anzahl organischer Moleküle – es waren Aminosäuren! Dazu waren auch Harnstoff und in Spuren Asparaginsäure und anderes mehr entstanden.

Wenn auch Millers Versuchsanordnung wie auch die Zusammensetzung seiner Ursuppe später kritisiert worden war, so konnte er doch nachweisen, wie aus abiotischen Stoffen unter natürlichen Bedingungen biogene Lebensbausteine entstehen können.

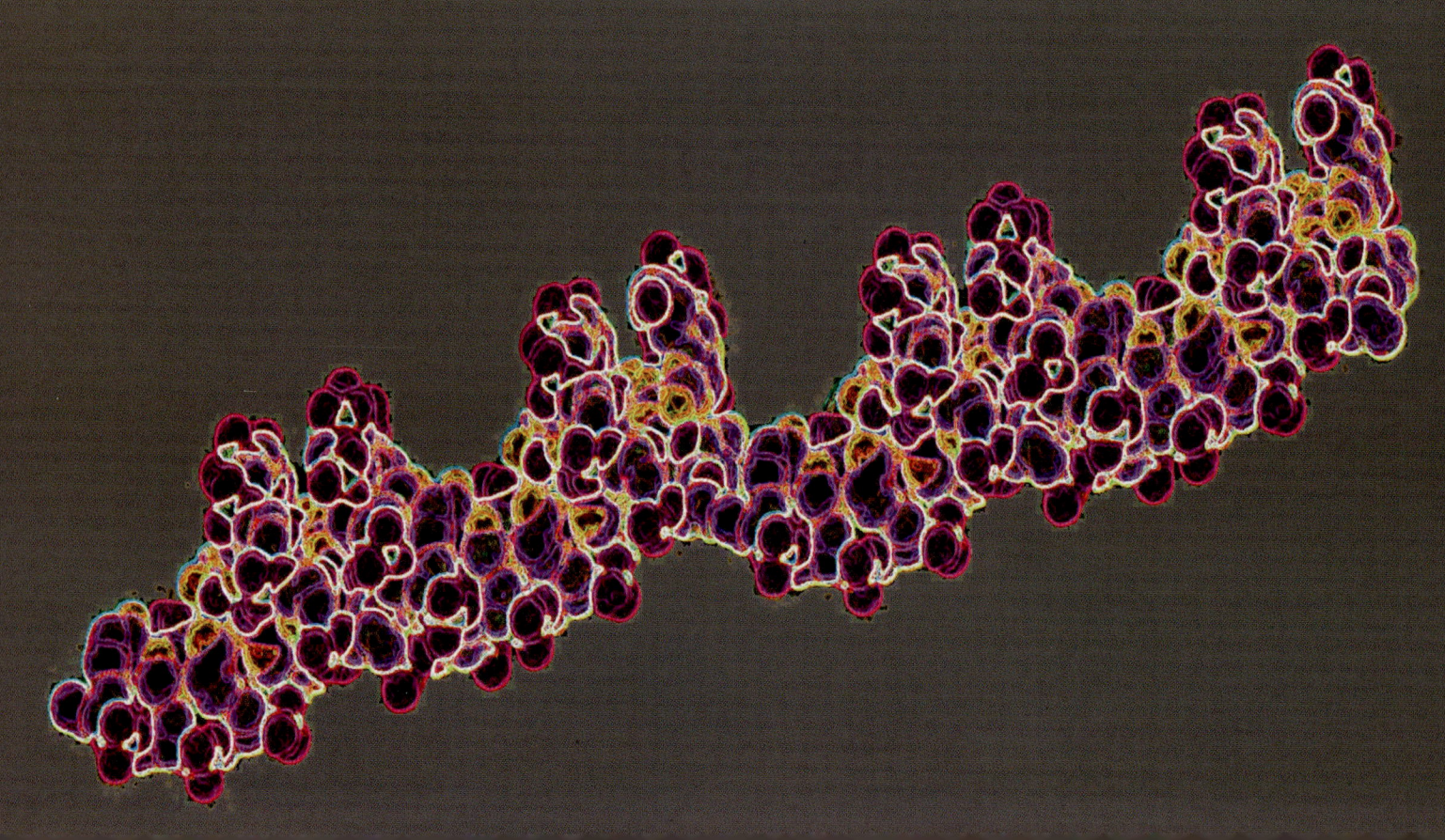

Erdzeitalter

Beginn vor Mio. Jahren	Dauer in Mio. Jahren	Erdzeitalter	Formation	erdgeschichtliche Vorgänge
	1,8	Neo- oder Känozoikum (Erdneuzeit)	Quartär	postglazialer Meeresspiegelanstieg, Entstehung der heutigen Küstenlinien
1,8				Vereisung der Nordhalbkugel, Hebung der zentraleuropäischen Mittelgebirge, abklingender Vulkanismus
	63,2		Tertiär	alpidische Gebirgsbildung auf der ganzen Erde, starker Vulkanismus, Einbruch des Mittelmeeres
65	70	Mesozoikum (Erdmittelalter)	Kreide	Ablagerungen des Kreidemeeres, Beginn der alpidischen Gebirgsbildung, auflebender Vulkanismus
135	70		Jura	weite Meeresüberflutungen (Tethys im Bereich Mittelmeer-Alpen)
205	43		Trias	keine größeren tektonischen Ereignisse, wüstenhaftes Festland herrscht vor
248	42	Paläozoikum (Erdaltertum)	Perm	Abklingen der variszischen Gebirgsbildung, Vereisung auf der Südhalbkugel, Kali- und Salzablagerungen in Zechstein-Meeren
290	65		Karbon	Rückgang der Meeresüberflutungen, Vereisung der Südhalbkugel, variszische Gebirgsbildung mit starkem Vulkanismus, große Sumpfwälder (Grundlage der Steinkohlebildung)
355	55		Devon	weite Meeresüberflutungen, Ausklingen der kaledonischen, Beginn der variszischen Gebirgsbildung
410	28		Silur (Gotlandium)	kaledonische Gebirgsbildung (besonders in Nordeuropa), Vulkanismus, Salze in Nordamerika und Sibirien
438	72		Ordovizium	Beginn der kaledonischen Gebirgsbildung, zum Teil Vulkanismus
510	35		Kambrium	Ablagerung der ersten fossilführenden Sedimente
545	55		Ediacarium	erste vielzellige Tiere
600	2000	Präkambrium (Proterozoikum, Urzeit)	Algonkium (Jungproterozoikum)	erste gebirgsbildende und vulkanische Vorgänge
2600	1900		Archaikum (Altproterozoikum)	Bildung der Urkontinente und Urmeere
4500			Erdurzeit	Erde im Zustand eines glühenden Planeten

erster Linie aus Kohlenstoff und Wasserstoff, chemisch gebunden mit Sauerstoff, Stickstoff, Phosphor oder Schwefel und einigen anderen Elementen. Es handelt sich dabei um Proteine, Kohlenhydrate, Fette und Nukleinsäuren. Das gesamte Leben auf der Erde wird durch die beiden Nukleinsäuren Ribonukleinsäure (RNS) und Desoxyribonukleinsäure (DNS) gesteuert. In den Zellen aller Lebewesen, der Bakterien, Pflanzen, Pilze und Tiere – also auch beim Menschen – findet man sowohl DNS als auch RNS, wobei hier die DNS die genetische Information enthält und die RNS für die Proteinsynthese zuständig ist.

Die weitere Entwicklung des Lebens auf der Erde vollzog sich über fast drei Milliarden Jahre zunächst ausschließlich im Wasser. Nach dem Auftreten der Cyanobakterien, die früher auch als Blaualgen bezeichnet wurden und noch keinen echten Zellkern besitzen, traten dann erst vor 1,5 Milliarden Jahren einzellige Organismen mit Zellkern auf. Dieser entscheidende Durchbruch vollzog sich über zwei Milliarden Jahre – er ermöglichte auf Dauer die Entstehung komplexerer, höherer Lebewesen. Die ersten vielzelligen Organismen traten dann vor etwa einer Milliarde Jahre auf. Vor 500 Millionen Jahren waren bereits die meisten Stämme der wirbellosen Tiere vertreten. Zu dieser Zeit schlängelten sich auch schon wenige Zentimeter lange, wurmförmige Vorläufer der Wirbeltiere durchs Wasser.

Das Erdzeitalter des Archaikums war schon abgeschlossen, als im Erdzeitalter des Kambriums, das sich vor 570 bis 500 Millionen Jahren erstreckte, erstmals auch verschiedene Tiergruppen mit Panzern, Schalen und Skeletten entwickelten, also Hartteilen, die als Fossilien aufgefunden werden können und damit einen verbesserten Überblick über die damalige Tierwelt ermöglichen. Dominiert wurde diese Lebenswelt der Ozeane von den sogenannten Trilobiten, die heute auch als Leit-

fossilien des Erdaltertums gelten – es handelt sich dabei um äußerlich den heute lebenden Asseln ähnliche, aber mit diesen nicht verwandte Dreilappkrebse. Des Weiteren gab es Brachiopoden, am Meeresboden verankerte, zweiklappige Armfüßer, und dann noch Archaeocyathiden, tabulate Korallen, Würmer und Schnecken. Außer einigen Algen, Flechten und Pilzen gab es zu diesem Zeitpunkt auf dem Festland noch keine Lebewesen.

Am Ende der Epoche kam es zu einem großen Artensterben, in dessen Folge beispielsweise drei Viertel der Trilobitenarten wieder ausstarben. Als Ursache hierfür werden – ebenso wie am Ende des Perms und der Kreide – durch Vulkanismus oder Ein-

Exkurs:
Leben auf den Planeten?

UFOs (unidentified flying objekts = fliegende Untertassen in freier Übersetzung) und kleine grüne Menschen vom Mars beflügeln seit langem die Fantasie der Menschen. Eine ganze Literaturgattung, nämlich das Science-Fiction-Genre, beschäftigt sich mit außerirdischem Leben im fernen Weltall. Doch wie sieht es mit dem Leben auf den uns nahe liegenden Planeten aus? Es steht nämlich heute eindeutig fest, dass sich in der Materie des Universums auch organische Moleküle, vor allem auch einfache Aminosäuren, befinden, die als Auslöser von Leben auf den Planeten herhalten könnten.

Bei dieser Fragestellung wird zunächst davon ausgegangen, dass flüssiges Wasser auch auf den anderen Planeten die alles entscheidende Lebensgrundlage bildet. Daher fallen die fernen Gasplaneten schon als Träger von Leben aus. Der Merkur als sonnennächster Planet ist viel zu klein, um eine Atmosphäre zu halten – seine Oberflächentemperatur von fast 500 °Celsius tagsüber und fast 200 °Celsius nachts lässt kein Leben zu. Bleiben die direkt benachbarten Planeten Venus und Mars, die beide in der sogenannten Lebenszone der Sonne liegen, aber ...

Der Planet Venus ist fast so groß wie die Erde. Doch obwohl die Sonne in der Zeit der Verfestigung der Planeten noch um 30 Prozent

schwächer strahlte als heute, war die Venus ihr dennoch zu nahe. Aus ihrem Inneren quollen Lava und Gase, doch die Abkühlung ihrer Oberfläche auf lebensfreundliche Temperaturen wurde durch die zunehmende Strahlungsenergie der Sonne vereitelt. Wasserdampf in der Atmosphäre blieb zu heiß, um abzuregnen, Kohlendioxid konnte so nicht herausgewaschen werden. Die UV-Strahlung verflüchtigte den Wasserdampf, Kohlendioxid hat heute einen Anteil von 96 Prozent an der Venusatmosphäre – hier hat der Treibhauseffekt eine Oberflächentemperatur von fast 500 °Celsius hinterlassen.

Der Planet Mas verfügt mit seinem halben Erddurchmesser über eine nur geringe Masse. Seine Atmosphäre wurde durch seine zu geringe Schwerkraft vom Sonnenwind, dem sein zu schwaches Magnetfeld keinen Widerstand bietet, weitgehend fortgetragen. Wenn auch seine heutige verbliebene Atmosphäre zu 95 Prozent aus Kohlendioxid besteht, so ist sie doch zu dünn, um einen Treibhauseffekt herbeizuführen. So weist dieser Planet heute eine Durchschnittstemperatur von –63 °Celsius auf, tagsüber bis +24 °Celsius, nachts bis –123 °Celsius. Seine Polkappen bestehen aus Kohlendioxid- und Wassereis. Seine Landschaftsstruktur mit Talsohlen deutet zwar auf Wasserspuren hin, doch wenn es Leben auf dem Mars gegeben haben könnte, so nur vor Milliarden von Jahren, das bis heute völlig ausgelöscht wäre.

Exkurs: Eine zweite Erde?

Im April 2007 horchte die Welt auf, als ein neuer Exoplanet – wie Astronomen einen Planeten nennen, der um andere Himmelskörper als die Sonne kreist – entdeckt wurde, auf dem erdähnliche Bedingungen herrschen könnten. Es handelt sich um den zweiten Planeten des Roten Zwerges Gliese 581, der nüchtern Gliese 581c getauft wurde. Dieser „neue" Exoplanet mit einem um die Hälfte größeren Durchmesser und der fünffachen Masse der Erde braucht für einen Umlauf um seinen Stern nur dreizehn Tage. Er steht 14-mal näher zu seinem Stern als die Erde zur Sonne. Da sein Stern als sogenannter Roter Zwerg kleiner und kälter und damit auch weniger hell als die Sonne ist, liegt seine Oberflächentemperatur zwischen –3 und +40 °Celsius.

Der Heimatstern Gliese 581 gehört zu den hundert nächsten Sternen und befindet sich nur 20,4 Lichtjahre von unserer Sonne entfernt im Sternbild Waage. Er besitzt ein Drittel der Sonnenmasse – Rote Zwerge sind als die kleinsten aktiven Sterne die häufigsten in der Milchstraße, aber auch die unauffälligsten. Sie weisen zwischen 8 und 50 Prozent der Sonnenmasse auf und leuchten wegen ihrer geringeren Oberflächentemperatur rot. Von vielen dieser Roten Zwerge vermutet man, dass sie von Planeten umkreist werden. Der „neue" Planet ist übrigens noch nicht gesehen worden, die Astronomen von der Europäischen Südsternwarte in Chile haben ihn aufgrund seiner Schwerkraftwirkung nachgewiesen. Seine Temperatur lässt sich ebenfalls indirekt über die Leuchtkraft des Sterns und den Abstand zu seiner Sonne folgern. Des Weiteren folgern die Wissenschaftler, dass er entweder steinig wie die Erde oder von Ozeanen bedeckt ist. Und weil er flüssiges Wasser enthalten kann, könnte er auch als bewohnbar gelten – wenn nicht sein Zentralgestirn Gliese 581 die für Rote Zwerge typischen Röntgenstrahlungsausbrüche zeigt, die die tödliche Dosis oft übertreffen.

Die Lebenszone im inneren Planetenbereich unseres Sonnensystems

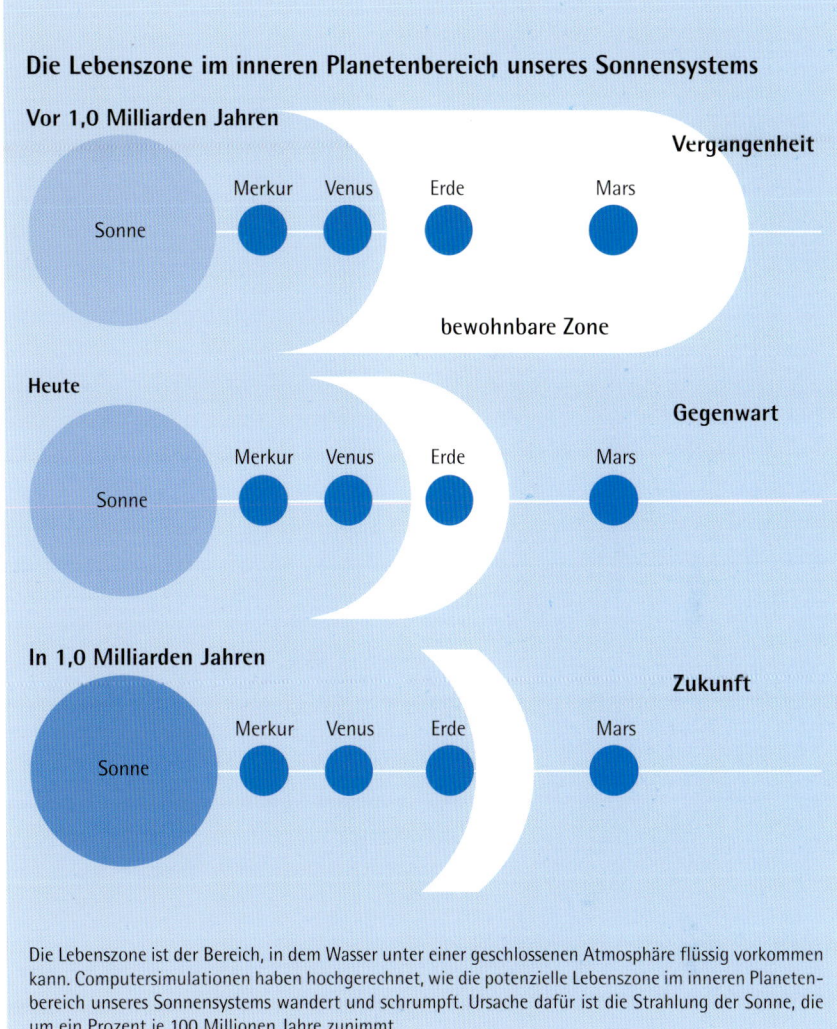

Die Lebenszone ist der Bereich, in dem Wasser unter einer geschlossenen Atmosphäre flüssig vorkommen kann. Computersimulationen haben hochgerechnet, wie die potenzielle Lebenszone im inneren Planetenbereich unseres Sonnensystems wandert und schrumpft. Ursache dafür ist die Strahlung der Sonne, die um ein Prozent je 100 Millionen Jahre zunimmt.

schlag größerer Meteoriten hervorgerufene weltweite Veränderungen des Klimas angenommen. Vor 400 Millionen Jahren hatten dann mit den Fischen die Wirbeltiere eine führende Rolle im Tierreich übernommen. Doch zu diesem Zeitpunkt trat das Leben, das zuvor über drei Milliarden Jahre ausschließlich im Wasser existierte, seinen Weg auf das Land an.

Land und Wasser

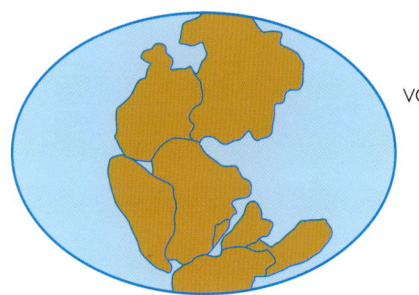

vor 280 Millionen Jahren

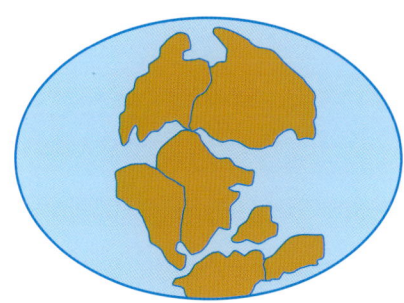

vor 200 Millionen Jahren

1915 veröffentlichte der deutsche Meteorologe, Polarforscher und Geowissenschaftler Alfred Wegener sein Hauptwerk über „Die Entstehung der Kontinente und Ozeane". In dem Buch legt Wegener dar, dass die Kontinente ursprünglich in einem Urkontinent Gondwana verbunden waren und im Lauf der Jahrmillionen auseinandergebrochen sind.

Wasser und Land sind auf der Erde unterschiedlich verteilt. 71 Prozent unseres Planeten sind heute mit Ozeanen und ihren Randmeeren bedeckt, 21 Prozent der Oberfläche bestehen aus festem Land. Insgesamt 5 Prozent der Erdoberfläche sind mit Eis bedeckt. Unvorstellbar groß ist die Wassermasse der Erde – insgesamt 1,4 Millionen Quadratkilometer.

Die Landmassen der Erdkruste schwimmen auf dem Erdmantel. Im Laufe der Geschichte der Erde sind sie mehrmals auseinandergedriftet und dann wieder zusammengewachsen. Nach heutiger Kenntnis haben sich die Landmassen fünfmal zu einem solchen Superkontinent zusammengefügt. Die ersten drei Zusammenfügungen stellen – wenn auch begründete – Vermutungen dar, der vorletzte Superkontinent wird als Rodinia bezeichnet, der letzte als Pangäa. Pängäa bestand zwischen den Erdzeitaltern des Karbons und des Juras, also vor 300 bis 150 Millionen Jahren, als zusammenhängende Landmasse. Das Leben auf der Landfläche der Erde war gerade dabei, sich explosionsartig zu entwickeln, und kein Ozean hinderte es daran, sich über die gesamte damals existierende Landfläche zu verbreiten. Entsprechend ausgedehnt war auch die Landfläche dieses Superkontinentes. Im Übergangszeitraum von der Trias zum Jura begann der Superkontinent Pangäa, der bis dahin komplett von einem Superozean umspült war und in den sich das Thethysmeer umfänglich einbuchtete, zu bröckeln. Im Erdzeitalter der Kreide vor 135 Millionen Jahren war dieser Superkontinent dann endgültig auseinandergebrochen. Durch die weitere Öffnung des Thethysmeeres trennten sich mächtige Landblöcke ab. Es entstand der riesige Nordkontinent Laurasia, bestehend aus den heutigen Kontinenten der Nordhalbkugel Nordamerikas, Grönland, Europa und Asien, sowie der gleichermaßen riesige Südkontinent Gondwanaland, bestehend aus dem späteren Südamerika und Afrika. Von diesem Südkontinent trennten

sich dann vor 100 Millionen Jahren die Antarktis, die noch mit Australien und Neuseeland verbunden war, sowie Indien verbunden mit Madagaskar ab – zwischen der späteren Südspitze Südamerikas, der Südspitze Südafrikas und der nordwestlichen Antarktis hatte sich ein weiteres Meeresbecken gebildet. Am Ende des Erdzeitalters des Juras war Pangäa endgültig in seine Einzelteile zerlegt.

Die Theorie der Kontinentalverschiebung, auch Kontinentaldrift genannt, wurde von Alfred Wegener (1880–1930) begründet. In seinem 1915 erschienenen Werk mit dem Titel „Die Entstehung der Kontinente und Ozeane" folgerte er aus den genau aneinanderpassenden Küstenlinien Afrikas und Südamerikas, dass diese beiden Landmassen einmal zusammen gehört haben müssen. Doch die eigentlichen Kräfte, die die Bewegung der Kontinente verursacht, konnte er noch nicht benennen. Dies geschah später durch die Theorie der Plattentektonik.

Das Driften der Kontinente beruht darauf, dass die Erdmaterie unterhalb ihrer festen Kruste flüssig bis viskos ist. Konvektionsströme innerhalb dieser flüssigen Materie, ausgelöst durch den Wärmeübergang zwischen dem heißen Erdkern und dem Erdmantel, bewirken aufsteigende Strömungen, die unterhalb der Kruste abgelenkt werden. Da nun die Erdkruste keine in sich gefestigte, massive Schicht bildet, sondern in sogenannte Platten unterteilt ist, werden durch die abgelenkten Strömungen diese Platten mitbewegt. So bewegen sich die Platten aufeinander zu, voneinander weg oder aneinander vorbei. Die Erdoberfläche ist in sieben große Platten voneinander abgegrenzt: die Pazifische, die Antarktische, die Nordamerikanische, die Südamerikanische, die Afrikanische, die Eurasische und die Australische Platte. Eingebettet in diese großen Platten sind weitere kleine Platten, so die Cocosplatte westlich von Mexiko, die Nazcaplatte westlich von Südamerika, die

 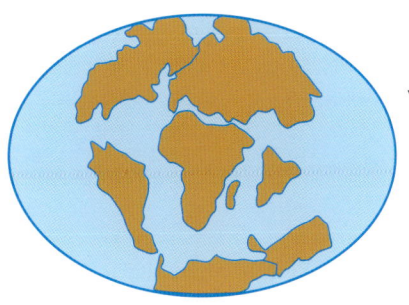 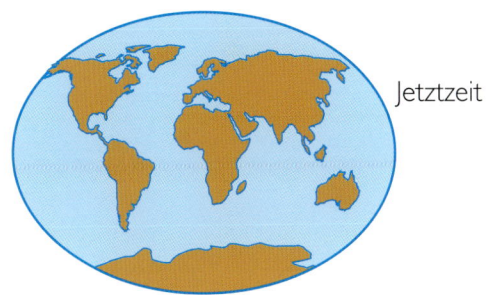

vor 140 Millionen Jahren

vor 65 Millionen Jahren

Jetztzeit

Indische Platte, die Scotiaplatte des Südatlantiks, die Arabische Platte, die Philippinische Platte sowie weitere noch kleinere Platten wie etwa die Juan-de-Fuca-Platte westlich der US-amerikanisch-kanadischen Grenze im Pazifik.

Werden die Erdplatten auseinandergezogen, so tritt am Riss heiße Magma aus und erkaltet. Der Mittelatlantische Rücken als lang gestrecktes Unterwassergebirge zwischen Afrika und Amerika ist typisch für diesen Vorgang, der auch *sea-floor-spreading* genannt wird. Dieser Rücken stellt im Übrigen das größte zusammenhängende Gebirgssystem der Erde dar. Das Auseinanderdriften beträgt hier mehrere Zentimeter im Jahr!

Wenn zwei Platten aufeinander zugeschoben werden, schiebt sich die schwerere Platte – ozeanische Platten sind schwerer als kontinentale Platten – unter die leichtere. So schiebt sich beispielsweise die Nazcaplatte unter die Südamerikanische Platte, wobei die abtauchende Platte im Untergrund aufgeschmolzen wird. Das geschmolzene Material wird vom Erdinneren aufgenommen, womit die Konvektionsströme neuen Antrieb erhalten. Dabei schmilzt auch Sedimentgestein mit, das aufsteigen will, durch nachlassenden Druck zähflüssiger wird und einen explosiven Vulkanismus erzeugt. Mit dem Unterschieben hebt die Nazcaplatte die Südamerikanische Platte an, wodurch die Anden immer mehr an Höhe gewinnen. So erhöht sich der Himalaya, weil sich die Indische Platte unter die Eurasische Platte schiebt, und die Alpen verdanken dem gleichen Vorgang ihre Gestalt – hier schiebt sich die Afrikanische Platte unter die Eurasische Platte. Subduktionszonen, wie sie gerade geschildert wurden, gibt es auch in Ostasien und an den Tiefseerinnen des West-Pazifiks wie dem Marianen- und dem Tongagraben mit dem tiefsten Punkt der Erdoberfläche: Dort kam es durch Vulkanismus zur Bildung von Inselketten wie den Aleuten, den Kurilen und den japanischen Inseln. Auch am Rand der Karibischen Platte ist mit den Antillen eine solche Inselkette entstanden, deren Vulkanismus kaum explosiver sein kann. Und am Rand der Australischen Platte weist die indonesische Inselkette einen mindestens ebenso gefährlichen Vulkanismus auf. Schieben zwei Platten nur aneinander vorbei, entsteht kein Vulkanismus, aber es kommt zu intensiven Erdbeben. Das bekannteste Beispiel ist die San-Andreas-Verwerfung bei San Francisco, wo regelmäßig kleine und größere Erdbeben die Erde erzittern lassen.

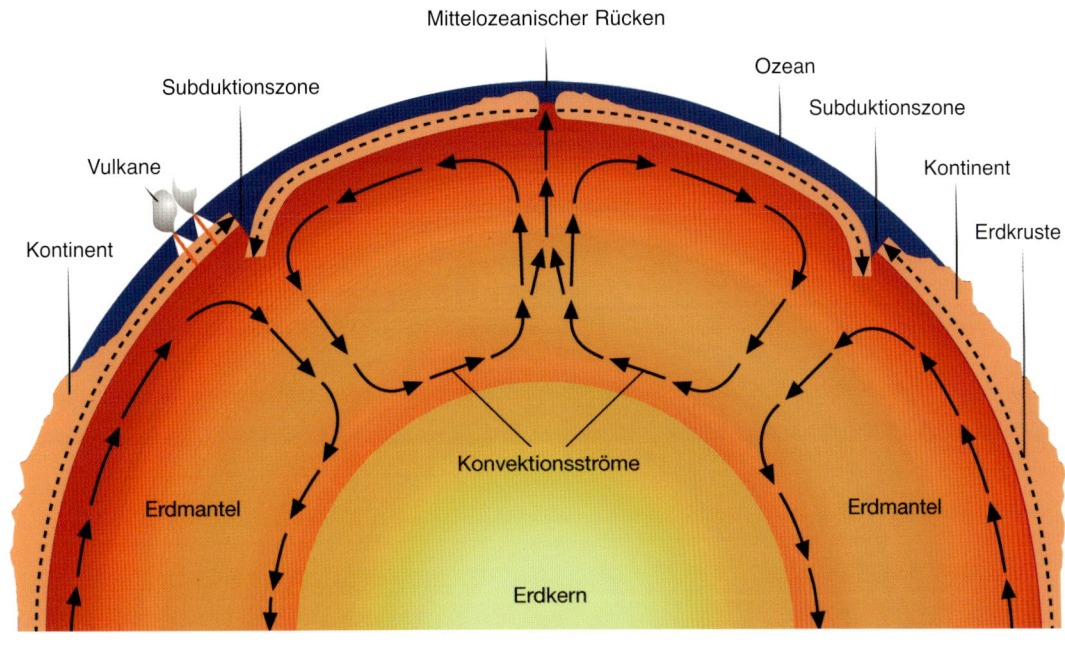

Durch die unruhige Geologie der Erde entstehen die Mittelozeanischen Rücken, gigantische Gebirgszüge, die meist mehr als 1.000 Meter unter der Wasseroberfläche liegen.

Eiszeitalter

Eiszeitalter sind Erdperioden, in denen das Klima durchweg kälter war und die Polkappen vereisten. Sie sind durch erhebliche Klimaschwankungen gekennzeichnet, wobei sich Kaltzeiten (Glaziale) und Warmzeiten (Interglaziale) miteinander abwechseln. Wir befinden uns derzeit in einem solchen Eiszeitalter, das vor gut 2,5 Millionen Jahren eingesetzt hat und uns derzeit seit etwa 10.000 Jahren eine Warmzeit beschert. Im Laufe der Erdgeschichte hat es schon frühere Eiszeitalter gegeben. Diese traten etwa im Abstand von jeweils 300 Millionen Jahren auf, so im jüngeren Präkambrium, an der Grenze vom Ordovizium zum Silur sowie am Übergang von der Karbonzeit zum Perm. Dazwischen lagen Perioden subtropisch feucht-warmen Klimas mit erheblich höherem Meeresspiegel als heute. Eine solche eisfreie Zeit herrschte beispielsweise in den Erdzeitaltern von dem Jura bis zur Kreide. Insgesamt nehmen die Eiszeitalter aber nur geringere Zeiträume innerhalb der Erdgeschichte ein als die warmen Perioden.

Das derzeitige Eiszeitalter kündigte sich bereits im Tertiär an, und die Abkühlung der Erde setzte sich im Quartär fort, bis die mittlere Jahrestemperatur etwa 10 °Celsius erreichte und die Wassertemperaturen der Tiefsee auf 1,5 °Celsius absanken. Infolge des Temperaturrückganges dehnte sich die Vereisung der Polkappen aus, Eispanzer bedeckten die polnahen Hochgebirge, und zu den Höhepunkten der Kaltzeiten schob sich das Eis bis auf die angrenzenden Flachlandgebiete. Der Nordatlantik war weit vereist, Treibeis gelangte bis zur Iberischen Halbinsel. Das antarktische Inlandeis bedeckte einen breiten Streifen der angrenzenden Meeresflächen. Charakteristisch für das derzeitige Eiszeitalter ist die zyklische Wiederkehr von Kaltzeiten mit Eisvorstößen und von Warmzeiten mit Gletscherrückgängen.

Das Eiszeitalter, in dem wir derzeit leben, begann vor gut 2,5 Millionen Jahren. Mindestens acht- bis zwölfmal stießen im Lauf dieser erdgeschichtlichen Periode Gletscher auf breiter Front aus Nordeuropa und den Hochgebirgen nach Mitteleuropa vor.

Während der Kälteperioden sank die festländische Jahresmitteltemperatur um 4 bis 12 °Celsius, die Temperatur des Oberflächenwassers der Weltmeere um 4 bis 7 °Celsius. Die Vereisung band soviel Wasser, dass der Meeresspiegel beträchtlich sank. Flora und Fauna waren nicht nur im unmittelbaren Umfeld der Vereisung stark von dieser Änderung ihrer Lebensbedingungen betroffen. Es war aber nicht so, dass nun auf der gesamten Erde die Temperatur gleichmäßig sank. Man muss davon ausgehen, dass in dem Maße, wie sich die nördlichen Kältebreiten ausdehnten, sich die wärmeren Klimazonen zum Äquator hin verschmälerten. Genauso wie sich der Wüstengürtel der Erde verschmälerte, trifft dies auch auf den Tropengürtel zu. Der Regenwaldgürtel blieb also erhalten, er dehnte sich eben so weit aus wie in Wärmeperioden.

Der Wechsel von Kalt- und Warmperioden des derzeitigen Eiszeitalters ist für die meisten der betroffenen Erdregionen relativ gut erforscht. In der Regel wird für die Bezeichnung dieser Zeiträume auf Namen von Flüssen zurückgegriffen, bis zu denen die Eisvorstöße reichten und an denen die Ausprägung dieser Zeitabschnitte deutlich zurückzuverfolgen ist. Im Norden Deutschlands sind dies unter anderem Weichsel, Saale und Elster, im Süden Würm, Riß, Mindel und Günz. Doch inzwischen ist die Forschung weiter fortgeschritten und es gilt eine weit differenziertere Abfolge.

Demnach zogen sich die Kälteperioden des derzeitigen Eiszeitalters jeweils ungefähr über 100.000 Jahre hin, während die darin eingebetteten Wärmeperioden einen kürzeren Zeitabschnitt für sich in Anspruch nahmen. Doch auch die Kälteperioden wurden immer wieder von ihnen eingelagerten Wärmezeitabschnitten unterbrochen, die als Interstadiale bezeichnet werden – wohingegen man die Eisvorstöße einer Kälteperiode als Stadiale bezeichnet.

Naturgemäß lassen sich die abwechselnden Wärme- und Kältezeitabschnitte der letzten Eiszeit am besten zurückverfolgen, wurden doch ihre Spuren von keiner späteren Eiszeit mehr überdeckt. Am Ende des Weichsel/Würm-Glazials folgte auf das Stadial „Ältere Dryas" (vor 12.900 bis 12.700 Jahren) das Interstadial „Alleröd" (vor 12.700 bis 11.900 Jahren) und letztlich das Stadial „Jüngere Dryas" (vor 11.900 bis 10.700 Jahren), mit dem auch das Weichsel/Würm-Glazial abschloss und

Die Kaltzeiten des derzeitigen Eiszeitalters

Süddeutschland	Norddeutschland	Zeitraum (1.000 Jahre)
Biber-Kaltzeit	Brüggen-Kaltzeit	noch nicht festzulegen
Donau-Kaltzeit	Eburon-Kaltzeit	noch nicht festzulegen
Günz-Kaltzeit	Menap-Kaltzeit	640–540
Mindel-Kaltzeit	Elster-Kaltzeit (Weiße Elster)	475–370
Riß-Kaltzeit	Saale-Kaltzeit	230–130
Würm-Kaltzeit	Weichsel-Kaltzeit	115–10

das jüngste Erdzeitalter des Holozäns einsetzte, die Nacheiszeit, in der wir derzeit leben.

Pflanzen, Tiere und der Mensch waren während des Eiszeitalters äußerst wechselhaften Lebensbedingungen ausgesetzt, die aber so lange Zeiträume umfassten, dass sich auch entsprechende Anpassungen ergaben – und sei es durch Aussterben. Während der letzten Wärmeperiode des Eiszeitalters war das Klima in Deutschland deutlich wärmer und feuchter als heute. Große Laubwälder breiteten sich aus und dienten Waldelefanten, Damhirschen und Auerochsen als Lebensraum, auf den Grasfluren weideten Pferde, Wisente und Nashörner. Nachdem dieses Interglazial wieder in die nächste Kälteperiode überging, bedeckten die von Norden und von den Alpen her vorrückenden Gletschermassen weite Teile Europas. In den eisfreien Gebieten herrschte ein Tundrenklima, wie wir es heute von den arktischen Lebensräumen kennen. An die Kälte angepasste Großsäugetiere wie das Mammut, das Wollnashorn oder der Moschusochse mussten mit dem kargen Nahrungsangebot zurechtkommen, was sie zu weitflächigen Wanderungen veranlasste. Und der altsteinzeitliche Mensch zog als Jäger und Sammler mit diesen Tieren mit, denn in der damaligen Zeit stellte vor allem Fleisch seine Lebensgrundlage dar. Pflanzliche Nahrung war für ihn lediglich in den kurzen Sommermonaten von größerer Bedeutung. Mit dem Einsetzen des Eiszeitalters waren die Ostsee und weite Teile der Nordsee nicht mehr vom Meer bedeckt. Rhein, Maas und Themse formten sich während der Kälteperioden zu einem gemeinsamen Flussdelta im Bereich der heutigen südlichen Nordsee – Norddeutschland reichte bis zur Doggerbank. Im Mindel-Glazial überdeckte erstmals Inlandeis auch Norddeutschland, danach stieg mit dem zwischenzeitlichen Abschmelzen des Eises der Meeresspiegel wieder an, und die Nordsee breitete sich über Schleswig-Holstein, die Elbe-Mündung und die westliche Ostsee aus. Im folgenden Riß-Glazial stießen die Eismassen erneut nach Süden vor, und im Würm-Glazial waren wieder erhebliche Teile der Nordsee trocken, das Eis stieß bis zu den Mittelgebirgen vor. Erst vor etwa 10.000 Jahren zog sich das Eis zurück.

Wie kommt es nun, dass die Erde in wiederkehrenden Zeiträumen solchen Klimaschwankungen unterworfen wurde? Die Ursachen hierfür sind vielfältig. Und weil es ein so komplexes Thema ist, gibt es auch entsprechend vielfältige Meinungen dazu. Einige ursächliche Zusammenhänge sind dabei aber inzwischen so weit erkannt und analysiert, dass sie als gesichertes Wissen gelten. Vor allem war es wichtig zu erkennen, dass es des Zusammenspiels vieler Faktoren bedurfte, um ein neues Eiszeitalter herbeizuführen. Zu diesen Faktoren zählen Schwankungen der Sonneneinstrahlung, die Bewegungen der Erde um die Sonne, geografische Veränderungen durch Kontinentaldrift und Aufstieg junger Gebirge zu Hochgebirgen, Verlagerung von Meeresströmungen und Polverschiebungen sowie vor allem Veränderungen in der Bahn der Erde um die Sonne.

Trotz der Vielzahl der Einflussfaktoren kristallisiert sich als Hauptursache für die Entstehung des derzeitigen Eiszeitalters die Kontinentaldrift heraus. Die Verschiebung der Kontinente ließ neue Meeresstraßen entstehen, die den Meeresströmungen neue Wege boten. So trennten sich im Erdzeitalter des Oligozäns Australien und Südamerika von dem antarktischen Kontinent, der in Südpolnähe driftete, wodurch sich ein Kaltströmungssystem um die Antarktis etablierte und schon vor 35 Millionen Jahren zur Vereisung des Südpols führte. Seit vier Millionen Jahren sind Nord- und Südamerika miteinander verbunden, sodass warme Meeresströmungen nach Norden abgeleitet wurden und den Golfstrom bildeten. Warme Wassermassen tragen viel Feuchtigkeit in die Atmosphäre ein, die bei Abkühlung abregnet, sodass die polnäheren Landmassen der Nordhalbkugel Nordamerikas, von Grönland und Eurasien vereisen konnten. Die Plattentektonik ließ in den Subduktionszonen die Berge in den Himmel wachsen, die, wenn sie parallel zu den Breitengraden anwuchsen – wie dies vor allem auf der Nordhalbkugel der Fall war –, den Transport warmer Luftströmungen nach Norden verhinderten. Die im Vergleich zur Südhalbkugel größeren Landmassen auf der Nordhalbkugel konnten auch deswegen nachhaltiger vereisen. Insgesamt setzte nun ein eigendynamischer Prozess ein, bei dem die größer werdende Vereisungsfläche auf der Erde auch das Sonnenlicht stärker reflektierte und so zur weiteren Abkühlung der Erde beitrug. Im Übergang vom Erdmittelalter zur Erdneuzeit ging von der Kreidezeit an der Vulkanismus auf der Erde insgesamt zurück. Damit ließen auch die erwärmenden Treibhauseffekte nach.

Das Wasser der Kontinente

Kontinente sind die großen Landmassen der Erde, die sich von den Ozeanen, ihren Randmeeren und auch von Inseln abheben. In der Regel sind sie durch natürliche Grenzen der Küsten voneinander abgegrenzt. Zwischen Afrika und Asien besteht nur eine schmale Landbrücke, Europa und Asien haben eine eher historische Grenze, die im Wesentlichen durch den Ural bestimmt wird. Heute unterscheidet man sieben Kontinente, ihrer Größe nach Asien, Afrika, Nordamerika, Südamerika, Antarktis, Europa und Australien/Ozeanien. Die Aufteilung Amerikas in zwei Kontinente ist inzwischen üblich, überraschend ist eher, um wie viel die Antarktis größer als Europa ist.

Europa

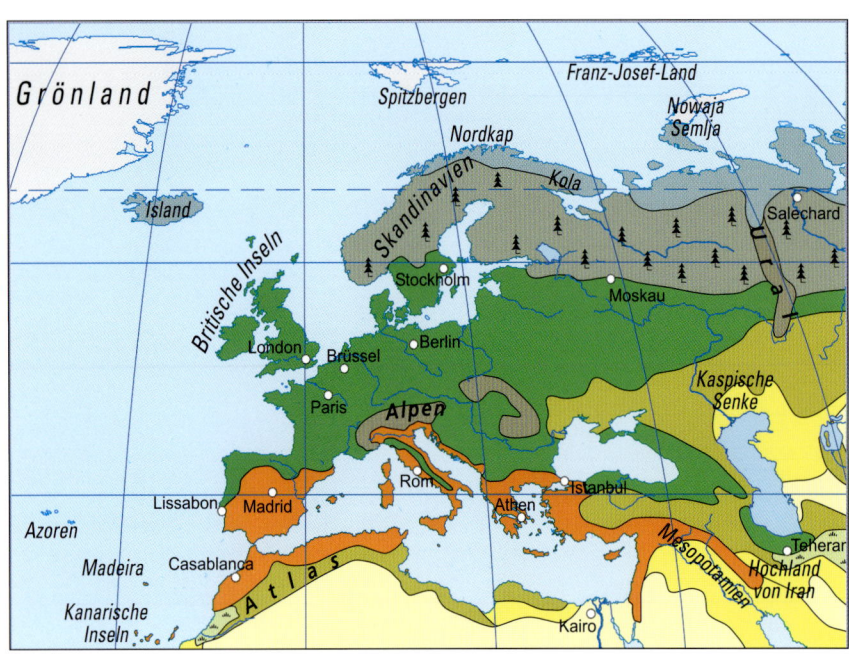

Vegetationszonen in Europa

Europa nimmt den Westteil Eurasiens ein. Die Ostgrenze zu Asien ist kulturhistorisch zu sehen. Heute zieht sie sich von Norden nach Süden vom Ural über den Uralfluss zum Kaspischen Meer über das Schwarze Meer, den Bosporus, das Marmarameer bis zu den Dardanellen hin. Alle anderen Grenzen werden von Meeresküstengebildet, so im Norden die des Europäischen Nordmeeres mit der Grenze zwischen Island und Grönland, im Westen die des Atlantischen Ozeans und im Süden die des Mittelmeeres. Vom nördlichsten Punkt am Nordkap bis zum südlichsten Punkt in Tarifa in Südspanien sind es 3.800 Kilometer, von der Atlantikküste Portugals bis zum Ural 6.000 Kilometer.

Die geografische Struktur Europas ist sehr zergliedert und in wesentlichen Teilen durch große Halbinseln wie Skandinavien, die Iberische Halbinsel, die Apenninhalbinsel und den Balkan bestimmt. Dazu kommen größere Inseln wie die Britische Insel, Irland, Island, Sizilien, Sardinien, Korsika und Zypern. Nach Osten hin wird Europa geografisch viel einheitlicher und erstreckt sich weitgehend als Tiefebene bis zum Ural. Die großen europäischen Seen liegen im Osten und Norden des Kontinentes, so der 18.390 Quadratkilometer große Ladogasee bei St. Petersburg, der 9.620 Quadratkilometer große Onegasee in Nordwestrussland, der 5.650 Quadratkilometer große Vänersee in Südschweden, das 4.400 Quadratkilometer große System des Saimaasees in Südostfinnland und der 3.555 Quadratkilometer große Peipussee im Grenzbereich von Russland und Estland. Der Bodensee ist mit einer Fläche von 536 Quadratkilometern nach dem Plattensee mit 594 Quadratkilometern und dem Genfer See mit 582 Quadratkilometern der drittgrößte See Mitteleuropas.

Die höchste Erhebung findet sich mit dem Montblanc (4.808 Meter) in den Alpen. Weitere prägnante Gebirge werden von den Karpaten, dem Apennin, den Pyrenäen und dem Skandinavischen Gebirge gebildet. In tektonisch kritischen Gebieten herrscht aktiver Vulkanismus vor, wie der annähernd 3.400 Meter hohe Ätna, der 2.119 Meter hohe Hvannadalshnjúkur unter dem Vatnajökull-Gletscher auf Island, der 1.725 Meter hohe Grímsvötn ebenfalls unter dem Vatnajökull-Gletscher, der 1.682 Meter hohe Herðubreið auf Island, der 1.491 Meter hohe Hekla ebenfalls auf Island oder der 1.200 Meter hohe Vesuv in Italien zeigen. Aus dieser Aufstellung geht schon deutlich hervor, dass Island das am stärksten vom Vulkanismus geprägte Land Europas ist.

Klimatisch gesehen liegt Europa überwiegend in den gemäßigten Breiten. In Anbetracht der geografischen Breite ist Europa eigentlich zu warm – der Golfstrom macht es möglich. Temperaturschwankungen zwischen den Jahreszeiten fallen daher auch geringer aus als in anderen Gebieten vergleichbarer Breite. Allerdings nimmt nach Osten der Einfluss des kontinentaleren Klimas zu. Der westliche Teil Europas ist den atlantischen Westwinden ausgesetzt, die ganzjährig Regen bringen. Die hohen Gebirgszüge wie die Alpen wirken als Barriere, an der sich die Wolken abregnen. So zählt das nördliche Alpenvorland zu den regenreichsten Gebieten Europas, südlich davon regnet es im Windschatten viel weniger. Nach Osten nimmt mit der Verstärkung der kontinentalen Klimaeinflüsse auch der Regen ab. Das südeuropäische Klima wird stark vom Mittelmeer beeinflusst. Das mediterrane Klima bringt trockene und heiße Sommer sowie milde und feuchte Winter. Extreme Klimasituationen zeigt der Südosten Spaniens, der im Windschatten der Iberischen Halbinsel inzwischen zunehmend steppenhaftes Klima annimmt. Im Südosten Europas zur Kaspischen Senke hin ist das Klima extrem kontinental mit heißen Sommern, kalten Wintern und sehr geringem Niederschlag. Ganz im Norden, in Lappland, herrscht schon arktisches Klima mit extrem langen und kalten Wintern.

Exkurs: Holland in Not!

Von allen europäischen Ländern haben die Niederlande am stärksten mit der See zu kämpfen. Sie grenzen mit ihrer gesamten Küstenlänge an die Nordsee. Doch dies war nicht immer so. Während der letzten Eiszeit banden Eispanzer über der nördlichen Halbkugel ungeheure Wassermassen, so dass der Meeresspiegel 130 Meter unter dem heutigen Niveau lag. Die Nordgrenze der damaligen Landmasse wurde von der Doggerbank gebildet, der Ärmelkanal zwischen Dover und Calais lag trocken. Über dem gesamten südlichen Teil der heutigen Nordsee breitete sich eine unwirtliche Kaltsteppe aus. Am Ende der Eiszeit begannen im Zuge der Wiedererwärmung vor etwa 15.000 Jahren die Gletscher abzuschmelzen, so dass der Meeresspiegel wieder anstieg. Vor etwa 6.000 Jahren öffnete sich dann der Ärmelkanal wieder und ließ das Wasser des Atlantischen Ozeans auf diesem Weg in die Nordsee fließen. Somit hatte der Golfstrom auch wieder unmittelbaren Zugang zur niederländischen Küste. Nunmehr schmolzen auch die skandinavischen Eiskappen weitgehend ab, unter dem nachlassenden Gewicht hob sich Skandinavien an und bei weiter steigendem Meerwasserspiegel senkte sich zum Ausgleich die Norddeutsche Tiefebene bis zur heutigen niederländisch-belgischen Küste ab. Immer mehr Meerwasser überflutete die ehemaligen Sandböden der vormaligen Kaltsteppe. Durch den Einfluss der Gezeiten auf den Golfstrom formten sich die ersten Strandwälle vor der niederländischen Küste und trennten die dahinterliegenden Landmassen vom Meer ab. So bildete sich vor etwa 5.000 Jahren ein sichelförmiger niederländischer Küstenverlauf heraus, der schon fast dem heutigen entsprach. In dem durch die Strandwälle geschützten Hinterland staute sich Süßwasser aus Zuflüssen und Regenfällen auf, so dass sich Hochmoore bildeten, die bald einen großen Teil der nördlichen und westlichen Niederlande einnahmen – bis heute werden übrigens die sandigen Strandwallflächen für den Blumenzwiebelanbau genutzt.

In der Antike, als die Römer über die Niederlande herrschten, war die Linie des Küstenstrandwalls durch die Trichtermündungen vier großer Flüsse unterbrochen, die im Laufe der Jahrhunderte das heutige Deltagebiet Zuid-Hollands und Zeelands ausbildeten. Die Mündung der Schelde lag im Bereich der heutigen Oosterschelde, südlich von Scheveningen lag die Mündung der Maas, bei Katwijk floss der Rhein in die Nordsee und bei Egmond lag die Mündung der Ur-Ij, jenes Flusses, der später dem Ijsselmeer seinen Namen gab.

Auch im weiteren Verlauf der niederländischen Küstenbildung hatte der Golfstrom entscheidenden Einfluss auf das Geschehen. Dadurch, dass dieser Strom im Bereich der nordholländischen Küste nach Norden abdriftet, zeichnete sich bereits im Zeitraum des frühen Mittelalters der Verlauf des späteren Wattenmeeres ab. Gegenläufige Strömungskräfte der Gezeiten einerseits und des Golfstroms andererseits bewirkten das Aufreißen der nördlicher verlaufenden Dünenreihe, und es entstanden nördlich von Petten die voneinander getrennten Düneninseln 't Oghe und Huisduinen. Jenseits des Marsdieps bildeten sich die niederländischen Wattinseln Texel, Vlieland, Terschelling, Ameland und Schiermonnikoog heraus.

Lag der Meerwasserspiegel zur Römerzeit noch zwei Meter über dem heutigen Niveau, so änderte sich dies im Laufe des Mittelalters – bis heute senkt sich übrigens die niederländische Küste noch leicht ab. Lagen die Hochmoore hinter dem Dünenwall zunächst noch über dem Meeresspiegel, so begannen die Menschen um das Jahr 1000 mit dem Torfabbau, wozu sie Entwässerungsgräben zogen. Durch die Austrocknung der Flächen setzte sich die Torfoberfläche, gleichzeitig senkte sich das Land insgesamt weiter ab, wodurch dem Meer zunehmende Überschwemmungsflächen eröffnet wurden. Beispielsweise weitete sich das bereits zur Römerzeit bestehende Flevomeer so zur Zuiderzee aus. Angesichts dieser für die Menschen immer bedrohlicher werdenden Situation setzten nunmehr in Holland die ersten Deichbaumaßnahmen ein – die Anlage des Westfriesischen Deichs, der im 12. Jahrhundert als geschlossener Schutzwall die westlich der Zuiderzee gelegenen friesischen Gebiete umschloss, ist das erste Beispiel einer solchen geplanten Gesamtanlage und gilt als die größte wasserbauliche Maßnahme des Mittelalters. Im Zuge der klimatischen Verschlechterung seit dem 1. Jahrtausend n.Chr. brachen Sturmfluten immer öfter in die Niederlande ein und überschwemmten die ehemaligen Hochmoorflächen. Bis zum 14. Jahrhundert waren so große Wasserflächen entstanden, wo einst festes Land war, wie beispielsweise im Noorderkwartier, wie der nördliche Teil Hollands genannt wird. Hier blieben das Beemstermeer, das Purmermeer, der Waard, das Schermermeer und in Südholland beispielsweise das Haarlemermeer. Gleichzeitig bildeten sich die Flussmündungsbereiche immer weiter aus. Ihre Terpen, wie in den Niederlanden die Warften heißen und von denen schon der römische Geschichtsschreiber Plinius berichtete, boten immer weniger Schutz vor den Nordseefluten. Nunmehr waren durchgreifendere Maßnahmen gegen das eindringende Wasser erforderlich, wobei das Stauwasser im Hinterland oft noch gefährlicher als das Nordseewasser war. Gegen das Stauwasser half nur Entwässerung. Zu diesem Zweck wurden Gräben angelegt und mit Schleusen versehen, die sich bei Ebbe öffneten, so dass überflüssiges Wasser ablaufen konnte. Doch gleichzeitig musste das entwässerte Gebiet auch gegen von außen eindringendes Wasser geschützt werden. Hierzu reichten die bisherigen Deiche, die zunächst reine Erdwälle von nur geringer Haltbarkeit waren, nicht mehr aus. Im Laufe der Zeit wurden die Deiche mit Hölzern verstärkt, die man durch Schilfmatten miteinander verband, in die man Lehm, Sand und Erde füllte – Steine kamen hierfür erst viel später zum Einsatz, da sie von weither herbeigeholt werden mussten. Besonders bedrohlich entwickelte sich die Situation im Deltagebiet, wo bis zum 15. Jahrhundert durch Sturmfluten einerseits und Flussablagerungen andererseits ein Gitterwerk aus Inseln und Halbinseln entstanden war, das weitgehend ungeschützt der Unbill der Natur ausgesetzt war. Die Katastrophe brach dann im Jahr 1421 mit der St.-Elisabeth-Flut über das Gebiet herein, die weite Landstriche im Delta unter Wasser setzte – und nur noch mit der Sturmflutkatastrophe des Jahres 1953 verglichen werden kann.

Erst mit dem Einsatz von Windmühlen wurde es seit dem 14. Jahrhundert möglich, von den Maßnahmen der Landsicherung zu Maßnahmen der Landgewinnung überzugehen. Durch ihre Kraftübertragung konnten nunmehr auch Flächen unterhalb des Meeresspiegels entwässert werden. Solche durch Windmühlen entwässerten Polder entstanden beispielsweise ab Mitte des 15. Jahrhunderts bei Schagen und im 16. Jahrhundert bei Alkmaar. Parallel dazu verbesserte sich die Technik des Deichbaus. Die erste planmäßige Anlage eines Seedeiches erfolgte im 16. Jahrhundert in Petten, wo sich rückwärtig zur Düneninsel 't Oghe im Mittelalter die Zijpe als Wattenbucht ausgebreitet hatte – es handelte sich zunächst um die Aufwerfung eines Sandrückens, für den man durch Einbringen von Stöcken in den Strandwalluntergrund auch die natürliche Dünenbildung durch Flugsand ausnutzte. Die meisten Küstendeiche der damaligen Zeit wurden unter der fachkundigen Leitung des Deichbauingenieurs Andries Vierlingh (1507–1579) erbaut.

Doch erst als sich holländischer Kaufmannsgeist auch für Landgewinnungsprojekte interessierte, erfolgte der entscheidende Durchbruch zur nachhaltigen Trockenlegung der Flächen, die im Mittelalter durch Sturmfluten an das Meer verloren gegangen waren. Die Städte wuchsen wie der Wohlstand ihrer Bewohner – und damit die Nachfrage nach landwirtschaftlichen Produkten. Am Überseehandel reich gewordene Amsterdamer Kaufleute steckten ihr Kapital in Landgewinnungsprojekte. Für die Planung und Realisierung solcher Polderprojekte im Einzugsbereich von Amsterdam zeichnete vor allem der Wasserbauingenieur Jan Adriaenszoon Leeghwater (1575–1650) verantwortlich. Unter seiner Leitung wurde durch Errichtung einer Vielzahl von Wassermühlen bis zum Jahr 1612 das Beemstermeer trockengelegt. Dort, wo die Schöpfkraft einer Mühle nicht ausreichte, tiefer liegende Gräben zu entwässern, wurden mehrere Mühlen hintereinandergeschaltet. Dieses

System kann man heute noch am bestem am Kinderdijk in Zuid-Holland erkennen. Nach dem Beemstermeer entstanden 1622 der Polder Purmer, 1626 der Wormer und ab 1631 der Schermer. Pläne für die Trockenlegung des Haarlemermeers bestanden auch schon, doch wurde dieses Projekt erst im 19. Jahrhundert realisiert. Und schon 1667 gab es Pläne zur Eindeichung der Zuiderzee, doch blieb ihre Realisierung dem 20. Jahrhundert nach Überschwemmungen im Jahr 1916 vorbehalten. Nach weit über zehnjähriger Bautätigkeit war 1932 die Zuiderzee durch den Abschlussdeich vom Meer getrennt, das neue Binnengewässer heißt seitdem Ijsselmeer.

Doch immer noch herrschte keine absolute Sicherheit an der niederländischen Küstenfront. Die Sturmflut vom 1. Februar 1953 zeigte die noch verbliebene Schwachstelle des Deltagebietes. Hier brachen die Deiche, über 200.000 Hektar Land wurden überschwemmt, 1.835 Menschen ertranken und 500.000 wurden obdachlos. Doch in über 30-jähriger Bautätigkeit nach dem sogenannten Deltaplan wurden alle niederländischen Küstendeiche auf eine Höhe von über elf Metern über dem Meeresspiegel gebracht, zusätzlich sichern vier Hauptdämme mit Sperrwerken im Flussmündungsbereich von Schelde, Maas und Rhein mit mehreren Nebendämmen im Hinterland die Küstenlinie im Süden der Niederlande. Als erste Maßnahme des Deltaplans wurden 1958 das Sturmflutwehr in der Hollandse Ijssel, als vorläufig letzte große Maßnahme 1997 das Sturmflutwehr im Nieuwe Waterweg fertiggestellt. Die größte Herausforderung stellte die Abriegelung der Oosterschelde dar: Dieses Mammutprojekt musste im Laufe seiner Realisierung sogar noch umgestaltet werden, denn die öffentliche Meinung hatte sich geändert und forderte nunmehr die nachhaltige Beachtung von Umweltschutzgedanken bei den weiteren Baumaßnahmen.

Übrigens wurde das Sturmflutwehr am Nieuwe Waterweg erstmals am 9. November 2007 angesichts einer erwarteten Springtide mit Orkanstärke geschlossen, als das Sturmtief Tilo über Europa zog. Glücklicherweise fiel die Flut nicht so verheerend aus wie zunächst angenommen. Der Rotterdamer Hafen und das Hinterland blieben unversehrt.

Blick auf den Abschlussdeich zum Ijsselmeer, der Nordholland mit Friesland verbindet. Der 29 Kilometer lange Sperrdamm wurde im September 1933 offiziell eröffnet, 1976 wurde die Straße auf der Deichkrone in eine mehrspurige Autobahn umgewandelt.

Die Ströme Europas

Wolga

Die Wolga ist mit einer Länge von 3.535 Kilometern Europas längster Fluss. Sie entspringt an ihrem westlichsten Punkt in den Waldaihöhen zwischen Moskau und St. Petersburg und mündet in das Kaspische Meer 28 Meter unter dem Meeresspiegel – insgesamt weist sie nur ein Gefälle von 156 Metern auf. Ihr Einzugsgebiet mit über 200 Zuflüssen und 150.000 zufließenden Bächen beträgt 1,41 Millionen Quadratkilometer. Schon in der Antike hatte die Wolga Bedeutung als Transportweg, die sie bis heute nicht verloren hat, denn der Fluss ist über Kanäle mit den anderen Wasserstraßensystemen des europäischen

Russlands verbunden. So schafft der Wolga-Ostsee-Kanal die Verbindung nach Westen zur Ostsee. Von diesem Kanal zweigt der Weißmeer-Ostsee-Kanal nach Norden zum Weißen Meer und damit weiter in die Barentssee ab. Über den Wolga-Don-Kanal führt der Weg über den Don und durch den Zimljansker Stausee in das Schwarze Meer. Überhaupt spielt die in vielen Abschnitten zu Stauseen aufgestaute Wolga nicht nur eine große Rolle für die Schifffahrt, sondern insgesamt für die wirtschaftliche Entwicklung der Region. Der erste der Stauseen war der von 1955 bis 1957 geschaffene Rybinsker Stausee, dahinter liegt die Stadt Rybinsk als größter Umschlaghafen an der oberen Wolga. Als weitere Stauseen folgen diejenigen von Gorki oberhalb von Nishnij Nowgorod, von Tscheboksary und nicht zuletzt der Samarer Stausee als größter Stausee an der Wolga und in Europa. Mit einer Länge von 550 Kilometern beansprucht er voll gefüllt eine Fläche von 6.450 Quadratkilometern. Am Ende des südwärts verlaufenden Mittellaufs der Wolga liegt Stalingrad, die Schicksalsstadt der deutschen Armee im Zweiten Weltkrieg. Zuvor war die Wolga allerdings zum 600 Kilometer langen Wolgograder Stausee aufgestaut – um nicht an die Schrecken des Krieges zu erinnern, wurde die Stadt in Wolgograd umgetauft.

Am Wolgaknie bei Wolgograd ändert die Wolga ihren Lauf in südöstliche Richtung und strebt ihrem Delta am Kaspischen Meer zu. Ihr Weg führt nun durch die Kaspische Senke, eine schon weitgehend baumlose Steppe mit wüstenhaftem Charakter. Längst hat sich der Fluss in mehrere Mündungsarme unterteilt. Schon oberhalb von Wolgograd hat sich der Mündungsarm Achtuba von der Wolga abgetrennt. Es ist der mit Abstand längste Mündungsarm, der nordöstlich parallel zur eigentlichen Wolga verläuft. Am Beginn des Deltas liegt die Stadt Astrachan, so benannt nach dem lockigen, auch Persinaer genannten Fell des Karakulschafes. Große Teile des Wolgadeltas stehen unter Naturschutz. Die weit verzweigten Flussarme sind verbliebener Lebensraum für so gefährdete Tierarten wie den Stör: Dessen Fang ist zwar stark reglementiert, doch illegaler Störfang zur Gewinnung des so kostbaren Kaviars wie auch die Verschmutzung der Wolga vor allem durch ungeklärte Industrieabwässer lassen die Bestände weiter schrumpfen.

Donau

Der Leitfluss Südeuropas ist die Donau. Sie ist mit einer Länge von 2.845 Kilometern auch der zweitlängste Fluss des Kontinents – wenn man die Zuflüsse zur Donauquelle in Donaueschingen hinzurechnet, sind es sogar 2.888 Kilometer. Die Donau verläuft auf ihrem Weg zum Mündungsdelta am Schwarzen Meer durch mehrere Länder Europas. Sie durchfließt das nördliche Alpenvorland und das Pannonische Becken – zunächst den als Kleine Ungarische Tiefebene bezeichneten Westteil bis zum Ungarischen Mittelgebirge, wo sie sich am Donauknie südwärts richtet und die große Ungarische Tiefebene quert und dann in ihrem Unterlauf dem Rumänischen Tiefland zustrebt. Mit ihrem Einzugsbereich von annähernd 796.000 Quadratkilometern entwässert sie große Teile Mittel- und Südosteuropas. Wichtige Nebenflüsse sind der Inn, die Drau, die Save, die Theiß und die Morava. Vier Landeshauptstädte liegen an der „schönen blauen Donau": Wien, Bratislava, Budapest und Belgrad. Dabei ist die Donau überhaupt nicht blau, sondern nimmt auch durch sehr unterschiedliche Wasserstände viele Sedimente mit.

Schiffbar ist die Donau ab Kehlheim, fast 500 Kilometer flussabwärts von der Quelle. Oberhalb sind die Schleusen mit 22 mal 4 Metern Ausmaß auf Boote in der Größe der sogenannten „Ulmer Schachtel" ausgelegt. Durch den Main-Donau-Kanal, der bei Kelheim auf die Donau stößt, ist sogar eine durchgehende Wasserstraße von der Nordsee über den Rhein und den Main bis ins Schwarze Meer gegeben. Ab Regensburg können größere Fracht- und Passagierschiffe die Donau befahren. Doch Probleme bereiten nach wie vor neben der nicht immer ausreichenden Wassertiefe vor allem zu niedrige Brücken, sodass dem so wichtigen Containertransport Grenzen gesetzt sind. Da durch wasserbauliche Maßnahmen fast 80 Prozent der einstigen Auenlandschaften entlang der Donau unwiederbringlich zerstört wurden, formierte sich Ende der 1970er-Jahre in Deutschland, Österreich und Ungarn der Widerstand gegen weitere Staustufen zur Energiegewinnung und zur Erhöhung der Transportkapazität der Donau.

Schon mit dem im Jahr 1972 erbauten Kraftwerk am Eisernen Tor, einem Durchbruchstal in den südlichen Karpaten zwischen dem serbischen Erzgebirge und dem Banater Gebirge, wurde erheblich in das Ökogefüge der Donau eingegriffen. Zweifelsohne bestand hier der gefährlichste Flussabschnitt für die Donauschifffahrt, der im Zuge des Staudammbaus mit Kraftwerk entschärft wurde. Der Stausee hob den Wasserstand um 35 Meter und reicht nun fast bis Belgrad zurück. Nach wie vor zählt das Durchbruchstal am Eisernen Tor zu den schönsten Abschnitten der Donau: Doch für den Damm mussten Tausende von Menschen umgesie-

Insgesamt neun Brücken überspannen in Budapest die Donau. Die älteste von ihnen ist die auf dem Foto gezeigte Kettenbrücke, die von 1839 bis 1849 erbaut wurde und zu einem Wahrzeichen der ungarischen Hauptstadt avancierte.

Oben: Der Main-Donau-Kanal ergänzt Rhein, Main und Donau zu einer durchgängig schiffbaren Verbindung zwischen der Nordsee und dem Schwarzen Meer.

Rechts: Der Nationalpark Donau-Auen wurde 1996 gegründet. Das Foto zeigt einen Altarm der Donau-Auen bei Schwechat in Niederösterreich.

delt werden, ganze Dörfer verschwanden, und der Eingriff ins Ökosystem lässt sich am besten am Beispiel der Störe aufzeigen, die nun nicht mehr oberhalb des Dammes ablaichen können.

Trotz aller Eingriffe in den Flusslauf sind Flora und Fauna der Donau immer noch vielfältig, und landschaftliche Reize hat dieser Fluss genügend zu bieten. So gibt es denn auch eine Vielzahl von Naturreservaten beiderseits des Donautals. Attraktiv sind die Felsformationen des Naturparks Obere Donau zwischen Immendingen und Ertingen, wo auch ein Teil des Donauwassers zum Rhein hin versickert. Steile Abbruchkanten gibt es im Naturschutzgebiet Donauleiten unterhalb von

Anmerkung: Donauquelle

Die Schedel'sche Weltchronik aus dem Jahr 1493 vermerkt, dass *„die Thonau, der berümbtist fluß Europe entspringt auß dem Arnobischen berg bey anfang des Schwarzwalds in einem Dorff Doneschingen genannt und fleußt vom nydergang gein dem orient …"* Doch tatsächlich entsteht die Donau durch den Zusammenfluss ihrer Quellbäche Brigach und Breg östlich von Donaueschingen – daher der Kinderspruch „Brigach und Breg bringen die Donau zuweg". Der Donaubach entspringt als Karstquelle neben dem Fürstlich Fürstenbergischen Schloss in Donaueschingen. Dieser Donaubach fließt nach wenigen hundert Metern

in die Brigach, ursprünglich am Schloss vorbei. Als der Schlosshof im Jahr 1820 umgestaltet wurde, leitete man die junge Donau unterirdisch zur heutigen Austrittsstelle an der Brigach, dem 1912 von Kaiser Wilhelm II. gestifteten Pavillon mit einem kleinen Wasserfall, um. Die eigentliche Schlossquelle ist im Schlosspark nicht zu übersehen. Der schon seit dem 18. Jahrhundert eingemauerte Quelltopf wurde 1875 mit einer imposanten Fassung durch Adolf Weinbrenner und Franz Xaver Reich versehen, allegorisch überhöht durch die 1895 vom Vöhrenbacher Bildhauer Adolf Heer geschaffene Marmorgruppe „Mutter Baar weist ihrer Tochter, der jungen Donau, den Weg nach Osten".

Die Quelle des Donaubachs neben dem Fürstlich Fürstenbergischen Schloss gehört zu den viel besuchten touristischen Anziehungspunkten Donaueschingens.

Passau. Der österreichische Nationalpark Donau-Auen erfasst das größte noch zusammenhängende Auengebiet des Flusses zwischen Wien und Hainburg im Mündungsbereich der March. Der ungarische Nationalpark Donau-Eipel schützt die artenreichen Tier- und Pflanzengesellschaften rund um das sogenannte Donauknie. Das serbische Spezial-Naturreservat Deliblatska peš ara entlang der Süd-

karpaten wartete mit einer für Europa einmaligen Dünenlandschaft auf. Im gleichfalls noch serbischen Nationalpark erdap durchbricht die Donau die südlichen Karpaten und bildet hier die größte Flussklippenlandschaft Europas. Doch das großartigste Naturgebiet wird vom Donaudelta gebildet, einem einzigartigen wie gleichermaßen vielfältigen Ökosystem.

Rhein

Der Rhein ist der größte mitteleuropäische Fluss und die bedeutendste Wasserstraße der Welt. Der 1.324 Kilometer lange Fluss, von dem 883 Kilometer schiffbar sind, erfasst ein Einzugsgebiet von fast 200.000 Quadratkilometern. Das Quellgebiet des Rheins liegt in den Schweizer Alpen oberhalb des Zusammenflusses von Vorder- und Hinterrhein bei Tamins. Der 70 Kilometer unterhalb von Tamins auf 2.344 Meter Höhe gelegene Tomasee wird als Quelle des Vorderrheins und auch als die des Rheins selbst betrachtet. Als Alpenrhein mündet der Fluss unterhalb von Rheineck in den Bodensee und verlässt ihn wieder bei Konstanz. Als Hochrhein überwindet er bei Schaffhausen die Felsenstufe des Jura im rund 24 Meter hohen Rheinfall und fließt in westliche Richtung bis Basel und von dort nordwärts als zwischen 1817 bis 1876 regulierter Oberrhein durch das Oberrheinische Tiefland. Zwischen Mainz und Bingen wendet er sich nach Westen und durchbricht dann in nordwestlicher Richtung als Mittelrhein das Rheinische Schiefergebirge. Zwischen dem Drachenfels im Siebengebirge und dem Rolandsbogen auf den Eifelausläufern öffnet sich die Köln-Bonner Bucht. Hier beginnt der Niederrhein, der sich bis zur niederländischen Grenze erstreckt. Unterhalb von Emmerich verzweigt sich der Fluss auf niederländischem Gebiet und bildet mit der Maas ein ausgedehntes Delta, dessen Hauptmündungsarm die Waal ist. Die Waal mündet dann als vereinigtes Flusssystem von Maas, Merwede sowie der Noord und Nieuwe Maas als Nieuwe Waterweg in die Nordsee. Der nördliche Rheinarm, von dem vor Arnheim die Ijssel zum Ijsselmeer abzweigt, fließt als Neder Rijn und Lek wiederum in die Nieuwe Maas. Die Mündungsarme des Rhein-Maas-Deltas wurden südlich des Nieuwe Waterweg durch die gewaltigen Sperrsysteme der Delta-Werke von der Nordsee abgeriegelt.

Der Rhein ist die Hauptader des weit verzweigten mitteleuropäischen Wasserstraßensystems. Er ist ab Rheinfelden schiffbar. Die Einteilung in Stromkilometer beginnt in der Mitte der alten Konstanzer Rheinbrücke und endet mit Kilometer 1.036,20 westlich von Hoek van Holland. Schiffbare Nebenflüsse sind der Neckar, der Main, der seit 1992 über den Rhein-Main-Donau-Kanal mit der Donau verbunden ist, was den Schifftransport bis ins Schwarze Meer ermöglicht, sowie die Mosel, die nach dem Zweiten Weltkrieg als Verbindungsweg nach Lothringen kanalisiert wurde. Durch Kanäle, die praktisch nur noch für Freizeitkapitäne von Bedeutung sind, ist der Rhein mit der Rhone und der Marne verbunden. Im Bereich des Hochrheins wird das Gefälle des Rheins durch zahlreiche Staustufen zur Energiegewinnung genutzt. Parallel zum begradigten Oberrhein verläuft der Rheinseitenkanal. Am Niederrhein bestehen die Verbindungen mit dem mitteldeutschen Flussnetz, zur Nordsee sowie in den Niederlanden mit dem umfangreichen Binnenwasserstraßensystem, das das gesamte

Land erfasst. Von großer Bedeutung ist auch der Personenverkehr über Fähren sowie als Ausflugs- und Fremdenverkehr.

Im Zuge der Industrialisierung und mit dem zunehmenden Schiffsverkehr wurde das ökologische Gleichgewicht des Rheins durch Abwässereinleitung, Industriewasserentnahme sowie Trinkwassergewinnung stark in Mitleidenschaft gezogen. Erst durch den Ausbau der Klärwasseranlagen seit den 1960er-Jahren, in deren Zuge nunmehr fast alle Haushalte, Gewerbe- und Industriebetriebe im Einzugsbereich des Rheins an dreistufige Kläranlagen angeschlossen sind, ist eine nachhaltige Entlastung der Situation eingetreten. Indirekte Eintragungen beispielsweise durch Düngemittel und Pflanzenschutzmittel bleiben ein – wenn auch geringer werdendes – Problem. Verschiedene Rheinkonventionen haben die Anrainerstaaten gegenseitig zu nachhaltigen Reinerhaltungsmaßnahmen verpflichtet, die längst Wirkung zeigen. Nach wie vor bereiten die Hochwasser am Rhein große Probleme, doch soll mit dem „Aktionsplan Hochwasser" bis zum Jahr

2020 auch unter Einbeziehung von Renaturierungsmaßnahmen und Schaffung geplanter Hochwasserausbreitungsflächen das ökologische Gesamtbild des Stroms weiter verbessert werden. So sehr der Mensch den Rhein für seine wirtschaftlichen Belange benutzt und leider auch missbraucht hat, so sehr hat er im Rheintal eine Kulturlandschaft geschaffen, die ihresgleichen auf der Erde sucht. Städte wie Basel, Mannheim, Mainz, Bonn, Köln und Düsseldorf säumen seine Ufer, dazu kommen Nimwegen an der Waal, Rotterdam an der Nieuwe Maas, Arnheim am Neder Rijn sowie Utrecht und Leiden am Oude Rijn. Großartige Bauwerke wie die Burgen am Mittelrhein oder der Kölner Dom prägen das Erscheinungsbild des Stroms genauso wie die Weinterrassen, die sich an seinen Hängen emporziehen. Dieses Bild des Rheins hat die Anfang des 19. Jahrhunderts aufkommende Romantik entscheidend geprägt. Das Ensemble aus Wein, Burgruinen und historischen Städten wurde 2002 als „Kulturlandschaft Oberes Mittelrheintal" zum UNESCO-Weltkulturerbe erklärt.

Das Köln-Panorama wird dominiert vom Wahrzeichen der Stadt, dem Kölner Dom.

Exkurs: Weltkulturerbe Mittelrheintal

Dass die malerische Landschaft des oberen Mittelrheintals mit all seinen Burgen und Städten heute auf der Liste des Weltkulturerbes der UNESCO steht, verdankt sie nicht nur den Schönheiten dieses Engtals, sondern auch seinen „Entdeckern", den Rheinromantikern. Als Geburtsjahr der Rheinromantik in Deutschland gilt das Jahr 1802 – in diesem Jahr durchquerte Friedrich Schlegel auf seinem Weg nach Paris das Rheintal und formulierte, von seinen Eindrücken begeistert, eine neue Landschaftsästhetik der unverfälschten Natur, die nicht mehr die Lieblichkeit barocker Idylle suchte, sondern ursprüngliche, raue und wilde Natur. Dieses Landschaftsbild präsentierte sich ihm im Engtal des Rheins zwischen Koblenz und Mainz, dessen Felsen dazu von Burgruinen bekrönt

waren, die ihm als stumme Überreste eines als „ursprünglich" verklärten Mittelalters von der guten alten Zeit kündeten. Noch im selben Jahr 1802 durchwanderten die Dichterfreunde Achim von Arnim und Clemens von Brentano das Rheintal von Bingen nach Koblenz:

„Es setzten zwei Vertraute
zum Rhein den Wanderstab,
der braune schlug die Laute,
das Lied der blonde gab"

Damit setzten sie die Maßstäbe für die neue Rheinromantik: Die literarische Rheinromantik war angebrochen. Nur wenig später folgte der große englische Landschaftsmaler William Turner den Spuren seiner literarischen Vorgänger entlang des Rheins und fing mit seinen großartigen Bildern die dramatischen Aspekte dieser einzigartigen Rheinlandschaft ein.

Für die Aufnahme des Oberen Mittelrheintals in die Welterbeliste der UNESCO im Jahr 2002 war dann auch die besondere Vielfalt und Schönheit der Kulturlandschaft am Rhein ausschlaggebend. Gewürdigt wurde damit gleichermaßen die natürliche Schönheit der Ausformung dieser Flusslandschaft wie ihre Ausgestaltung durch die Menschen – ihr außergewöhnlich natürlicher Reichtum und die sie auslösenden historischen und künstlerischen Assoziationen. Gleichzeitig wurde damit auch die Bedeutung des Rheins gewürdigt, der nunmehr seit über zwei Jahrtausenden einen der wichtigsten Verkehrswege für den kulturellen Austausch zwischen der Mittelmeerregion und dem Norden Europas darstellt und somit prägend für die Geschichte des Abendlandes ist.

Das Mittelrheintal ist ein klimatischer Gunstraum: Tief eingeschnitten speichert das Engtal die Sonnenwärme, bietet hier Pflanzen und Tieren mediterraner Herkunft Lebensraum, lässt die Reben an den Talhängen gedeihen, für die die Menschen Terrassen anlegten, die bis heute das Erscheinungsbild der Rheinlandschaft prägen – genauso wie die auf den Felsvorsprüngen der Mittelterrasse des Rheins angelegten Burgen und die kleinen historischen Orte am Ufer mit ihrem mittelalterlichen Erscheinungsbild.

An der größten Schleife des Rheins am oberen Mittelrhein liegt die Stadt Boppard. Der vom Weinbau geprägte Ort ist heute vor allem als Kur- und Badeort beliebt.

Anmerkung: Die Rückkehr der Lachse im Rhein

Noch im 19. Jahrhundert war es Kölner Haushalten untersagt, ihrem Dienstpersonal öfter als dreimal wöchentlich Lachs als Mahlzeit vorzusetzen – Lachse waren einst so häufig im Rhein und anderen Flüssen Europas anzutreffen, dass sie als „Arme-Leute-Essen" galten. Allein in Köln hatte man 1883 rund 250.000 Lachse gefangen. Doch hat die Verschmutzung des Rheins die Lachse aus dem Fluss vertrieben. Erst mit der Verbesserung seiner Wasserqualität und dem gezielten Aussetzen von Lachsen seit den 1980er-Jahren sind wieder Lachse im Fluss heimisch – gekrönt durch die erste Rückkehr eingesetzter Junglachse im Oberrhein im Jahr 1997. Ein weiteres erfolgreiches Beispiel zeigt das Aussetzen von Junglachsen in der Sieg in der Nähe von Bonn, die nach ihrer mehrjährigen Wanderung durch das Meer auch hierher wiederkommen sollten. Schon Anfang der 1990er-Jahre kamen die ersten Lachse zurück – zuerst nur vereinzelt, inzwischen aber doch in stattlicher Zahl. In der Sieg konnten 1994 sogar erstmals Lachslarven in natürlichen Laichgruben nachgewiesen werden, in der elsässischen Ill gelang dieser Nachweis 1997. Beim Stauwehr in Buisdorf an der Sieg ist im Übrigen eine der schönsten Stellen, um die Lachse beim Aufstieg in die Sieg zu beobachten.

So nehmen immer mehr Rheinlachse wieder ihre Tausende von Kilometern lange Wanderung auf sich, um nach zwei Lebensjahren an ihrem Geburtsort den Rhein abwärts bis in den Nordatlantik zu schwimmen, wo sie den längsten Teil ihres Lebens verbringen. Nach einigen Jahren kehren sie an ihren Geburtsort zurück.

Oben: Ein malerisches Panorama am Mittelrhein: die Burg Katz über Sankt Goarshausen mit Blick auf den Loreley-Schieferfelsen.
Unten: Auf einer Felsinsel im Rhein bei dem mittelalterlichen Weinstädtchen Kaub steht die Burg Pfalzgrafenstein, die aus einem 1327 fertig gestellten Turm entstand. Auf einem Felssporn über Kaub thront die Burg Gutenfels, die Anfang des 13. Jahrhunderts errichtet wurde.

Loire

Die Loire ist der längste Fluss Frankreichs. Ihr Einzugsgebiet von 117.000 Quadratkilometern macht ein Fünftel der Fläche des Landes aus. Auf ihrem Weg von der Quelle im Zentralmassiv am Mont Gerbier-de-Jonc durchfließt die Loire das Zentralmassiv, wird im Pariser Becken am sogenannten Loirebogen nach Westen abgelenkt, durchbricht das Armorikanische Massiv und mündet mit einem bis zu acht Kilometer breiten Mündungstrichter bei Saint-Nazaire in den Atlantischen Ozean – und hat bis dahin eine Strecke von 1.020 Kilometern zurückgelegt. Reizvolle Schlösser säumen die Ufer des Flusslaufes vor allem zwischen Sully-sur-Loire und Chalonnes-sur-Loire – dieses in die zauberhafte Landschaft eingebundene Bauensemble ist kulturgeschichtlich so bedeutend, dass es im Jahr 2000 in die Weltkulturerbe-Liste der UNESCO eingetragen wurde.

Doch es sind nicht nur die Schlösser, die den Charme der Loire ausmachen. So ist beispielsweise der Unterlauf der Loire noch weitgehend unberührt. Keine Schleusen oder Dämme stören den Verlauf des Flusses, sodass er sich in seinem ausladenden Bett ausbreiten und je nach Wasserstand seinen Verlauf zwischen Sand- und Kiesbetten

Die imposante Kanalbrücke von Briare führt den Canal latéral à la Loire über das breite Flussbett der Loire. Mit ihrer Länge von rund 660 Metern war die von 1890 bis 1896 errichtete Trogbrücke über 100 Jahre die längste schiffbare Brücke Europas.

wählen kann. Dennoch war die Loire einst für den Warentransport sehr wichtig, als für Massengüter noch keine Eisenbahn zur Verfügung stand. Heute ist die Loire nur noch das kleine Stück von der Mündung bis Nantes schiffbar, oberhalb davon verkehren Ausflugsdampfer, die ihren Passagieren die Möglichkeit bieten, die berühmten Schlösser der Loire vom Wasser aus zu betrachten. Die Natürlichkeit des Flusslaufes lässt größere Schiffe auf der Loire kaum zu, sodass parallele Kanäle den Schiffstransport übernehmen, wie der Canal de Roanne à Digoin und der Canal latéral à la Loire. Beide wurden Anfang des 19. Jahrhunderts errichtet. In Digoin schon am Oberlauf quert der Canal latéral die Loire über den Pont-Canal, um in den Canal du Centre einzumünden. Dieser von 1834 bis 1838 errichtete Pont-Canal ist ein technisches Meisterwerk von 243 Metern Länge, ein Steinviadukt mit elf Bögen, das mit einer Schleuse abschließt. Heute nutzen hauptsächlich Freizeitkapitäne diese alten Kanäle, die im Übrigen über die Burgundische Pforte auch mit dem Rhein verbunden sind. Wichtig ist die Loire aber für die Stromerzeugung: An ihren Ufern liegen die vier Kernkraftwerke von Belleville, Dampierre, Nogent und Saint-Laurent. Am Mittel- und Unterlauf erstrecken sich die so berühmten Weinbaugebiete Sancerre, Touraine, Anjou und Saumurois sowie Muscadet.

Viele interessante Städte liegen an der Loire, so Nevers im Übergang zum Mittellauf mit seiner erhaben gelegenen Kathedrale Saint-Cyr-et-Sainte-Julitte. Wenig unterhalb kreuzt der Jakobsweg nach Santiago de Compostella die Loire in La Charité-sur-Loire, wo die großartige Prioratskirche Sainte-Croix-Notre-Dame für die Pilger entstand. Der nächste große Ort ist Orléans. Weiter flussabwärts liegt Tour, eine Stadt mit vielen Sehenswürdigkeiten, vor allem der Kathedrale und dem alten Baubestand der Altstadt. Vorbei an Angers nahe der Loire mit dem beeindruckenden Schloss geht es nach Nantes, wo schon der Mündungsbereich der Loire beginnt. Saint-Nazaire ist dann der Ort an der eigentlichen Mündung der Loire in den Atlantischen Ozean, überragt von der hohen, weit spannenten Pont de Saint-Nazaire über die Loire. Im Zweiten Weltkrieg war Saint-Nazaire deutscher U-Bootstützpunkt, die alten U-Bootbunker stehen noch.

Exkurs: Die Loireschlösser

Während des Hundertjährigen Krieges, in dem die Engländer versuchten, Frankreich zu unterwerfen, war die Region am Unterlauf der Loire zwischen Orléans und der Mündung Grenzgebiet zu den Engländern. Hier bauten die Franzosen ihre Stellungen gegen den Feind aus – so entstanden zunächst wehrhafte Bauwerke entlang des Flusses. Nach dem Ende des Krieges waren die alten Burganlagen bedeutungslos geworden, auch entsprach ihr gotischer Stil nicht mehr den ästhetischen Bedürfnissen des französischen Königshofes und der Adeligen, die nunmehr den repräsentativeren Stil der Renaissance bevorzugten. Einzelne alte Burgen verfielen, andere wurden als prächtige Renaissanceschlösser umgebaut und erweitert. So zog es vor allem den Adel an die schönen Gefilde der Loire und ihrer reizvollen Seitentäler, wo sie ihre herrschaftlichen Schlösser mit wunderschönen Gartenanlagen umgaben. Und weil auch die französischen Könige hier ihrer Jagdleidenschaft frönten, spielte sich im 15. und beginnenden 16. Jahrhundert französische Politik weniger in Paris als an der Loire ab.

In der zweiten Hälfte des 15. Jahrhunderts entstanden aus den auf Hügeln liegenden befestigten Burganlagen des 12. bis 14. Jahrhunderts die Schlösser von Sully, Loches, Chinon, Langeais und Angers, und als neue prunkvolle Renaissanceschlösser folgten Chambord, Blois, Amboise, Chenonceaux und Azay-le-Rideau. Das Schloss von Amboise gilt gar als Wiege der Renaissance in Frankreich, errichtet von König Karl VIII., nachdem er von Feldzügen in Italien zurückgekehrt war. Azey-le-Rideau wurde von Gilles Berthelot, dem Schatzmeister von König Franz I., auf einer Insel im Loire-Nebenfluss Indre als zauberhaftes Wasserschloss errichtet. Das Königsschloss von Blois zeigt unter Schieferdächern und verzierten Schornsteinen mit seinen langen Galerien und zahlreichen Loggien ganz deutlich den italienischen Architektureinfluss – besonders berühmt ist die offene Renaissancetreppe im Hof. Großartig ist das Schloss von Chambord, mit 440 Zimmern nicht nur das berühmteste an der Loire, sondern auch das größte. Schloss Chenonceau ist die Perle unter den Loireschlössern, gebaut auf einer mehrbogigen Brücke über den Cher, einem Nebenfluss der Loire. Majestätisch zeigt sich das Schloss von Chaumont, dessen Charakter als Wehrburg aus dem 10. Jahrhundert weitgehend erhalten blieb. Nach einem Brand wurde es 1510 als Kastell wieder aufgebaut.

Ein Meisterwerk der französischen Renaissance-Architektur: Das 15 Kilometer von Blois gelegene Schloss Chambord gilt als das prächtigste aller Loireschlösser.

Tajo

Der Tajo, in Portugal Tejo genannt, durchquert auf einer Länge von 1.007 Kilometern fast die gesamte Iberische Halbinsel, davon 816 Kilometer auf spanischem Gebiet, 47 Kilometer als Grenzfluss und 144 Kilometer auf portugiesischem Gebiet. Damit ist er der längste Fluss auf der Halbinsel und von entsprechend großer Bedeutung für Spanien und Portugal, auch wenn er nur 121 Kilometer von der Mündung aufwärts schiffbar ist.

Die Quelle des Tajo ist die Fuente de García in der Sierra de Albarracín auf 1.593 Metern Höhe im Osten Spaniens. Sein Weg führt den Tajo teilweise durch tiefe Schluchten durch das spanische Hochland, 40 Kilometer vorbei an Madrid. Südlich von Madrid ist Aranjuez die erste größere Ortschaft an seinem Ufer. Danach folgt Toledo, nach der Rückeroberung durch spanische Truppen von den Mauren seit 1087 Residenz des Königreichs Kastilien und bis 1561 Hauptstadt Spaniens. Hier in seinem mittleren Abschnitt dient der Tajo in dem Bereich von Toledo zur landwirtschaftlichen Bewässerung. Weiter geht es über Talavera de la Reina mit seinem weithin bekannten Museum Ruiz de Luna und nördlich an Cáceres vorbei nach Alcántara. Weiter westlich fließt der Tajo wiederum durch enge Schluchten, um dann auf portugiesisches Gebiet zu gelangen. Im unteren Verlauf durchquert der Tajo nun das Landwirtschaftsgebiet um Santarém und geht dann in die Bucht von Lissabon über, die sich dem Atlantik öffnet. Diese Bucht wird seit 1998 von der über 17 Kilometer langen Ponte Vasco da Gama überspannt, der längsten Brücke in Europa.

Wichtige Nebenflüsse des Tajo sind in Spanien der Jarana, der bei Aranjuez von Nordosten her einmündet, der Alagón, der an der Grenze zu Portugal ebenfalls von Nordosten her einströmt, sowie der Zezere, der westlich von Abrantes in Portugal von Norden her kommt. Der Tajo wird durch zahlreiche Staudämme sowohl zur Stromerzeugung als auch zur Bildung mehrerer lang gestreckter Wasserreservoirs genutzt, die vorwiegend der landwirtschaftlichen Bewässerung dienen. Die wichtigsten sind der Valdecañas-Stausee und der Alcántara-Stausee, letzterer mit einer maximalen Ausbreitung von 104 Quadratkilometern und einem Fassungsvermögen von 3,16 Millionen Kubikmetern Wasser die größte Talsperre am Tajo.

Exkurs: Torre de Belém

Der Torre de Belém ist ein herausragendes Wahrzeichen der Stadt Lissabon. Der in die Weltkulturerbe-Liste der UNESCO eingetragene Turm an der Tejo-Mündung unterhalb von Lissabon wurde von 1515 bis 1521 unter König Manuel I. von Francisco de Arruda erbaut. Damals stand der Turm noch inmitten des Tejo und begrüßte ankommende Seefahrer – er ist das in Stein gemeißelte Monument portugiesischer Seemacht zu jener Zeit. Und als Leuchtturm mit einer Statue Unserer Lieben Frau als Schutzpatronin der Seefahrer begrüßte er die aus Übersee zurückkehrenden portugiesischen Schiffe. Der Turm ist mit Dekorationselementen im manuelinischen Stil und Symbolen der Macht des portugiesischen Königshauses, mit Schnurreliefs, schildförmigen Zinnen, durchbrochenen Balkonen und maurischen Ausgucken reichlich verziert.

Der Torre de Belém stand einst sogar unmittelbar im Wasser, ist heute aber durch Anschüttungen fast mit dem Land verbunden und kann bei Ebbe zu Fuß erreicht werden. Er wurde schon bald nach seiner Fertigstellung in einen Zollkontrollpunkt und viel später zur Telegraphenstation umgebaut. Als 1580 der spanische König Philip II. auch König von Portugal wurde, diente der Turm sogar als Gefängnis für politische Gefangene. Die freiliegende oberste Etage des Turmes dient heute als Aussichtsplattform.

Als steinernes Symbol portugiesischer Seemacht erhebt sich der Turm von Belém am Ufer des Tejo unterhalb von Lissabon.

Die Seen Europas

Ladogasee

Der Ladogasee, Europas größter See, erstreckt sich 5 Meter über dem Meeresspiegel mit einer Fläche von über 18.000 Quadratkilometern einschließlich seiner über 600 Inseln in Nordwestrussland zwischen der Oblast Leningrad und dem Süden der heutigen russischen Republik Karelien, nahe der Grenze zu Finnland. In Nord-Süd-Richtung misst er knapp über 220 Kilometer und an seiner breitesten Stelle in West-Ost-Richtung 120 Kilometer. Seine Tiefe beträgt bis zu 225 Meter, durchschnittlich etwa 52 Meter. Mit Ausnahme des felsigen Nordwestufers herrschen flache, sandige Uferlinien vor. Die Hauptzuflüsse des Ladogasees sind der Wolchow vom Ilmensee, die Wuoksa von der Finnischen Seenplatte und der Swir vom Onegasee kommend. Über die Newa entwässert der Ladogasee in den Finnischen Meerbusen. Erdgeschichtlich stellt der Ladogasee einen jungen See dar. Er wurde am Ende der jüngsten Eiszeit, der Weichseleiszeit, durch Gletscherzungen ausgeschürft. Schmelzwasser hinterließen dann vor etwa 15.000 Jahren diese Wasserfläche. Das kare-

lische Gebiet um die Newa und den Ladogasee ist seit über 8.000 Jahren besiedelt, wie archäologische Funde beweisen. Ursprünglich hieß der See Nevo, was in der karelischen Sprache „See" bedeutet. Die frühesten Siedlungen der Karelier werden auf das 12. Jahrhundert datiert. Ab dem 13. Jahrhundert kam der heutige Name Ladogasee auf, abgeleitet von der gleichnamigen, bereits im Jahr 753 gegründeten Stadt Ladoga (heute Staraja Ladoga) an der Mündung des Wolchow in den See. Diese mittelalterliche Hansestadt war das damalige politische und wirtschaftliche Zentrum der Region. Im Mittelalter waren Newa und Ladogasee vor allem für die Schifffahrt von großer Bedeutung, da über sie eine Verbindung von der Ostsee über den Dnjepr und das Schwarze Meer mit der arabischen Welt und auf einem östlichen Weg über die Wolga sogar in das Kaspische Meer bestand.

Im Zweiten Weltkrieg war der Ladogasee überlebenswichtig für die durch die deutschen Truppen von 1941 bis 1944 eingeschlossene Stadt Leningrad, dem heutigen St. Petersburg. Das Schicksal Leningrads hing damals an einem seidenen Faden namens

Das Walaam-Archpiel im nordöstlichen Teil des Ladogasees in Karelien besteht aus mehr als 50 zum Teil bewohnten kleinen Inseln. Auf einer dieser Inseln befindet sich das auf dem Foto gezeigte orthodoxe Mönchskloster, das einer Legende zufolge von dem Apostel Andrej Perwoswanny im 1. Jahrhundert gegründet wurde.

„Straße des Lebens": Die einzige Möglichkeit, die belagerte Stadt mit Waffen, Heizmaterial und Lebensmitteln zu versorgen, war der Warentransport über den See – winters mit Lastwagen übers Eis, sommers auf dem Wasserweg. Bei Kilometer 40 an der Uferstraße steht ein großes Denkmal für die Opfer und Helden dieser „Straße des Lebens". Bis heute ist der Ladogasee noch für die Binnenschifffahrt von Bedeutung, da er in das System der Binnenwasserstraßen des europäischen Russlands eingebunden ist. Über seinen Abfluss, den Fluss Newa, steht er mit der Ostsee in Verbindung. Über den Swir, einen der Hauptzuflüsse des Ladogasees, besteht eine Verbindung zum Onegasee. Von dort gibt es einerseits mit dem Weißmeer-Ostsee-Kanal und der Nördlichen Dwina schiffbare Wasserwege zum Weißen Meer, andererseits erschließt sich über die Kanäle des Wolga-Ostsee-Wasserweges auch heute noch der Zugang zum Kaspischen und zum Schwarzen Meer. Obwohl die Newa inzwischen durch Industrie- und Haushaltsabwässer schon stark belastet ist, ist das Hinterland von St. Petersburg mit dem Ladogasee noch weitgehend intakt. So machen sich im Sommer Heerscharen von Petersburgern auf, um sich an seinem Ufer zu erholen und vielleicht auch ein Bad zu nehmen – das Wasser ist zwar kalt, erwärmt sich aber am Rand flacher Ufer.

Bodensee

Der Bodensee, benannt nach der karolingischen Pfalz *Bodman*, ist ein komplexes Gewässer am Nordrand der mittleren Alpen, geformt während der letzten Eiszeit aus dem Rheingletscher. Er setzt sich aus den drei Seeteilen Obersee, Überlinger See und Untersee zusammen. Anrainerstaaten des 536 Quadratkilometer bedeckenden Sees sind Deutschland, Österreich und die Schweiz. Sein Seespiegel liegt auf 395 Metern über dem Meeresspiegel, seine größte Tiefe beträgt 254 Meter. Der Hauptzufluss des Bodensees ist der Alpenrhein, der im Südosten des Obersees in einem unter Naturschutz stehenden Delta mündet und als Seerhein seinen Abfluss in den Untersee darstellt, von dem er als Hochrhein den Bodenseekomplex verlässt. Weitere kleinere Zuflüsse des Obersees werden von der Bregenzer Ach, der Leiblach, der Schussen oder beispielsweise auch der Steinach gebildet. In den Untersee mündet noch die Radolfzeller Ach.

Die größte Teilfläche des Bodensees stellt der Obersee dar, der sich zwischen Bregenz und Bodman-Ludwigshafen erstreckt und bei Friedrichshafen eine Breite von 14 Kilometern erreicht. Der nordwestliche Finger des Obersees ab Meersburg heißt Überlinger See. Ganz am Ostufer erstreckt sich die österreichische Stadt Bregenz, weithin bekannt

Oben: Blick auf den Lindauer Hafen, in dessen Zentrum der Alte Leuchtturm aufragt.
Unten: Die mittelalterliche Burg Meersburg zählt zu den architektonischen Attraktionen am Bodensee.

Auf einem Felsen am Ostufer des Genfer Sees liegt malerisch das zauberhafte Château Chillon. Im Hintergrund erhebt sich die Bergkette Dents du Midi.

durch die Bregenzer Sommerfestspiele, die auf einer Seebühne stattfinden. Besonders reizvoll ist der ganz am Nordosten auf einer Insel gelegene Ort Lindau mit seiner historischen Altstadt und dem 1856 angelegten Hafen mit den Wahrzeichen Löwe und Leuchtturm. Dabei handelt es sich um den einzigen Leuchtturm Bayerns: Denn Lindau liegt noch auf bayerischem Gebiet an dem ansonsten auch gern als „Schwäbisches Meer" bezeichneten Bodensee. Weiter westlich stiegen in Friedrichshafen am Nordufer seit dem Jahr 1900 die ersten Zeppeline auf. 1928 überquerte ein Zeppelin aus Friedrichshafen als erstes Luftfahrzeug überhaupt den Atlantik. Am Übergang zum Überlinger See erhebt sich auf steilen Rebhängen die Stadt Meersburg mit ihrem Alten und Neuen Schloss. Noch weiter westlich zeugen die Pfahlbauten von Uhldingen von der steinzeitlichen Besiedlung des Bodensees. Nur ein Stück weiter auf dem Weg nach Überlingen steht die barocke Wallfahrtskirche von Birnau oberhalb des Ufers. Im See steht auf der Insel Mainau das Schloss der Grafen Bernadotte. Begünstigt durch das milde Klima des Sees ist die Insel ein wahres Blumenparadies. In Konstanz tritt der Rhein aus dem Obersee aus. Nach kurzer Strecke des Seerheins öffnet sich der durch Endmoränen verschiedener Gletscherzungen und Mittelmoränen geprägte und stark gegliederte Untersee mit der Insel Reichenau in seiner Mitte. Es ist die größte Insel im gesamten Seenkomplex, die im Jahr 2000 mit dem Kloster Reichenau in die Weltkulturerbe-Liste der UNESCO eingetragen wurde. Ganz am Ausgang des Untersees stellt Stein am Rhein eine letzte Perle am Bodensee dar.

Genfer See

Das Gegenstück zum Bodensee bildet der Genfer See an der Südseite der Alpen. Dieser See bedeckt eine Fläche von 582 Quadratkilometern im schweizerisch-französischen Grenzgebiet. Hier trägt er den Namen Lac Léman. Sein Wasserspiegel liegt 372 Meter über dem Meer, seine tiefste Stelle reicht 310 Meter hinab. Elegant geschwungen streckt sich der 72 Kilometer lange und bis zu 14 Kilometer breite See an der grandiosen Alpenkulisse entlang. Im Osten steigen die Waadtländer Alpen über dem Rhônedelta auf, im Norden ziehen sich die zur Sonne exponierten Rebhänge mit Burgen und Winzerdörfern entlang, im Westen sieht man die grünen Ausläufer des Jura und im Süden ragen die majestätischen Savoyer Alpen mit dem 4.807 Meter hohen Montblanc empor.

Den Hauptzufluss zum Genfer See erbringt die Rhône. Sie mündet in einem Delta bei Le Bouveret im Osten. Der zweitwichtigste Zufluss ist die Dranse, darüber hinaus sind noch die Venoge und die Aubonne von Bedeutung. Bei Genf tritt die Rhône wieder aus dem Genfer See aus. Lausanne

Exkurs: Château Chillon

Als „Perle" am Genfer See gilt Château Chillon fünf Kilometer südöstlich von Montreux. Das Schloss gilt wegen seiner malerischen Lage auf einem Felsen am Ufer des Sees als schönste Wasserburg der Schweiz. Genau diese strategisch so wichtige Lage an einer engen Durchgangsstelle zwischen dem See und den steil aufragenden Bergen erleichterte die Kontrolle der Straße von Lausanne zum Großen St. Bernhard und über den Simplonpass – weshalb die Burg als ertragreiche Zollstation fungierte. Die aus 25 Baukörpern bestehende Schlossanlage entstand im Wesentlichen in romanischer und frühgotischer Zeit. Im 13. Jahrhundert wurde Chillon unter dem Grafen Peter II. von Savoyen vollständig umgebaut und erheblich vergrößert. Heute kann man das sorgfältig restaurierte Schloss von den Kellergewölben bis zum Bergfried besichtigen.

und Genf sind die wichtigsten Orte am See; weitere international bekannte Städte sind Montreux und Vevey am nordöstlichen Seeufer sowie am südlichen, französischen Seeufer Thonon-les-Bains und Évian-les-Bains, in dessen westlicher Nachbargemeinde Publier das weltbekannte Mineralwasser abgefüllt wird.

Exkurs: Eifelmaare

Eine Besonderheit im Landschaftsbild der Mittelgebirge stellen die Eifelmaare (lateinisch *mare* = die See, das Meer) dar, die von der Heimatdichterin Clara Viebig auch als die „Augen der Eifel" bezeichnet wurden. Überwiegend entstanden die Maare in der letzten Ausbruchsperiode des Eifel-Vulkanismus. Es handelt sich dabei um kraterförmige Vertiefungen, die durch vulkanische Gasexplosionen, sogenannte phreatomagmatische Explosionen, entstanden. Maare sind meistens kreisförmig und teilweise noch mit Wasser gefüllt, sodass man Maarseen von Trockenmaaren unterscheidet.

In der ersten Entstehungsphase eines Maars trifft aufsteigendes Magma mit wasserführenden Gesteinsschichten zusammen. Beim Kontakt von Wasser und Magma kommt es zu jenen phreatomagmatischen Explosionen, mit denen das umgebende Gestein zusammen mit der Magma in kleinste Bestandteile zerfetzt und aus dem Explosionstrichter geschleudert wird. Das Gestein bricht über dem Expolsionsschlot zusammen, der Maartrichter entsteht und nachfolgendes Auswurfmaterial füllt den Trichter wieder auf. Ist die Masse des Auswurfmaterials begrenzt, bleibt dennoch ein Trichter erhalten, der sich mit Grund- und Oberflächenwasser füllt, sodass ein Maarsee entsteht. Verfüllt sich der Trichter, auch durch spätere Sedimente, entsteht das Trockenmaar. Der schönste Maarsee ist das kreisrunde Pulvermaar bei Gillenfeld. Besonders reizvoll betten sich auch die drei Dauner Maare in die Eifellandschaft ein. Idyllisch spiegelt sich im Ulmener Maar die Kirche von Ulmen. Das interessanteste

Trockenmaar ist das Booser Doppelmaar westlich von Boos bei Kelberg.

Als das älteste Maar wird das Eckfelder Maar bei Manderscheid angesehen. Es stammt noch aus der erdgeschichtlichen Epoche des Eozäns, der zweiten Epoche des Tertiärs vor etwa 50 Millionen Jahren. In diese Periode fällt die sprunghafte Weiterentwicklung der Säugetiere, vor allem der Unpaarhufer, Fledertiere, Primaten und Nagetiere. Und so hat man im Untergrund dieses Maares so sensationelle Funde wie das Eckfelder Urpferd, ein vollständig erhaltenes Skelett einer trächtigen Stute, sowie den Flügel einer vorzeitlichen Fledermaus gemacht.

Die von einer sanftwelligen Hügellandschaft umgebene Gruppe der drei Dauner Maare, die das Foto aus der Vogelperspektive zeigt, gehört zu den Attraktionen der Vulkaneifel.

Die Wasserlandschaften Europas

Donaudelta

Nach ihrem fast 3.000 Kilometer langen Verlauf verliert sich die Donau in einem einzigartigen Labyrinth aus drei Hauptmündungsarmen, unzähligen Wasserläufen, Kanälen, Seen, Auwäldern sowie extremen Trockenbiotopen auf Dünen, Schilf und Schlamm. Über die Donau und ihr Delta berichteten schon die antiken Geschichtsschreiber und Reisenden. Die alten Ägypter und Griechen nannten den Strom Istros, die Römer seinen Oberlauf Danubius und den Verlauf vom jetzigen Eisernen Tor bis zur Mündung Ister. Etwa 14.000 Menschen sind hier an den Wasserläufen und auf den von Fluss- und Meeresbänken gebildeten Inseln zuhause. Es sind vor allem Slawen, Ukrainer und Lepovener, die hier verstreut wohnen und ein eher einsames Leben führen.

Von den Hauptarmen bildet der Chilia-Arm als der nördlichste die Grenze zwischen Rumänien und der Ukraine. Hier erstreckt sich das Naturreservat Letea mit Sanddünen und subtropischen Wäldern. Der Sulina-Arm fließt mitten durch das Delta und ist zur Wasserstraße ausgebaut worden. Im Süden mündet der Sfantu-Gheorghe-Arm bei der gleichnamigen Siedlung ins Schwarze Meer.

Das Donaudelta steht seit 1991 als einmaliges Ökosystem mit einer Fläche von 5.000 Quadratkilometern auch als Europas größtes Feuchtgebiet auf der Weltnaturerbe-Liste der UNESCO. Seit dem Jahr 2000 verpflichteten sich dazu die Regierungen Rumäniens, Bulgariens, Moldawiens und der Ukraine zum Schutz und zur Renaturierung der Feuchtgebiete entlang der etwa 1.000 Kilometer langen unteren Donau: Dieser Grüne Korridor wurde damit zum größten grenzüberschreitenden Schutzgebiet Europas. Insgesamt bietet das Deltagebiet Lebensraum für über 4.000 Tier- und über 1.000 Pflanzenarten, darunter allein 150 Fisch- und 300 Vogelarten. Dabei ist das Deltagebiet nicht nur ein Paradies für heimische, sondern auch für durchziehende Vogelarten. Dennoch nimmt wie überall auf der Welt auch im Donaudelta der Siedlungsdruck zu. Industrie siedelt sich am Rand an, die Landwirtschaftsflächen rücken immer näher heran.

Auf kleinen Booten brechen im Donaudelta in Rumänien Vogelkundler zu Erkundungsfahrten auf. Im größten Feuchtgebiet Europas finden rund 300 teils seltene Vogelarten Brut-, Rast- und Nahrungsplätze.

Wattenmeer

Weltweit einmalig ist die den Gezeiten ausgesetzte Küstenlandschaft der Nordsee zwischen Dänemark und den Niederlanden. Die Landschaft zwischen dem Festland und den vorgelagerten friesischen Inseln stellt eines der letzten intakten natürlichen Großökosysteme Europas dar und setzt sich aus den Nationalparken Schleswig-Holsteinisches Wattenmeer, Hamburgisches Wattenmeer, Niedersächsisches Wattenmeer und dem niederländischen Nationalpark Waddenzee zusammen.

Ein Wattenmeer entsteht an flachen Küsten durch Anhebung des Meeresspiegels, wodurch ehemalige Landmassen bei Flut überschwemmt werden. Das Watt liegt also nur so wenig unter dem Meeresspiegel, dass es bei Ebbe trockenfallen kann. Zur Wattbildung tragen auch die Mündungen von Flüssen bei, über die Sedimente in den Tidenbereich eingetragen werden. Oft entstehen aus diesen Sedimenten vorgelagerte Sandbänke, die zum Schutz des Watts beitragen. So zeigt das Wattenmeer drei Erscheinungsbilder: den ständig überfluteten Bereich in Prielen, den normalerweise trockenliegenden supralitoralen Bereich und den eulitoralen Bereich, das eigentliche Watt. Im Wattenmeerbereich der Nordsee sind

es vor allem die vorgelagerten friesischen Inseln, die diese Schutzfunktionen übernehmen. Es sind zauberhafte Inseln mit einmalig schönen Dünenlandschaften – wahre Urlaubsparadiese zwischen Fanø und Texel.

Der Lebensraum des Wattenmeers, gekennzeichnet durch Schlickwatt, Mischwatt und Sandwatt, wartet mit einer ganz eigenständigen Flora und Fauna auf. Viele Pflanzen und Tiere haben sich so angepasst, dass sie nur noch hier leben können, weil sie auf das zweimal täglich auflaufende und ablaufende Wasser angewiesen sind. Dies gilt insbesondere für Wattwürmer und Muscheln. Was die Flora anbetrifft, so findet man im Watt über 250 Pflanzenarten, meist auf den etwas höher gelegenen Arealen, vor allem durch Queller, Schlickgras und Salzwiesenpflanzen gekennzeichnet. Was die Wattfauna anbetrifft, so können nur einige beschalte Tiere dem unmittelbaren Einfluss der Gezeiten widerstehen mit dem ständigen Wechsel von Überflutung und Trockenfall an der Wattoberfläche. Die meisten dieser Arten leben im Wattboden verborgen, und viele von ihnen sind mit dem sauerstoffreichen Oberflächenwasser durch besondere Atemrohre verbunden. Der prominenteste Vertreter dürfte der Wattwurm sein, der sandige Wattböden besiedelt. Haufen aus Kot-

Die Morgensonne scheint bei Niedrigwasser über dem Watt. Das Wattenmeer an der Nordsee ist mit rund 8.000 Quadratkilometern Wasseroberfläche das größte Ökosystem seiner Art.

schnüren und trichterartige Vertiefungen kennzeichnen sein Siedlungsgebiet. Der Wohnbau des Wattwurms ist U-förmig. Unter dem Trichter zieht ein heller Sandstrang in die Tiefe, die Kotschnüre bedecken das obere Ende eines L-förmigen Ganges. Mit Hilfe peristaltischer Wellen leitet der Wattwurm einen Atemwasserstrom durch seinen Wohnbau. Das Wasser strömt über den Kotgang ein, wird im horizontalen Gangabschnitt an den Kiemen vorbeigeleitet und verlässt den Wohnbau wieder über den Sandstrang und den Trichter. Durch diesen Vorgang führt sich der Wurm Sand

Die charakteristischen Sandhaufen kennzeichnen das Siedlungsgebiet des Wattwurms. Die Wattwürmer der Nordsee fressen im Verlauf eines Jahres den gesamten Sand des Wattes oberhalb von 20 Zentimetern Tiefe.

von der Oberfläche zu, den er mit seinem vorstülpbaren, mit Papillen besetzten Schlundrohr aufnimmt. Da der Anteil an verdaulichen Substanzen im Wattboden gering ist, stößt er in Abständen von 20 bis 30 Minuten einen körperlangen Kotstrang aus.

Gleichermaßen interessant ist das Leben der Herzmuschel im Mischwatt. Da sie nah an der Oberfläche lebt, wird sie häufig ausgespült. Mit Hilfe eines wendigen Fußes und unter Kontraktion ihrer Schalenklappen kann sie sich schnell im Wattboden vergraben. Die Sandklaffmuschel ist die größte Wattmuschel. Sie besiedelt das Schlickwatt und das obere Mischwatt. Ein langes, rückziehbares Atemrohr verbindet sie mit der Wattoberfläche. Der Schlickkrebs errichtet seinen U-förmigen Wohnbau im sandigen, lagebeständigen Schlickwatt. Die Gänge des nur ein Zentimeter langen Flohkrebses reichen bis in Tiefen von sechs bis acht Zentimetern. Doch am bekanntesten dürfte die Nordseegarnele sein, gemeinhin auch als Krabbe bezeichnet. Diese zu den Zehnfußkrebsen zählenden Tiere sind farblich der Umgebung angepasst, wobei der Körper in grauen, gelben oder grünen Tönen gehalten ist. Sie werden ein paar Zentimeter lang und sind auf Schlamm- und Sandgrund anzutreffen. Vor allem junge Garnelen nutzen das Wattenmeer, um sich vor Räubern zu schützen. Im Sommer ziehen auch größere Garnelen weit ins Brackwasser der Flussmündungen. Mit der Flut kommen sie auf das Watt, mit der Ebbe sammeln sie sich in den Prielen. Spezielle Krabbenkutter fangen mit ihren beiderseits ausladenden Netzen die Garnelen vom flachen Nordseeboden – in Deutschland alleine jährlich an die 10.000 Tonnen. Gleichermaßen an die Bedingungen des Wattenmeeres angepasst ist die Flunder, die sich mit ihren dornigen Hautwarzen von den ähnlichen Schollen, die eine glatte Haut haben, unterscheiden lässt. Wenn sich die Larve der Flunder zum Plattfisch verwandelt, wandert das ursprünglich rechte Auge auf die ursprünglich linke Körperseite, die damit zur Oberseite wird. Bei Ebbe graben sich die Tiere in den Sand ein, dann sehen nur noch ihre Augen hervor. Die Färbung dieser bis 30 Zentimeter langen Plattfische ist je nach Stimmung und Untergrund variabel, an der Augenseite meist grau, braun oder olivfarben mit dunklen oder manchmal rötlichen Flecken.

Exkurs: Die Halligen

„Landunter" – wenn die kleinen, nicht eingedeichten Inseln im nordfriesischen Wattenmeer bei Sturmflut überschwemmt werden, schauen nur noch ihre Warften mit den Bauernhäusern darauf aus dem Wasser heraus. Diese zehn kreisförmig um die Insel Pellworm gruppierten Halligen Gröde-Appelland, Habel, Hamburger Hallig, Hooge, Norderoog, Nordmarsch-Langeneß, Nordstrandischmoor, Oland, Süderoog und Südfall stellen ein weltweit einzigartiges Phänomen dar, das von Theodor Storm „Schwimmende Träume" genannt wurde. Die sieben bis 960 Hektar großen Halligen sind teils durch den Wechsel von Ebbe und Flut als Aufschwemmungen entstanden, teils sind es Reste des Festlandes oder von Inseln, die bei früheren Sturmfluten stehen blieben. Weil das Meer ständig an ihnen zehrt, schützt man ihre Ufer inzwischen durch Steinkanten. Die Hallig Hooge erhielt einen Sommerdeich. Langeneß ist die größte, Habel die kleinste Hallig.

Die Halligböden speichern kein Süßwasser, weshalb sie ihren Wasservorrat aus Regenwasser generieren müssen, das sie in sogenannten Fethingen sammeln, die als Viehtränken dienten. Heute ist allerdings der Fremdenverkehr die Haupteinnahmequelle der an die 300 Halligbewohner

Die Hallig Langeneß ist mit zehn Kilometern Länge ungewöhnlich lang gestreckt und weist 18 bewohnte Warften mit etwa 140 Bewohnern auf. Die Salzwiesen im Osten allerdings sind für die Vögel reserviert, im Sommer als Brutgebiet, im Frühjahr und im Herbst als Rastplatz für die Zugvögel. Die Hallig Hooge ist eine hohe Hallig – höher als die übrigen. Und durch den Sommerdeich gibt es hier nur ein- oder zweimal im Jahr „Landunter". Hier leben auf neun Warften ständig 120 Menschen. Die Hallig Oland ist nur 100 Hektar groß: Etwa 30 Einwohner wohnen auf einer einzigen Warft. Sie ist durch einen Steindamm mit Gleisbett mit dem Hafen Dagebüll verbunden, das über Oland hinaus bis Langeneß führt. Verkehrsmittel sind offene Loren, mit denen nicht nur Einkäufe transportiert, sondern auch Gäste vom Festland abgeholt werden. Die 3,6 Hektar große Hallig Habel ist unbewohnt und darf als Vogelschutzgebiet nur von Vogelschutzwarten betreten werden.

Die Halligen sind kleine nicht eingedeichte Inseln an der nordfriesischen Nordseeküste. Zum Schutz vor Sturmfluten dienen Warften, aus Erde aufgeschüttete, meist kreisrunde Besiedlungshügel. Das Foto zeigt die Kirchwarft der Hallig Hooge, deren Siedlungen auf insgesamt zehn Warften liegen.

Neusiedler See

Wer das Glück hat und vom Wiener Flughafen Schwechat aufsteigt und der Pilot dann eine große Schleife ostwärts über den Neusiedler See zieht, kann sich auf diese Weise den besten Überblick über diesen Naturraum aus Wasser, Schilf, Sumpf und Steppe verschaffen. Der Neusiedler See im österreichisch-ungarischen Grenzgebiet ist der westlichste Steppensee Europas, der sich angesichts der Alpenausläufer am Rand der Ungarischen Tiefebene ausbreitet. Das Seegebiet wurde 2001 in die Weltnaturerbe-Liste der UNESCO eingetragen. Auch aus biologischer Sicht ist das Seegebiet ein Grenzraum, geprägt von Elementen verschiedener Landschaftsräume. Hier machen sich alpine, panno-nische, asiatische, mediterrane und nordische Einflüsse bemerkbar. Als Resultat zeigt sich der Neusiedler See als ein für Mitteleuropa höchst bedeutsamer Naturraum mit einer faszinierenden Artenvielfalt.

Erst am Ende der Würm-Eiszeit, der letzten Eiszeit, begann vor etwa 13.000 Jahren die Seebildung durch tektonische Absenkungsprozesse, die die jetzige abflusslose Seewanne auf 115 Metern Höhe hinterließ. Der Neusiedler See ist damit wesentlich jünger als die Alpen- und Voralpenseen, die während der letzten Eiszeit entstanden sind. Mit seinem Einzugsgebiet von rund 1.120 Quadratkilometern ist der See im Verhältnis zu seiner Fläche sehr klein. Der überwiegende Teil des Wasserhaushalts des heute 320 Quadratkilometer großen Sees stammt also aus Niederschlägen, was

Der Neusiedler See ist ein Paradies für Naturliebhaber. Im ausgedehnten Schilfgürtel des Steppensees leben mehr als 300 Vogelarten.

zu starken, teils katastrophalen Schwankungen des Seespiegels bis hin zur völligen Austrocknung geführt hat. Der See ist an keiner Stelle tiefer als 1,8 Meter, die jahreszeitlichen Schwankungen des Seespiegels machen bis zu 80 Zentimeter aus.

Seit rund 100 Jahren ist der See über den Einserkanal regulierbar, zumindest was das Vermeiden von Hochwasserschäden betrifft. Östlich des Neusiedler Sees liegen im sogenannten Seewinkel noch rund 45 Lacken, die wie kein anderes Landschaftselement den Charakter dieses Gebietes prägen. Im Wechsel der Jahreszeiten schwanken diese salzhaltigen Gewässer zwischen 70 Zentimeter Tiefe und völliger Austrocknung. Der Großteil der ursprünglich mehr als 100 Lacken ging durch menschliche Eingriffe verloren, einige sind verlandet. Angesichts der Empfindlichkeit

der Neusiedler Seeregion regte sich das Naturschutzinteresse schon vor dem Zweiten Weltkrieg. So erfolgten die ersten Anpachtungen durch den Österreichischen Naturschutzbund schon Mitte der 1930er-Jahre. 1993 wurde der Nationalpark Neusiedler See – Seewinkel gegründet. Schon seit 1991 bestand auf ungarischer Seite der Fertö-Hanság Nemzeti Park. Insgesamt umfasst das Schutzgebiet heute eine Fläche von rund 300 Quadratkilometern.

Die Landschaft um den Neusiedler See wurde über Jahrhunderte hinweg vor allem im östlichen Seewinkel durch menschliche Eingriffe geprägt. Auf Rodungen vorhandener Wälder folgte die Weidewirtschaft, begleitet von Entwässerungsmaßnahmen. Noch nach dem Zweiten Weltkrieg gab es in vielen Orten große Herden auf gemeinschaftlichen Weideflächen. Angesichts dieser traditionellen Wirtschaftsweisen haben sich hier auch vom Aussterben bedrohte Nutztierrassen halten können wie etwa das Ungarische Steppenrind, der Wasserbüffel, der europäische Weiße Esel, das Wollschwein und das Przewalski-Pferd.

Die Flora des Seegebietes wird neben dem Schilf vor allem durch Gräser wie Knollenbinsen, Seggen oder das Pannonische Zyperngras bestimmt. Auf den salzhaltigen Böden wachsen Salzkresse, Salzastern, Queller und Salzmelde. Groß ist auch die Orchideenvielfalt mit Frauenschuh, verschiedenen Knabenkräutern und Ragwurzarten. Auf salzfreien Trockenflächen gibt es große Heideflächen. In der Fauna des Seegebietes herrschen Vögel vor. 180 Vogelarten sind hier gezählt worden, die Hälfte der Arten brütet am See, darunter viele vom Aussterben bedrohte Arten. Reich ist der Fischbestand des Sees, obwohl dieser in der Vergangenheit schon mehrfach ganz ausgetrocknet und auch bis zum Boden durchgefroren war. Die Amphibienfauna weist unterschiedliche Frosch- und Krötenarten auf. Unter den Reptilien sind die Ringelnatter und die seltene Östliche Smaragdeidechse hervorzuheben.

Um die Zukunft des Neusiedler Sees ist es schlecht bestellt. Angesichts des Klimawandels mit immer heißeren und trockeneren Sommern wird der See langsam austrocknen – wie das früher auch schon geschehen ist. Alle seriösen Prognosen sehen ein endgültiges Ende des Sees bis etwa zum Jahr 2050 voraus.

Die Gletscher Europas

Von der Vergletscherung Europas während der letzten Eiszeit ist nicht viel verblieben. Gletscher gibt es heute auf diesem Kontinent nur noch ganz im Norden oder im Hochgebirge. Eine Fläche von gut 8.100 Quadratkilometern umfasst der Austfonna, der größte Gletscher Europas auf der norwegischen Inselgruppe Spitzbergen. Fast genauso groß ist der größte Plateaugletscher Islands, der Vatnajökull, der mit bis zu 900 Metern Dicke vom Volumen her der größte europäische Gletscher ist. Der größte europäische Festlandgletscher ist mit circa 500 Quadratkilometern Fläche der Jostedalsbrenn in Norwegen. Der größte Gletscher in Deutschland ist der Schneeferner an der Zugspitze und der größte österreichische Gletscher die Pasterze am Großglockner. Fast alle Gletscher Europas haben im Zuge der jüngsten Klimaerwärmung an Länge bzw. Mächtigkeit verloren. Das bekannteste Beispiel bietet der Große Aletschgletscher in den Berner Alpen, der mit einer Länge von 23,6 Kilometern der längste Gletscher der Alpen ist, sich aber seit 1880 um 2.600 Meter zurückgezogen hat, wobei sich im Laufe der letzten Jahre seine Rückzugsgeschwindigkeit noch beschleunigt hat.

Die mächtige Abbruchkante des Bråsvellbreen auf der Insel Nordostland bildet zusammen mit der Eiskante des Austfonna die längste Gletscherfront der Nordhalbkugel. Im Wasser schwimmen Eisbrocken, die vom Gletscher abgebrochen sind.

Spitzbergen

Der Austfonna (= Ostferner) auf der Insel Nordostland bildet zusammen mit dem angrenzenden Vestfonna (= Westferner) sogar eine Fläche von fast 8.500 Quadratkilometern. Die Erweiterung nach Süden wurde nach einem Gletschervorstoß 1937/38 Bråsvellbreen genannt („Brå" = *rasch* oder *plötzlich*, „svell" = *anschwellen*). Die Eiskante von Bråsvellbreen und Austfonna ist mit nur wenigen einzelnen Unterbrechungen an Stellen, wo wie bei Isispynten Felsen zum Vorschein kommen, über 180 Kilometer lang und damit die längste Gletscherfront der Nordhalbkugel. Die Grenze zwischen Bråsvellbreen und Austfonna ist an der Oberfläche kaum sichtbar und zeigt sich vor allem in den unterschiedlichen Fließgeschwindigkeiten der beiden Gletscherteile. Insgesamt handelt es sich bei dem Austfonna um einen weitläufigen, fast spaltenfreien Plateaugletscher. Aus seiner großen Fläche bilden sich im Sommer erhebliche Schmelzwassermengen, die tiefe Rinnen in die Gletscheroberfläche graben und an der Eiskante spektakuläre Wasserfälle bilden. An wenigen Stellen treten Fels und Moränenschutt zutage, so etwa bei Isispynten im Osten der Eiskappe.

Island

Wechselhaft ist die Geschichte der Vulkane auf Island. Da sich das nacheiszeitliche Klima sehr schwankend entwickelt hat, bestehen die großen Gletscher der Insel im Wesentlichen seit etwa 2.500 Jahren. Als die ersten Menschen Island im 9. Jahrhundert n. Chr. betraten, waren die Gletscher auf der Insel bedeutend kleiner als heute. Der Vulkan Esjufjöll lag damals mit seiner 2,5 Kilometer großen Kaldera außerhalb des Vatnajökull (= Wassergletscher), während er sich heute in seiner Mitte befindet. Als im 15. Jahrhundert die sogenannte kleine Eiszeit einsetzte, die bis in das 20. Jahrhundert hineinreichte, vergrößerten sich hier die Gletscher wieder. Im Zuge der aktuellen Klimaerwärmung verliert der Vatnajökull wieder an Fläche. Immer noch bedeckt der Vatnajökull große Gebiete im Nordosten Islands. Die Mächtigkeit seines Eises beträgt bis zu 1.000 Meter. Unter der Oberfläche des Vatnajökulls existieren unterirdische Gletscherseen, die Grimsvötn, und einige der aktivsten Vulkane der Insel – und zwi-

Der See Jökulsárlón am
Südrand des Vatnajökull ist der
größte Gletschersee Islands.
Die auf ihm treibenden
Eisberge lösen sich von der
Gletscherzunge des
Breiðamerkurjökull ab.

schen ihnen ein circa 500 bis 800 Meter tiefes Tal.
Als Anfang Oktober 1996 der Vulkan Bardarbunga
unter dem Gletscher ausbrach, kamen große Teile
seiner Eismassen zum Schmelzen. Der Wasserspiegel der Grimsvötn stieg innerhalb von kurzer Zeit
um 100 Meter an. Als der Druck immer mehr zunahm, kam es Anfang November zum Durchbruch
der Eisdecke, und der sonst nur dünne Gletscher-
fluss Skeidará verwandelte sich für wenige Tage in
einen wasserreichen Strom, der große Eisberge mit
sich riss und eine Brücke der isländischen Ring-
straße auf einer Länge von 200 Metern zerstörte.

Skandinavien

Auch in Skandinavien hat die Eiszeit tiefe Spuren hinterlassen. Am Ende der letzten Eiszeit vor 12.000 Jahren lag hier alles noch unter einem dicken Eispanzer. Mit dem Abschmelzen nahm das Gewicht, das auf dem Land lastete, ab. Im nördlichen Teil des Bottnischen Meerbusens machte die Landhebung 300 Meter aus und beträgt heute noch einen Zentimeter pro Jahr. In der Nähe von Oslo findet man Strandlinien, die 200 Meter über dem heutigen Meeresspiegel liegen. Lange Zeit nahm man an, dass die Gletscher in Norwegen Überbleibsel dieser letzten Eiszeit seien, die dann vor ungefähr 8.000 Jahren in Skandinavien endete. Inzwischen weiß man aber, dass es bis 500 v. Chr. so warm in Europa war, dass die skandinavischen Gletscher damals wohl gänzlich abgetaut waren und sich erst in den letzten 2.500 Jahren, als es wieder kühler wurde, die Gletscher neu ausbildeten. Die Schürfwirkung des Eises der letzten Eiszeit zeichnet für die heute spektakuläre Küstenbildung Westnorwegens verantwortlich. Das Eis kratzte die Täler zu Trogtälern aus, die sich zur Küste hin nach dem Abschmelzen der Gletscher und dem Anstieg des Meeresspiegels mit Meerwasser füllten – so entstanden die heutigen Fjorde. Verblieben ist der Jostedalsbreen als größter europäischer Festlandgletscher. Er erstreckt sich über eine Fläche von 487

Am Briksdalsbreen in Norwegen bilden diverse sich vereinigende Schmelzabflüsse einen reißenden Gebirgsfluss. Der Briksdalsbreen ist der bekannteste westliche Nebenarm des Jostedalsbreen, des größten Festlandsgletschers in Europa.

Kilometern nördlich des Sognefjordes mit einer Länge von 100 Kilometern in Ost-West-Richtung und einer Breite von bis zu 15 Kilometern. Seine Eisschicht ist bis 500 Meter mächtig. Das Plateau des Gletschers befindet sich zwischen 1.600 und 1.900 Metern Höhe, nur die Gipfel weniger Berge ragen über ihn hinaus, so der 1.731 Meter hohe Suphellenipa und der 2.083 Meter hohe Lodalskåpa.

Alpen

Deutschland weist fünf kleine Gletscher auf, die sich alle in den Bayerischen Alpen befinden: den Nördlichen Schneeferner, den Südlichen Schneeferner, den Höllentalferner, den Watzmanngletscher und den Blaueisgletscher. Die Gesamtfläche dieser fünf Gletscher hat von 1850 bis 2005 von 329 auf 98 Hektar abgenommen. Die stärkste Vergletscherung in historischer Zeit herrschte im Wettersteingebirge um 1820, als das Zugspitzplatt von der Plattspitze bis zum Jubiläumsgrat zusammenhängend vergletschert war. Der Plattachferner bedeckte eine Fläche von 300 Hektar und zeigte das Erscheinungsbild eines aktiven Gletschers mit breiten Spalten. Er zerfiel erst gegen Ende des 19. Jahrhunderts in den Nördlichen und Südlichen Schneeferner und in kleinere Firnfelder unterhalb von Platt- und Zugspitze, so den Kleinen Schneeferner, der heute nicht mehr als Gletscher zu be-

zeichnen ist. Im Zuge der weiteren Abschmelzung bis 1950 trennte sich vom Nördlichen Schneeferner der unter den Zugspitzwänden liegende Östliche Schneeferner ab, der heute bis auf verschwindend kleine Eisreste völlig abgeschmolzen ist. Der Nördliche Schneeferner ist der größte und höchstgelegene der bayerischen Gletscher, der aber seither kaum noch Flächenverluste aufweist, sondern sich eher aufwölbt oder einsinkt. In jüngerer Zeit wird dieser Gletscher von den Betreibern des Skigebietes auf dem Zugspitzplatt zur Saisonverlängerung ständig beschneit, was auch die Überlebenschance dieses Gletschers verlängert. Eines der schönsten Alpenpanoramen bietet die Pasterze, Österreichs größter Gletscher unterhalb des Großglockners. Seine Fläche hat seit Mitte des 20. Jahrhunderts um die Hälfte abgenommen. Der Gletscher zieht sich vom firnbedeckten 3.460 Meter hohen Johannisberg nach Südosten. Er gliedert sich in den Obersten Pasterzeboden sowie das Obere und Mittlere Pasterzekees. Der Gletscher nährt sich aus den breiten Firnmulden des Pasterzebodens. Steil und mächtig ist das Spaltengewirr des Eisbruchs zum Mittleren Pasterzekees, dem Zehrgebiet. Die Zunge endet vor dem Sandersee und speist den Margaritzenstausee unterhalb des Glocknerhauses. Die Großglockner-Hochalpenstraße führt bis an die Pasterze heran. Von der Franz-Josefs-Höhe an der Straße führt eine Seilbahn bis an die Gletscherzunge heran, jedoch hat sich die Zunge inzwischen soweit zurückgezogen, dass man eine 300 Meter lange Treppe an den Gletscher heranbauen musste.

Der Aletschgletscher ist mit seinen rund 23 Kilometern Länge der größte und längste Gletscher der Alpen. Er besteht aus rund 27 Milliarden Tonnen Eis. Sein Ursprung liegt in der rund 4.000 Meter hoch gelegenen Jungfrau-Region, gesäumt von Gipfeln wie Jungfrau, Mönch und den Fiescherhörnern. Drei mächtige Firnfelder, der Grosse Aletschfirn, der Jungfraufirn und der Ewigschneefeldfirn, speisen den Gletscher zusammen mit dem viel kleineren Grüneckfirn. Sie kommen im Bereich des Konkordiaplatzes zusammen, wo der Gletscher eine Eisdicke von mehr als 900 Metern erreicht. Von dort fließt der Eisstrom mit einer Geschwindigkeit von bis zu 180 Metern pro Jahr in Richtung Rhônetal. Die Gletscherzunge liegt auf rund 1.560 Meter Höhe, weit unterhalb der lokalen Waldgrenze. Der abschmelzende Gletscher hinterlässt zunächst Rundhöcker und weithin unbewachsene Moränenflächen, auf denen sich aber rasch eine Pflanzendecke bildet. Pionierpflanzen sind dabei Moose und erste Samenpflanzen wie der Bewimperte Steinbrech oder das Alpen-Leinkraut, später gesellen sich weitere krautige Pflanzen hinzu, bis nach rund 25 Jahren bereits erste Bäume und Sträucher wachsen.

Der Blick über das Zugspitzplatt mit dem Schneeferner eröffnet ein herrliches Alpenpanorama.

*Der malerisch auf einer Höhe
von 800 Metern gelegene
Phewasee ist der zweitgrößte
See Nepals. Von hier aus bietet
sich ein grandioses
Himalajapanorama mit Blick
auf das Annapurna-Massiv.*

Asien

Jenseits von Ural und Bosporus beginnt Asien als größter, bevölkerungsreichster und vielseitigster Kontinent der Erde. Der Kontinent umfasst einschließlich seiner Inseln ein Drittel der Landfläche der Erde und ist damit viermal so groß wie Europa. Es handelt sich im Wesentlichen um eine kompakte Landfläche mit Ceylon, Taiwan, den Philippinen, Japan und dem indonesischen Archipel sowie der Doppelinsel Nowaja Semlja im Nordmeer als vorgelagerten großen Inseln sowie Kleinasien, Arabien, den Dekhan (Südindien), Korea und Kamtschatka als anliegenden Halbinseln. Randmeere wie das Mittelmeer und das Rote Meer grenzen Asien nach Afrika ab, der Indische Ozean bespült den gesamten Süden, die Timorsee bildet die Abgrenzung zu Australien, der Pazifische Ozean bespült den gesamten Osten Asiens, die Beringstraße grenzt Asien von Amerika ab und im Norden schließt der Kontinent mit dem Nordpolarmeer ab.

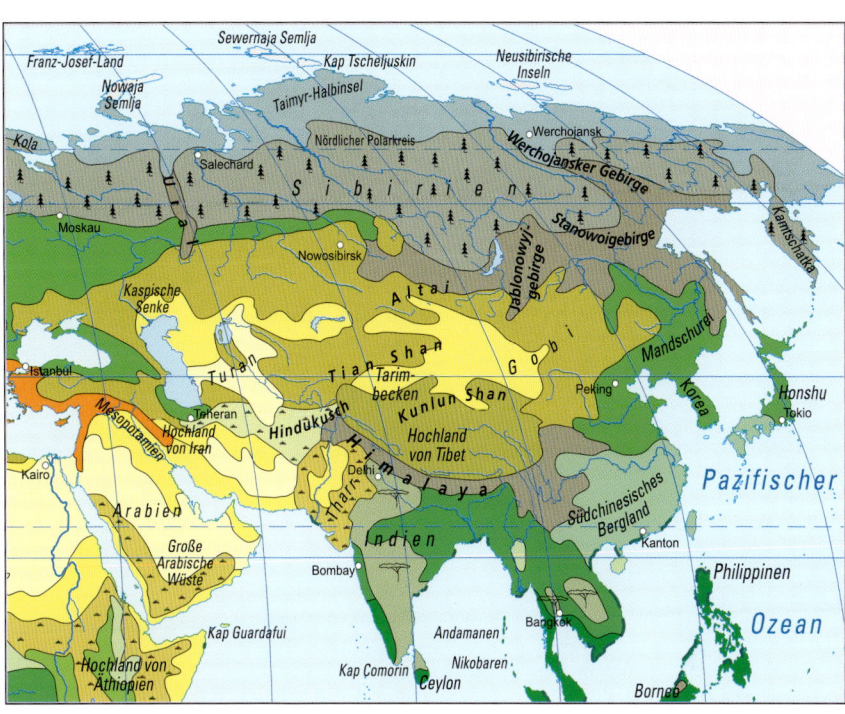

Vegetationszonen in Asien

Anmerkung: Die Gletscher des Karakorum

Das kompakte Gebirgsmassiv des Karakorum erstreckt sich zwischen dem Pamir im Nordwesten, dem Kunlun San im Osten, dem westlichen Teil des Himalaja im Süden sowie dem Hindukusch im Westen. Das Herzstück des Massivs wird von der mächtigen Baltoro-Gruppe gebildet, die auch die vier über 8.000 Meter hohen Gipfel des Karakorum aufweist, so den 8.611 Meter hohen K2 (ursprünglicher Name: *Chogori*) als zweithöchsten Berg der Erde, den 8.047 Meter hohen Broad Peak (auch *Falchan Kangri* genannt), den 8.068 Meter hohen Gasherbrum I sowie den 8.035 Meter hohen Gasherbrum II.

Das insgesamt 500 Kilometer lange Gebirgsmassiv des Karakorum im Dreiländereck China, Indien und Pakistan bildet eine entscheidende innerasiatische Wasserscheide zwischen dem südwärts abfließenden Indus und der nördlich gelegenen abflusslosen Tarim-Ebene. Die nach Norden und Osten weisenden Abhänge sind dem wüstenhaften Klima Zentralasiens ausgesetzt, wohingegen die zum Indus tiefer abfallenden Gebirgshänge im äußersten Einflussbereich des Monsuns niederschlagsreich sind, in den unteren Regionen dicht bewachsen und in den Hochlagen weit vereist.

So ist denn der Karakorum auch das am stärksten vergletscherte Hochgebirge der Erde. Der Grad der Vergletscherung ist etwa dreimal so hoch wie im Himalaja. Hier fließen die außerhalb der polaren Gebiete längsten Gletscher der Erde. Mit 78 Kilometer Länge ist der Siachen-Gletscher der größte von allen. Die vom Biafo- und Hispar-Gletscher gespeiste längste ununterbrochen vergletscherte Strecke misst 120 Kilometer – beide Teile sind durch den ebenfalls vergletscherten Hispar-Pass miteinander verbunden.

Weitere große Gletscher sind der 58 Kilometer lange Baltoro-Gletscher, der ebenfalls 58 Kilometer lange Batura-Gletscher sowie der 45 Kilometer lange Chogo-Lungma-Gletscher, dessen Zunge bis zu den Feldern am Karakorum Highway reicht.

Die Flüsse Asiens

Viele ausgedehnte Flusssysteme entwässern die ausgedehnte Festlandmasse Asiens – bis auf die abflusslosen Teile in den Steppen und Wüsten des Kontinents. Die meisten der großen Flüsse Asiens haben ihren Ursprung in den zentralen Gebirgsketten des Kontinents. Die Flüsse des Nordens wie der Ob, der Jenissei und die Lena verlaufen von Süd nach Nord, was die Erschließung Sibiriens außerordentlich erschwert hat, weil es keine natürlichen West-Ost-Verbindungen auf dem Wasser gibt. Dazu kommt, dass diese Flüsse sowieso nur im kurzen Sommer schiffbar sind. Die in die Randmeere des Pazifiks entwässernden Flüsse verlaufen im Prinzip westwärts, so der Amur in das Ochots-

kische Meer sowie der Gelbe Fluss und der Jangtse in das Gelbe Meer; der Mekong in Hinterindien allerdings strömt südwärts in das Südchinesische Meer. In den Indischen Ozean münden der Irawaddy (in das Andamanische Randmeer), Ganges und Brahmaputra (in den Golf von Bengalen) und der Indus (in das Arabische Meer). Kleinasien entstammen die Flusssysteme, die in das Kaspische Meer und – wie Euphrat und Tigris – in den Persischen Golf münden.

Lena

Unter den sibirischen Flüssen ist die Lena der größte, mit einer Länge von 4.400 Kilometern gehört sie sogar zu den längsten Flüssen der Erde. Ihr Einzugsgebiet ist 2,3 Millionen Quadratkilometer groß. Ihre Quelle befindet sich im Baikalgebirge nur 50 Kilometer vom Baikalsee entfernt. Schon ab Ust-Kut, wo die Baikal-Amur-Magistrale als nördlicher Zweig der Transsibirischen Eisenbahn den Fluss kreuzt, ist die Lena auf 3.500 Kilometer bis zur Mündung schiffbar, wenn sie nicht den langen Winter über zugefroren ist. Dann dient sie den Lastwagen als Autobahn. Die Fahrer müssen nur aufpassen, dass, wenn es ab Juni zu tauen beginnt, ihnen nicht das Eis unter den Fahrzeugen wegbricht. Dann wandelt sich die Lena in einen reißenden Strom, dessen Wasser bis zu 25 Meter ansteigt, was unter anderem auch auf verheerende Eisstauungen zurückzuführen ist.

Wenn die Lena die Südausläufer des Mittelsibirischen Berglandes durchquert hat, macht sie einen Bogen um das Potomhochland, das südwärts schon in die zentralasiatische Hochgebirgslandschaft übergeht, und fließt dann durch die Mitteljakutische Niederung, in deren Zentrum Jakutsk als kälteste Stadt der Welt liegt. Die Häuser der Stadt werden wegen des Permafrostes auf Pfählen errichtet, da die Erde in einer Tiefe von drei Metern auch im Sommer gefroren bleibt. Ein fantastisches Naturerlebnis bieten die 300 Kilometer unterhalb von Jakutsk aufragenden Lenafelsen. Nach alter Überlieferung sind sie der Sitz der jakutischen Götter, ihre beeindruckende Kulisse begleitet den Flusslauf auf einer Länge von 80 Kilometern. Am Ende ihrer Reise aus Zentralasien ergießt sich die Lena in einem 30.000 Quadratkilometer großen Delta in die Laptewsee, ein südliches Randmeer des Nordpolarmeeres.

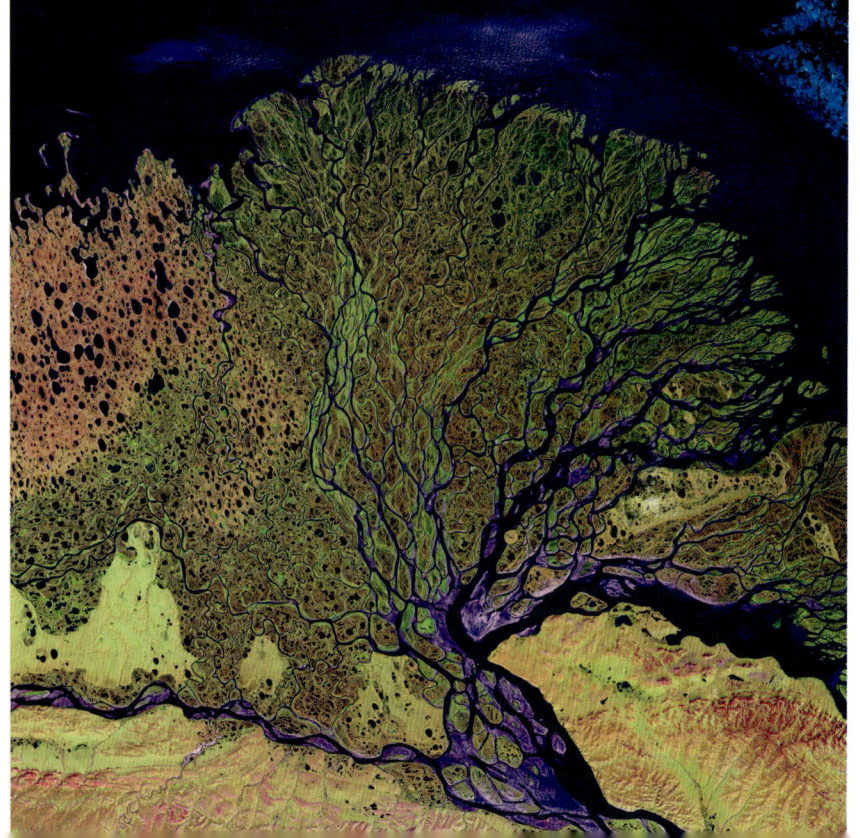

Amur

Der Amur bildet ein weit ausladendes Flusssystem im Fernen Osten. Er entsteht 2.824 Kilometer oberhalb seiner Mündung durch Zusammenfluss seiner Quellströme Schilka und Argun und fließt gegenüber der Nordspitze der Insel Sacharin in den Tartarischen Sund, der das Ochotskische Meer im Norden mit dem Japanischen Meer im Süden verbindet. Auf einer Länge von 1.893 Kilometern bildet er die russisch-chinesische Grenze, was bereits in einem Vertrag von 1689 so geregelt wurde. Die kombinierten Flusssysteme von Amur und Argun bzw. das Flusssystem von Amur und Schilka mit seinem Quellfluss Onon weisen insgesamt Längen von über 4.400 Kilometern auf. Das Amurflusssystem erfasst ein Einzugsgebiet von 1,35 Millionen Quadratkilometern mit arktischer bis subtropischer Flora und Fauna in großartiger Vielfalt. Hier erstrecken sich ausgedehnte, zum Teil noch unberührte Laub- und Nadelwälder. Sie sind die Heimat der letzten 450 Amur-Tiger, die auch Sibirische Tiger genannt werden. Auch leben hier die letzten Exemplare des Amur-Leoparden. Darüber hinaus ist diese Region Heimat von Moschustier, Kragenbär, Mandschurenkranich, Amur-Waldkatze, Zobel und Riesenseeadler. Aber der gesamte Lebensraum ist durch Holzfällerei, Raubbau von Bodenschätzen, Ausbreitung der Landwirtschaftsflächen, Abholzung sowie durch großflächige Waldbrände stark gefährdet. Der World Wide Fund For Nature (WWF) unterstützt hier die Errichtung von Naturschutzgebieten, des Weiteren Anti-Wilderer-Brigaden sowie Maßnahmen zur Bekämpfung des illegalen Holzeinschlags.

Jangtsekiang

Der Jangtsekiang (= „Langer Fluss") ist mit einer Länge von 6.380 Kilometern Asiens größter Fluss und nach dem Nil und dem Amazonas der drittlängste Fluss der Erde. Er entspringt auf einer Höhe von 5.600 Metern im Kunlun Shan im Nordosten Tibets, durchbricht im Jinsha Jiang (= „Goldsand Strom") genannten Oberlauf das osttibetische Randgebirge, fließt durch Sichuan und das mittelchinesische Bergland, wo er die Jangtseschluchten bildet, und mündet als breiter Tieflandstrom im Nordosten von Schanghai in das Ostchinesische Meer. Das Stromsystem des Jangtsekiang ist auf rund 2.800 Kilometer schiffbar. Über den Kaiserkanal besteht eine Verbindung zum Gelben Fluss im Nordosten sowie zum Süden Chinas. Legendär sind die Überschwemmungen des Jangtsekiang, die Millionen von Opfern kosteten. Am Jangtsekiang liegen viele Millionenstädte,

Oben: In der Provinz Heilongjiang im Nordosten Chinas fließt der Amur an tiefgrünen Wäldern entlang. Unten: Ein Frachtschiff auf dem Jangtsekiang.

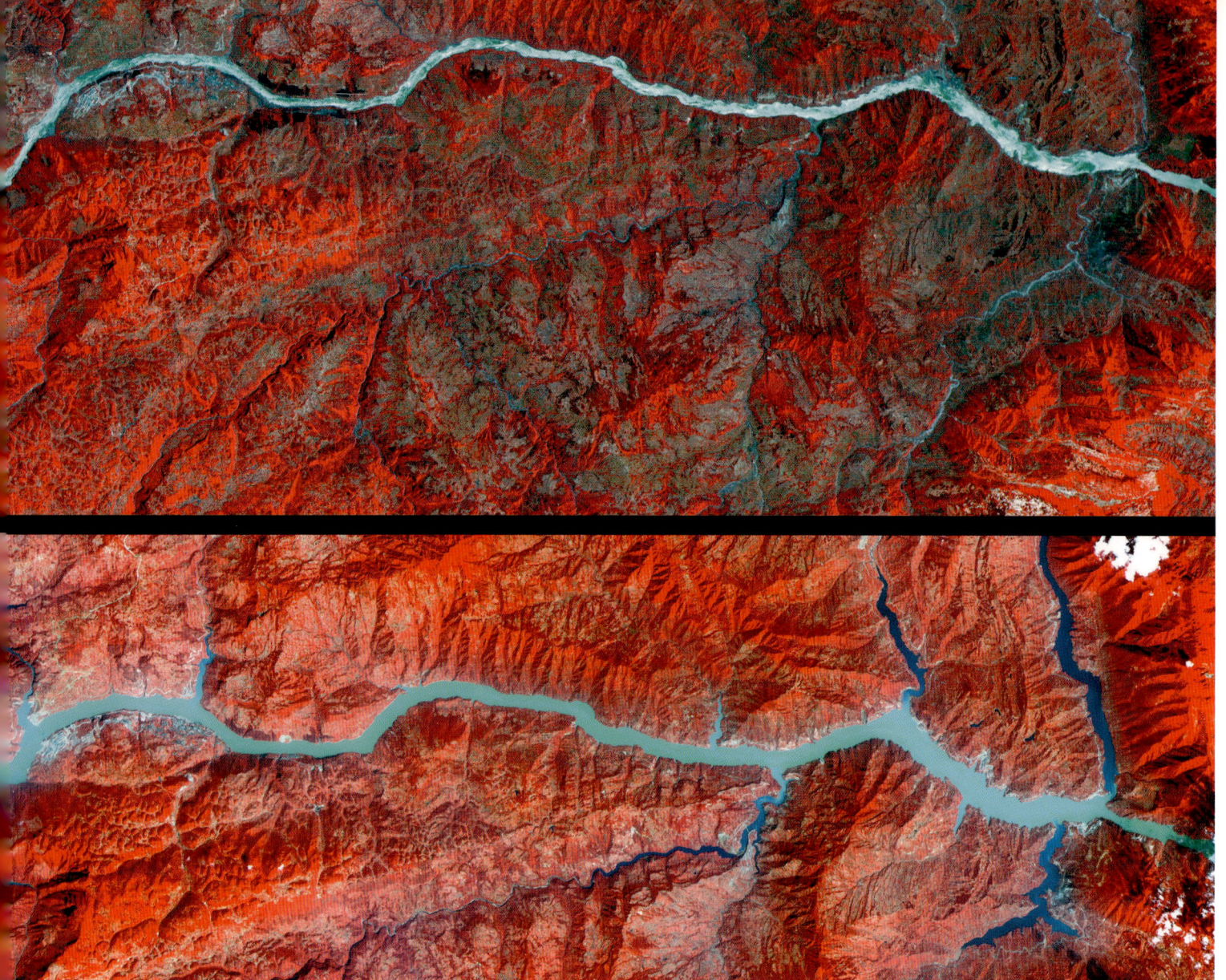

als größte Shanghai am großen Mündungstrichter sowie aufwärts Nanjing, Wuhan und Chongqing – diese drei Städte mit je drei bis acht Millionen Einwohnern werden auch wegen der subtropisch feucht-heißen Sommer in dieser Region die „Hochöfen am Jangtse" genannt.

Große ökologische Probleme bereitet der Fluss aufgrund mehrerer Ursachen. Raubbau an den Wäldern des Mittellaufes im Gebiet von Osttibet, vor allem auch an den Flusshängen, führt zu Hangabrutschen, die den Fluss mit großen Mengen an Sedimenten belasten und für riesige Überschwemmungen am Unterlauf mit verantwortlich sind. Besonders umstritten ist der Bau des weltgrößten Staudamms am Jangtsekiang, der den Fluss an den Drei Schluchten auf einer Länge von 600 Kilometern 70 Meter hoch aufstaut. Flussregulierung und Energiegewinnung sind die Ziele dieses Projektes, aber die langfristigen Auswirkungen auf die Tier- und Pflanzenwelt, die Umwelt und die Menschen in China sind überhaupt nicht vorhersehbar – jedenfalls stellt die

185 Meter hohe Staumauer auch eine Sperre für den Chinesischen Flussdelfin *(Lipotes vexillifer)* dar, sofern dieser nicht ohnehin schon ausgestorben ist. Gleichermaßen kritisch wird die mit dem Projekt verbundene Wasserumleitung in den trockenen Nordosten Chinas angesehen. Große Probleme bereiten nicht zuletzt auch die ungeklärten Industrie- und Haushaltsabwässer, die hemmungslos in den Strom abgeleitet werden.

Mekong

Der Mekong, die „Mutter der Gewässer", ist der größte Fluss Südostasiens. Seine Länge wird mit circa 4.500 Kilometern angegeben. Er entspringt im Tibetischen Hochgebirge, durchfließt die südchinesische Provinz Yunnan, bildet die Grenze von Myanmar und Thailand zu Laos, durchfließt Kambodscha und mündet mit einem über 70 000 Quadratkilometer großen Delta im südlichen Vietnam in das Südchinesische Meer. Im Unterlauf in der kambodschanischen Ebene tritt ein einma-

Anmerkung: Mekong-Riesenwels

Der fast schon legendäre Mekong-Riesenwels wurde erst 1930 auf einem Fischmarkt in Phnom Penh entdeckt. Mit bis zu drei Metern Länge und 300 Kilogramm Gewicht ist er der größte Süßwasserfisch der Erde. Trotz seiner Größe ist der zahnlose Riesenwels ein reiner Pflanzenfresser. Er hat einen breiten, flachen Kopf mit weitem Maul und zwei langen Bartfäden am Oberkiefer, eine lang, bis zur Schwanzflosse reichende Afterflosse, dazu eine kleine und relativ weit vorne sitzende Rückenflosse. Aufgrund der intensiven Bejagung ist er vom Aussterben bedroht, wobei ihm seine jährliche Wanderung in den Oberlauf zum Ablaichen zum Verhängnis wird. Im Bereich von Stromschnellen zwischen Laos und Thailand spannen Fischer beider Länder 250 Meter lange Nylonnetze auf, die für den Wels eine kaum zu überwindende Barriere darstellen. Als Schutzmaßnahme streift man deshalb bereits seit zehn Jahren in Thailand gefangenen Riesenwelsen die Eier und den Samen ab. Die damit produzierten Jungfische werden anschließend in Fischfarmen und Stauseen ausgesetzt. Doch lassen sich die so aufgezogenen Fische kaum vermehren. Ob das an veränderten Umwelt- und Wasserbedingungen in den Aufzuchtbecken oder daran liegt, dass selbst zehn Jahre alte Tiere mit etwa 100 Kilogramm Körpergewicht vielleicht noch nicht geschlechtsreif sind, ist noch unklar.

liges Naturphänomen auf. Wenn der Mekong durch die Monsunregen um mehrere Meter anschwillt, drängt sein Wasser in den westlich gelegenen Tonle-Sap-See, der normalerweise in den Mekong entwässert. Dieser See gilt weltweit als einer der fischreichsten überhaupt. Am Rande des Sees hatte sich die Khmer-Kultur mit dem Zentrum Angkor sicher nur durch diesen natürlichen Reichtum so entwickeln können.

Insgesamt fällt das Mekong-Gebiet durch seinen Artenreichtum auf. Hier gibt es 1.300 Fischarten, darunter den bis zu 300 Kilogramm schweren

Mekong-Riesenwels als größten Süßwasserfisch der Erde, die fast gleich schwere Riesenbarbe, den Siamesischen Riesenkarpfen und den Irawaddy-Delfin, von dem es kaum noch hundert Exemplare geben soll. Dazu wird geschätzt, dass an die 830 verschiedene Arten von Säugetieren, mindestens 2.800 Vogelarten sowie 900 Amphibien und Reptilien im gesamten Einzugsgebiet des Mekong vorkommen. Denn vor allem die jahrzehntelangen kriegerischen Auseinandersetzungen in Indochina haben bewirkt, dass der Mekong noch als einigermaßen ökologisch intakt gilt. Doch seit auch hier Frieden eingekehrt ist, verändern das hohe Wachstum der Bevölkerung und der Wirtschaft die Situation mit den bekannten Folgen der Überfischung, abgeholzter Wälder und verschmutzter Gewässer, wodurch vielen Lebewesen der natürliche Lebensraum genommen wird – eines der Opfer ist der Chinesische Tiger, eine kleine Unterart des Tigers, von dem es wohl nur noch rund 30 Exemplare gibt.

Ein Fischer auf dem Mekong bringt im August 2007 einen etwa 150 Kilogramm schweren Riesenwels zu seinem Dorf im Khong-Distrikt im Südwesten von Laos.

Irrawaddy

Der Irrawaddy ist der zweite große Fluss im tropi-schen Südostasien. Seine beiden Quellflüsse ent-springen im südlichen Himalaya noch auf tibeti-schem Gebiet. Bereits nach kurzer Strecke über-quert er die Grenze zu Birma bzw. Myanmar, wie die Staatsführung das Land inzwischen benennt. Der Irawaddy durchquert noch die engen Täler des Hochgebirges und tritt dann in knapp 2.000 Kilometer langem Lauf in das Tiefland von Birma ein, dessen Lebensader er ist – immerhin sind über 1.400 Stromkilometer schiffbar. Am Ende seines Laufes bildet er ein etwa 40.000 Quadratkilometer großes Delta und mündet dann 150 Kilometer südlich von Rangoon, der ehemaligen Hauptstadt des Landes, in die Andamanensee, ein Randmeer des Indischen Ozeans.

Das Delta des Irawaddy bildet die Reiskammer Birmas. Das dicht besiedelte Gebiet wurde am 2. und 3. Mai 2008 vom Wirbelsturm „Nargis" mit einer sechs Meter hohen Flutwelle verwüstet. Zehntausende von Menschen kamen sofort ums Leben, viele starben in den Tagen und Wochen danach, weil die Staatsführung nicht mit rascher Hilfe den Betroffenen Unterstützung gewährte und auch ausländische Hilfe nur zögerlich und erst nach zunehmendem internationalem Protest zuließ. Man schätzt, dass mindestens zwei Mil-lionen Menschen ihr gesamtes Hab und Gut verlo-ren haben. Das Delta war noch wochenlang da-nach überflutet, die Reisernte vernichtet.

Ganges

Brahmaputra und Ganges bilden ein gemeinsames Delta am Golf von Bengalen. Der Ganges ist In-diens heiligster Strom. Er entspringt im Himalaya, fließt auf einer Strecke von 2.700 Kilometern durch das Bengalische Tiefland und gelangt nach Bangladesch, wo er sich mit dem Brahmaputra-Hauptarm Jamuna vereinigt und das 350 Kilo-meter lange Gangesdelta bildet.

Der ökologische Zustand des Ganges, Lebensraum für den so seltenen Gangesdelfin und den Ganges-hai, ist alarmierend. Sein Wasser ist durch vergif-tete Abwässer hochgradig kontaminiert. Die Belastung durch Kolibakterien, Schwermetalle, Exkremente und Leichenteile ist enorm. Dennoch nehmen täglich Tausende von Pilgern ein Bad im und dazu einen Schluck vom heiligen Wasser. Für Hindus überträgt sich die segensreiche Schöp-fungskraft der Göttin Ganga durch das Bad im heiligen Fluss auf die Gläubigen. Aus rituellen Gründen bestatten sie ihre Toten vor allem in Varanasi – der heiligsten Stadt Indiens und angeb-lich der ältesten Stadt der Welt – im Fluss: Die Hindus sind fest davon überzeugt, dass ihre Göttin Ganga nur Gutes tut, und sehen nicht, dass die Menschen ihren heiligen Fluss immer mehr ver-schmutzen. Das Umweltbewusstsein am Fluss muss noch geweckt werden, Kläranlagen werden erst seit Kurzem gebaut.

Die Falschfarbenaufnahme in Nahinfrarot zeigt das ausgedehnte Gangesdelta aus der Sicht des NASA-Forschungssatelliten Landsat 7. Das größte Flussdelta der Erde, das in den Golf von Bengalen mündet, entsteht durch den Zusammenfluss der Hauptflüsse Brahmaputra, Ganges und Meghna.

Drei heilige Badestellen in Varanasi sind für das öffentliche Schauspiel der Leichenverbrennung reserviert. Etwa 200 bis 300 Leichen werden dort täglich verbrannt und die Asche anschließend dem Ganges übergeben.

In seinem verschlungenen Oberlauf kerbt sich der Brahmaputra in ein schmales, westöstliches Tal zwischen dem tibetanischen Hochplateau im Norden und dem Himalaja im Süden. In Tibet heißt der mächtige Strom Tsangpo – „Reiniger".

Brahmaputra

Der 2.896 Kilometer lange Brahmaputra entspringt dem Jêmayangzom-Gletscher an der Nordseite des Himalaya, fließt etwa 1.500 Kilometer ostwärts zu den Dihangschluchten, gelangt in das weitläufige Bengalische Tiefland, durchströmt Assam bis Bangladesch, um sich mit dem Ganges zum Gangesdelta zu vereinigen. Dieses Delta von über 100.000 Quadratkilometern Fläche besteht aus einem Labyrinth von Flussarmen, Sümpfen, Seen sowie Schwemmlandinseln und ist durch weitflächige Mangrovensümpfe, die sogenannten Sunderbans, gekennzeichnet. Hier im Delta kommt es immer wieder zu Umweltkatastrophen. Zyklone fegen über das Land hinweg, verheerende Überschwemmungen verbreiten Tod und Zerstörung. Doch das Gangesdelta ist Lebensort für etwa 150 Millionen Menschen. Noch mehr als das Irawaddydelta ist das Gangesdelta angesichts des Klimawandels mit steigendem Meeresspiegel und zunehmenden Wirbelstürmen eines der gefährdetsten Gebiete der Erde.

Indus

Am Indus entstand eine der frühesten Hochkulturen der Menschheit, und der Indus bot schon in der Antike das Zusammentreffen abendländischer und fernöstlicher Kultur. Bis hierhin langte der Arm Alexanders des Großen, mit seinem Heer zog er den Indus hinab, um im Jahr 325 v. Chr. von der Indusmündung wieder westwärts zurückzukehren. Der Indus ist heute der wichtigste Fluss Pakistans. Der 3.180 Kilometer lange Fluss entspringt im Transhimalaya, durchfließt den Punjab und dann ganz Pakistan und bildet unterhalb von Hyderabad ein Delta am Arabischen Meer. Am Mittellauf dient sein Wasser mit Staudämmen und Kanälen in vielfältigster Weise der Bewässerung, auch mit allen Schäden, die Bewässerung in ariden Gebieten anrichten kann. Das Delta breitet sich in einer der trockensten Regionen westlich der Wüste von Rajastan aus. Auch im Indus – wie übrigens auch im Ganges – lebt eine endemische Delfinart. Und auch der Indus-Delfin ist vom Aussterben bedroht. Als tödliche Falle erweisen sich dabei vor allem die Kanäle des Mittellaufs, in die er hineinschwimmt und die er nicht mehr verlassen kann, wenn in der trockenen Jahreszeit von Oktober bis März die Wasserstände sinken.

Euphrat und Tigris

Im Mesopotamien genannten Zweistromland aus Euphrat und Tigris entwickelte sich gleichfalls eine der alten Hochkulturen der Menschheit. Im Gebiet der Talebenen zwischen den beiden Flüssen lagen die Stadtstaaten und Reiche der Sumerer, Babylonier und Assyrer. Heute bezeichnet der Begriff Mesopotamien geografisch die Gebiete des Irak und Nordost-Syrien. Als naturbedingte Grenzen fungieren die östlichen Talrandlagen des Zagros- und Taurusgebirges, das Küstengebiet des Persischen Golfs und die beginnende syrisch-arabische Wüste.

Der 2.736 Kilometer lange Euphrat entspringt im armenischen Hochland im Osten der Türkei, durchfließt Syrien und den Irak in südöstlicher Richtung und vereinigt sich dort mit dem 1.899 Kilometer langen Tigris zum Schatt al-Arab, der in den Persischen Golf mündet. Die Besiedlung des nördlicheren Teils Mesopotamiens erfolgte zwischen dem 11. und 9. Jahrtausend v. Chr., aus dieser Zeit gibt es auch schon erste feste Siedlungen. Die Besiedlung des südlichen Mesopotamiens begann zwischen dem 5. und 4. Jahrtausend v. Chr., in einer Zeit, in der schon Landwirt-

schaft mit Bewässerung und Viehzucht betrieben wurde. Arbeitsteilung bietet die Grundlage zur Entstehung großer Reiche. Die Töpferscheibe wurde erfunden, großartige Tempel wurden gebaut, Vorratswirtschaft zur Überwindung der Trockenzeiten betrieben. Seit dem 3. Jahrtausend v. Chr. ent-wickelten sich dann die ersten Städte und die Anfänge eines Systems von Piktogrammen, aus denen die sumerische Keilschrift entstand.

Die antike Stadtfestung Hasankeyf am Tigris im heutigen Südostanatolien wurde ab 1101 unter dem turkmenischen Herrscherhaus der Artukiden zum Zentrum dieser Region ausgebaut. Von der 1116 errichteten Brücke über den Tigris zeugen heute nur noch ruinenhafte Reste.

Der Indus gilt als die Lebensader Pakistans. Im engen Industal schlängelt sich der Fluss unter anderem durch die menschenfeindlichen Bergregionen des Karakorum.

*Ein irakischer Junge be-
aufsichtigt seine Viehherde am
Wassergraben einer Bewässe-
rungsanlage am Fluss Euphrat.*

Exkurs: Die „Wasserzivili-
sation" Mesopotamiens

Die neolithische Revolution, in deren Verlauf
der Mensch Ackerbau und Viehzucht erlernte,
fand mit der Bewässerung Mesopotamiens
ihren ersten kulturellen Höhepunkt. Das
Zweistromland ist fruchtbar, doch gerade im
Nordosten ist bei Niederschlägen von 100 bis
200 Millimetern und hoher Verdunstungsrate
Getreidebau nur durch zusätzliche Wassergabe
möglich. Es entstanden erste Siedlungen an
den Flüssen Euphrat und Tigris, die die Maßnahmen des Bewässerungsbaus selbstständig
regelten – hierfür war eine elitäre Priesterschaft
verantwortlich. Mit dem Ausbringen von Wasser auf ihren Feldern erreichten diese hohe Erträge. Um 3.000 v. Chr. waren so schon große
Ackerflächen in Mesopotamien bewässert. Nun
mussten die Flüsse reguliert, ein großflächiges
Kanalsystem bewirtschaftet, die Frage der
Verteilung des Wassers und folglich auch der
Bestellung der Felder und des Grundbesitzes
überwacht werden. Handwerk und Handel ge-
wannen an Bedeutung, manche Siedlungen
wuchsen zu Städten heran. Somit verloren die
kleinen Siedlungen an politischer Eigenständigkeit und mit immer zentraleren Aufgaben
zentralisierte sich auch das Gesellschafts-
system Mesopotamiens.

Das erste große Stadtsystem entstand durch
die Sumerer in Uruk, heute 300 Kilometer südlich von Bagdad. Weltliche Herrscher übernahmen nun die Führungsrolle, die Namensliste
der sumerischen Könige ist lang, unter ihnen
findet sich der halblegendäre Gilgamesch, der
ungefähr von 2650 bis 2600 v. Chr. herrschte
und Uruk mit einer gewaltigen Stadtmauer
umgab. Das Gilgamesch-Epos, das die Taten
und Gedanken des Herrschers beschreibt, gilt
als ältestes literarisches Dokument der Menschheit. Und es berichtet von einer Sintflut, was
angesichts der häufig zu Überschwemmungen
neigenden beiden Flüsse Euphrat und Tigris
erklärbar wäre. Ein um 3000 v. Chr. erfolgter
katastrophaler Dammbruch spiegelt sich
offensichtlich in diesen mesopotamischen
Sintflutdarstellungen wider. Bewässerung und
Hochwasserschutz finden auch Niederschlag
im Codex Hamurabi aus Babylon, der um das
Jahr 1700 v. Chr. niedergeschrieben wurde. Auch
hieraus wird deutlich, dass die Bewässerungsmaßnahmen über Jahrtausende in Mesopotamien ungeachtet aller Wirren standgehalten
haben. In der Tat wurden diese Anlagen erst
nach 1256 n. Chr., als die Mongolen nach Mesopotamien eingefallen waren, zerstört.

Die Seen Asiens

Aralsee

Der Aralsee liegt im Herzen Asiens im abflusslosen Tiefland von Turan, geteilt zwischen Kasachstan im Norden und Usbekistan im Süden. Durch seine beiden Zuflüsse Amu-Darja und Syr-Darja, gespeist mit Wasser vom Dach der Welt aus dem Pamirgebirge und dem Tien-Schan-Gebirge, hat der See noch indirekten Anteil an Afghanistan, Kirgistan, Tadschikistan und Turkmenistan. Das Aralbecken setzt sich – neben dem See selbst – aus fünf Naturräumen zusammen. Im Norden breiten sich die Barsuki-Wüsten als subboreale Wüsten Kasachstans mit sehr monotoner Topographie aus, im Südwesten die Sandwüste Kara-Kum, im Osten die Sandwüste Kysyl-Kum und im Westen die Hochebene Ust-Urt. Dazu kommen die Flussdeltas vom Amu-Darja und Syr-Darja als landschaftsbestimmende Elemente der Turansenke am Aralsee.

Doch was einst ein großes zentralasiatisches Gewässer war, ist durch menschliches Tun zu einer Salzlake geschrumpft. Besaß der Aralsee vor 1960 als viertgrößter Binnensee der Erde einschließlich seiner Inseln noch eine Oberfläche von fast 70.000 Quadratkilometern und ein Volumen von über einer Million Kubikkilometer Wasser, so schrumpfte er bis heute zum achtgrößten See mit einer Fläche von nur noch 30.000 Quadratkilometern und einem Volumen, das nur noch ein Viertel seines ursprünglichen Wasserbestandes ausmacht. Die ursprüngliche Höhe des Seespiegels lag einst bei

Der Aralsee war über Jahrtausende einer der größten Binnenseen. Seit den 1960er-Jahren wurden die künstlich bewässerten Flächen im Bereich der Zuflüsse Amudarja und Syrdarja sehr stark ausgedehnt, sodass kaum noch Wasser den Aralsee erreichte. Die Folge ist, dass der See austrocknet. (Das Satellitenfoto oben zeigt den See am 9. April 2006.)

Aral Sea, Kazakhstan

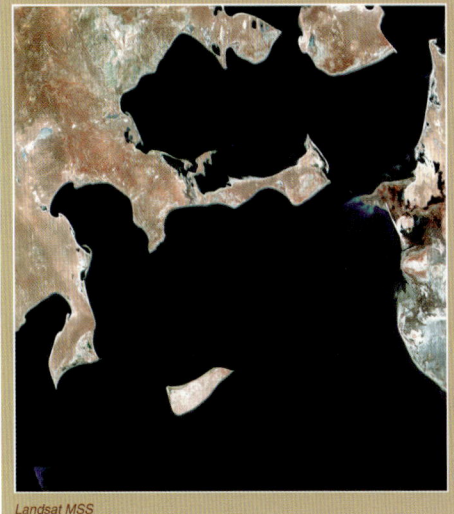

Landsat MSS
May 29, 1973

Landsat MSS
August 19, 1987

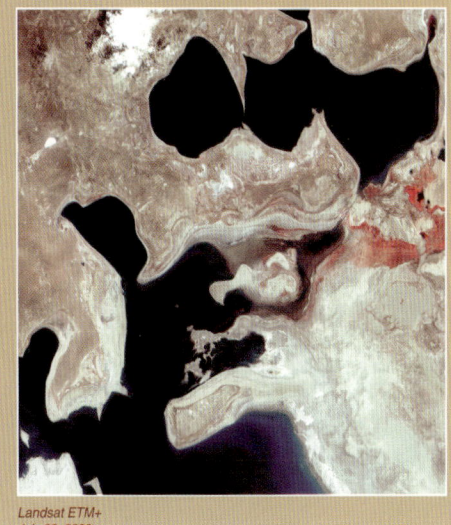

Landsat ETM+
July 29, 2000

53 Metern über Normalnull, seine durchschnittliche Tiefe betrug im Schnitt 20 bis 25 Meter, an der tiefsten Stelle 68 Meter. Inzwischen hat sich der Seespiegel um 13 Meter abgesenkt. Damit verschoben sich die Uferlinien bis zu 120 Kilometer vom ehemaligen Seeufer weg. Und durch den enormen Wasserverlust stieg die Salzkonzentration stark an, heute liegt sie bei etwa zehn bis 36 Gramm pro Liter.

Doch was war passiert mit diesem sagenumwobenen See, an dessen Ufern es die berühmten Turgajwälder gab, jene Urwälder, in denen Tiger, Schakale, Hyänen und unglaublich viele Vogelarten lebten? Schon vor der Zeit des Ersten Weltkriegs hatte der russische Wissenschaftler B. K. Risenkampf mit Forschungsarbeiten für einen Seitenkanal vom Amu-Darja in den Süden der Wüste Kara-Kum begonnen, die in den 1950er-Jahren wieder aufgegriffen wurden. Bereits im ersten Fünfjahresplan der Sowjetunion wurden 1924 Maßnahmen zur Erschließung neuer Baumwollanbauflächen festgeschrieben. 1930 erfolgte dann die Inbetriebnahme des Stauwehrs „1. Mai" am Serafschan, und es wurde mit der Erschließung des Wachsch, des großen rechten Nebenflusses des Amu-Darja, begonnen. 1950 begannen die Bauarbeiten zu den Staudämmen an den Oberläufen von Syr-Darja und Amu-Darja, die ab 1960 zu massiven Wasserumlenkungen aus dem Amu-Darja und Syr-Darja führten. Ab Ende der 1970er-Jahre sank als Folge der Bodenversalzung die Baumwollproduktion trotz Ausweitung der Bewässerungsflächen. Seit 1987 führen die Zuflüsse des Aralsees kein Wasser mehr. 1988 teilte sich der Aralsee dann in zwei getrennte Seen und die Katastrophe des Aralsees gelangte auch in westliche Medien. Aber bis zu diesem Zeitpunkt war die bewässerte Landwirtschaftsfläche auf 7,9 Millionen Hektar ausgeweitet worden, davon alleine drei Millionen Hektar für Baumwolle. Man schätzt, dass etwa die Hälfte des dafür umgeleiteten Wassers im Boden versickert oder vor Erreichen der Felder in den Stauseen und Kanälen verdunstet war.

Man kann den Zustand des Aralsees als die größte von Menschen betriebene Umweltkatastrophe bezeichnen. Leidtragende sind vor allem die Menschen am See und an seinen Zuflüssen. Die einst ertragreiche Fischerei liegt danieder, Bilder von verrosteten Fischkuttern auf Sanddünen im ehemaligen See gingen um die Welt, das Trinkwasser ist verseucht, Sumpfkrankheiten breiteten sich aus, jahrelange Gaben von Pestiziden hinterließen Spuren, Salzstaub verbreitet sich allerorten, das Klima wird trockener und heißer. Das Problem ist inzwischen weltweit erkannt, doch die Wiederherstellung des alten Zustands schier unmöglich. Immerhin wurde im Rahmen der Unterzeichnung eines Abkommens zwischen den relevanten Nachfolgestaaten der Sowjetunion durch Kasachstan 1991 mit dem Bau eines Damms begonnen, durch den der kleinere Nordteil des Aralsees wieder durch Wasser des Syr-Darja gespeist werden kann. Nach der technischen Verbesserung zeigen sich seit 2005 erste Erfolge, der Wasserspiegel im Nordsee stieg wieder an. Doch die wichtigste Maßnahme wäre die Reduzierung der Bewässerungsflächen, um dem Aralsee wieder mehr Wasser zuzuführen.

Balchaschsee

Während sich das Drama des Aralsees inzwischen weltweit herumgesprochen hat, kennt kaum jemand den Balchaschsee 1.000 Kilometer östlich davon – auch er droht auszutrocknen. Auch dieser 600 Kilometer lange See im Südosten Kasachstans auf 340 Meter Höhe ist abflusslos. An der breitesten Stelle misst er 70 Kilometer, an der schmalsten 20 Kilometer. Seine sichelförmige Oberfläche beträgt etwa 18.200 Quadratkilometer, die maximale Tiefe 26 Meter, doch aufgrund der hohen Verdunstung schwankt der Wasserstand und damit auch die Größe seiner Wasseroberfläche beträchtlich. Der größte Zufluss ist der im chinesischen Tien-Schan-Gebirge entspringende Ili, der vier Fünftel der dem See zufließenden Wassermenge beisteuert. Er mündet in der Nähe der Südspitze des Westteils in den See, weitere kleine Zuflüsse kommen aus Südosten und Nordosten. Der südliche Uferbereich des Balchaschsees ist stark durch Inseln, Halbinseln und seichte Wasserflächen zergliedert. Die Uzun-Aral-Enge trennt den flachen und salzhaltigeren Ostteil vom tieferen Westteil ab.

Südlich des Sees erstreckt sich das ebene Siebenstromland mit tonhaltigen Böden, die seit den 1960er-Jahren zur Zeit der Sowjetunion zunehmend vor allem für den Baumwollanbau bewässert werden. Die Wasserentnahme für die

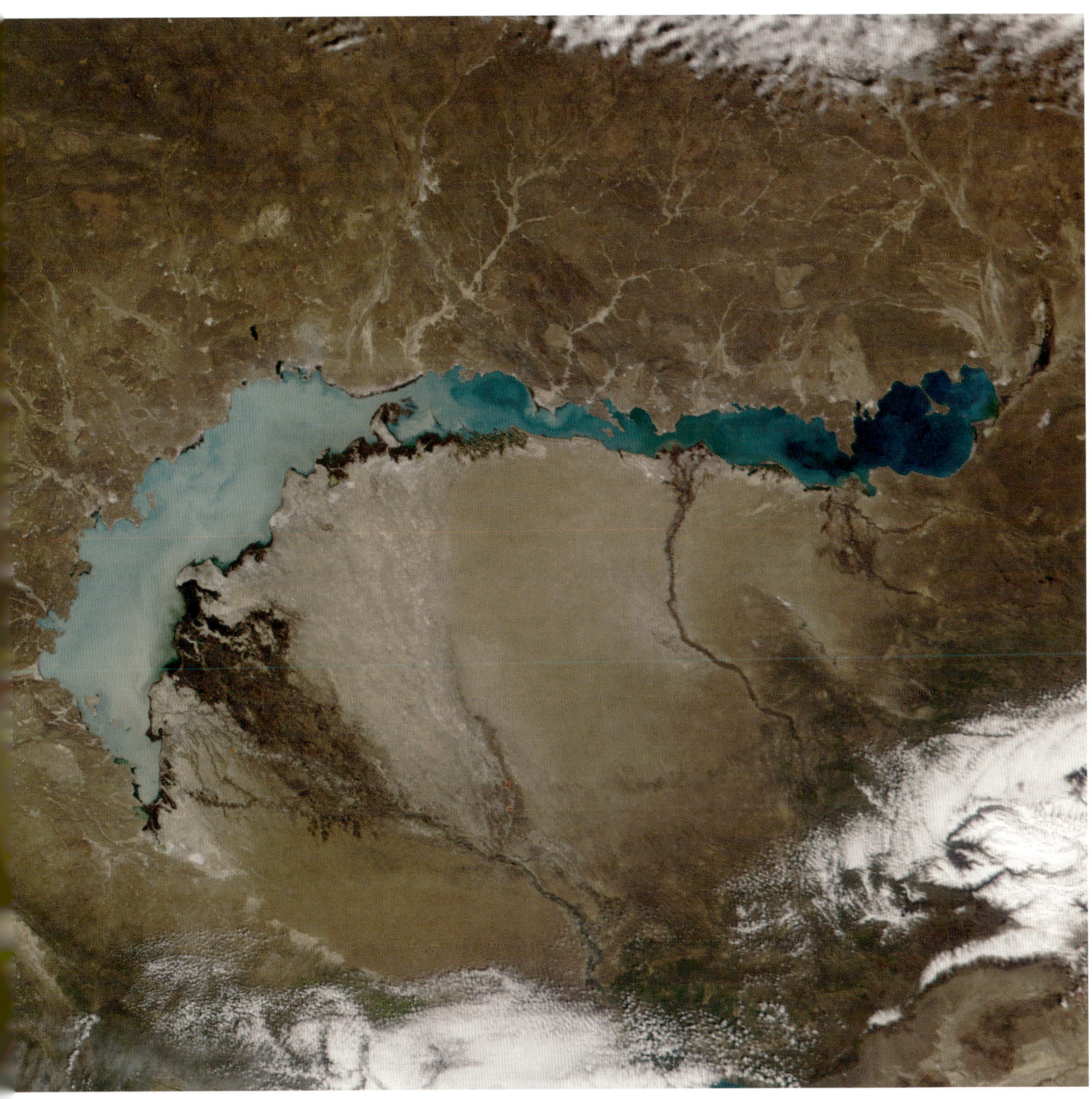

Bewässerung und die verstärkte Nutzung des Ili-Wassers am Oberlauf durch die Chinesen haben bereits zu einer nachhaltigen Absenkung des Spiegels des Balchaschsees geführt. Seit 1970, als der Kaptschagaj-Staudamm am Ili nördlich von Almaty mit einer Wasserfläche von 1.800 Quadratkilometern fertiggestellt wurde, sank der Wasserspiegel des Balchaschsees um weitere zwei Meter. Auch der Kupferabbau im nördlich des Sees gelegenen Kounradskij hat bedenkliche ökologische Auswirkungen. Das Kupfererz wird per Bahn nach Balchasch transportiert, dem wichtigsten Ort

des Sees, wo es geschmolzen und gereinigt wird. Die Industrieabwässer landen im See.

Damit der Balchaschsee nicht das gleiche Schicksal wie der Aralsee erleidet, sind Maßnahmen zur Eindämmung der Verschmutzung des Sees und zur Eindämmung der Bewässerungslandwirtschaft sowie eine Absprache zwischen China und Kasachstan über die Nutzung des Ili-Wassers erforderlich. Doch solange diese beiden Staaten politisch nicht zueinanderfinden, droht dem Balchaschsee das Schicksal einer Fata Morgana.

Auf der Satellitenaufnahme ist deutlich zu erkennen, wie stark sich der hellere Westteil des Balchaschsees, der vom Ili mit frischem Wasser versorgt wird, vom dunkleren, salzhaltigeren Ostteil unterscheidet.

Baikalsee

Ganz anders stellt sich die Situation um den sibirischen Baikalsee dar. Er erstreckt sich über eine Länge von gut 700 Kilometern und einer durchschnittlichen Breite von fast 50 Kilometern im Südsibirischen Gebirge in südwestlich-nordöstlicher Richtung. Mit einer Tiefe von bis zu 1.741 Metern beinhaltet er das größte Süßwasserreservoir der Erde. Hier wird es im Winter bitterkalt, der See friert so zu, dass er zur Lastwagenstraße wird. Manche der Orte am See und seine Inseln sind im Winter nur so erreichbar. Schier endlos weit und faszinierend steht der Baikalsee mit seinen zur Hälfte fast menschenleeren Ufern und seinem wegelosen Naturschutzgebiet auf der Liste des Weltnaturerbes der UNESCO. Viele Kultstätten rund um den Baikalsee zeugen von der uralten Schamanen-Kultur des hier ansässigen Volkes der Burjaten, die sich seit der Zarenzeit mit den Einflüssen von Buddhismus und Christentum vermischt hat. Einziger Abfluss des Baikalsees ist die Angara, einer der großen Flüsse Sibiriens, der über den Jenissej das Wasser in Richtung Nordpolarmeer transportiert.

Dadurch, dass der Baikalsee mit einem Alter von 25 Millionen Jahren erdgeschichtlich sehr alt ist, konnte sich hier eine eigenständige Flora und Fauna entwickeln. Von den mehr als 2.000 bekannten Tier- und Pfanzenarten am und im See sind 1.500 endemisch, das bekannteste Tier ist in diesem Zusammenhang die Baikal-Robbe als die einzige Süßwasserrobbe der Welt und der Omul, ein zur Gattung der Lachse gehörender Speisefisch. Doch auch am Baikalsee ist die Welt nicht überall mehr in Ordnung. Die Sibirische Eisenbahn und die seit 1985 das Nordufer passierende Baikal-Amur-Magistrale haben die Baikal-Region wirtschaftlich erschlossen. Bedrohlich entwickeln sich am See die Industrialisierung, die Abholzung an seinen Hängen und auch die überhandnehmende Fischerei. Durch Einrichtung großer Naturreservate im Uferbereich des Sees versucht man, dieser Entwicklung Einhalt zu bieten. Doch auch die Selbstreinigungskräfte im See sind noch intakt. Dafür sorgen unzählige Flohkrebse, die den Hauptbestandteil der Biomasse des Sees ausmachen. Sie befreien das Wasser von Verunreinigungen und Verschmutzungen, sodass der Baikal noch glasklar ist und in weiten Teilen Trinkwasserqualität aufweist.

Im historischen Luxuszug „Zarengold", der auf der 9.300 Kilometer langen Strecke der Transsibirischen Eisenbahn von Moskau nach Wladiwostok verkehrt, genießt der Reisende einen ausgezeichneten Ausblick auf den Baikalsee.

Die Wasserlandschaften Asiens

Eine ganz spezielle Wasserlandschaft Asiens bilden seine *Reisterrassen,* die vor allem auf den Philippinen in höchster Vollendung entstanden. Die im Norden der Insel Luzon entstandenen Banaue-Reisterassen sind 2.000 Jahre alt, ragen wie Treppen bis zu 1.500 Meter empor und gelten als „Achtes Weltwunder". Sie wurden vom Volk der Ifugao, vermutlich aus Indonesien stammenden Bauern, errichtet. Mit den damals nur einfachen Handwerkszeugen wurden Stufen in die steilen Hänge der Berge gegraben, um die Bewässerungsterrassen anzulegen. Erschwert wurde die Arbeit durch unwegsames Gelände und durch teilweise harten Untergrund. Entstanden sind so die klein parzellierten und optimal der Landschaft angepassten Reisterrassen, die heute noch mit traditionellen Reissorten bewirtschaftet werden. Mittels eines ausgeklügelten Bewässerungssystems werden die Pflanzen mit ausreichend Wasser versorgt. Ein Netz von Kanälen, Bambusrohren und Gräben leitet das aus den Bergen kommende Wasser zunächst in die obersten Terrassen. Nach der Flutung der oberen Ebene läuft weiteres Wasser durch kleine Aussparungen am oberen Rand der Terrassenmauern jeweils eine Stufe tiefer, bis es an der untersten Stufe angekommen ist.

Die traditionelle Bewirtschaftung der historischen Reisterrassen der Philippinen ist aber angesichts der gesellschaftlichen Umbrüche in Gefahr. Denn hier haben sich die modernen Hochertragssorten noch nicht durchgesetzt, deshalb kann auch nur einmal im Jahr geerntet werden – zwei bis drei Ernten pro Jahr wären sonst problemlos möglich. Da nützt es wenig, wenn die UNESCO 1995 die Reisterrassen von Banaue sowie die von Batad, Mayoyao und Hapao in die Liste des Weltkulturerbes aufgenommen hat, die Terrassen aber zukünftig wohl dem Verfall preisgegeben sein werden, wenn nicht etwas unternommen wird. Denn gerade hier ist die Landflucht groß, bessere Verdienste locken in der Stadt, in den Reisterrassen benötigt man aber immer noch rund 1.000 Arbeitsstunden pro Hektar – und die Arbeit ist schwer, denn Maschinen können in diesem Gelände kaum eingesetzt werden. Die Pflege der Terrassen kann aber nur durch Bewirtschaftung erfolgen. Doch hat die große Anziehungskraft der kunstvollen, auch als „Himmelstreppen" bezeichneten Reisterrassen den Tourismus in der Region gefördert. Dazu hat man den ertragreicheren

Gemüseanbau in den Reisterrassen intensiviert, auch züchtet man neuerdings in den Terrassenbecken Fische, vor allem Tilapia.

In traditioneller Kriegstracht wacht ein Stammesmitglied der Ifugao über die kunstvoll angelegten Reisterrassen, die sich im Norden der Insel Luzon an den steilen Berghängen des Banaue-Tals bis in eine Höhe von 1.500 Metern erheben.

Etwa 20 Prozent der Inselfläche von Bali besteht aus Reisterrassen. Reis gilt hier als ein Geschenk der Götter.

Exkurs: Nassreisanbau

Reis ist das wichtigste Nahrungsgetreide für die Menschheit. Vier Fünftel der Reisfelder werden im Nassreisanbau bewirtschaftet. Ursprünglich ist der Reis aber keine Wasserpflanze, sondern er wurde in Jahrtausenden durch menschliche Selektion, neuerdings auch durch entsprechende Züchtung an überflutete Felder angepasst. Für den Nassreisanbau bedarf es ausreichender Niederschläge, ganzjährig hoher Temperaturen von 30 bis 32 °Celsius – wobei die Temperatur nicht unter 20 °Celsius sinken darf –, viel Sonnenschein und staufähiger, stark lehmhaltiger Böden mit der Möglichkeit, den Reis unter Wasser zu setzen, da durch die Schwebstoffe aus den Flüssen die Nährstoffschicht entsteht, die den Nassreisanbau so fruchtbar macht. Für den Nassreisanbau werden die Reisschößlinge in speziellen relativ trockenen Saatbeeten angezüchtet, woran sich zeigt, dass Reis eben doch keine echte Wasserpflanze ist. Noch vor dem Pflügen werden die eigentlichen Felder unter Wasser gesetzt und dann mit Wasserbüffeln, sofern keine geeigneten Maschinen vorhanden sind, gepflügt Nach 30 bis 40 Tagen werden die Schößlinge umgesetzt, Schädlinge bekämpft und Unkraut gerupft. Im Laufe der Wachstumsphase des Reises trocknet der Boden zur Kornreife aus. Fünf Monate nach der Aussaat kann dann der Reis geerntet werden. Die Vorteile des Nassreisanbaus gegenüber dem Trockenreisanbau liegen auf der Hand. Trotz des höheren Arbeitsaufwandes bietet der Nassreisanbau in der Regel zwei, manchmal sogar drei Ernten pro Jahr, der Ertrag einer Ernte ist mit zwei bis vier Tonnen anstatt eineinhalb bis zwei Tonnen pro Hektar mehr als doppelt so hoch. Günstige Nebeneffekte bieten zum Beispiel Fische und Krustentiere im Wasser, die Schädlinge vertilgen und dazu noch der Nahrungsergänzung mit tierischem Eiweiß für die oft arme ländliche Bevölkerung in den großen südostasiatischen Reisanbaugebieten dienen. Doch bei aller Vorteilhaftigkeit des Nassreisanbaus müssen auch die kritischen Aspekte dieser Wirtschaftsweise gesehen werden. So ist etwa der Wasserverbrauch mit drei bis fünf Tonnen fließendem Wasser pro geerntetem Kilogramm Reis enorm hoch. Dafür ist ein erfahrenes Management vonnöten, denn fließt das Wasser zu schnell, werden Bodenbestandteile und Nährstoffe abgeschwemmt, fließt das Wasser zu langsam, bilden sich Algen. Wird im Tiefland die Bewässerung über Brunnen aus dem Grundwasser gespeist, kann der Grundwasserspiegel dramatisch sinken, wie dies beispielsweise schon um Beijing (Peking) der Fall ist. Deshalb hat die chinesische Regierung hier schon den Nassreisanbau verboten, um den Interessen der boomenden Industrie gerecht zu werden. Doch das größte Problem besteht in der verstärkenden Wirkung des Nassreisanbaus auf die Klimaerwärmung. Im Schlamm der gefluteten Felder findet ein relativer Sauerstoffabschluss statt, in dem anaerobe, Methan erzeugende Bakterien ihren Lebensraum finden. Heute geht man davon aus, dass 17 Prozent des durch die Menschen verursachten Methaneintrags in die Atmosphäre durch den Nassreisanbau erfolgt. Die Umweltrelevanz des Methans ergibt sich aus dem durch dieses Gas mit verursachten Ozonabbau und aus seiner Wirkung als klimarelevantem Treibhausgas. Neben Kohlendioxid trägt Methan zu einem Fünftel zum Treibhauseffekt bei.

Die smaragdgrünen Terrassenfelder nördlich des Dorfes Tegallalang zählen zu den schönsten Reisanbaugebieten der Insel Bali.

Afrika

Der afrikanische Kontinent weist eine Fläche von 30 Millionen Quadratkilometern und damit ein Fünftel der Landoberfläche der Erde auf. Mit 930 Millionen Einwohnern stellt er etwa 14 Prozent der Weltbevölkerung. Die Sahara teilt den Kontinent in den hauptsächlich von Arabern bewohnten Nordteil und das subsaharische Schwarzafrika. Afrika erstreckt sich über 8.000 Kilometer von Norden nach Süden und über 7.600 Kilometer von Westen nach Osten. Die Küste des Kontinents ist schwach gegliedert. Mit der Ausnahme von Madagaskar sind ihr nur wenige Inseln vorgelagert. Das Mittelmeer trennt Europa von Afrika, die Trennung zu Asien erfolgt durch die Landenge von Sues und in südlicher Folge durch das Rote Meer.

Die Oberflächengestalt des afrikanischen Kontinents wird an der Basis von Rumpfflächen und Tafelländern bestimmt. In Zentralafika liegt das Tschadbecken, in Mittelafrika das ausgedehnte Kongobecken und im Süden das Kalaharibecken. Den Osten des Kontinents durchzieht das afrikanische Grabensystem vom Roten Meer bis zum Sambesi. In dieses Grabensystem eingebettet sind die ostafrikanischen Seen wie etwa der Tanganjika- und der Malawisee. Der Graben öffnet sich ständig weiter, begleitet von großer tektonischer Aktivität, wie sie sich beispielsweise in der Entstehung der Vulkanmassive des Kilimandscharo mit dem 5.892 Meter hohen Kibo als höchstem Berg Afrikas, dem Ruwenzori-Gebirge und dem Mount-Kenya-Massiv zeigt.

Vegetationszonen in Afrika

Die Flüsse Afrikas

Die Satellitenaufnahme zeigt den Lauf des Nils durch Ägypten, bis der Strom mit seinem etwa 24.000 Quadratkilometer großen Delta in das Mittelmeer mündet. Auf der rechten Bildhälfte ist der Sueskanal zu sehen, der das Mittelmeer mit dem Roten Meer verbindet.

Nil

Der faszinierendste Strom Afrikas ist der Nil, der aus Ostafrika kommend die gesamte Sahara ohne weiteren Zufluss durchquert. Es ist zugleich der längste Fluss des Kontinents und der zweitlängste der Erde. Der 6.671 Kilometer lange Nil wird aus zwei Quellflüssen gespeist, dem kürzeren Blauen Nil und dem eigentlichen Weißen Nil. Dieser Weiße Nil entsteht wiederum aus dem Akagera-Nil (auch Kagera-Nil genannt) mit zwei Quellflüssen, dem in Burundi entspringenden Burundischen Quellfluss und dem in Ruanda entspringenden Ruandischen Quellfluss. Nach vielfältig gewundenem Lauf

mündet der Kagera in den Victoriasee, den er über die Owenfälle als Victoria-Nil wieder verlässt. Im weiteren Verlauf durchbricht er die östliche Randschwelle des Zentralafrikanischen Grabensystems und fließt in den Albertsee, den er als Albert-Nil wieder verlässt. Ab der Grenze zwischen Uganda und dem Sudan wird er Bahr el-Djebel genannt. Im südlichen Sudan fließt er in den Sudd ein, ein ausgedehntes Sumpfgebiet mit 55.000 Quadratkilometer Fläche. Nach dem Verlassen des Sudd, nunmehr als eigentlicher Weißer Nil (Bahr el-Abiad), fließt ihm von Westen der Bahr el-Ghasal (= „Gazellenfluss") und von Osten aus dem Hochland von Äthiopien der Sobat zu. Bei Karthoum vereinigen sich der Weiße Nil und der Blaue Nil (Bahr el-Asrak) aus Äthiopien als wasserreichster Zufluss. Bei Atbara nimmt der Nil seinen letzten gleichnamigen, auch Schwarzer Nil genannten, im äthiopischen Hochland entspringenden Zufluss auf. Von hier ab durchfließt er als Nahr an-Nil 2.700 Kilometer lang in einem bis zu 20 Kilometer breiten und bis zu 350 Meter tiefen Tal über sechs Stromschnellen (Katarakte) die Nubische und die Arabische Wüste. Er mündet nördlich von Kairo im 24.000 Quadratkilometer großen Mündungsdelta mit den Hauptarmen Rosette und Damiette in das Mittelmeer.

Das Niltal im Durchfluss durch die Wüste bildete die Grundlage für die faszinierendste frühe Hochkultur der Menschheit. Großartig sind die Tempel, die hier im Laufe von Jahrtausenden errichtet wurden. Von ganz entscheidender Bedeutung für die Entwicklung des Pharaonentums war die spezielle Wasserführung des Nils, die als Herausforderung gemeistert werden musste und gleichzeitig die Lebensgrundlage im alten Ägypten bildete. Diese unterschiedliche Wasserführung mit Hochwassern von Juni bis September/Oktober resultiert aus den Sommerregen im äthiopischen Hochland. Dieses Hochwasser mit 50-facher Wasserführung gegenüber dem Tiefststand im April bedeckte einen mehrere Kilometer breiten Streifen Land und hinterließ fruchtbaren, dunklen Schlamm. Zur Nutzung des Wassers und seiner schlammigen Hinterlassenschaft mussten die alten Ägypter Dämme und Kanäle bauen. Diese Leistung konnte nicht von einzelnen Bauern erbracht werden, dazu mussten sich die Nilbewohner zusammenschließen. Sie bildeten Gaue, an deren Spitze sich Gaufürsten setzten.

Die Hochkultur Ägyptens begann um 3000 v. Chr. mit der Schaffung eines Königreiches durch die Vereinigung von Ober- und Unterägypten. Pharaonen aus 30 Dynastien herrschten dann über Ägypten. Sie bauten die Bewässerungssysteme als Grundlage des Staates immer weiter aus. In der Kolonialzeit wurde dann mit den neuen Mitteln der Technik bis 1902 der erste Assuan-Damm fünf Kilometer unterhalb von Assuan errichtet. Durch 180 Überläufe wurde nunmehr der Wasserstand des Nils kontrolliert, der Nilschlamm konnte diese Sperre noch passieren. Zwischen 1960 und 1971 wurde schließlich der heutige Assuan-Damm errichtet, mit dem der Nassersee aufgestaut wird. Der See reicht mit seinen 550 Kilometern Länge bis in den Sudan hinein. Nunmehr bleibt der Nilschlamm im See, die fehlenden Nährstoffe haben den Fischbestand des Nils unterhalb des Damms bis hin in das Mittelmeer stark reduziert. Der Rückhalt des fruchtbaren Nilschlamms hat zum Rückgang der Bodenfruchtbarkeit der Felder unterhalb des Damms geführt. Der Nilschlamm ist sogar ein Problem für den See selbst, er schlammt zu und wird in 500 Jahren verlandet sein. Die mit dem Nilwasser bewässerten Landwirtschaftsflächen versalzen.

Bei den atemberaubenden Tisissat-Wasserfällen im Nordwesten von Äthiopien stürzt der Blaue Nil während der Regenzeit auf einer Breite von über 400 Metern rund 42 Meter tief.

Die Stadt Assuan am Ostufer des Nils ist die südlichste Stadt Ägyptens. Die kleinen ein- oder zweimastigen, mit Setteesegeln getakelten Felucken verkehren heute vorwiegend für die Touristen aus aller Welt.

Oben: Eine überladene Fähre überquert den Kongo. Sie verbindet die Zwillingsstädte Kinshasa und Brazzaville. Unten: Blick auf Fischer auf dem Niger nahe der nigerischen Hauptstadt Niamey. Der Süden von Niger, durch den der Fluss strömt, ist die einzige fruchtbare Region des westafrikanischen Landes.

Kongo

Der zweitlängste Fluss Afrikas ist der Kongo. Er mündet nach 4.374 Kilometer langem Lauf in den Südatlantik. Er ist nach dem Amazonas auch der zweitwasserreichste Fluss der Erde. Er entspringt im Mitumagebirge bei Lubumbashi im südkongolesischen Landesteil Katanga. An der Mündung des Luapula durchbricht er die südöstliche Randschwelle des Kongobeckens und durchfließt dann als Lualaba genannter breiter Strom nordwärts bis zu den Boyomafällen bei Kisangi das Kongobecken. Vorher fließt ihm als rechter Nebenfluss der 350 Kilometer lange Lukaga als einziger Abfluss des ostafrikanischen Tanganjikasees zu. Nach den Boyomafällen wendet er sich, nach der Einmündung seines größten Nebenflusses Ubangi nunmehr Kongo genannt, in einem großen Bogen westwärts und bildet auf einer langen Strecke die Grenze zwischen der nördlichen Republik Kongo und der südlichen Demokratischen Republik Kongo. Ihre Hauptstädte Brazaville und Kinshasa liegen beide am Fluss, der zuvor zum Stanley-Pool aufgestaut wird. Danach durchbricht er den Ausgang des Kongobeckens in einem Durchbruchstal mit 32 Stromschnellen und mündet unterhalb von Matadi an der Grenze zu Angola, von wo ab er in seinem letzten Abschnitt Rio Zaire heißt, in den Ozean.

Der teilweise über 50 Meter tiefe Kongo ist auf 3.000 Kilometern seiner Strecke schiffbar – viele seiner Stromschnellen werden mit Eisenbahnlinien überwunden. Insgesamt misst sein Einzugsgebiet an die 3,7 Millionen Quadratkilometer und umfasst neben den beiden genannten Staaten auch Kamerun, Äquatorialguinea, Gabun und die Zentralafrikanische Republik. Er führt zwischen 23.000 und 75.000 Kubikmeter Wasser pro Sekunde. Sein braunes Wasser, dessen Lauf sich noch in einer 150 Kilometer langen Rinne in den Südatlantik fortsetzt, ist noch bis 30 Kilometer vor der Küste zu erkennen.

Niger

Zu den spektakulären Flüssen Afrikas zählt auch der Niger. Er entspringt in den Bergen Südguineas, verläuft zunächst über Bamako nach Nordosten bis Timbuktu, macht einen großen Bogen durch das Niger-Becken, fließt dann in südöstlicher Richtung weiter über Niamey nach Nigeria, wo er in einem großen Mündungsdelta in den Golf von Guinea mündet. Der Niger ist mit 4.184 Kilometern Länge der drittlängste Fluss Afrikas. Insgesamt beträgt sein Einzugsgebiet weit über zwei Millionen Quadratkilometer – die genaue Fläche lässt sich wegen ihres teilweise wüstenhaften Charakters nicht feststellen. Dort, wo der Niger in seinem nördlichen Abschnitt die Sahara streift, bildet er für die hier lebenden Menschen das einzige Wasserreservoir.

Sambesi

Der viertlängste Fluss Afrikas ist der Sambesi mit 2.736 Kilometern Länge. Er ist der wichtigste afrikanische Fluss, der in den Indischen Ozean mündet. Mit einem Einzugsgebiet von über 1,3 Millionen Quadratkilometern entwässert er etwa die Hälfte des Südens des afrikanischen Kontinents. Er entspringt im Nordwesten Sambias nahe der Wasserscheide zum Kongo. Sein Oberlauf folgt südlicher Richtung bis zum sogenannten Caprivi-Zipfel, der in der Kolonialzeit Deutschland über Deutsch-Südwestafrika den Zugang zum Sambesi ermöglichte.

Am Ende seines Oberlaufs durchfließt er in einer Schlucht, die in den Victoriafällen endet, das Zentralafrikanische Plateau. Hier ergießen sich die Fluten des Sambesi in einer Breite von 1.700 Metern mit donnerndem Getöse 110 Meter tief. Die aufsprühende Gischt ist noch kilometerweit zu sehen. Hier ist der Übergang zum Mittellauf, der zunächst auch in einer tiefen Schlucht westlich verläuft. Noch in seinem Mittellauf wird der Fluss zum Kariba-See aufgestaut, dessen Wasserkraftwerke Strom nach Simbabwe und Sambia liefern. Am Ende des Mittellaufes befindet sich der Cabora-Bassa-Stausee, der noch zu portugiesischen Kolonialzeiten in Mosambik errichtet wurde, aber wegen des Bürgerkrieges zehn Jahre keinen Strom lieferte. Heute wird der überwiegende Teil der Stromausbeute in einer Fernleitung nach Südafrika geliefert.

Die Victoriafälle im Grenzland zwischen Simbabwe und Sambia bieten ein faszinierendes Naturschauspiel: Auf einer Länge von rund 1.700 Metern tost der Sambesi in einer nur etwa 50 Meter breiten Schlucht 110 Meter in die Tiefe. Damit gehören die Wasserfälle zu den längsten der Welt.

Die Nationalparks am Turkanasee in Nordwestkenia wurden 1997 von der UNESCO in die Liste der Welterbestätten aufgenommen. Die Luftaufnahme zeigt die südlichere der beiden im See gelegenen Vulkaninseln.

Der Baringosee im östlichen Arm des Ostafrikanischen Grabens ist Lebensraum für viele Tiere und Pflanzen. Grundlage für die Entstehung der einzigartigen Vegetation ist die Reinheit des Süßwassersees.

zentralen Hochland Äthiopiens kommenden Fluss Omo gespeist. Aufgrund der hohen Sonneneinstrahlung herrscht eine starke Verdunstung. So weist der See eine Fläche von etwa 6.400 Quadratkilometern auf, ist knapp 260 Kilometer lang, bis 55 Kilometer breit, bis 73 Meter tief und fischreich.

Baringosee

Der Baringosee ist ein See im Östlichen Rift Valley, etwa 285 Kilometer nördlich der kenianischen Hauptstadt Nairobi im District Baringo gelegen. Er ist ebenso wie der Naivashsee im Gegensatz zu den anderen Seen des Östlichen Rift Valleys ein

Süßwassersee. Der Seespiegel beider Seen ist beträchtlichen Schwankungen unterworfen, denn beide Seen sind abflusslos. Sie erhalten aber während der Regenzeit aus ihrem großen Einzugsgebiet so viel Süßwasser, dass das Niederschlagsdefizit ausgeglichen wird. Im fischreichen See tritt die Buntbarschart *Oreochromis niloticus* endemisch auf, die heute in der Speisefischzucht eine große Rolle spielt. Ansonsten ist das Gewässer reich an Vögeln, Krokodilen und Flusspferden.

Magadisee

Der Magadisee, dessen Name sich vom Massai-Wort für salzig ableitet, ist einer der typischen Natronseen im Östlichen Rift Valley an der Südgrenze Kenias. Er liegt im Magadi-Natron-Becken, das sich bis nach Tansania hinein erstreckt. In der Regenzeit wird das Salzbecken von einem weniger als ein Meter tiefen Salzsee bedeckt. Sein stark alkalisches Salzwasser fällt Trona aus, eine Mineralienmischung aus Natriumhydrogencarbonat und Natriumcarbonat, das stellenweise eine Mächtigkeit von 40 Metern aufweist. Das Mineral wird abgebaut und zu Pottasche und Kochsalz verarbeitet. Am Südende des Sees treten heiße Quellen als einzige Zuflüsse des Sees auf. In den tieferen Quellbecken kann man sogar baden, außerdem bieten sie Lebensraum für viele Fische, die sich den Lebensbedingungen im heißen Wasser angepasst haben. Dazu zählt vor allem der Buntbarsch *Tilapia grahami*, der hauptsächlich Pelikanen als Nahrung dient. Darüber hinaus treten hier zahlreiche Flamingos, Reiher und Nilgänse auf.

Natronsee

Der Natronsee liegt im Südbereich des Magadi-Natron-Beckens inmitten einer der unberührtesten Gegenden im Norden Tansanias und unweit der Grenze zu Kenia – hier ist die Urheimat der Massai. Über dem See erhebt sich der Vulkan Ol Doinyo Lengai, der in der Kultur der Massai eine wichtige Rolle spielt. Es handelt sich um den einzigen Vulkan, der Karbonitlava ausstößt. Diese dünnflüssige Lava enthält weit mehr als die Hälfte Karbonitminerale. Der abflusslose Natronsee erhält seine Wasserzufuhr aus seinem immerhin über 20.000 Quadratkilometer großen Einzugsgebiet. Aus der wesentlich höheren Verdunstungsrate und aus den basischen Vulkangesteinen der Umgebung resultiert der hohe Mineralgehalt des Sees, dessen alkalisches Milieu durch Natriumsalze wie Natriumcarbonat und Natriumhydrogencarbonat hervorgerufen wird.

Am hauptsächlichen Süßwasserzufluss Ngaro Sero am Südrand des Natronsees findet man Bewuchs mit Salvadora-Büschen. Ansonsten lagern sich die Mineralien Schicht für Schicht auf dem See ab, dessen hellweiße Oberfläche zu einem Wabenmuster kristallisiert. Innerhalb dieser Salzschollen tauchen noch kreisförmige Geysire auf. Der

Massai ziehen am Magadisee an der Südgrenze Kenias entlang. Der Name des Natronsees stammt von dem Massai-Wort für „salzig".

Blick über den Natronsee im Norden Tansanias auf den Vulkan Ol Doinyo Lengai. Im Glauben der Massai ist der rund 2.960 Meter hohe Vulkan der Sitz ihres höchsten Gottes Engai.

Natronsee ist reich an Biomasse. In ihm vermehren sich die auf solche Lebensumstände spezialisierten Bakterien, Archaeen und Algen geradezu explosionsartig. Manche der Einzeller betreiben ihre Photosynthese mit Hilfe intensiv gefärbter Pigmente, was mit den nicht gelösten Salzen für die ungewöhnliche Färbung des Wassers sorgt, sodass seine Sichttiefe nur wenige Zentimeter beträgt. So ist der See die Heimat von Millionen Flamingos und Pelikanen.

Tschadsee

An ganz anderer Stelle als die Seen Ostafrikas ist der Tschadsee zu finden. Er erstreckt sich am Südrand der Sahara in der Sahelzone Westafrikas mit Ländergrenzen zum Tschad, zu Kamerun, Nigeria und Niger. Der abflusslose See erhält sein Wasser weitestgehend aus den Zuflüssen Chari und Logone, deren Wasserführung von ihren 800 Kilometer entfernt liegenden Quellgebieten abhängig ist. Etwa zehn Prozent seines Wassers entstammen nigerianischen Zuflüssen, die wie der Komadugu Gana den See aber längst nicht mehr erreichen – womit auch das Hauptproblem des Tschadsees angesprochen ist. Um etwa 4000 v. Chr. besaß der Tschadsee noch eine dem Kaspischen Meer entsprechende Ausdehnung von 300.000 Quadratkilometern, der Seespiegel lag um 40 Meter höher als heute. Noch vor 600 Jahren bildete der Tschadsee das größte Süßwasserreservoir Afrikas. Heute ist seine Fläche kaum noch größer als die Berlins. Die Sahel-Dürren in den 1970er-Jahren, vor allem aber die Wasserentnahme aus den Zuflüssen Schari und Logone haben ihn auf ein Zwanzigstel seiner ehemaligen Fläche zusammenschrumpfen lassen. Nigeria hat längst seinen Anteil an der offenen Wasserfläche verloren.

Unabhängig von der Schrumpfung der Seefläche ist der Wasserstand des Tschadsees auch von der regenzeitlich unterschiedlichen Wasserzufuhr abhängig. In der Regenzeit überschwemmt der See große Landflächen, in der Trockenzeit zieht er sich kilometerweit zurück. Seine Verdunstungsrate ist besonders hoch, beträgt doch seine Tiefe stellenweise nur noch einen Meter, an den tiefsten Stellen kaum mehr als fünf Meter. So verlagern sich seine Uferlinien ständig. Auf dem in den 1970er- bis 90er-Jahren trockengefallenen Seegrund wurden neue Siedlungen gebaut, wo man zunächst auch gute landwirtschaftliche Erträge erzielte. Doch dann kamen wieder Jahre mit mehr Regen, und die Siedlungen mussten wieder aufgegeben werden. Auf Dauer ist aber nicht davon auszugehen, dass diese seit etwa 1988 vermehrt fallenden Niederschläge anhalten. So wird es nicht mehr lange dauern, bis der Tschadsee völlig ausgetrocknet ist.

Ein Fischer auf dem Tschadsee in Zentralafrika. Die abendliche Idylle trügt: Der Lebensraum zahlreicher Tiere schrumpft dramatisch.

Die Wasserlandschaften Afrikas

Sudd

Der Sudd, so nach dem arabischen Wort für „Barriere" bezeichnet, wird von den Wassern des Nils im Süden des Sudans gebildet. Es handelt sich um ein Überschwemmungsgebiet von 50.000 Quadratkilometern, mehr als 300 Kilometer in der Nord-Süd-Ausdehnung und mehr als 200 Kilometer in der Ost-West-Ausdehnung. Hier wachsen Papyrus, Schilfgräser, Wasserhyazinthen und andere Sumpfpflanzen, und es gibt sogar Inseln tropischer Regenwälder. Das ausgedehnte Areal weist kaum Gefälle auf, das Nilwasser staut sich und breitet sich über die Fläche aus. Hier verdunstet etwa die Hälfte des Nilwassers, das bis hierhin gelangt ist.

Die Sumpflandschaft des Sudd bildete über Jahrtausende eine undurchdringliche Barriere, bis 1899 ein erster Kanal durch das Gebiet angelegt wurde. Erst seither ist die Durchquerung mit Schiffen möglich – was aber auch nur gelingt, wenn dieser Kanal regelmäßig gewartet wird. Denn nur allzu schnell verschlammt er und die Hyazinthen lassen

Exkurs: Der Nilwasser-Vertrag

Die Nutzung des Nilwassers ist für Ägypten und seine Bevölkerung lebenswichtig. Strukturell gesehen erwirtschaftet die Landwirtschaft 25 Prozent des nationalen ägyptischen Volkseinkommens, verbraucht aber 88 Prozent des Wassers. Da Ägypten praktisch über keine eigenen Wasserreserven verfügt, ist es auf den Zufluss des Wassers aus den oberhalb Ägyptens gelegenen Ländern angewiesen – das sind Burundi, Ruanda, Tansania, Uganda und der Sudan. Als Großbritannien nach dem Ersten Weltkrieg die koloniale Herrschaft über all diese Territorien innehatte, konnte es Ägypten sein so wichtiges Wasser sichern. Nach dem 1929 zwischen Ägypten und Großbritannien abgeschlossenen Nilwasser-Vertrag, bei dem London seine ostafrikanischen Kolonien vertrat, und dem 1959 ergänzend abgeschlossenen Vertrag zwischen Ägypten und dem Sudan stehen Ägypten von dem auf durchschnittlich 84 Milliarden Kubikmeter pro Jahr geschätzten Wasserfluss 55,5 Milliarden zu, während 18,5 Milliarden Kubikmeter dem Sudan zur Verfügung stehen. Äthiopien, auf dessen Territorium der Blaue Nil entspringt, wird in den beiden Abkommen nicht erwähnt, obwohl das Wasser des Nils zu 75 bis 85 Prozent vom Blauen Nil stammt. Der Rest kommt größtenteils vom Weißen Nil, der durch den Victoria- sowie durch den Albert- und den Edwardsee gespeist wird. Bis heute beruft sich Ägypten auf diesen Vertrag, wenn es um seine Ansprüche auf das Nilwasser geht. Und die Wasser gebenden Staaten sehen überhaupt nicht mehr ein, warum sie durch einen Vertrag gebunden sein sollen, der noch aus der Kolonialzeit stammt. Den ägyptisch-sudanesischen Vertrag lassen sie ohnehin nicht mehr gelten. Deshalb gibt es auch schon erhebliche Spannungen zwischen Ägypten und den ostafrikanischen Anrainerstaaten.

Am Beispiel Äthiopiens lässt sich die Problematik der Situation am besten verdeutlichen. Aus Äthiopien stammen mehr als 80 Prozent des Nilwassers für Ägypten. Der eigentlich wasserreiche Staat muss aber aufgrund der Vertragssituation auf eine umfängliche Nutzung des Nilwassers zu Bewässerungszwecken verzichten – es finden sich deshalb auch keine Geldgeber für Staudamm- und Kraftwerksprojekte. Äthiopien versucht nunmehr auf diplomatischem Wege, seinen Wasserbedarf im Rahmen der 1998 gegründeten „Nil Basin Initiative" (NBI) geltend zu machen. In dieser Nilbeckeninitiative haben sich neun von zehn Nilanrainerstatten mit dem Ziel zusammengeschlossen, die Bewirtschaftung des Nils gemeinsam zu betreiben und daraus eine dauerhafte Kooperation abzuleiten. Denn neben allen politischen und wasserbautechnischen Problemen gibt es das zentrale Problem, dass die zugrunde gelegte Wasserführung des Nils zu hoch angesetzt war, dass darüber hinaus die Verdunstungsrate auf dem Weg zum Mittelmeer höher als angenommen ist und dass aufgrund des Klimawandels mit einer zusätzlichen Reduzierung der Nilwassermenge zu rechnen ist. Es gibt also bei weiter steigender Bevölkerung in den Nilanrainerstaaten immer weniger Nilwasser zu verteilen.

ihn zuwachsen. Die sudanesische Regierung möchte daher den Nil um den Sudd herumleiten, auch um das Wasser des Sudd zur Bewässerung landwirtschaftlicher Flächen zu nutzen. Mit dem Bau dieses Jonglei-Kanals wurde 1974 begonnen, zum Einsatz kam ein in Lübeck gebauter riesiger mobiler Schaufelradbagger, aber die Bauarbeiten mussten 1984 wegen des andauernden Bürgerkriegs im Süden des Sudans eingestellt werden – ein Krieg, der unter anderem wegen dieses Sudd-Projektes ausgebrochen war.

Die Gegner des Projektes sind froh darüber, dass das Jonglei-Projekt eingestellt werden musste: Sie gehen davon aus, dass von der Umleitung nur der Norden Sudans (und Ägypten) profitiert, da dann mehr Wasser nordwärts befördert würde, wobei der Sudd allerdings austrocknen und die gesamte Region in eine Wüste verwandelt würde. Die politischen Konflikte zwischen dem Norden und dem Süden des Sudans sind dabei unübersehbar. Es gibt allerdings auch ernst zu nehmende Auffassungen, nach denen über eine erhöhte Fließgeschwindigkeit des Nils die Verdunstung reduziert werden könnte, wodurch auch genügend Wasser für Bewässerungsprojekte zur Verfügung stünde.

Okavango-Delta

Inmitten der Kalahari-Wüste, einem riesigen semi-ariden Sandbecken, das vom Oranje bis nach Angola, im Westen bis nach Namibia und im Osten bis nach Zimbabwe reicht, erstreckt sich das Okavango-Delta als eine der reizvollsten Landschaften Afrikas. Der 1.700 Kilometer lange Okavango entspringt im angolanischen Hochland und versickert bzw. verdunstet im Nordwesten Botswanas in der Kalahari und bildet mit einer Fläche von bis zu 20.000 Quadratkilometern eines der größten und tierreichsten Feuchtgebiete Afrikas. Das Delta bietet eine atemberaubende Welt aus Wasser und Steppe, Wald und Savanne. Hier tummeln sich Elefanten, Giraffen, Impalas, Geparden, Löwen, Krokodile, Warzenschweine und viele andere Wildtiere. Vor allem Vogelliebhaber kommen hier auf ihre Kosten – Hunderten verschiedener Arten bieten Wasser und Sumpf, Schilf und Papyrus Lebensraum.

Etwa ein Drittel im Norden des Okavango-Deltas steht dauerhaft unter Wasser. Der Rest verwandelt sich alljährlich ausgerechnet in der Trockenzeit in ein Mosaik aus Sumpflandschaften mit eingestreuten Inseln und einem Netz aus Wasser führenden Rinnen und „Kanälen".

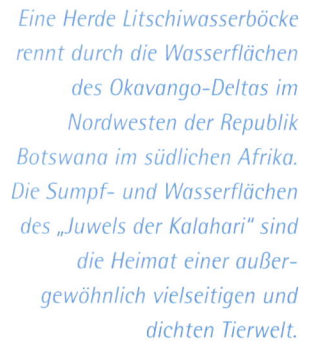

Eine Herde Litschiwasserböcke rennt durch die Wasserflächen des Okavango-Deltas im Nordwesten der Republik Botswana im südlichen Afrika. Die Sumpf- und Wasserflächen des „Juwels der Kalahari" sind die Heimat einer außergewöhnlich vielseitigen und dichten Tierwelt.

Die Ursache für diesen Landschaftswandel wird von einer Flutwelle herbeigeführt, die der Okavango jedes Jahr von Angola erbringt. Hier fallen in der Regenzeit von Dezember bis April große Mengen an Niederschlägen. Die Abflüsse aus den Bergen sammeln sich anschließend im Kubango, wie der Okavango dort noch heißt, und in seinen Nebenflüssen. Ab Februar und März wird dann aus dem ansonsten eher träge dahinfließenden Fluss ein großer Strom, der zehnmal so viel Wasser führt wie in der Trockenzeit. Bis diese Wassermassen jedoch die Grenze nach Botswana erreichen und im Okavango-Delta ankommen, dauert es noch Monate. Erst im Juli oder August ist dann die Flut auch im entlegendsten Teil des Deltas angekommen. Normalerweise ausgetrocknete Flüsse, wie der Boteti, transportieren dann ihr Wasser sogar weiter bis in die entlegenen

Makgadikgadi-Salzseen oder bis zum Lake Ngami. Wie lange das Paradies des Okavango-Deltas noch existieren wird, ist ungewiss. Denn längst ist das Wasser des Okavango zum Objekt der Begierde geworden. Die Anrainerstaaten Angola und Namibia, aber auch Botswana selbst, die alle unter Wasserknappheit leiden, möchten den Fluss an mehreren Stellen aufstauen und sein Wasser abzapfen. Sie hoffen, so schon bald nicht nur ihre Trinkwasserversorgung verbessern zu können, sondern auch Strom für ihre Länder erzeugen zu können. Das empfindliche natürliche Gleichgewicht des Okavango-Deltas wird solche Vorhaben aber nicht überdauern.

Das Okavango-Delta ist das größte Binnendelta der Erde. Das riesige Feuchtgebiet inmitten der Kalahari-Wüste gilt als „Afrikas letztes Eden".

Exkurs: Oasen

Oasen sind Vegetationsorte in der sie umgebenden vegetationsarmen oder vegetationslosen Wüste, deren Wasserversorgung aus Quellen, Grundwassernähe, Flussnähe oder Bewässerung stammt. Oasen sind meist dicht bevölkert und werden intensiv durch Anbau von Feldfrüchten und Obstbäumen, insbesondere Dattelpalmen, bewirtschaftet und stellen Handelsplätze für den Karawanenverkehr dar. Die größte Sahara-Oase ist zweifelsohne die Flussoase des Niltals. Aber es gibt auch innerhalb der Sahara Orte mit punktueller Wasserversorgung, die eine Bewirtschaftung ermöglicht, deren isolierte Lage sie zu eigentlichen Oasen macht. Oft haben Menschen im Laufe der Erschließung der Wüste an Wasser führenden Stellen Brunnen erbohrt, um mit einer größeren Wasserausbeute eine größere Fläche bewirtschaften zu können. Quellwasseroasen bestehen meist in Gebirgsnähe – wenn es dort regnet, wird das Wasser über Bodenschichten herabgeleitet und tritt an tieferer Stelle an die Oberfläche. Sprudelt das Wasser nur so aus dem Boden, handelt es sich meist um einen artesischen Brunnen, bei dem Grundwasser durch Überdruck zwischen zwei wasserundurchlässigen Schichten aus dem Gelände sprudelt.

Eine Sonderform der Frischwassererschließung in Wüsten stellen Quanate dar. Es handelt sich dabei um horizontale Brunnen, mit denen Wasser aus nahe gelegenen Bergen abgezapft wird. Hierzu fertigt man kein Bohrloch senkrecht in die Erde, sondern einen Stollen waagerecht in den Berg. Solche Systeme unterirdischer Stollen gibt es im gesamten afrikanisch-asiatischen Wüstenbereich. Die Entwicklung des Quanatsystems begann in Persien etwa um 2000 v. Chr., wo in antiker Zeit bis zu 50.000 solcher Systeme in Betrieb waren. Von hier aus setzte sich das Wissen um 500 v. Chr. über Ägypten bis in die Sahara fort. Im Maghreb sind solche Stollensysteme weit verbreitet und werden hier Foggara genannt. Auch in einer Foggara wird das sich in den Bergen sammelnde Grundwasser in einem Querstollen aufgefangen und an den Zielort geleitet. Um von mehreren Stellen aus gleichzeitig graben zu können, hat man im Maghreb immer wieder senkrechte Zwischenschächte erstellt, die dann auch der Pflege und Instandhaltung dienen. Der beim Ausheben der senkrechten Schächte zum Wasserleitstollen anfallende Aushub wird um die Schächte herum aufgeschüttet. So entsteht in der maghrebinischen Foggara-Landschaft eine typische geradlinige Kette kleiner Hügel.

Moderne, mit Pumpen betriebene Tiefbrunnen haben vielerorts die Quanatsysteme überflüssig gemacht. Die Folge ist, dass die Stollen nicht mehr gewartet werden, verschütten und somit ein altes Kulturgut in Vergessenheit gerät. Doch nicht überall: Angesichts des Klimawandels mit zurückgehenden Niederschlägen und des Absinkens der Grundwasserspiegel besinnt man sich der alten Wassersysteme. Vor allem im Iran mit seinem großen Wirtschaftsgefälle zwischen Stadt und Land werden die auf persisch Karez genannten Stollen wieder aktiviert. Viele der in den Fels geschlagenen Wasserstollen haben nämlich die Jahrhunderte überdauert und können durchaus wieder reaktiviert werden.

Die berühmteste Oase der Sahara ist Siwa. Sie liegt im Nordwesten Ägyptens mitten in der Libyschen Wüste zwischen der Quattara-Senke und dem Ägyptischen Sandmeer 18 Meter unter dem Meeresspiegel. Siwa ist mit 82 Kilometern Länge und zwei bis 20 Kilometern Breite eine der größten Oasen überhaupt. An die 20.000 Menschen leben hier. Neben dem Hauptort Siwa gibt es noch die Dörfer Aghurmi, Abu Shrouf, Kamesa, Balad Alroum und Bahi Eldien. In den großen Gärten und Plantagen der Oase stehen an die 300.000 Dattelpalmen und 70.000 Olivenbäume. Dazu werden verschiedene Gemüsearten, Orangen, Aprikosen, Feigen, Trauben und andere Landwirtschaftsprodukte für den lokalen Verbrauch angebaut. Die Einwohner Siwas sind hauptsächlich Berber, die sich auch durch ihre Sprache, einen eigenständigen Berberdialekt, von den Ägyptern unterscheiden.

Durch die einst isolierte Lage der Oase haben sich ihre Bewohner auch viele ihrer kulturellen Eigenarten bewahrt, sich lange auch von der anglo-ägyptischen Oberhoheit distanziert verhalten. Jedenfalls stieß Feldmarschall Rommel, der 1942 dreimal mit seinen Panzern in der Oase einmarschiert war, auf keinen unfreundlichen Empfang. Übrigens stehen an der neuen Teerstraße von Kairo nach Siwa Warnhinweise, nicht in das Gelände zu laufen, weil immer noch mit Minen aus dem Zweiten Weltkrieg zu rechnen ist.

Die Geschichte der Oase Siwa reicht weit zurück. Bereits während der 18. Dynastie stand hier um 1500 v. Chr. ein Amun-Tempel, dessen Priester für ihre Orakelsprüche weithin bekannt waren. Auch Alexander der Große suchte 331 v. Chr. im Rahmen seines Ägyptenfeldzuges, nachdem er zuvor die Stadt Alexandria an der Mittelmeerküste gegründet hatte, das Orakel auf, um sich als „Sohn des Zeus" feiern zu lassen. Die Ruinen dieser berühmten Amun-Zeus-Orakelstätte befinden sich noch auf einem Felsen über dem Ort Aghurmi.

Auf einem Felsen im einstigen Zentrum der Oase Siwa in der Libyschen Wüste erheben sich die Ruinen der Amun-Zeus-Orakelstätte. Das Orakel von Siwa war im Altertum weit über die Grenzen des ägyptischen Pharaonenreichs bekannt.

Amerika

Vegetationszonen in Amerika

Die „Neue Welt" Amerika – der „Alten Welt" Europa gegenübergestellt – setzt sich aus den Teilbereichen Nordamerika und Südamerika zusammen, die über die Landbrücke Mittelamerikas und die Inselbrücke der Karibik miteinander verbunden sind. Der Doppelkontinent, der mit einer Fläche von 42 Millionen Quadratkilometern fast an die Größe Asiens heranreicht, weist 900 Millionen Einwohner auf und kommt Asien im Nordwesten an der

Beringstraße auf 35 Kilometer nah. Im Westen wird Amerika durch den Pazifischen Ozean, im Osten durch den Atlantischen Ozean, im Norden durch das Nordpolarmeer und im Süden durch das Südpolarmeer begrenzt. Von Norden nach Süden erstreckt sich der Doppelkontinent vom 83. nördlichen Breitengrad am Ellesmere Island in Kanada bis zum 56. südlichen Breitengrad am Kap Hoorn über eine Länge von 15.000 Kilometern.

Nord- und Südamerika sind mit je 5.000 Kilometern in etwa gleich breit, jedoch liegt die Mittelachse Südamerikas um 35 Grad östlicher als die Nordamerikas. Beide Teilbereiche des Kontinents sind geografisch ähnlich aufgebaut. Entlang der Westküste zieht sich die Kordillerenkette, an die sich ostwärts große Tafelländer, Stromtiefländer und alte Gebirgsrümpfe nahe den Ostküsten anschließen. Nordamerika erstreckt sich über eine Länge von 4.600 Kilometern vom Norden Kanadas bis zur Südspitze Floridas. Zum nordamerikanischen Kontinent gehören noch Grönland und die Bermudainseln im Atlantik 900 Kilometer östlich von North Carolina. Die Oberfläche Nordamerikas ist in großen Teilen stark eiszeitlich geprägt, denn immerhin reichte der größte Gletschervorstoß im westlichen Teil des Kontinents bis etwa zur heutigen amerikanisch-kanadischen Grenze, im östlichen Teil bis etwa zur Linie Missouri–Ohio. Mittelamerika besteht aus dem zentralamerikanischen Festland als Landverbindung über Mexiko und Panama von Nordamerika nach Südamerika einerseits und andererseits aus dem westindischen Inselbogen, der die Abgrenzung des Karibischen Meeres zum Atlantik darstellt. Die Hauptwasserscheide des südamerikanischen Kontinents wird vom Hauptkamm der Anden gebildet, daher entwässert nur ein kleiner Flächenanteil in den Pazifik. Die wenigen Flüsse mit großem Gefälle, vielen Stromschnellen und großer Sedimentfracht werden zur Bewässerung von Flächen in der pazifischen Küstenwüste genutzt. Die größten Ströme Südamerikas entwässern in den Atlantik, allen voran der Amazonas, des Weiteren der Rio Magdalena, der Orinoco, der Rio São Francisco und die Zuflüsse des Rio de la Plata. Der Altiplano und östliche Randgebiete der Südanden sind abflusslos. Hier gibt es eine Reihe von Salzseen. An dem zum Atlantik ausgerichteten Gebirgsfuß ganz im Süden der Anden haben sich eiszeitliche Seen gebildet, unter denen der Lago Argentino der größte und bekannteste ist.

Die Flüsse Nordamerikas

Die Hauptwasserscheide Nordamerikas verläuft entlang der Hauptkette der Kordilleren, sodass ein Viertel der Fläche in den Pazifik und drei Viertel in den Atlantik bzw. in die Karibik entwässert.

Yukon River

Der Yukon River ist der nördlichste der großen Flüsse Nordamerikas. Mit einer Länge von 3.185 Kilometern, von denen 1.149 Kilometer in Kanada liegen, ist er der fünftlängste Fluss Nordamerikas. Sein Tal wurde schon in prähistorischer Zeit von den asiatischen Einwanderern auf dem Weiterweg in südlichere Teile des Kontinents genutzt: Denn diese Region war im Windschatten der Kordillerenhauptkette ein Trockengebiet, das auch in der Eiszeit eisfrei geblieben war. Der Yukon River entsteht im Tagish Lake an der Nordgrenze von British Columbia, richtet sich nordwärts und dann nordöstlich durch das Yukon Territory nach Alaska, um dann in einem großen Bogen wieder südwärts und abschließend in einem kleinen Bogen wieder nordwärts bis zu seiner Mündung im Norton Sound an der Beringsee zu fließen. Berühmtheit erlangte der Yukon River, als 1896 an der Mündung des Klondike River im kanadischen Yukon Territory Gold gefunden wurde. Der Goldrausch ließ die an dieser Stelle entstandene und nur sehr schwer zu erreichende Siedlung Dawson City bis 1898 auf 40.000 Einwohner anschwellen. Doch schnell waren die Lagerstätten erschöpft, 1902 lebten dort noch 5.000 Menschen, heute sind es noch 1.500, die weitgehend in der Tourismusbranche tätig sind.

Colorado River

Der Colorado River entspringt nördlich von Denver im Rocky-Mountain-Nationalpark im US-Bundesstaat Colorado und mündet nach 2.333 Kilometer langem Lauf in den Golf von Kalifornien. Auf seinen ersten 1.600 Flusskilometern durchquert er eine Reihe tiefer Schluchten und Cañons, die durch die erodierende Kraft seiner Strömung entstanden sind. Dabei fließt er vorwiegend in südwestlicher Richtung durch Colorado in den Südosten des US-Bundesstaates Utah, und nachdem er den nördlichen Teil von Arizona durchquert hat, schneidet er sich 350 Kilometer lang westwärts tief in den Grand Canyon ein. Nach dem Austritt aus dem Canyon führt ihn sein

Weg in südlicher Richtung, der Fluss bildet nun die Grenze zwischen den US-Bundesstaaten Arizona, Nevada und Kalifornien. Bei Yuma überquert er die mexikanische Grenze und fließt 145 Kilometer als Rio Colorado bis zu seiner Mündung. Auf der einen Seite hat die beeindruckende Landschaft des Colorado den Fluss weltberühmt gemacht, auf der anderen Seite sind die menschlichen Eingriffe in seine Wasserführung geeignet, diese Schönheit auf Dauer zu vereiteln. Es handelt sich dabei um großartige Leistungen der Wasserbaukunst, deren ökologische Folgen aber unabsehbar sind. Die Eingriffe beginnen bereits am Oberlauf, wo aufgrund von 1922 zwischen den betroffenen US-Bundesstaaten getroffenen Wassernutzungsvereinbarungen nicht unbeträchtliche Teile des Flusswassers unter der Wasserscheide des Kordillerenhauptkammes hinweg nach Nordost-Colorado geleitet werden, um dort eine ertragreiche Landwirtschaft zu be-

Im Westen Alaskas bildet sich an der Mündung der Flüsse Yukon und Kuskokwim in das Beringmeer eines der größten Flussdeltasysteme der Erde: Die Satellitenaufnahme des etwa 70.000 Quadratkilometer umfassenden Yukondeltas in Falschfarben gibt einen Eindruck von der Vielzahl der Mündungsarme, in die sich die beiden Flüsse aufästeln.

Nahe dem Glen-Canyon-Staudamm in Arizona fließt der Colorado River durch eine ungewöhnlich enge Flussschlinge. Die Mäander wurde „Horseshoe Bend" – „Hufeisenbiegung" – getauft.

treiben, was angesichts der Trockenheit dieser Region sonst nicht möglich gewesen wäre. Mit diesem Colorado-Big-Thompson-Projekt wurde noch vor dem Zweiten Weltkrieg begonnen, es

Der Blick auf die Staumauer des Hoover-Damms auf der Grenze zwischen Nevada und Arizona verdeutlicht die beeindruckenden Ausmaße des Bauwerks: Die Bogen-gewichtsmauer ist 221 Meter hoch und hat eine Kronenlänge von 379 Metern.

konnte aber erst danach fertiggestellt werden. Im weiteren Verlauf des Flusses wird sein Wasser in mehreren großen Stauseen zur Gewinnung von Trinkwasser und Elektrizität aufgestaut. Der größte unter diesen Dämmen ist der Hoover-Staudamm. Beeindruckend sind seine Ausmaße mit einer Fläche von bis zu 69.000 Hektar, einer Länge von 170 Kilometern und einer maximalen Tiefe von etwa 180 Metern. Ohne die Wasser-versorgung aus diesem Damm könnte das nur 50 Kilometer entfernte Spielerparadies Las Vegas nicht in dem Glanze erstrahlen, mit dem es Heer-scharen von Besuchern anzieht. Der Hoover-Damm wurde in den 1930er-Jahren als Wirtschaftsför-derung zur Überwindung der Auswirkungen der Weltwirtschaftskrise errichtet. Insofern wurde er zum Sinnbild des *New Deal*, wie das Maßnahmen-paket des 1933 neu gewählten US-Präsidenten Franklin D. Roosevelt zur Überwindung der Wirt-schaftsdepression genannt wurde. Weitere Stau-dämme sind der Lake Mead und der Lake Powell, die alle zusammen mit der weiteren Wasserent-nahme zu Bewässerungszwecken und dem rück-läufigen Niederschlag in den Rocky Mountains dafür verantwortlich sind, dass der Colorado im Mündungsbereich schon versiegt ist.

Mississippi River

Der Mississippi River durchfließt den gesamten mittleren Westen der Vereinigten Staaten. Er entsteht im gut 500 Meter hoch gelegenen Itacasee im nordöstlichen Minnesota. Auf seinem 3.778 Kilometer langen Lauf fließt ihm zunächst der Missouri zu und dann bei Saint Louis der Meramac und in Illinois der Ohio. Sein Einzugsgebiet von fast drei Millionen Quadratkilometern umfasst bis auf das Gebiet der Großen Seen die gesamte Fläche zwischen den Rocky Mountains und den Appalachen. Auf seinem weiteren weitgehend südlich verlaufenden Weg durchquert er, viele Mäander bildend, ein ausgedehntes Tiefland, um dann süd-lich von New Orleans in einem fünfarmigen ausladenden Delta in den Golf von Mexiko zu münden. Angesichts einer großen Sedimentfracht breitet sich das Mississippi-Delta immer weiter in den Golf aus. Die Seeschifffahrt reicht flussaufwärts bis Baton Rouge, die Binnenschifffahrt bis Minneapolis. Hier verkehren die größten Schubverbände der Welt. Umgangssprachlich heißt der Mississippi in den Vereinigten Staaten „Old Man River" – schon die Algonkin-Indianer am Fluss nannten ihn „Großer Fluss" oder frei übersetzt „Vater der Ströme". Denn schon Jahrhunderte zuvor hatte sich hier im unteren und mittleren Flussbereich die Mississippi-Kultur als bedeutendste vorgeschichtliche Kultur Nordamerikas etabliert.

Aus dem Weltall erscheint das ausladende Delta, in dem der Mississippi River in den Golf von Mexiko mündet, wie der Abdruck eines Entenfußes. Die aus fünf Hauptarmen bestehende Trichtermündung umfasst ein Gebiet von etwa 28.600 Quadratkilometern.

Anmerkung: Mississippi-Kultur

Die Mississippi-Kultur währte vom 8. bis 16. Jahrhundert nachchristlicher Zeit. Die Grundlage dieser Kultur bildete eine intensive Landwirtschaft, die neben den traditionellen Kulturen auch den Maisanbau pflegte. Es brauchte aber Jahrhunderte, bis sich diese neue Kulturpflanze durchsetzen konnte: Denn es bedurfte der Anpassung an die Anbaubedingungen am Mississippi, wo auch Frost auftritt. Angelegt wurden die Maisfelder in Flusstälern oder in Mäandern, die durch Deiche reguliert wurden. Zur Feldarbeit verwendete man nur die Hacke, Zugtiere waren unbekannt. Aber man züchtete Truthähne und hielt Hunde. Das Gemeinwesen der Mississippi-Kultur war straff organisiert. An der Spitze stand ein Häuptling, darunter eine in mehrere Stände gegliederte Hierarchie. Die Mitglieder der kleinen Oberschicht erkannte man an ihrer Kleidung, am kostbaren Schmuck und an ihrem Wohnsitz auf künstlichen Hügeln. Von diesen Wohnsitzen regierten sie das Volk und die Rituale, die den Lebensstil der Mississippi-Kultur ausmachten. In großen stadtähnlichen Zentren entstanden sogar gewaltige Erdpyramiden mit abgeflachter Spitze, die als Fundamente für Heiligtümer und Häuptlingsresidenzen dienten. In der Mississippi-Kultur entstanden Kunstwerke mit einer ungewöhnlichen Aussagekraft. In den Gräbern fand man Halsschmuck, Steinskulpturen und Keramiken, Kupfergegenstände, Lochperlen sowie Becher aus gravierten Muschelschalen.

Die Flüsse Südamerikas

Den gesamten Westrand Südamerikas nimmt das Hochgebirge der Anden ein, daher entwässert nur ein kleiner Flächenanteil in den Pazifik. Die wenigen Flüsse mit großem Gefälle, vielen Stromschnellen und großer Sedimentfracht werden zur Bewässerung von Flächen in der pazifischen Küstenwüste genutzt. Die größten Ströme Südamerikas entwässern in den Atlantik, allen voran der Amazonas, des Weiteren der Rio Magdalena, der Orinoco, der Rio São Francisco und die Zuflüsse des Rio de la Plata. Der Altiplano und östliche Randgebiete der Südanden sind abflusslos. Hier gibt es eine Reihe von Salzseen. An dem zum Atlantik ausgerichteten Gebirgsfuß ganz im Süden der Anden haben sich eiszeitliche Seen gebildet, unter denen der Lago Argentino der größte und bekannteste ist.

Rio Magdalena

Der Rio Magdalena entspringt aus der Lagune del Buey in 3.500 Metern Höhe auf dem Gebirgsknoten von Las Papas in der kolumbianischen Kordillere knapp nördlich des Äquators. Nach anfänglich ostwärtigem Lauf wendet er sich nach Norden und durchfließt die Tiefebene des Rio Magdalena. Diese Ebene erstreckt sich ostwärts der Zentralkordillere, der Sierra Nevada de Santa Maria, die sich in der Verlängerung nach Panama verzweigt. Auf der dem Flusslauf gegenüberliegenden Seite erstreckt sich die Westkordillere, die sich in der Verlängerung in die venezolanischen Anden verzweigt. Bei El Banco verlässt der Rio Magdalena den Andenraum – hier mündet der Rio Cauca als sein größter Nebenfluss. Nach insgesamt 1.538 Kilometer langem Lauf mündet er dann bei Baranquilla in das Karibische Meer. Der Rio Magdalena ist von enormer Bedeutung als Transportader des Landes für Güter und Passagiere sowie für die Stromerzeugung. Im 263.858 Quadratkilometer umfassenden Einzugsgebiet des Flusses leben etwa 80 Prozent der gesamten kolumbianischen Bevölkerung.

Weit über die Grenzen des Landes hinaus ist der Fluss bekannt geworden durch den 1985 veröffentlichten Roman „Die Liebe in den Zeiten der Cholera" des kolumbianischen Nobelpreisträgers Gabriel Garcia Marquez, die Geschichte einer lebenslangen Liebe, die endlich ihre Erfüllung auf einem Schaufelraddampfer auf dem Rio Magdalena findet.

Rio Orinoco

Der Rio Orinoco entspringt in der Sierra Parima im Bergland von Guayana in Venezuela nahe der Grenze zu Brasilien. Ein Viertel seines Laufs fließt er durch kolumbianisches, drei Viertel durch venezolanisches Gebiet. Im Oberlauf wird er Paraguá genannt. Nach dem Austritt aus dem Hochland umfließt der Orinoco dieses in großem, nach Nordosten offenem Bogen. Etwa 40 Kilometer unterhalb von Esmeralda stellt die durch Alexander von Humboldt im Jahr 1800 nachgewiesene Bifurkation über den Bazo Casiquiare und den Rio Negro eine Verbindung zum Amazonas her. Unterhalb der Mündung des Río Apure beginnt der ostwärts gerichtete Unterlauf des Orinoco durch die Savannen der Llanos. Er mündet nach 2.140 Kilometer langem Lauf mit vier großen und zahlreichen kleinen Mündungsarmen in einem etwa 40.000 Quadratkilometer großen Delta in den Atlantischen Ozean.

Das Schwemmland des Rio Orinoco in Venezuela wird von mehr als 500 Wasserläufen durchzogen. Das Sumpfgebiet mit tropischem Regenwald ist nur mit Booten zu erreichen.

Der Wasserstand des Orinoco schwankt in jahreszeitlicher Abhängigkeit um zwölf Meter. Würden sich die Niederschläge in seinem großen Einzugsbereich nicht so gleichmäßig verteilen, wären die Wasserstandsschwankungen noch gewaltiger.

Am mittleren Amazonas in
Brasilien überschwemmt der
Fluss während der Regenzeit
halbjährlich das Land.
Das überschwemmte Land ist
fruchtbar, aber nur bei
Niedrigwasser zu nutzen.

Anmerkung: Bifurkation

Mit dem Begriff „Bifurkation" wird das seltene Naturphänomen einer Flussgabelung bezeichnet, mit der zwei Flusssysteme miteinander in Verbindung treten. Die größte Bifurkation der Erde besteht zwischen dem Orinoco und dem Amazonas. Der bedeutende Naturforscher Alexander von Humboldt hat diese Flussverbindung auf seiner bahnbrechenden Forschungsreise durch Südamerika im Jahr 1800 nachweisen können. In seinem Hauptwerk „Reise in die Aequinoctial-Gegenden des neuen Continents" schreibt er darüber:

„Am 21. Mai liefen wir 13,5 km unterhalb der Mission Esmeralda wieder in das Bett des Orinoko ein ... Der Punkt, wo die vielberufene Gabelung des Orinoko stattfindet, gewährt einen ungemein großartigen Anblick. Am nördlichen Ufer erheben sich hohe Granitberge: in der Ferne erkennt man unter denselben den Maraguaca und den Duida. Auf dem linken Ufer des Orinoko, westlich und südlich von der Gabelung, sind keine Berge bis dem Einflusse des Tamatama gegenüber. Hier liegt der Fels Guaraco, der in der Regenzeit zuweilen Feuer speien soll. Da wo der Orinoko gegen Süden nicht mehr von Bergen umgeben ist und er die Oeffnung eines Tales oder vielmehr einer Senke erreicht, welche sich nach dem Rio Negro hinunterzieht, teilt er sich in zwei Aeste. Der Hauptast (der Rio Paragua der Indianer) setzt seinen Lauf west-nord-westwärts um die Berggruppe der Parime herum; der Arm, der die Verbindung mit dem Amazonasstrome herstellt, läuft über Ebenen, die im ganzen ihr Gefälle gen Süden haben, wobei aber die einzelnen Gehänge im Cassiquiare gegen Südwest, im Becken des Rio Negro gegen Südost fallen."

Amazonas

Der Amazonas bildet das gewaltigste Flusssystem der Erde. Mit einer Länge von 6.448 Kilometern ist er zwar nur der zweitlängste Fluss der Erde, hat aber das größte Wasservolumen mit 35 bis 120 Millionen Litern pro Sekunde, je nach Trockenzeit oder Regenzeit, insgesamt die meisten Nebenflüsse und das größte Einzugsgebiet von 7 Millionen Quadratkilometern, von denen etwa die Hälfte in Brasilien liegt, während sich der Rest auf Peru, Ecuador, Bolivien und Venezuela verteilt. Ein Fünftel des Abflusses aller Flüsse der Erde stammt vom Amazonas. Seine Fließgeschwindigkeit schwankt zwischen 2,5 und 8 Kilometern pro Stunde, der Wasserspiegel steigt in der Regenzeit um bis zu 15 Meter an. Durch die enorme Menge und die Schwankungen der Wasserführung hat der Amazonas eine tiefe Rinne in sein Bett gegraben, die bei Óbidos unterhalb von Manaus selbst bei niedrigem Wasserstand noch 90 Meter Tiefe erreichen kann. Mit solchen Ausmaßen hat der

Exkurs: Amazonen am Amazonas

Gonzalo Pizarro war von seinem Bruder Francisco 1540 zum neuen Statthalter des nördlichen Teils des Inka-Reiches um Quito berufen worden. Auch bis hierhin drang die Kunde von reichen Ländern jenseits der Anden – El Dorado und la Canela (= Zimtland). Gewürze waren nun einmal zu Zeiten der Pizarros genauso wertvoll wie Gold! So rüstete Gonzalo Pizarro mit seinem Weggefährten Francisco de Orellana 1541 eine Expedition aus. Orellana heuerte hierfür sogar Soldaten auf eigene Kosten an. Da die Reiterei Pizarros im immer unwegsamer werdenden Gelände nicht richtig voran kam, ließ Orellana am Rio Coca, bis wohin sie gekommen waren, eine kleine Brigantine bauen und machte sich am 6. Dezember 1541 mit seinen Leuten auf den Weg flussabwärts. Pizarro kehrte später mit seinen Leuten nach Quito zurück, enttäuscht, denn sie hatten nicht den ostasiatischen Zimt der Gattung Cinnamomum gefunden, sondern den der amerikanischen Gattung Canella, der weniger wohlschmeckend und weniger ergiebig und damit wertloser war. Auch Orellana wurde in seinen Hoffnungen enttäuscht: Je weiter sein Trupp flussabwärts vordrang, umso dichter wurde der Urwald, der trotz der Üppigkeit seines Erscheinens auch nur wenig Essbares hergab. Orellanas Trupp wurde von Pater de Carvajal begleitet. Er verfasste ein Tagebuch von dieser Expedition, dem wir heute die Kenntnis von den Abenteuern auf dieser Reise verdanken. Das nachhaltigste Abenteuer war die Begegnung mit den Amazonen. Nachdem Orellana mit seinem Trupp vom Rio Coca auf den Rio Napo und später auf den Rio Marañon gekommen war, wurden sie immer wieder von Indianern, teils auch mit vergifteten Pfeilen, angegriffen. Carvajal schildert im Übrigen genau die unterschiedlichen Wasserfärbungen an der Einmündung des Rio Negro in den heute Amazonas benannten Fluss. Am 24. Juni 1542 wurden dann Orellanas Mannen erneut angegriffen. Sie folgten den Indianern bis in ihr Dorf, wo sie auf heftigen Widerstand stießen. Angeführt wurden die Dorfbewohner offensichtlich von Indianerinnen, die besonders wagemutig und kampfesfreudig die Spanier angriffen. Carvajal berichtet, dass diese Frauen weißhäutig und groß waren und ihr Haar geflochten um den Kopf gewunden hatten – und sie kämpften nackt! Er schreibt: *„Ihre Pfeile trafen die Brigantine, so dass sie wie ein Stachelschwein aussah."* Ausgefragte gefangen genommene Indianer erzählten Orellana dann von einem Frauenstamm, der einige Tagesreisen entfernt im Landesinneren wohnte, die Königin hieße Coñori. Gelegentlich lockten diese Indianerinnen Kriegerindianer in ihr Dorf, schickten sie aber, wenn sie schwanger waren, wieder zurück. Da war es für Orellana klar: Dies mussten die Amazonen gewesen sein.

Orellana schaffte es dann, mit seiner Brigantine bis zur Amazonas-Mündung zu gelangen. Von hier aus lenkte er die Brigantine durch den Golf von Paria bis zur Isla Margarita und dann weiter zur Hafenstadt Nueva Cadiz. Er hatte zwar nicht das erhoffte reiche Land gefunden, dafür hatte er dem größten Strom der Erde seinen Namen gegeben!

Amazonas auch weiter zunehmende Bedeutung als Schifffahrtsweg. Auf drei Vierteln seiner Länge ist er von der Mündung aufwärts befahrbar. Ozeanschiffe und Kreuzfahrtschiffe gelangen so bis Manaus, Schiffe bis 3.000 Tonnen Wasserverdrängung können sogar insgesamt 3.700 Kilometer flussaufwärts bis zum peruanischen Hafen Iquitos fahren – kein Überseehafen ist weiter vom Meer entfernt.

Die Hauptquellflüsse des Amazonas sind der Rio Ucayali und der Rio Marañon, die beide hoch in den peruanischen Anden entspringen, beide durch eine Andenkette getrennt nach Norden verlaufen und sich bei Nauta noch in Peru zum Rio Solimões vereinigen, wie der von hier ab ostwärts verlaufende Fluss bis zur Einmündung des Rio Negro bei Manaus heißt. Erst von hier wird er bis zur Mündung Amazonas genannt. Der Pará als Hauptmündungsarm erreicht eine Breite von 80 Kilometern, seine Trichtermündung 250 Kilometer. In der Trichtermündung aus einem Labyrinth von Inseln liegt auch die Insel Marajó, die mit 36.000 Quadratkilometern Fläche die Größe der Schweiz aufweist. Ein Naturphänomen stellt die Flutwelle dar, die bei Neumond- und Vollmondtide mit 65 Kilometern pro Stunde vom Meer kommt und sich 650 Kilometer weit die Amazonasmündung aufwärts schiebt – mit bis zu fünf Metern Höhe richtet sie viel Unheil an, ist aber bei Surfern umso beliebter.

Bis auf die Quellgebiete in den Hochanden liegt das Amazonasgebiet in den Tropen. Die Temperaturen liegen ganzjährig knapp unter 30 °Celsius, die Luftfeuchtigkeit ist hoch, die Niederschläge betragen 2.000 bis 3.000 Millimeter pro Jahr, in den Bergregenwäldern an den Andenhängen sogar noch mehr. Während der Regenzeit werden große Flächen des Amazonasbeckens überschwemmt. Im Amazonasbecken breitet sich der größte tropische Regenwald der Erde aus, der durch die vielfältigste Pflanzen- und Tierwelt gekennzeichnet ist. Doch der Regenwald ist weiter in Gefahr. Großflächige Abholzungen und punktuelle Herausnahme von Werthölzern setzten dem Bestand zu. Großgrundbesitzer und Viehzüchter bereiten große Flächen zum Sojaanbau und als Weiden auf, eindringende Siedler betreiben Brandrodungswirtschaft im Wanderfeldbau. Der Straßenbau, der immer weiter in den Regenwald vordringt, erleichtert das Eindringen in zunehmendem Maße. Die anhaltende Abholzung des Regenwaldes hat langfristig katastrophale Auswirkungen auf das Weltklima, seine zurückgehende Kapazität als größter Wasser- und Feuchtigkeitsspeicher der Erde verändert Temperaturen und Niederschläge rund um den Globus und lässt Wetterkatastrophen weiter zunehmen.

Rio São Francisco

Trotz seiner Länge von 3.199 Kilometern ist der südamerikanische Rio São Francisco relativ unbekannt. Dabei hat dieser Fluss immer wieder eine bedeutende Rolle für Brasilien gespielt. Er entspringt in der Serra da Canastra im Bundesstaat Minas Gerais und richtet seinen Lauf weitgehend nach Nordosten, um im letzten Drittel bis zur Mündung nördlich von Aracaju in den Südatlantik westwärts zu fließen. Im Mittellauf ist der Rio São Francisco schiffbar. Dort, wo er sich zum Bundesstaat Bahia hinwendet, befinden sich die Stromschnellen von Pirapora und nach dem Durchbruch durch das Küstengebirge die Paulo-Afonso-Fälle mit dem Kraftwerk Xingó, der den Zugang vom Unterlauf verhindert.

Auf seinem Weg wird das Klima immer trockener, insofern ist der Rio São Francisco als Wasserspeicher sehr gefragt. Schon im Oberlauf wird er zum Três-Marias-See gestaut. Weiter nördlich fließt er dann durch den Sobradinho-Stausee und schon

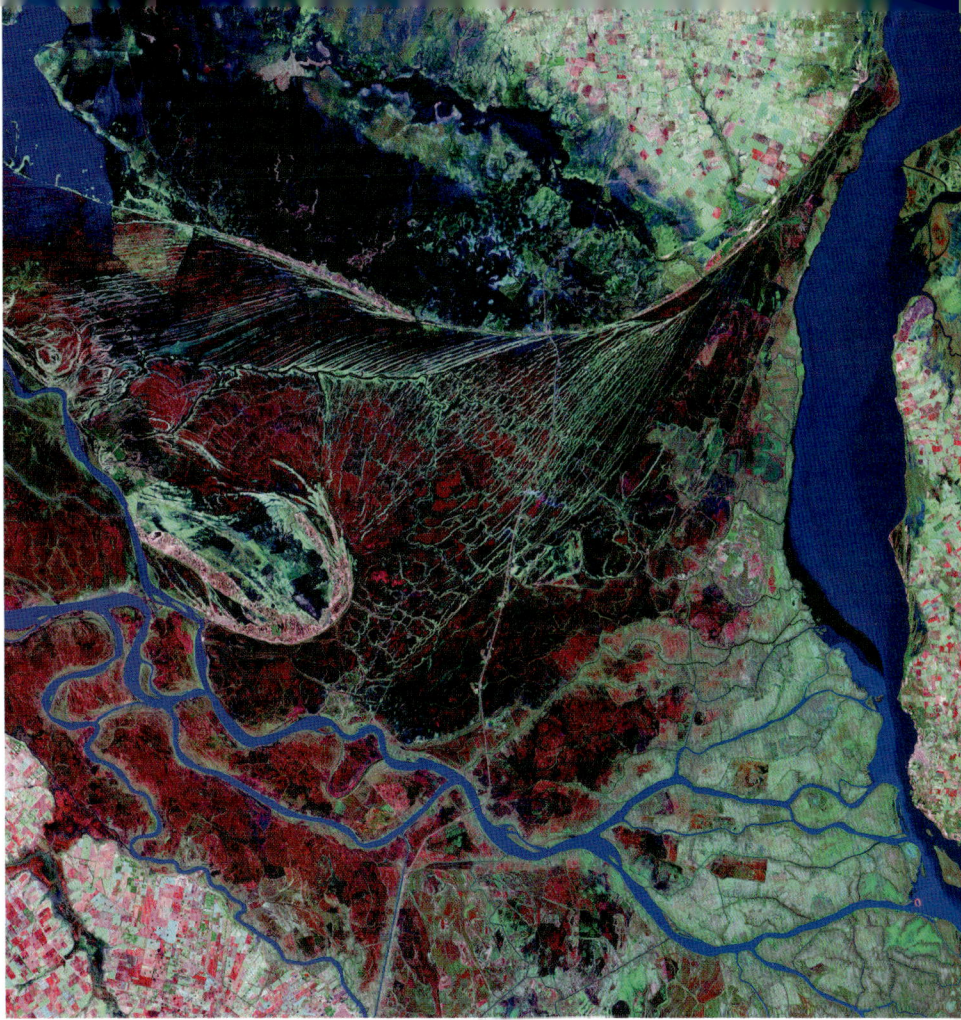

auf die Mündung zu durch den Itaparica-Stausee. Die Wasserentnahme aus dem Fluss hat schon immer soziale Konflikte heraufbeschworen, nützte sie doch mehr den Großgrundbesitzern und den immer durstigeren städtischen Agglomerationen, wohingegen die Kleinbauern benachteiligt waren.

Rio de la Plata

Die beiden großen Zuflüsse des Rio de la Plata sind der Uruguay und der Paraná. Seinen Namen verdankt der „Silberfluss" der Hoffnung seines Entdeckers Juan Diaz de Solis, der 1516 den Rio de la Plata als erster Europäer befuhr und ihn in Hoffnung auf reiche Silberfunde so nannte.

Der 3.900 Kilometer lange Paraná bildet sich aus seinen Quellflüssen Rio Paranaíba und Rio Grande im Südosten von Brasilien im großen Ilha-Solteira-Stausee. Er fließt durch den Süden Brasiliens, wo er Wasserfälle und weitere Stauseen bildet. Über eine lange Strecke ist er dann Grenzfluss zu Para-

Die Falschfarbenaufnahme zeigt die verästelte Wald- und Schwemmlandschaft des Paraná-Deltas aus der Sicht des NASA-Forschungssatelliten Landsat 7. Das nur etwa 32 Kilometer nordöstlich von Buenos Aires gelegene größte Süßwasserdelta der Welt dient als Naherholungsgebiet der argentinischen Metropole.

Der Blick über den Rio de la Plata mit der Strandpromenade am nationalen Flughafen von Buenos Aires macht augenfällig, wie das Wasser des Flusses durch lehmigen Schlamm ockerfarben getrübt wird.

An der Grenze zwischen dem brasilianischen Bundesstaat Paraná und der argentinischen Provinz Misiones bieten die Iguazú-Wasserfälle dem Betrachter ein einzigartiges Naturschauspiel. Das aus 270 einzelnen Fällen bestehende Wasserfallsystem liegt in einer u-förmigen, 150 Meter breiten und 700 Meter langen Schlucht. Das Foto zeigt den argentinischen Teil der Fälle von der brasilianischen Seite aus gesehen.

guay und später Grenzfluss zwischen Paraguay und Brasilien. Auch hier bildet er erneut Stauseen, darunter einen so großen wie den Itaipú-Stausee, der nach der Fertigstellung des Drei-Schluchten-Dammes in China 2006 immer noch das Kraftwerk mit der zweitgrößten Leistung weltweit ist. Doch hat die permanente Aufstauung das Flussbild inzwischen längst grundlegend verändert. Viel von seiner Ursprünglichkeit bewahrt hat dagegen das 70 Kilometer breite Paraná-Delta zumindest in seinen mittleren und oberen Bereichen. Der untere Teil ist längst industriell durchsetzt und als Wohngebiet dicht besiedelt. Doch sind inzwischen Schutzgebiete eingerichtet, wie etwa der Predelta National Park im oberen Bereich, wo Sedimente Inseln in die Wasserlandschaft formen. Hier teilt sich der Paraná in mehrere Arme, um dann die reizvolle Schwemmlandschaft seines Deltas zu bilden.

Am Ausgang des Paraná-Deltas vereinigt sich der Rio Paraná mit dem Rio Uruguay zum Mündungstrichter des Rio de la Plata. Der 1.500 Kilometer lange Fluss entspringt in der Serra do Mar des südbrasilianischen Berglandes im Bundesstaat Santa Catarina. Auf seinem westwärts gerichteten Weg durch das Bergland passiert er immer wieder

Stromschnellen. Am interessantesten ist der Salto Yucama, eine Art Wasservorhang, in dem sich das Urugay-Wasser über eine Länge von 1.800 Metern in eine Basaltspalte als eigentlichem Flussbett ergießt. Als Grenzfluss zu Argentinien nimmt der Rio Uruguay dann einen südlichen Verlauf, seine Stromschnellen werden noch mächtiger. Alleine der Moconá-Fall weist eine Breite von drei Kilometern auf. Zuletzt bildet er über mehrere hundert Kilometer den westlichen Grenzverlauf des Staates Urugay, der nach diesem Fluss benannt wurde, um dann in den Rio de la Plata zu münden.

Die Großen Seen Nordamerikas

Als sich die Gletscher der letzten Eiszeit zurückzogen, hinterließen sie mit ihrem Schmelzwasser die fünf Großen Seen Nordamerikas: Lake Ontario, Lake Erie, Lake Superior, Lake Huron und Lake Michigan. Die fünf Seen zusammen enthalten etwa ein Fünftel der Süßwasserreserven der Erde. Die Gesamtoberfläche der Großen Seen beträgt über 150.000 Quadratkilometer. Das Ökosystem erstreckt sich über mehr als 10 Grad Länge und 18 Grad Breite mit 16.000 Kilometern Küstenlinie. Aufgrund der Größe der Seen sind hier sogar Gezeiten bemerkbar. Der maximale Höhenunterschied zwischen den einzelnen Großen Seen liegt bei 150 Metern, den größten Teil davon bilden die Niagarafälle zwischen dem Erie- und dem Ontariosee.

Das natürliche Ökosystem der Großen Seen wird durch Eingriffe des Menschen zunehmend gestört. Denn hier liegt das industrielle Herz Kanadas sowie des Nordostens der Vereinigten Staaten. Die Seen werden deshalb zum Schiffstransport und zur Freizeitgestaltung genutzt. Der Schiffsverkehr durch den Soo Locks zwischen dem Lake Superior und dem Lake Huron ist längst intensiver als durch den Suezkanal. Seit dem 19. Jahrhundert wird zunehmend Wald an den Seen gerodet, um Farmen in Michigan, Wisconsin und Minnesota zu gründen. Dazu entwickelte sich Nutzholzindustrie, deren Abwässer nicht nur die Fischbestände der Großen Seen beeinträchtigen. Die Hecht- und Heringsbestände in den Großen Seen sind erschöpft, dafür ist eine Massenvermehrung eingeschleppter Tier- und Pflanzenarten erfolgt. Seit der Eröffnung der St.-Lawrence-Seestraße und des Wellandkanals können Schiffe die Niagarafälle umfahren und die vier anderen Großen Seen durch den Lake Ontario erreichen. Dies ist zwar ein Segen für den Handel und die Schifffahrt, doch ein Fluch für die Unterwasserwelt. Zu den eingeschleppten Lebewesen zählt beispielsweise die Zebramuschel, ein daumennagelgroßes Weichtier, das seit den späten 1980er-Jahren in allen der fünf Seen zu finden ist. Die Zebramuscheln rotten allein durch ihr Massenauftreten viele der heimischen Spezies aus, sodass viele Urbewohner an Nahrungsmangel sterben. Angesichts der kritischen Situation an den Großen Seen haben die USA und Kanada bereits 1978 ein Wasserqualitätsabkommen unterzeichnet, das zur Einschränkung des Ausstoßes giftiger Substanzen verpflichtet und die Abschaffung der Nutzung von Chlorbleiche in der Holzindustrie mit der Zeit komplett vorsieht. Darüber hinaus gibt es eine Selbstverpflichtung der US-Anrainerstaaten zum völligen Verbot von Öl- und Gasbohrungen an und in den Seen. Erste Erfolge lassen sich am Rückgang einzelner Schadstoffkonzentrationen wie zum Beispiel PCBs in Forellen bereits feststellen. Auch soll die Wasserentnahme aus den Großen Seen reduziert werden. Die Gemeinden um die Großen Seen müssen nun haushalten, statt weiter uneingeschränkt Wasser zu verbrauchen. Dies soll verhindern, dass die Wasserspiegel der Seen weiter abfallen.

Oben: Die Satellitenaufnahme ermöglicht einen Panoramablick auf die Gruppe der fünf Großen Seen in Nordamerika. Unten: Über die weltbekannten Niagarafälle entwässert der Eriesee in den Ontariosee. Die Insel Goat Island spaltet die Fälle in zwei Teile: Auf der kanadischen Seite, die das Foto zeigt, stürzen die Wassermassen 49 Meter, auf der amerikanischen Seite 51 Meter tief.

Die Seen und Seenlandschaften Südamerikas

Titicacasee

Der Altiplano, die peruanisch-bolivianische Hochebene der Zentralkordillere, war nach der Eiszeit mit einem großen Schmelzwassersee bedeckt, von dem der Titicacasee verblieben ist. Immerhin weist dieser See auf über 3.800 Metern Höhe noch eine Fläche von mehr als 8.300 Quadratkilometern auf und ist damit mehr als zehnmal so groß wie der Bodensee. Zwei weitere kleine Seen aus der Nacheiszeit, der Lago Poopoo und der Lago Uro Uro, sind beide noch über den Rio Desaguadero mit dem Titicacasee verbunden. Der 190 Kilometer lange und durchschnittlich 50 Kilometer breite und bis zu 280 Meter tiefe Titicacasee selbst ist in einen kleinen und einen viel größeren Teil unterteilt. Der enge Estrecho de Tiquina trennt den größeren Chucuitosee mit seinen 25 Inseln vom sechsmal kleineren Winaymarkasee mit seinen sechs Inseln ab.

Der Titicacasee spielt in der kulturgeschichtlichen Entwicklung der Hochanden eine große Rolle. Hier liegt bis heute das Zentrum der Aimara-Indianer, am Südende des Sees konnte sich die Hochkultur von Tiahuanaco bilden, die ihren Höhepunkt zwischen dem 6. und 10. Jahrhundert n. Chr. hatte. Ihr Zeremonialzentrum Tiahuanaco lag früher einmal direkt am Titicacasee in einer Höhe von fast 4.000 Metern über dem Meer, doch mit dem Schrumpfen des Sees liegt Tiahuanaco heute 20 Kilometer vom See entfernt. Nach den Glaubensvorstellungen der Tiahuanaco-Kultur war ihr Gott *Con Ticci Wiracocha* dem Titicacasee entstiegen, um die Sonne zu erschaffen, dann Tiahuanaco, die Welt und die Menschen. Als die Inka das Gebiet im 13. Jahrhundert eroberten, ließen sie den dort lebenden Aimara-Indianern ihre Bräuche, erhoben aber die damalige Insel Titicaca zur ihrer Sonneninsel, um den Sonnengott Inti dort anzubeten.

Auch ganz oben in den Anden gibt es bereits Umweltprobleme, die schon den Titicacasee betreffen. Der See wird nur zu einem ganz geringen Teil über den Rio Desaguadero entwässert, der größte Teil verdunstet – Schadstoffe bleiben also erhalten, die vor allem als Abwässer aus der bolivinischen Stadt Puno in den See gelangen. Doch noch ist der See weitgehend klar, noch gibt es viele Wasser- und Uferpflanzen, vor allem die üppig wachsende Binse, viele Wasservögel, so Flamingos, Huallatas, Keles, Tiquis und zahllose Fische wie Carachis, Ispis, Suches, Königsfische und Forellen.

Laguna de Guatavita

Die Laguna de Guatavita in den kolumbianischen Anden hat ihren Namen und ihre Berühmtheit von einem religiösen Brauch der Muisca, einem vorkolumbianischen Andenindianervolk. Jeder ihrer neuen Kaziken wurde am ganzen Körper mit Goldstaub überzogen und fuhr dann zu einer Opferzeremonie auf den heiligen See hinaus, um dort den Goldstaub in einem zeremoniellen Bad wieder abzuwaschen. Als die spanischen Eroberer Südamerikas von diesem Brauch erfuhren, verbreitete sich bald die Legende vom „Goldenen Mann" unter ihnen – die Suche nach El Dorado (= der Vergoldete) setzte schon bald ein.

Lago Argentino

Der Lago Argentino erstreckt sich im östlichen Vorland der argentinischen Südkordillere. Seine westlichen Arme, die tief in die Andentäler hineinreichen, werden von Gletschern gespeist, so vom Upsala-Gletscher, dem größten Gletscher Südamerikas, und vom Perito-Moreno-Gletscher,

Noch heute befahren die Uro, die Ureinwohner des Titicacasees, Südamerikas größten See mit traditionellen Papyrusbooten. Das Papyrusboot Ra II, mit dem Thor Heyerdahl 1970 den Atlantik von Marokko bis Barbados überquerte, ließ der Norweger von Uro-Indianern an diesem See erbauen.

Anmerkung: El Dorado

Es waren gleich drei Konquistadoren, die sich – ohne Wissen voneinander – von drei unterschiedlichen Orten auf den Weg machten, El Dorado zu finden. Denn nach allen Schilderungen, die ihnen zu Ohren gekommen waren, musste sich das sagenumwobene El Dorado in den kolumbianischen Bergen befinden.

Da war zunächst Sebastian de Belalcázar, ein Mitstreiter von Francisco Pizarro. Von seinem Anteil am Lösegeld des Inka-Herrschers Atahualpa, das Pizarro nach seinem Eroberungszug durch die Anden erpresst hatte – und Atahualpa dennoch umbringen ließ –, rüstete er von der durch ihn gegründeten Stadt Quito 1538 eine Expedition nach El Dorado aus, ohne seinen Oberbefehlshaber Francisco Pizarro davon zu unterrichten. Francisco ernannte nach diesem Verrat später seinen Bruder Gonzales zum Statthalter von Quito.

Der zweite im Bunde war Nikolaus Federmann, ein deutscher aus Ulm, der im Dienste der Welser aus Augsburg nach Venezuela aufgebrochen war. Es mag zunächst überraschen, Venezuela zu Beginn des 16. Jahrhunderts als so etwas wie eine deutsche Kolonie zu sehen. Aber die Erklärung ist einfach: Die Welser hatten Kaiser Karl V. für seine Wahl zum deutschen König erhebliche Summen Geld geliehen, dafür berechtigte Karl V. sie in einer capitulacion aus dem Jahr 1528 zur Nutznießung von Landrechten im heutigen Venezuela. Nikolaus Federmann brach 1537 von Coro an der venezolanischen Karibikküste in die kolumbianischen Anden auf.

Der Dritte auf der Suche nach El Dorado war Gonzalo Jiménes de Quesada. Er brach schon 1536 vom kolumbianischen Santa Marta zum sagenhaften Goldenen Mann auf.

Der Zufall wollte es nun, dass alle drei Konquistadoren fast zeitgleich im Sommer 1539 am Guatavita-See erschienen. Dass sie sich nicht gegenseitig umbrachten ist nur dem Umstand zu verdanken, dass es kein Gold gab, man den anderen auch nichts entwenden konnte. Auch hatten alle drei das gleiche Problem, dass sie nämlich ihre Auftraggeber hintergangen hatten. Federmann sollte eigentlich dem verloren gegangenen Expeditionscorps eines anderen Welser Statthalters, Georg Hohermuth, zu Hilfe kommen, Belalcázar hatte Francisco Pizarro betrogen und auch Quesada war gegen den Willen seiner Vorgesetzten in die Anden aufgebrochen. So beschlossen alle drei, dem grundsätzlichen Auftrag der spanischen Krone folgend, das von ihnen eroberte Gebiet zu besiedeln, und gründeten die Stadt Santa Fé de Bogotá, die heutige Hauptstadt Kolumbiens.

Jeden Tag wachsen die Eismassen des Perito-Moreno-Gletschers in Patagonien ungefähr einen Meter weiter in den Lago Argentino. Durch das ständige Vorrücken blockiert eine Gletscherzunge alle vier bis zehn Jahre einen Nebenarm des Flusses, den Brazo Rico. Dann steigt der Wasserdruck im abgeschnittenen Seeteil so lange an, bis er sich in einem spektakulären Durchbruch entlädt.

Das südamerikanische Pantanal vereint die unterschiedlichsten Landschaften: riesige überschwemmte Ebenen, Wälder mit amazonischem Charakter, Dschungel, Steppengebiete und Savannen.

dem wohl bekanntesten. Weitere Gletscherzungen münden an verschiedenen Stellen in den See. Aus dem See fließt der Rio Santa Cruz, der nach seinem Lauf durch Patagonien in den Südatlantik fließt. Der Lago Argentino verdankt seine Existenz der nacheiszeitlichen Erwärmung und ist ein Gletscherwasser-Sammelbecken. Er entstand etwa vor 15.000 Jahren. Heute ist dieser größte See Argentiniens 1.500 Quadratkilometer groß und an manchen Stellen über 500 Meter tief.

Der von Gletschern gesäumte See ist eine der großen Attraktionen Argentiniens. Wenn die Gletscher kalben, brechen riesige Eisblöcke ab, die mit großem Getöse in den See stürzen. In manchen Jahren wächst der Perito-Moreno-Gletscher so stark an, dass seine Zunge einen Teil des Lago Argentino abtrennt, wie dies zuletzt 2004 geschah. Dann staut sich hinter der Zunge das Wasser, bis diese durch den Druck der Eismassen bricht und sich die Fluten donnernd in den See ergießen.

Um den Lago Argentino ist das Gebiet zum 6.000 Quadratkilometer großen Nationalpark Los Glacieres ernannt worden. Alleine 14 vom patagonischen Eisfeld genährte Hauptgletscher kalben hier in den Lago Argentino und in die anderen türkisfarbenen Seen am Ostrand der Anden. Umgeben von wilden Bergmassiven liegt im Nationalpark das herausragende Fitzroy-Gebirge als Traumziel von Bergsteigern.

Pantanal

Im Jahr 2002 wurde das Pantanal als größtes Binnenfeuchtgebiet der Erde, das sich über eine Fläche von über 200.000 Quadratkilometern erstreckt, von der UNESCO zum Biosphärenreservat erklärt. Es ist ein Niederungsgebiet auf 90 bis 100 Metern Höhe im Westen von Brasilien in den Bundesstaaten Mato Grosso und Mato Gross do Sul zwischen dem Brasilianischen Bergland und dem Rio Paraná an der Grenze zu Bolivien und Paraguay. Der Hauptzufluss Rio Paraguay hat auf seinem 600 Kilometer langen Weg durch die 20 bis 40 Kilometer breite gehölzlose Überschwemmungsniederung des Pantanal nur ein Gefälle von 30 Metern. So staut sich hier das Wasser und überschwemmt während der Regenzeit von November bis März zwei Drittel des Gebietes, das dann mit schwimmenden Grasteppichen versehen ist. Es bildet sich ein Mosaik aus Flüssen, Seen und seichten Lagunen, deren Ausdehnung sich im Wechsel von Regen- und Trockenzeit verändert. Nach Osten schließt eine von sommergrünen Feuchtwaldinseln und Dammuferwäldern durchsetzte Überschwemmungssavanne an. Bis heute ist das artenreiche Gebiet des Pantanal weitgehend unerschlossen und dünn besiedelt. Zur Erhaltung der ursprünglichen Tier- und Pflanzenwelt wurde ein Nationalpark von 138.000 Hektar Fläche eingerichtet.

Australien

Kontinent und Staat in Einem – das ist Australien. Mit einer Fläche von knapp 7,7 Millionen Quadratkilometern (mit Ozeanien zusammen 8,8 Millionen Quadratkilometer) ist Australien der kleinste Kontinent, aber der sechstgrößte Staat der Erde. Australien erstreckt sich auf der Südhalbkugel beiderseits des südlichen Wendekreises und grenzt im Norden an die Arafura- und die Timorsee, im Osten an das Korallenmeer und die Tasmansee des Südpazifiks, im Süden und Westen an den Indischen Ozean. Die größte Nord-Süd-Ausdehnung macht 3.680 Kilometer aus, die größte West-Ost-Ausdehnung 4.100 Kilometer. Die insgesamt 36.738 Kilometer lange Küste Australiens ist wenig gegliedert, nur die Große Australische Bucht im Süden und der Carpentariagolf im Norden greifen tief ins Land ein. An vielen der Küstenabschnitte verfügt Australien über vorzügliche Naturhäfen. Vor der Nordostküste erstreckt sich das Great Barrier Reef als größtes Korallenriff der Erde über eine Länge von mehr als 2.000 Kilometern. Große Flächen im Inneren sind durch geringe Höhenunterschiede gekennzeichnet. An der Ostküste zieht sich der Great Dividing Range als lang gezogene Gebirgskette mit dem 2.228 Meter hohen Mount Kosciusko als höchstem Berg Australiens entlang.

Davor breitet sich die mittelaustralische Senke westwärts mit der 15 Meter unter dem Meeresspiegel liegenden Murray-Darling-Senke als tiefstem Punkt Australiens aus. Die Mitte und den Westen nimmt der Australische Schild als von Mittelgebirgen durchsetztes Tafelland ein. Ganz im Zentrum zeigen sich die Felsberge der Macdonnellkette und der Musgravekette – hier inmitten des australischen Buschs erhebt sich der Ayers Rock, der Inselberg Uluru, wie ihn die Aborigines als markantes Wahrzeichen des Landes nennen, der von ihnen als Ureinwohnern als heilige Stätte betrachtet wird. Rund 60 Prozent der Fläche Australiens sind abflusslos. Die Endseen bilden in der Trockenzeit Salzpfannen, viele Flüsse führen nur periodisch Wasser. Eine weitere Bergregion wird von der Darlingkette bei Perth in West-Australien gebildet, und im Norden erheben sich die Kimberly-Berge. Klimatisch teilt der südliche Wendekreis Australien in ein nördliches tropisches und in ein südliches subtropisches Gebiet mit ganz im Süden und Südwesten gelegenen gemäßigten Bereichen. Durch den jahreszeitlichen Wechsel sind mit Ausnahme des Südostens ausgeprägte Regen- und Trockenzeiten vorherrschend. Der zentrale Teil und der Nordwesten sind extrem regenarm.

Die Flüsse Australiens

Zu den wichtigsten Flüssen Australiens zählen der Darling River, der Murray River und der Snowy River. Im Inneren Australiens herrscht Süßwasserknappheit. Wenn es regnet, dann heftig, und das Wasser schießt schnell von der Oberfläche ab und sammelt sich in temporären Flussläufen, die in die Unendlichkeit der Wüste führen und hier große Salzpfannen und Salzseen wie den Lake Eyre hinterlassen. Doch überall dort, wo die Niederschläge größer sind, bilden sich auch beständigere Flusssysteme; das bedeutendste ist jenes, das sich im Murray Mouth, der Mündung in die Südaustralische See, sammelt und ein Einzugsgebiet von über einer Million Quadratkilometern aufweist. Aber auch aus den westaustralischen Bergen und den Kimberley Ranges entspringen Flüsse, die dem Indischen Ozean zustreben – je weiter man noch Norden gelangt, desto tropischer wird das Land und umso mehr Niederschlag fällt. Doch mehr als die Hälfte aller Flüsse Australiens entwässern nicht in den Ozean, sondern versickern oder trocknen aus. Auf eine Distanz von circa 1.600 Kilometern ist die Südküste ohne einen Zufluss aus dem Landesinneren. Flüsse, die nur selten Wasser führen, werden *Creeks* genannt. Unter der Oberfläche der mittelaustralischen Senke befinden sich große Vorräte an artesischem Grundwasser, das den Abflüssen der Great Dividing Range entstammt. Diese in porösem Stein eingelagerten Wassermengen stehen unter hohem Druck und treten stellenweise als Quellen aus, doch haben sie auf ihrem unterirdischen Weg Mineralien aufgenommen und sind oft auch stark salzhaltig.

Murray-System

Der längste Fluss des Murray-Systems ist der Darling River – mit 2.739 Metern Länge der längste Fluss Australiens. Er entspringt am Westhang der mittleren Great Dividing Range und mündet bei Wentworth in den Murray River. Auf seinem Lauf mit nur geringem Gefälle windet er sich durch Grasland und Steppe südwärts. Bei extremen Trockenheiten trocknet er zu Tümpeln aus, bei starken Niederschlägen wird er zum reißenden Strom, der riesige Landflächen weit überschwemmt. Dennoch bleibt die Versalzung das große Problem des Darling River.

Der Murray River selbst entspringt in den Snowy Mountains und ist 2.589 Kilometer lang – zusammen mit dem gemeinsamen Unterlauf mit dem Darling River ist das Flusssystem 3.370 Kilometer lang. Er ist eine lange Strecke seines Unterlaufes schiffbar, hierfür wurden 13 Schleusen angelegt. Genutzt wird der Flusslauf aber nur von Freizeitkapitänen. Dazu wird der Murray River an vier

Der Murray River ist eine der beliebtesten Wasserfreizeitlandschaften Südaustraliens. Viele Erholungsuchende lieben es, den Verlauf des wasserreichsten Flusses des fünften Kontinents auf einem Hausboot zu erkunden.

Stellen gestaut, so auch zum Lake Hume, der mit einer Fläche von 202 Quadratkilometern und einem Volumen von 3.038 Millionen Kubikmetern zu den größten Stauseen Australiens zählt. Aber Landwirtschaft und die Stadt Adelaide fordern ihren Tribut. Immer weniger Wasser erreicht die Mündung, die Ökologie des Murray Mouth droht durch Versandung zusammenzubrechen. So baggert man den Zufluss vom Meer ständig aus, um den Brackwasser-Lebensraum dieses so wertvollen Naturgebietes zu erhalten.

Snowy River

Der Snowy River ist der bedeutendste Fluss im Südosten Australiens. Er entspringt an den ostwärtigen Hängen des Mount Kosciuszko und mündet in der Nähe von Orbost im Bundesstaat Victoria. Seine Kapazität wird für die Wasserversorgung der australischen Hauptstadt Canberra und zur Bewässerung der Landwirtschaftsflächen in der westwärtigen Murrumbidgee-Ebene genutzt. Für das Snowy Mountains Hydro-Electric Scheme, Australiens größtes Bewässerungs- und Energieerzeugungssystem, wurden ab 1949 insgesamt 16 Staudämme gebaut – darunter der am künstlichen Lake Eucumbe, dem größten Stausee des Landes – und ganze Flusssysteme in westliche Richtung umgeleitet. Bis zur Fertigstellung im Jahr 1974 haben hier bis zu 100.00 Personen an diesem Projekt gearbeitet, meist Einwanderer, die so ihren wirtschaftlichen Einstieg in ein neues Leben in Australien fanden.

Bekannt wurde der Snowy River weit über die Grenzen hinaus durch die Ballade „The Man from the Snowy River" des australischen Nationaldichters Banjo Paterson, von dem auch die Ballade „Waltzing Matilda" stammt. Doch letztlich fließen durch Wasserentnahme am Oberlauf nur noch fünf Prozent des Wassers des Snowy River seiner eigentlichen Mündung zu. Schon jetzt sind nachhaltige ökologische Schäden im unteren Flusssystem festzustellen. Naturschutzgruppen bemühen sich deshalb darum, dass mindestens wieder ein Drittel des Snowy-Wassers seinen alten Weg findet.

Murchison River

Von besonderem Interesse ist auch der Murchison River, der in der Nähe von Peak Hill in West-Australien entspringt. Auf seinem 800 Kilometer lan-

gen Lauf bis zum Indischen Ozean 500 Kilometer nördlich von Perth durchfließt er zwischen Hardibut Pool und The Loop eine 80 Kilometer lange, gewundene Schlucht, in der er fast das ganze Jahr über Wasser führt. In dieser vom Wasser tief eingeschliffenen Schlucht treten die horizontalen Schichten aus über 400 Millionen Jahre altem rot-weißem Sandstein zutage und geben die spektakuläre Kulisse im Nationalpark Kalbarri ab, eine Klippenlandschaft von außerordentlicher Schönheit.

Der Quelllauf des Snowy River in New South Wales.

Über den Felsen „Hawkshead" („Falkenkopf") hinweg eröffnet sich ein großartiger Blick auf den Murchison River im Kalbarri-Nationalpark in Westaustralien.

Die Seen und Seenlandschaften Australiens

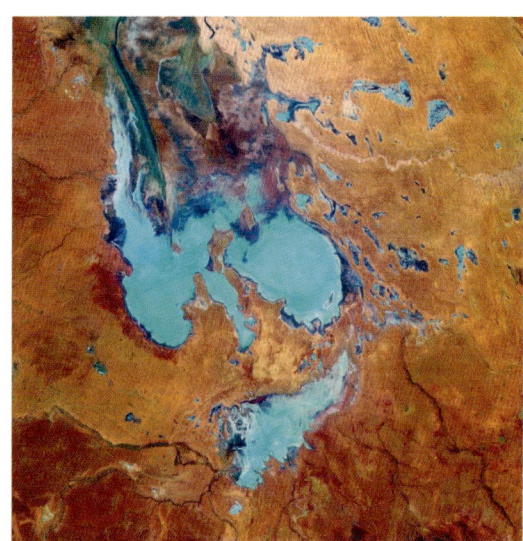

Aus der Sicht des NASA-Forschungssatelliten Landsat 7 erscheint der Lake Eyre auf dieser Falschfarbenaufnahme wie ein geisterhaftes Gesicht.

Südwestlich von Lake Eyre liegt Lake Gairdner, der viertgrößte Salzsee Australiens, mit seiner glitzernden Salzpfanne mitten im roten Outback.

Im Gebiet des Lake Mungo, der zur Region der Willandra Lakes gehört, wurde 1974 das Skelett des so genannten Mungo-Mannes entdeckt. Man nimmt an, dass dieser frühe Bewohner des australischen Kontinents vor etwa 40.000 Jahren lebte.

Lake Eyre

Neben vielen Talsperren und wenigen natürlichen Süßwasserseen sind vor allem die Salzseen für Australiens Landschaft charakteristisch. Der umfänglichste unter ihnen ist der Lake Eyre, der mit seiner Lage 15 Meter unter dem Meeresspiegel auch den tiefsten Punkt Australiens markiert. Im australischen Sommer trocknet er weitgehend aus, bei hohen Niederschlägen im Gebiet seiner Zuflüsse kann er eine Fläche von 9.500 Quadratkilometern bedecken.

Der eigentliche Salzsee stellt auch den Mittelpunkt des Lake Eyre Basin dar. Seine Zuflüsse kommen sowohl aus der Macdonnellkette und der Musgravekette, aber entscheidend aus der Great Dividing Range. Je nach Bedingungen füllen sie den See auf einen Wasserstand von 1,5 Metern oder gar bis zu vier Metern auf, wobei das Wasser bis zum nächsten Sommer wieder weitgehend verdunstet. Über Jahre von Trockenperioden, die auch mit dem El-Niño-Phänomen korrespondieren, trocknet er dann entsprechend aus. Wenn er wie 1989 vollläuft, ist er nicht nur der größte See Australiens, sondern auch Brutgebiet für Vögel, und Fische tauchen genauso wieder auf wie Krötenarten.

Willandra Lakes Nationalpark

Der Willandra Lakes Nationalpark ist eine ausgedehnte Seenlandschaft von 6.000 Quadratkilometern Größe im semiariden Gebiet von New South Wales zwischen dem Darling River und dem Lachlan River. Das System der miteinander verbundenen Seebecken entstand im Laufe der letzten zwei Millionen Jahre, gespeist von einem Flussarm, der von den östlichen Hochgebirgen zum Murray River floss. Die relativ unberührten Sedimentformationen in diesem Gebiet vermitteln ein detailliertes Bild der Klimaänderungen und der menschlichen Besiedlung innerhalb der letzten 100.000 Jahre. Die einstmals tiefen Süßwasserseen sind seit etwa 10.000 Jahren weitgehend ausgetrocknet und bildeten Salzteppiche. In prähistorischer Zeit waren die Ufer dieser Seen eine beliebte Wasserstelle für Tiere, deren Überreste sich in den alkalihaltigen Böden erhalten haben. Weitere Funde umfassen die mit 26.000 Jahren weltweit älteste bekannte Einäscherungsstätte, ein 40.000 Jahre altes Ockergrab und 18.000 Jahre alte Mahlsteine und Mörser. 1981 wurde der Willandra Lakes Nationalpark von der UNESCO in die Weltnaturerbe-Liste aufgenommen.

Great Artesian Basin

Die größten Süßwasserreserven Australiens befinden sich nicht auf dem Land, sondern im Boden. Das Great Artesian Basin ist das größte Grundwasserreservoir der Welt. Es erstreckt sich unter einem Fünftel der australischen Landmasse zwischen der Great Dividing Range und dem Lake Eyre, also unter den ariden und semiariden Regionen von Queensland, New South Wales, Süd-Australien und den Nord-Territorien. Im Wesentlichen besteht es aus Sandstein-Aquiferen, die bis 3.000 Meter Tiefe reichen und eine Wassermenge von 64.900 Kubikkilometern beinhalten. Das Alter des Wassers beträgt bis zu zwei Millionen Jahre. Das Wasser tritt an vielen Stellen an die Oberfläche, doch ist das austretende Wasser durch seinen Mineraliengehalt in den meisten Fällen nicht für die Bewässerung geeignet. Auch hat sich der Druck des austretenden Wassers seit dem Beginn des 20. Jahrhunderts reduziert, weil immer mehr Brunnen gebohrt worden sind.

Exkurs: Purnululu-Nationalpark

In ganz besonderer Weise wurden die Bienenwaben-Felsformationen im 1987 begründeten Purnululu-Nationalpark östlich der Kimberley-Region vom Wasser geprägt. Zwei Millionen Hektar ist der Nationalpark groß, dazu kommen 110.000 Hektar reines Naturschutzgebiet. Erosion hat sich hier ihre Wege durch das gestreifte Schichtgestein der Bungle-Bungle-Range gebahnt, das ein Alter von 375 Millionen Jahren aufweist. Dieses Schichtgestein aus gepressten Sand und Kieseln wurde durch die in der Regenzeit hier früher stark anschwellenden Flüsse abgelagert und unter dem Druck weiterer Ablagerungen zu immer neuen Schichten verfestigt. Im Laufe erdgeschichtlicher Zeiträume hob sich das Gelände zum Bungle-Bungle-Massiv empor, das nun seine Umgebung um 200 Meter überragt und mit einer Schicht aus Kieselerde und Flechten bedeckt ist. Durch dieses Sandsteinmassiv wusch das Wasser im Laufe der Zeit Schluchten heraus und ließ rotgrau getigerte Sandsteindome zurück – eben jene bienenkorbartigen, bis zu 150 Meter hohen Gebilde, die den ganzen Reiz des Nationalparks ausmachen.

Obwohl das Nationalparkgelände erst seit kurzem in das Bewusstsein der Öffentlichkeit gelangt ist, hat es sich längst zu einem beliebten Ziel für Offroad-Fans entwickelt. Hierher kann man nur mit dem Geländewagen gelangen.

Ausgangspunkt ist Halls Creek, gut 100 Kilometer südwestlich – ein typisches Outbackversorgungszentrum. Neben Tankstellen und Supermarkt finden Outback-Reisende hier so ziemlich alles, was sie vor und nach einer harten Pistenetappe durch das Bungle-Bungle-Massiv benötigen. Um den brüchigen Sandstein des Massivs zu schützen, ist das Klettern in den Felsen verboten. Das Gelände darf sowieso nur in der Trockenzeit längs der Flussläufe befahren werden.

Im Jahr 2003 wurde der Purnululu-Nationalpark in Westaustralien in die Liste der UNESCO-Welterbestätten aufgenommen. In der Sprache der Aborigines bedeutet Purnululu „Sandstein".

*Auf der Lord-Howe-Insel er-
heben sich die Zwillingsvulkan-
kegel des Mount Gower und
des Mount Lidgbird aus dem
tiefen Blau des Südpazifiks.
Die Insel in der Tasmanischen
See wurde 1788 von europäischen Seefahrern entdeckt und
um 1830 von Schiffbrüchigen
besiedelt.*

Exkurs:
Lord-Howe-Inselgruppe

Die Lord-Howe-Inselgruppe liegt isoliert in der Tasmanischen See zwischen Australien und Neuseeland, im Umkreis von mehreren Hundert Kilometern befindet sich kein anderes Festland. Die halbkreisförmige Hauptinsel Lord Howe ist kaum 15 Quadratkilometer groß. Zwei über 700 bzw. 800 Meter hohe erloschene Vulkankegel bilden den Kern der Insel, ihre Küste ist durch mehrere Sandbuchten strukturiert. Zwischen einer dieser Buchten und einem vorgelagerten Riff hat sich eine Lagune gebildet. Die in der subtropischen Klimazone gelegene Insel weist trotz ihrer geringen Größe sehr unterschiedliche Landschafts- und Vegetationstypen im Tiefland, in der Bergregion, ihren Tälern, den Strand- und Felsküsten auf.

Zur Inselgruppe gehört auch der Felsen Ball's Pyramid 20 Kilometer südöstlich von Lord Howe. Der weit über 500 Meter steil aufragende Felsen ist der Rest eines vor sieben Millionen Jahren ausgebrochenen Vulkans. Hier fand man kürzlich Exemplare des seit 1920 als ausgestorben geltenden Baumhummers, einer Stabheuschreckenart von zehn bis zwölf Zentimetern Länge. Die Tiere waren einst auf der gesamten Lord-Howe-Inselgruppe heimisch, doch auf Lord Howe selbst haben eingeschleppte Ratten den Bestand komplett ausgerottet. Die letzte Population dieser schwer zu beobachtenden nachtaktiven Insekten auf Ball's Pyramid wird auf nur noch 30 Tiere geschätzt.

Exkurs: Talbot Bay

Eines der großartigsten Naturschauspiele auf dieser Erde bietet die Talbot Bay in der Kimberley-Region im Nordwesten Australiens mit ihren Horizontal Falls. Es handelt sich keinesfalls um Wasserfälle im klassischen Sinn, sondern es strömen hier im Gezeitenwechsel mit hoher Geschwindigkeit ungeheure Wassermassen durch zwei schmale Öffnungen in der Talbot Bay, die den Eindruck von Wasserfällen entstehen lassen. Die beiden Durchlässe sind sogar so schmal, dass die Wasserstände in den beiden Becken der Bucht starken Schwankungen unterworfen sind, weil das Wasser nicht schnell genug einströmen und wieder abfließen kann. Teilweise liegt dann sogar der Meeresboden trocken – denn hier beträgt der Tidenhub bis zu zwölf Meter!

Der Zugang zu diesem Naturschauspiel ist nur mit dem Boot oder mit kleinen Wasserflugzeugen möglich. Vor dem Eingang zu den Horizontal Falls hat sich im Übrigen eine Perlenfarm etabliert, deren Muscheln durch die starken wechselnden Strömungen bestens mit Nahrung versorgt werden.

In der Talbot Bay im Nordwesten Australiens erzeugen massive Gezeitenbewegungen auf einzigartige Weise einen faszinierenden Wasserfalleffekt.

Abermillionen winziger Korallenpolypen sind die Architekten des größten Bauwerks auf Erden, des Great Barrier Reef vor der Küste von Queensland. Die Aufnahme zeigt südliche Teile des gewaltigen Riffsystems aus der Sicht des NASA-Forschungssatelliten Landsat 7.

Exkurs: Great Barrier Reef

In einer Entfernung von bis zu 250 Kilometern vor der Nordostküste Australiens erstreckt sich auf einer Länge von 2.000 Kilometern das Great Barrier Reef am Rande des australischen Kontinentalsockels, das größte Bauwerk, das je von Lebewesen – einschließlich des Menschen – auf der Erde errichtet wurde. Das Korallenriff setzt am südlichen Wendekreis beim Lady Elliot Island an und zieht sich bis zur Torresstraße, die Australien von Neuguinea trennt, hin und lässt sich leicht aus dem Weltraum erkennen. Es besteht aus unzähligen Einzelriffen, tausend Inseln und vielen kleinen und großen Sandbänken. Entdeckt wurde es vom britischen Seefahrer James Cook, der hier am 11. Juni 1770 mit seinem Segelschiff Endeavour auf Grund lief.

Die Korallen zählen wie die Seerosen zu den Blumentieren und werden von Polypen gebildet. Polypen scheiden Kalk ab, welcher sich zu einem Skelett ausformt, in das sich die Polypen zurückziehen können, um sich vor Feinden zu schützen. Das Kalkskelett wächst ständig weiter, sodass der untere

Teil des Polypenstocks darin eingemauert ist und abstirbt. Neue Polypen wachsen auf dem Kalkskelett weiter und bilden so allmählich ein Korallenriff.

Polypen sind empfindliche Lebewesen. Tropische Korallen benötigen möglichst gleichbleibende Temperaturen zwischen 18 und 30 °Celsius, der Salzgehalt muss stimmen und das Wasser muss klar sein. Wegen der zum Pol hin sinkenden Wassertemperaturen setzt sich das Barrier Reef nicht südlich des Lady Elliot Island am Wendekreises des Steinbocks fort. Wegen des in der Tiefe abnehmenden Sonnenlichtes, das für das Wachstum der Polypen unabdingbar ist, können sich Korallen nur bis etwa 30 Meter unter dem Meeresspiegel bilden. Riffbildende Korallen leben in Symbiose mit Algen, die die Kalkabscheidung erhöhen. Korallenriffe sind ein großartiger Lebensraum in vielfältigen Farben und Formen. So gibt es im Great Barrier Reef neben den etwa 400 verschiedenen Korallenarten weitere 1.500 Fischarten, dazu 4.000 Weichtierarten (Mollusken), 350 Stachelhäuterarten (Echinodermen) und Tausende von Schwämmen, Würmern und Krustentieren. Die größten Lebewesen im Great Barrier Reef sind die Dugongs (Seekühe) und Buckelwale. An den Küsten und im Wasser leben darüber hinaus unzählige Seevögel sowie sechs der weltweit sieben Meeresschildkrötenarten.

Die Hauptattraktion des Great Barrier Reef sind seine äußerst farbenprächtigen Korallen und Fische. Das glasklare Wasser mit ungeheurer Sichttiefe ist ideal zum Schnorcheln und Tauchen. Die besten Schnorchel- und Tauchmöglichkeiten gibt es am Außenriff, wo weniger Sedimente im Wasser die Sicht stören – hier ist das Wasser noch klarer und die Farben wirken noch knalliger. Überall am Great Barrier Reef und auf seinen Inseln, wo Touristen hingelangen können, werden Touren mit Glasbodenbooten oder sogar mit U-Booten angeboten, um diese wunderbare Unterwasserwelt zu erkunden.

Exkurs: Neuseeland

Die zweite große Inselgruppe im australisch-ozeanischen Bereich wird von Neuseeland gebildet. Erdgeschichtlich war Neuseeland bis vor 200 Millionen Jahren Teil des Süd-kontinentes Gondwana. In der Kreidezeit vor 85 Millionen Jahren trennte es sich von der heutigen Antarktis, sodass sich hier seit-her eine von anderen Landmassen unbeein-flusste Fauna und Flora entwickeln konnte. Neuseeland, 1.600 Kilometer westlich von Australien, besteht mit einer Fläche von etwa 270.000 Quadratkilometern und einer Nord-Süd-Ausdehnung von 1.000 Kilome-tern in den gemäßigten Breiten aus den beiden Hauptinseln, der kleineren Nordinsel mit drei Vierteln der Bevölkerung und der größeren Südinsel, sowie unzähligen klei-neren Inseln. Die beiden Hauptinseln sind durch die rund 23 Kilometer breite Cook-straße voneinander getrennt. Der Kern der Nordinsel besteht aus einem vulkanischen Hochland mit noch aktiven Vulkanen mit dem 2.797 Meter hohen Ruapehu als höchster Erhebung. Die Südinsel wird von den teilweise vergletscherten Neuseelän-dischen Alpen mit dem 3.754 Meter hohen Mount Cook durchzogen, die nach Westen steil zur Tasmanischen See abfallen und sich nach Osten zu weiten Ebenen ausbreiten. Im Süden strukturieren tiefe Fjorde die Küs-tenlandschaft.

Die Pflanzenwelt Neuseelands profitiert nicht nur von der Abgeschiedenheit der Inselgruppe, sondern von hohen Nieder-schlägen und vielen Sonnenstunden. Der weit überwiegende Teil der Bäume, der bis zu zehn Meter hohen Baumfarne und Blü-tenpflanzen ist endemischer Natur, von den Kauri-Wäldern im hohen Norden bis zu den immergrünen Buchenwäldern in den Ber-gen und dem alpinen Tussock-Grasland der Südlichen Alpen. Der größte einheimische Baum ist der gigantische Kauri.

Die Tierwelt Neuseelands ist durch das Feh-len von Landsäugetieren gekennzeichnet, die sich ja auf den anderen Teilen der Erde

erst nach dem Aussterben der Dinosaurier so richtig entwickeln konnten – doch da war Neuseeland schon durch ein breiter werdendes Meer von den anderen Land-massen der Erde abgetrennt.

Oben: Die Südinsel Neuseelands verzaubert mit vielen traum-haften Küstenlandschaften.

Unten: In einem Gletschersee auf der Südinsel spiegeln sich weiße Wolken.

Antarktis

Als Antarktis wird die gesamte Erdregion um den Südpol bis zum südlichen Polarkreis auf 66° 33' südlicher Breite bezeichnet. Die Zone bis etwa 50° südlicher Breite gilt als subantarktisch. Mit jahreszeitlichen Schwankungen von etwa 150 Kilometern vollzieht sich hier die antarktische Konvergenz, wo das kalte antarktische unter das wärmere subtropische Oberflächenwasser absinkt. Im Zentrum der Region liegt der antarktische Kontinent, der gleichfalls als Antarktis bezeichnet wird.

Dieser antarktische Kontinent umfasst die um den Südpol gelegenen, überwiegend vereisten Landgebiete einschließlich der vorgelagerten Inseln. Mit einer Fläche von 13,2 Millionen Quadratkilometern ist dieser Kontinent 2,7 Millionen Quadratkilometer größer als Europa. Das höchste Gebirge ist das Vinson-Massiv mit dem 5.140 Meter hohen Mount Vinson, der tiefste Punkt liegt unter dem Eis im Bentleygraben 2.538 Meter unter dem Meeresspiegel – beide Punkte liegen im Westteil der Antarktis.

Die Antarktis war nicht immer ein vereister Kontinent: Vor 70 Millionen Jahren war das Klima subtropisch, das Land von Wäldern bedeckt und von Tieren bevölkert, als die heutige Antarktis noch den Kern des Superkontinents Gondwana bildete, der zusätzlich noch Südamerika, Australasia, Ozeanien sowie Indien umfasste und im Zuge der Kontinentaldrift eben nicht am Südpol, sondern näher am Äquator lag.

Die Fläche des antarktischen Kontinentes wird in einen Westteil und einen wesentlich größeren Ostteil gegliedert, die geografisch durch das Transantarktische Gebirge getrennt werden. Die auch als Tafelantarktis bezeichnete Ostantarktis, ein kristalliner kontinentaler Schild mit einem relativ ruhigen Relief, ist mit einem Alter von 300 Millionen Jahren der geologisch ältere Teil des Kontinents. Die auch als Kettenantarktis bezeichnete Westantarktis weist ein Alter von 50 bis 200 Milliarden Jahren auf. Zur Westantarktis gehört auch die Antarktische Halbinsel mit ihren zahlreichen Fjorden und den vorgelagerten Archipelen. Küstenverlauf und Oberflächenformen sind hier viel unruhiger gestaltet als in der Ostantarktis. Die Inseln sind durch die tiefen Meeresbecken von Weddellsee, Bellingshausensee und Rossmeer voneinander getrennt, die dazwischenliegenden Rinnen können Tiefen bis 3.000 Meter unter dem Meeresspiegel aufweisen.

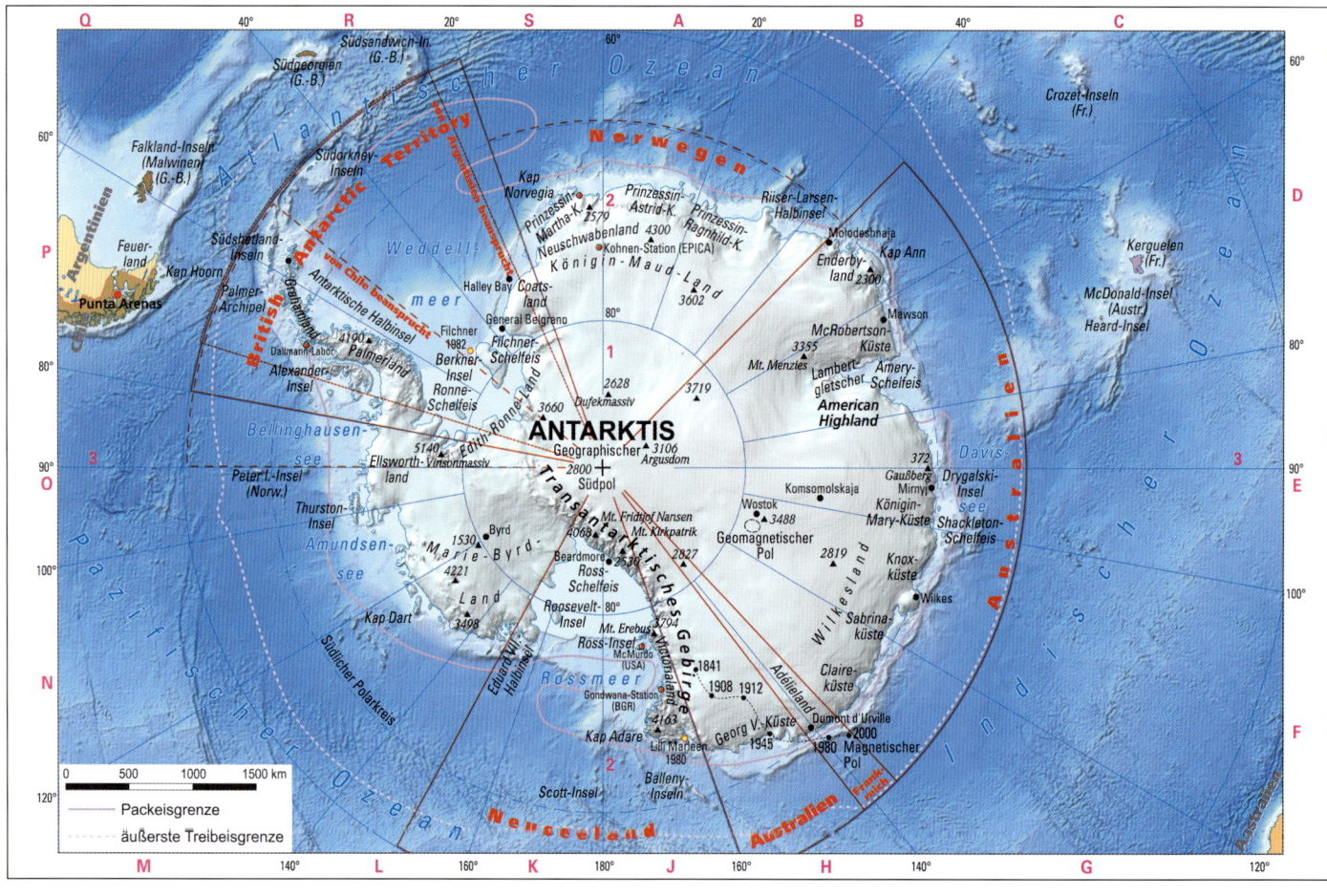

Inlandeis der Antarktis

Der weit überwiegende Teil der Antarktis ist mit seinen Schelfgebieten mit einer etwa 14 Millionen Quadratkilometer großen Eisfläche bedeckt. Die eisfreien Gebiete machen nur an die 300.000 Quadratkilometer und damit weniger als drei Prozent der Landfläche aus. Die durchschnittliche Eisdicke beträgt 2.160 Meter und erreicht eine maximale Dicke von etwa 4.000 Metern. Dieses Volumen bindet etwa zwei Prozent der gesamten Wassermenge und mindestens 75 Prozent des Süßwassers der Erde. Diesen Eispanzer trägt die Antarktis schon seit 15 Millionen Jahren, und durch das gewaltige Gewicht hat sich sogar die darunterliegende Landmasse abgesenkt, sodass große Teile der Kontinentalfläche heute unter dem Meeresspiegel liegen. Würde das Eis der Antarktis vollständig abschmelzen, so stiege der Meeresspiegel weltweit um 60 Meter an. Das Inlandeis fließt nach allen Richtungen ins Südpolarmeer ab.

Selbst das mit einer Länge von 4.800 Kilometern den gesamten antarktischen Kontinent querende Transantarktische Gebirge erhebt sich weitgehend unter Eis, nur die Spitzen ragen heraus. Im südlichen Abschnitt bildet es den Kontinentalrand zum Ross-Schelfeis mit dem 4.528 Meter hohen Mount Kirkpatrik als höchster Erhebung. In diesem Abschnitt ist an der Südspitze des vom Schelfeis überzogenen Rossmeeres der sich auf der Ross-Insel 3.794 Meter hoch erhebende Mount Erebus ein noch tätiger Vulkan. Im nördlichen Abschnitt an der tiefen Einbuchtung des Wedellmeeres erhebt sich der 5.140 Meter hohe Mount Vinson als Teil der Sentinelkette am Rande des Ronne-Schelfeises der Westantarktis.

In der Antarktis befinden sich die größten Gletscher der Erde. Selbst hier auf dem kältesten Kontinent nimmt die Eismasse der Gletscher ab, beim Pine-Island-Gletscher sind es beispielsweise seit 1990 vier Milliarden Tonnen Eis pro Jahr. Die meisten Gletscher fließen in das Rossmeer ab und füllen dort das Schelfeis auf, so der Shackletongletscher, der Beardmoregletscher, der Nimrodgletscher und auch der Byrdgletscher. Weitere große Gletscher sind der Scottgletscher, der in das Shackleton-Schelfeis, und der Lambertgletscher, der in das Amery-Schelfeis fließt.

Umgeben von einer unendlichen Gletscher- und Eisberglandschaft landet ein Frachtschiff in der Paradise Bay auf der Westseite der antarktischen Halbinsel. Rechts auf dem Foto ist die nicht mehr genutzte argentinische Forschungsstation „Almirante Brown" zu sehen.

Der Erebus-Gletscher in der Antarktis wälzt sich vom Mount Erebus im Westen des Rossmeeres hinab. Die Satellitenaufnahme aus dem Jahr 2001 zeigt die markante gezackte Eiszunge des Gletschers, die von der Küste der Ross-Insel aus wie die Schneide eines Sägemessers zehn bis zwölf Kilometer weit in den eisbedeckten McMurdo-Sund hinausreicht.

Das Ross-Schelfeis bedeckt zur Hälfte das Rossmeer in der Antarktis. Mit einem Umfang von etwa 450.000 Quadrat-kilometern ist es das größte Schelfeisgebiet der Antarktis.

Fast die Hälfte der über 30.000 Kilometer langen Küste des antarktischen Kontinents besteht aus Schelfeis. Schelfeis sind schwimmende Eisplatten von großflächigen Ausmaßen, die vom Inlandeis gespeist werden. Am äußeren Ende brechen große Tafeleisberge ins Meer ab, an dieser Abbruchzone ist das Eis stellenweise bis 200 Meter dick. Diese Tafeleisberge nehmen enorme Größen an, teilweise werden die, die dem Ross-Schelfeis entstammen, bis zu 150 Quadratkilometer groß und driften weit nach Norden. Die zwei größten Schelfeisflächen liegen sich in der Antarktis sozusagen gegenüber,

Exkurs: Am südlichsten Briefkasten der Erde

Port Lockroy auf Goudier Island vor der Westküste der Antarktischen Halbinsel, wurde 1904 von dem Franzosen Jean Charcot entdeckt, diente lange Zeit Walfängern als Unterschlupf und wurde im Zweiten Weltkrieg von der Britischen Marine als Stützpunkt benutzt. Später war Port Lockroy Forschungsstation, wurde aber 1962 geschlossen. Doch die historische Bedeutung des Platzes veranlasste 1996 die British Antarctic Survey (BAS), deren Schirmherrin Prinzessin Anne ist, den Platz als kleines antarktisches Museum wieder herzurichten. Inzwischen ist Port Lockroy Anlaufpunkt für antarktische Kreuzfahrten. Im Sommer legen manchmal täglich sogar zwei dieser Schiffe hier an. Die Passagiere werden auf Schlauchbooten übergesetzt, der Besuch ist kurz, denn die nächste Fuhre Passagiere wartet schon. Auf der Station kann man Postkarten mit darauf abgebildeten Pinguinen kaufen und an die Lieben daheim senden – der rote Postkasten steht gleich neben der Eingangstür, wie auch die Eselspinguine, die hier um die Station nisten und einen unangenehmen Duft verbreiten. Die Postkarten brauchen übrigens bis zu sechs Wochen, um zu ihrem Empfänger zu gelangen. 70.000 sind es inzwischen pro Jahr.

Umrahmt von Gletschern, Eis und Wasser liegt Port Lockroy an der Westküste der Wiencke-Insel im Palmer-Archipel westlich der Antarktischen Halbinsel. Hier wohnen nur drei Menschen und Hunderte Eselspinguine und Antarktische Kormorane. Doch sie bekommen viel Besuch: Die Bucht ist eine der beliebtesten Touristenattraktionen in der Antarktis.

Exkurs: Eisfische

Das beste Beispiel der Anpassung an die antarktischen Meeresbedingungen bieten die Eisfische, eine Unterordnung der Barschartigen Fische mit fünf Familien und an die 120 Arten. Sie leben überwiegend im küstennahen Bodenbereich des südlichen Eismeeres bei Temperaturen um +4 °Celsius. Einige Arten können bei Jahresdurchschnittstemperaturen von unter –1 °Celsius leben, als Gefrierschutzmittel dienen ihnen Glykoproteine im Blut.

Typische Vertreter der Eisfische sind die Krokodil-Eisfische, träge Grundfische mit großem, bestacheltem Kopf, abgeflachter Schnauze und schuppenlosem Körper. Ihnen fehlen rote Blutkörperchen (Erythrozyten) und Hämoglobin, ihr Blut ist transparent, ihr Atemsauerstoff wird physikalisch im Blutplasma gebunden. Doch bedeutet dies eine geringere Sauerstofftransportkapazität des Blutes, die durch eine

größere Pumpleistung des Herzens sowie durch ihre Fähigkeit ausgeglichen wird, durch ihre sehr dünne gefäßreiche Haut Sauerstoff aus dem sauerstoffhaltigen antarktischen Meerwasser zu atmen. Doch muss man immer auch berücksichtigen, dass die Stoffwechselvorgänge unter antarktischen Bedingungen viel langsamer vonstatten gehen als in wärmeren Gewässern.

Mit ihrer gesamten biologischen Ausstattung konnten sich Eisfische so gut an ihre Lebensverhältnisse anpassen, dass sie zu großen Beständen anwuchsen – unter anderem auch deshalb eigneten sie sich gut zur kommerziellen Fischerei. Vor allem der Bändereisfisch, der Scotia-See-Eisfisch und der Stachelige Eisfisch gelangten Ende der 1960er-Jahre in das Visier der großen Fangflotten aus der Sowjetunion, Polen und der DDR – sie holten an manchen Jahren über 100.000 Tonnen Eisfisch aus dem antarktischen Meer.

das Ross-Schelfeis mit einer Fläche von annähernd 490.000 Quadratkilometern sowie das Filchner-Ronne-Schelfeis mit 450.000 Quadratkilometern. Weitere Schelfeisflächen werden vom Larsen-Schelfeis an der östlichen Antarktischen Halbinsel mit einer Fläche von etwa 100.000 Quadratkilometern, vom Georg-VI.-Schelfeis an der westlichen Antarktischen Halbinsel mit einer Fläche von knapp 30.000 Quadratkilometern, vom Shackleton-Schelfeis unmittelbar an der Antarktisküste mit einer Fläche von knapp 40.000 Quadratkilometern sowie nicht zuletzt vom West-Schelfeis ebenfalls unmittelbar an der Antarktisküste mit einer Fläche

von knapp 30.000 Quadratkilometern gebildet. Faszinierend und gleichermaßen überraschend ist die nicht erwartete Lebensvielfalt am Boden antarktischer Gewässer. Als 1995 eine 1.600 Quadratkilometer große Eisplatte aus dem Schelfeis ausbrach, konnte ein erster Blick auf den hier an die 300 Meter tiefen Meeresboden geworfen werden. Trotz Eiseskälte fand man Seegurken, Haarsterne, Seescheiden und Glasschwämme, Asseln, Würmer, Schnecken, Muscheln und Einzeller sowie als spektakulärsten Fund mehrere Arten fleischfressender Schwämme und sogar farbintensive Korallen vor.

Ein mächtiger Eisberg, der am äußeren Ende des arktischen Schelfeises abgebrochen ist, driftet im Südatlantik. Das flache und ebene Schelfeis der Antarktis lässt die charakteristischen so genannten Tafeleisberge entstehen.

Die Ozeane und ihre Randmeere

Letztmalig in den Erdzeitaltern des Karbons bis Juras vor 300 bis 150 Millionen Jahren war die Landmasse der Erde zu dem Superkontinent Pangäa vereint. Seither driften dessen Teilstücke auseinander. Das Meer, das einst Pangäa umschloss, teilte sich zwischen die einzelnen Teilkontinente auf und ließ die heutigen Ozeane entstehen. Der Atlantische, der Pazifische und der Indische Ozean bedecken heute mit ihren Rand- und Nebenmeeren mehr als drei Viertel der Erdoberfläche. Alle Meere zusammen umfassen 361 Millionen Quadratkilometer. Im Durchschnitt sind die Meere 3.800 Meter tief.

Das Weltmeer

Meeresboden

Der überwiegende Teil der Meeresflächen besteht aus Tiefseeebenen in 3.000 bis 5.000 Metern Tiefe. Hier sammeln sich die Sedimente, die von den Flüssen abgelagert, von Lebewesen produziert oder aus der Atmosphäre herabgefallen sind. Zu den Kontinenten hin steigt der Meeresboden an, die Kontinente selbst sind von Flachwasserzonen, den Schelfgebieten mit durchschnittlichen Tiefen zwischen 100 und 200 Metern, umgeben. Viele der Randmeere wie die Nordsee sind auch Schelfmeere. Aus dem Tiefseeboden erheben sich lang gestreckte mittelozeanische Rücken wie der Mittelatlantische Rücken als längster Gebirgszug der Erde und auch Vulkane, die wie Hawai sogar über die Meeresoberfläche hinausragen. Das Erscheinungsbild der Ozeanböden ist darüber hinaus durch einzelne tiefe Gräben, einzelne Inseln, Inselgruppen, Inselketten und Archipele gekennzeichnet. Die Meeresspiegelanhebung um 120 Meter seit dem Höhepunkt der letzten Eiszeit hat zudem ganze Landstriche überflutet – etwa den Südteil der Nordsee – und damit die Küstenlinien landeinwärts verschoben.

Meerwasser

Meerwasser unterscheidet sich in erster Linie durch seinen Salzgehalt von Süßwasser. Im Durchschnitt beträgt sein Salzgehalt 3,5 Prozent. Den Hauptbestandteil macht Natriumchlorid (= Kochsalz) aus. Daneben gibt es in wesentlich kleineren Mengen noch Anteile von Magnesium- und Kaliumchlorid, Magnesium- und Calciumsulfat sowie Calciumkarbonat. Dazu kommen weitere Spurensalze und etwa das Spurenelement Jod, wodurch früher

Küstenbewohner weniger Schilddrüsenprobleme als Bewohner der jodarmen Alpen hatten. Die Salzgehalte und auch ihre Zusammensetzung schwanken naturgemäß. Das Randmeer Ostsee hat beispielsweise nur einen Salzgehalt von weniger als ein Prozent, das Tote Meer, das ja kein eigentliches Meer ist, hat einen Salzgehalt von 28 Prozent.

Die Meerestemperaturen schwanken je nach geografischer Breite, Sonneneinstrahlung, Strömungsverhältnissen und Tiefe. In tropischen Breiten beträgt die Oberflächentemperatur des Meeres bis zu 30 °Celsius, im Polarbereich sinkt die Wassertemperatur an den Gefrierpunkt, der wegen des Salzgehaltes bei –2 °Celsius liegt. Der tropische Pazifik hat als *warm pool* Durchschnittstemperaturen von 30 °Celsius, noch wärmer wird es nur in flachen Küstengewässern. Doch beeinflusst die Sonne nur das Oberflächenwasser. In großen Tiefen sinkt die Temperatur auf +5 °Celsius – wärmeres Wasser ist leichter als kaltes Wasser, das deshalb absinkt.

Die abnehmende Intensität des Sonnenlichtes mit zunehmender Tiefe des Meerwassers ist auch entscheidend für dessen Bioproduktivität. In der obersten Meerwasserzone nutzen Pflanzen noch die Sonnenenergie zur Photosynthese. In der Schicht darunter reicht das Licht nur noch zum Sehen aus. Doch schon wenig darunter gibt es gar kein Licht mehr. Dennoch produzieren die offenen Ozeane, die 80 Prozent der Meeresfläche ausmachen, nur ein Prozent der marinen Biomasse. Hier sind die wichtigsten Nährstoffe wie Stickstoff und Phosphor nur begrenzt vorhanden, Mangel an Eisen begrenzt das Wachstum des Phytoplanktons. Doch dort, wo kaltes, nährstoffreiches Wasser aus der Tiefe aufsteigt, explodiert das Wachstum geradezu. Solchen Auftrieb verursachen von den Meeresströmungen ausgelöste großräumige Wirbel oder auch Wirbelstürme.

Wasserbewegungen

Das Wasser der Ozeane der Erde ist in ständiger Bewegung. Für die Bewegungen an der Oberfläche sind die unterschiedlichen Temperaturverteilungen im Wasser, die Gezeiten und der Wind verantwortlich. Für das globale System der Meeresströmungen ist zusätzlich der sogenannte thermohaline Antrieb maßgeblich, womit der Wärme- und Süßwasseraustausch in den Meeren angesprochen ist.

Das NASA-Strahlungsmessinstrument MODIS auf dem Forschungssatelliten Terra lieferte die Daten, mit denen diese Karte der Meeresoberflächentemperaturen erstellt wurde. Rote Pixel zeigen wärmere Temperaturen, blaue Pixel kaltes Wasser und gelbe und grüne Pixel Zwischenwerte an.

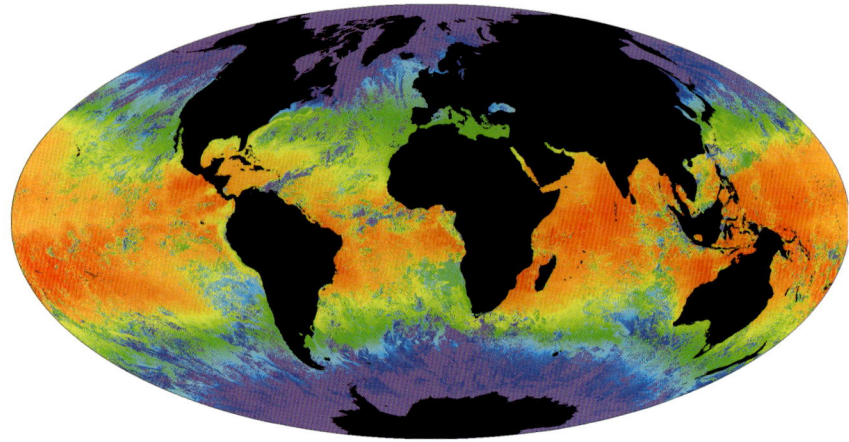

Gezeiten

Die Gezeiten bewirken zweimal täglich eine Flut – obwohl der Mond die Erde mit seiner Erdumlaufbahn von gut 27 Tagen scheinbar nur einmal täglich umrundet. Die Anziehungskraft des Mondes bewirkt, dass sich der Wasserspiegel dort anhebt, wo er über der Erde steht. Hier herrscht Flut. Doch auf der entgegengesetzten Seite der Erde herrscht auch Flut. Dieses zunächst uneinsichtige Phänomen hat seine Ursache in den Zentrifugalkräften. An der mondzugewandten Seite ist die Mondanziehungskraft stärker, an der mondabgewandten Seite ist die Mondanziehung schwächer, das Wasser strebt vom Mond weg, also hebt sich auch hier der Meeresspiegel. Zur Gezeitenwirkung trägt die Sonne zu 40 Prozent bei. Die Höhe der jeweiligen Tide hängt also von der Stellung von Mond und Sonne zur Erde ab. Wenn alle drei Körper in einer Geraden wie bei Voll- oder Neumond stehen, addieren sich die Anziehungskräfte von Sonne sowie Mond und es kommt zur sogenannten Springtide. Stehen die Körper rechtwinklig zueinander, so schwächt die Anziehungskraft der Sonne die des Mondes und es kommt zur Nipptide. Tidenunterschiede von weit über zehn Metern kommen überall dort vor, wo die Flut einem sich verengenden Küstenabschnitt aufläuft. Am höchsten ist diese Trichterwirkung bei St. Malo in Frankreich oder in der Mündungsbucht des Severn südlich von Wales, am allerhöchsten in der Bay of Fundy an der amerikanisch-kanadischen Ostküste mit einem Tidenhub von bis zu 20 Metern. In der Nordsee beträgt der Tidenhub ein bis zwei Meter, in der weitgehend abgeschlossenen Ostsee nur bis zu 30 Zentimeter.

Wasserwellen

Der Wind ist die wesentliche Ursache für die Wellenbewegungen auf der Meeresoberfläche, wenn man einmal von den Wellen absieht, die durch Erdbeben, Erdrutsche oder die Tide ausgelöst werden. Der Wind sorgt auch für einen Wassertransport in den Meeren, der sich bis in Tiefen von 50 Metern bemerkbar macht und durch die von der Erdrotation ausgelöste Corioliskraft auf der Nordhalbkugel der Erde nach rechts abgelenkt wird. Die Windstärke wird nach der zwölfstufigen Beaufortskala bemessen, so benannt nach dem Kapitän Sir Francis Beaufort, der diese Skala 1806 während seines Kommandos auf der *Woolwich* entwickelte. Danach kräuselt sich bei Windstärke 1 die See, bei Windstärke 4 ist die See leicht bewegt, bei Windstärke 7 weht ein steifer Wind mit sehr grober See, bei Windstärke 10 herrscht schwerer Sturm mit schon sehr hoher See und bei Windstärke 12 bereitet ein Orkan außergewöhnlich schwere See, die Wasseroberfläche ist vollkommen weiß, die Luft mit Schaum und Gischt gefüllt und es gibt keine Sicht mehr.

Ein Niederländer befreit im August 2003 im Watt zwischen dem Badeort Schillig an der Nordostspitze der ostfriesischen Halbinsel und der unbewohnten Vogelschutzinsel Minsener Oog sein historisches Plattbodensegelschiff von Unterwasserbewuchs. Zu diesem Zweck hat er sein Schiff mit der Ebbe trockenfallen lassen. Der Tidenhub beträgt hier rund drei Meter.

Exkurs: Monsterwellen und Tsunamis

Monsterwellen

Als Monsterwellen werden Riesenwellen bezeichnet, die durch ihre enorme Höhe, die Massivität ihres Auftretens und ihr plötzliches Erscheinen eine enorme Gefahr für die Seefahrt und neuerdings auch für Ölbohrplattformen darstellen. Seit Jahrhunderten gab es immer wieder Erzählungen von solchen Monsterwellen, doch sie wurden lange Zeit als Seemannsgarn abgetan. Insofern kommt auch die Bezeichnung „Kaventsmann" für solche Monsterwellen aus der Welt des Glaubens und Aberglaubens – im Volksglauben war früher der Konventsmann in der Regel ein besonders dicker Mann. Alternativ gibt es aber auch die Wortableitung „Kavenz" vom Partizip des lateinischen Wortes *cavere* (= Gewähr bieten, Bürgschaft leisten). Danach ist ein Kaventsmann also ein Gewährsmann, ein Bürge, der reich, begütert, wohlhabend und damit besonders dick ist. Von den alten Seefahrern wurden drei Typen von Monsterwellen unterschieden. Ein solcher „Kaventsmann" kann eine große, relativ dicke Welle sein, die Schiffe herumwirbelt und seitlich zum Kentern bringt. Die zweite Form wurde die „Drei Schwestern" genannt, drei schnell hintereinanderfolgende große Wellen, denen ein Schiff kaum ausweichen und über die es auch nicht hinwegtreiben kann. Und zuletzt gibt es die „Weiße Wand", eine sehr steile, bis circa 30 Meter hohe Welle, von deren Kamm die Gischt herabsprüht. Diese entwickelt eine enorme Wucht beim Aufprall auf die Schiffe. Wie recht die alten Seeleute mit ihren Kaventsmännern hatten, wurde der breiten Öffentlichkeit bekannt, als das weltbekannte Kreuzfahrtschiff *Queen Elizabeth II.* am 11. September 1995 von einer solchen Monsterwelle getroffen wurde. Kapitän Ronald Warwick berichtete später von dieser 29 Meter hohen Welle: „Es sah aus, als ob die Klippen von Dover auf mich zukämen." Kurz zuvor hatte es schon ein ähnliches Ereignis gegeben. Eine Riesenwelle hatte die Nordsee-Bohrinsel *Draupner* getroffen; ein Lasermessgerät ermittelte eine Wellenhöhe von 26 Metern. Auch als Ursache des am 12. Dezember 1978 nördlich der Azoren untergegangenen Frachters *München* mit 28 Mann Besatzung vermutet man heute eine Monsterwelle. Satellitenaufnahmen haben inzwischen belegt, dass solche ungeheuren Wellen viel öfter als bisher gedacht auftreten. Mehr als 200 Supertanker und Containerschiffe, allesamt mehr als 200 Meter lang, sind nach Angaben der Europäischen Raumfahrtagentur ESA in den vergangenen 20 Jahren auf den Weltmeeren gesunken – manche von ihnen könnten solchen

Ein Seebeben im Indischen Ozean vor der Insel Sumatra löste am 26. Dezember 2004 eine der schlimmsten Tsunamikatastrophen der Geschichte aus. Auch Sri Lanka wurde von den Flutwellen schwer getroffen. Die Satellitenaufnahme zeigt die Kleinstadt Kalutara um 10.20 Uhr Ortszeit.

Kaventsmännern zum Opfer gefallen sein. Das neue Wissen um die Monsterwellen ruft auch die Versicherungswirtschaft wie die Schiffskonstrukteure auf den Plan. Bislang war man davon ausgegangen, dass die natürliche Höhe von Ozeanwellen 15 Meter nicht überschreitet, deshalb war beim Schiffbau von einer Belastbarkeit von 16,5 Metern ausgegangen worden. Doch seit man mit neuen Grundsatzüberlegungen an die Frage der Wellenbildung herangegangen ist und mit Erkenntnissen aus der Quantenmechanik die Entstehung größerer als bisher angenommener Wellen erklären kann, ist man sich auch des Risikos der Monsterwellen bewusst geworden und kann sich Ursache und Wirkung von Tsunamis viel konsequenter erklären.

Tsunamis

Das Wort Tsu-nami bedeutet aus dem Japanischen übersetzt „Große Woge im Hafen". Ein Tsunami besteht aus anschwellenden Wasserwellen, die durch Vulkanausbrüche, Meteoriteneinschläge, Unterwasserlawinen oder durch das Losbrechen eines Eisberges hervorgerufen werden können; zumeist aber werden Tsunamis durch Seebeben ausgelöst. Die ungeheure Menge an Energie, die durch ein solches Beben freigesetzt wird, breitet sich wellenförmig im Wasser aus und richtet beim Auftreffen auf Land ungeheure Katastrophen an. Denn Tsunami-Wellen unterscheiden sich dadurch von Sturmwellen – die zwar Wasser unter Monster-Bedingungen bis zu 30 Meter hoch aufwerfen, sich jedoch nur an der Meeresoberfläche bewegen –, dass sie das gesamte Wasservolumen vom Meeresboden bis zur Meeresoberfläche erfassen. Die Ausbreitungsgeschwindigkeit von Tsunamis beträgt etwa 800 Kilometer in der Stunde, wodurch sie einen ganzen Ozean in wenigen Stunden durchqueren können. Ihre Wellenlänge beträgt über 100 Kilometer, wodurch sie auf dem Wasser kaum bemerkt werden. Treffen sie dann auf eine Flachwasserzone vor der Küste, konzentriert sich die Energie

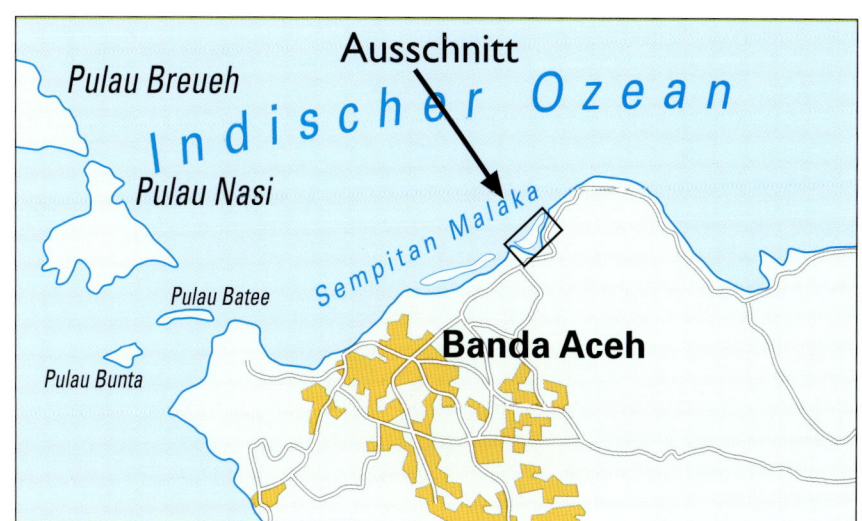

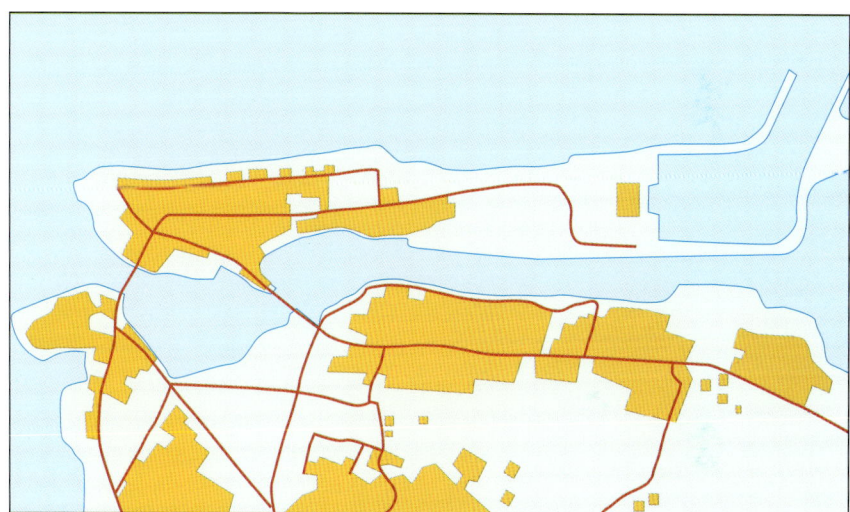

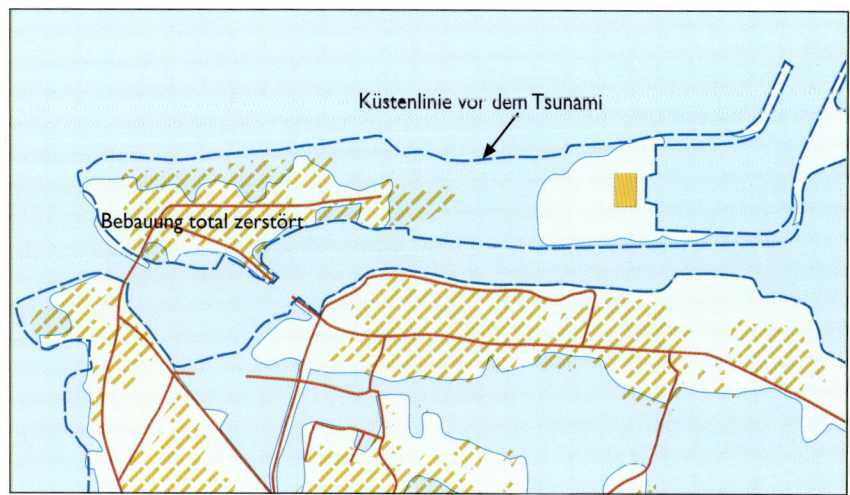

Das Seebeben im Indischen Ozean vom 26. Dezember 2004 forderte rund 240.000 Tote und über 1,7 Millionen Überlebende, die alles verloren haben. Am Beispiel der Provinzhauptstadt Banda Aceh auf der indonesischen Insel Sumatra wird mit der Darstellung vor dem Tsunami und danach das Ausmaß der Zerstörung gezeigt.

der Tsunami-Welle: Die Wellenlänge nimmt ab, die Wellenhöhe nimmt zu. An der Küste selbst kann der Tsunami als Wellenkamm oder Wellental auftreffen – in letzterem Fall zieht sich das vorhandene Küstenwasser zuerst zurück, bis dann der Tsunami-Wellenkamm mit voller Wucht über die Küste hereinbricht.

Genau dies geschah am 26. Dezember 2004 in Südostasien, als durch ein Seebeben im Indischen Ozean 240.000 Menschen zwischen Indonesien, dem Golf von Bengalen und Indien bis hin zur afrikanischen Ostküste getötet wurden. Allein in der Provinzhauptstadt Banda Aceh auf Sumatra kamen über 30.000 Menschen um. Überall traf der Tsunami auf ahnungslose Menschen, viele Touristen sind in Phuket in Thailand sogar mit dem Rückgang des Wassers an der Küstenlinie auf das trockengelegte Gelände ge-laufen – immerhin hatte sich das Meer hier mehrere hundert Meter zurückgezogen. Die Katastrophe von 2004 rief wieder Erinnerungen an vorangegangene Katastrophen wach, so an den Ausbruch des Krakatau 1883, dessen Flutwelle Zehntausende von Menschen erfasste, und an den Wirbelsturm vor der Küste von Bangladesch, der 1991 mit seiner sechs Meter hohen Flutwelle 20.000 Todesopfer zur Folge hatte.

Die größte Zahl der Tsunamis entsteht am Rand der Pazifischen Platte mit ihren vielen Vulkanen, der deswegen auch Pazifischer Feuerring genannt wird. Japan ist am stärksten betroffen, hat aber bereits viele Schutzmaßnahmen an der Küste unternommen und im Pazifik ein Frühwarnsystem eingerichtet. Ein solches Frühwarnsystem fehlte bisher im Indischen Ozean, wird aber jetzt eingerichtet.

Die Meeresströmungen

Neben Gezeiten und Wind bildet der thermohaline Antrieb die wesentliche Ursache für die Wasserbewegungen in den Ozeanen. Temperatur und Salzgehalte verändern die Dichte des Meerwassers, diese Dichteunterschiede lösen Druckunterschiede aus, die letztendlich zu Strömungen führen, um diese Druckunterschiede auszugleichen. Solche Strömungen erfassen das gesamte ozeanische System der Erde. Die bedeutendste dieser Strömungen ist das sogenannte Globale Förderband, das alle drei großen Ozeane mitsamt den Polarmeeren untereinander verbindet und mit Oberflächenströmungen einerseits und Tiefenströmungen andererseits einen globalen Wasserkreislauf bildet. Dabei ist es der thermohaline Antrieb, der bestimmt, wo Oberflächenströmungen nach unten absinken und als Tiefenströmungen weitergeführt werden. Dies geschieht dort, wo die Wasserdichte am höchsten ist.

Hohe Wasserdichten gibt es an drei Stellen des ozeanischen Systems: zum einen im arktischen Nordatlantik im Bereich der Labradorsee und des Europäischen Nordmeers, zum zweiten im antarktischen Polarmeer im Bereich des Ross- und Wedellmeeres sowie zum dritten im Mittelmeer. In den arktischen Breiten verursachen niedrige Wassertemperaturen die hohe Dichte, im Mittelmeer wird die Dichte durch hohe Temperaturen ausgelöst, die über große Verdunstung die höherere Salinität herbeiführt. Doch ist das Mittelmeer für das System der globalen Meeresströmungen unerheblich, da das Nadelöhr der flachen Straße von Gibraltar es quasi zu einem Binnenmeer macht. Von ganz entscheidender Bedeutung für das System der globalen Meeresströmungen sind dagegen die polaren Gewässer: Sie bilden den eigentlichen Antrieb für das Globale Förderband. Hier sinkt dichtes Wasser ab, wird als Tiefenwasser rückgeführt und zieht an der Oberfläche weniger dichtes Wasser nach. Vereinfacht gesprochen, wird das Globale Förderband also nicht geschoben, sondern gezogen.

Doch das dichte Wasser verbleibt nun nicht wie ein „Klotz" in den Tiefen des Ozeans. Jetzt treten weitere Gegebenheiten auf, die wieder für eine Durchmischung des Meerwassers sorgen. Oberflächenströmungen und Tiefenströmungen des globalen Wasserkreislaufs reiben sich aneinander. Dabei kommt es zur Bildung großer Wasserwirbel, die mehrere tausend Meter herabreichen. Gleichermaßen führt das Oberflächenrelief des Meeresbodens zur Verwirbelung des Wassers: Die gewaltigen mittelozeanischen Rücken stellen Barrieren für den Wasserlauf dar, die ihn genauso wie die Lage der Kontinente nicht nur horizontal, sondern auch vertikal ablenken. So gelangt wärmeres Wasser von der Oberfläche in tiefere

Schichten und verringert dort die Dichte des Wassers – es wird leichter und drängt an die Oberfläche. Auch die Ablenkung der Strömungen durch die durch die Erdrotation ausgelöste Corioliskraft spielt im Richtungssystem des Globalen Förderbandes eine maßgebliche Rolle. Die Verwirbelung der ozeanischen Wassermassen ist auch für die biologische Produktivität in den Weltmeeren von entscheidender Bedeutung: Denn auf diese Weise gelangt kaltes und nährstoffreiches Wasser an die Meeresoberfläche, wo sich der größte Teil marinen Lebens abspielt.

Den gewaltigsten Anteil am Globalen Förderband hat der Antarktische Zirkumpolarstrom. Er erfasst das gesamte Wasser dieses Bereichs zwischen dem 56. und 63. südlichen Breitengrad von der Oberfläche bis in die Tiefe, denn dieser Meeresstrom wird von keiner Land- oder Unterwasserbarriere an seinem Verlauf gehindert. Er umkreist in diesen Breiten, die auch als *Drake Passage* bezeichnet werden, von West nach Ost den gesamten Erdball und zieht – auch angetrieben durch die hier vorherrschenden Westwinde – warmes Oberflächenwasser aller drei Ozeane an. Alle Kauffahrteisegler der Kolonialzeit haben diese Breiten südlich von Kap Hoorn und der Südspitze Afrikas wegen ihrer Heftigkeit und Unberechenbarkeit gefürchtet. Und diese Kraft des Windes bewirkt in diesen Breiten wiederum eine erneute Durchmischung des Wassers, welche die drei großen als Subtropenwirbel bezeichneten Meeresoberflächenzirku-lationen auf der Erdsüdhalbkugel antreibt. Relativ kühles Meerwasser bewegt sich dabei, durch die Corioliskraft bedingt, am Westrand der Kontinente nordwärts und erwärmt sich Richtung Äquator. Dies sind der Westaustralische Strom im Indischen Ozean, der Benguelastrom im Südatlantik und der Humboldtstrom im Südpazifik. Als erwärmte Oberflächenströmung fließt das Wasser nun in allen drei Ozeanen entgegen der Richtung des Antarktischen Zirkumpolarstroms westwärts als Südäquatorialstrom bis zum nächsten Kontinent, um dort südwärts zurück zum antarktischen Meer abgelenkt zu werden. Doch insbesondere im Atlantik wird ein Teil der erwärmten Oberflächenströmung, die westwärts nach Südamerika treibt, auch nach Norden über den Äquator hinaus als Guayanastrom in Richtung Karibik abgelenkt. In der mittelamerikanischen Golfregion wird dieses Wasser so richtig aufgeheizt, fließt als Golfstrom in den Nordatlantik und beschert Mittel- und Nordeuropa gemäßigtes Klima, wie es ansonsten in diesen Breiten nicht anzutreffen wäre. Wenn der Golfstrom im arktischen Nordatlantik im Bereich der Labradorsee und des Europäischen Nordmeers angekommen ist, wird sein Wasser wieder in die Tiefe gezogen und der Motor des Globalen Förderbandes erneut angetrieben. So ist der Golfstrom das eindeutigste Beispiel dafür, in welchem Maße das Globale Förderband für einen Temperaturausgleich zwischen den äquatorialen und polaren Regionen der Erde sorgt.

Das Globale Förderband

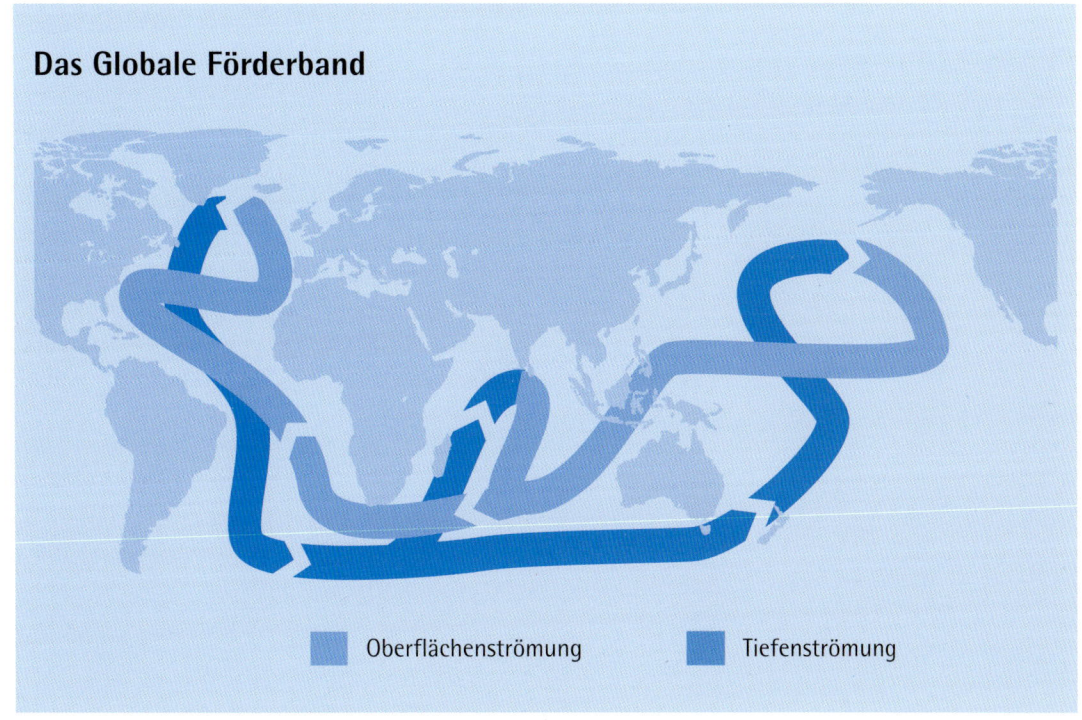

Oberflächenströmung   Tiefenströmung

Wie eine riesige Wasserpumpe halten Arktis und Antarktis die großen Meeresströmungen der Welt in Gang: Salzreiches Wasser aus warmen Regionen kühlt im Nordatlantik ab, sinkt in die Tiefe und zirkuliert durch alle drei großen Ozeane; erst im Pazifik steigt es wieder auf und gelangt über warme Oberflächenströme zurück in den Atlantik.

Exkurs:
Der Golfstrom – Europas Warmwasserheizung

Der Golfstrom ist Teil des ozeanischen Strömungssystems, das als Globales Förderband bezeichnet wird. Er fließt als schmales Band von etwa 150 Kilometern Breite aus dem Golf von Mexiko durch die Floridastraße bis zu den Neufundlandbänken. Auch angetrieben durch den Nordostpassat und die Westwindzone der gemäßigten Breiten ist seine Fließgeschwindigkeit mit bis zu 2,5 Metern pro Sekunde sehr hoch, und er transportiert auf diese Weise an die 50 Millionen Kubikmeter warmes Wasser pro Sekunde nordwärts, 30-mal so viel wie alle Flüsse der Erde zusammen.

Die Existenz einer starken Oberflächenströmung im Nordatlantik ist den Seefahrern seit dem ausgehenden Mittelalter bekannt. Seine Bezeichnung „Golfstrom" erhielt er von Benjamin Franklin, weil er den Ursprung im Golf von Mexiko erkannt hatte. Zuvor war er noch allgemein unter dem Namen „Floridastrom" bekannt, auf den Seekarten des 16. und 17. Jahrhunderts ist er noch als „Canal de Bahama" eingetragen. Dass die Antriebskräfte des Golfstroms aber im hohen Norden liegen, wo sein salzhaltiges, warmes Wasser im Nordmeer in mehrere tausend Meter Tiefe abfällt und stetig Wasser aus dem Süden nachzieht, war noch nicht bekannt. Zu diesem Sog besteht ein Warmwasserstau im Golf von Mexiko, angetrieben durch den Südostpassat, der den Nord- und Südäquatorialstrom in den Golf von Mexiko drückt. Der einzige Ausgang für diese Wassermassen besteht im Norden, wo sie sich ihren Weg an der Halbinsel Florida vorbeibahnen. So zieht der Floridastrom als Fortsetzung dieser Karibischen Strömung mit relativ hoher Geschwindigkeit entlang der Südostküste der Halbinsel, durchfließt die Floridastraße zwischen der Halbinsel und Kuba in östlicher Richtung und vollführt dann zwischen Florida und den Bahamas eine Richtungsänderung nach Nordosten. Nördlich der Bahamas vereinigt sich dann der Floridastrom mit dem Antillenstrom – erst hier beginnt der eigentliche Golfstrom.

Das Golfstromwasser ist im Vergleich zu den umgebenden Wassermassen nicht nur sehr warm, sondern auch sehr salzreich. Der Übergang in Temperatur und Salzgehalt ist an der Westflanke des Golfstroms besonders sprunghaft – diese Temperaturfront wird auch „Kalter Wall" genannt. Auf seinem weiteren Weg durch den Nordatlantik verbreitert sich hier der Golfstrom auf mehrere hundert Kilometer und beginnt zu mäandrieren, wodurch starke Wirbel hervorgerufen werden. In der Verlängerung des Golfstroms über Neufundland hinaus vermischt er sich hier mit dem kalten Wasser des Labradorstroms und überwindet mit vielen Wasserwirbeln den Mittelatlantischen Rücken. Als sich anschließender Nordatlantischer Strom fließt sein Wasser später Richtung Europa. Dort teilt sich das Stromsystem: Ein kleinerer Teil zweigt in die Norwegische See ab, der Großteil jedoch wendet sich nach Süden und bildet den Portugal-, später den Kanarenstrom. Die transportierte Wassermasse verringert sich durch diese Teilung der Strömung und verliert durch Verdunstung auch an thermischer Energie, die über die Westwindströmung Europa zugute kommt. Die nordöstlich verlaufenden Arme des Golfstroms, die immer noch wärmer als das umgebende Wasser sind, werden erst vor Grönland in 3.000 Meter Tiefe gezogen.

Die Bedeutung des Golfstroms wird einem erst richtig bewusst, wenn man sich den Gegensatz der klimatischen Bedingungen an der west- und ostatlantischen Küste im Bereich zwischen dem 60. und 70. nördlichen Breitengrad klar macht. An der westatlantischen Küste befinden wir uns auf der Höhe von Angmagssalik in Grönland, wo die Fjorde vereist sind, hauptsächlich Moose, Flechten und Gräser wachsen und nur kleine Fischersiedlungen bestehen. Auf der gegenüberliegenden Seite an der ostatlantischen Küste befinden wir uns in Bodö in Norwegen, wo die Fjorde eisfrei sind, Mischwälder wachsen und sich große Hafenstädte wie Bergen, Trondheim und Narvik in der Nähe befinden. Deutschland liegt etwa zwischen dem

47. und dem 55. nördlichen Breitengrad und damit auf der Breite der Halbinsel Labrador. Auf Labrador herrschen boreale Nadelwälder und Tundra vor, in Deutschland besteht dagegen der natürliche Bewuchs aus sommergrünen Laub- und Mischwäldern.

Im Zuge der fortschreitenden Diskussion um den vom Menschen verursachten Klimawandel wird immer wieder die Frage nach der Stabilität des Golfsstroms als Garant für das Klima in Europa gestellt. In der Tat hat es auch in erdgeschichtlich jüngerer Zeit immer wieder Phasen gegeben, in denen der Golfstrom aufgrund besonderer Umstände nicht mehr bis nach Europa gelangte, etwa als der gewaltige nacheiszeitliche Agassizsee sich aus Nordamerika in den Nordatlantik ergoss und seine Süßwassermassen den Golfstrom stoppten. Solche Ereignisse stellten kurze Perioden dar, die genauso kurzfristig Europa in Kälte erstarren ließen. Nunmehr geht es aber um die Frage, ob der Klimawandel nicht dauerhafte Folgen für den Golfstrom haben könnte. Denn durch die Erderwärmung verstärkt sich der globale Wasserkreislauf in der Luft. In den Tropen verdunstet mehr Wasser, das in nördlichen Breiten abregnet. Außerdem schmilzt infolge der Erderwärmung weniger arktisches Eis in und um Grönland. Somit fließt dem Nordatlantik immer mehr Süßwasser zu. Das salzhaltige dichte Oberflächenwasser aus dem Süden wird verdünnt und kann im arktischen Atlantik nicht in die Tiefe gezogen werden. Es fließt kein warmes Oberflächenwasser mehr nach, der Golfstrom würde versiegen, die nächste Eiszeit bräche an. Doch nach Meinung der Klimaforscher wird es in absehbarer Zukunft noch zu keiner Eiszeit kommen. Weniger beruhigend ist allerdings ihre Auffassung, dass eine Verlagerung der Meeresströmungen erst für die zweite Hälfte des 21. Jahrhunderts erwartet wird.

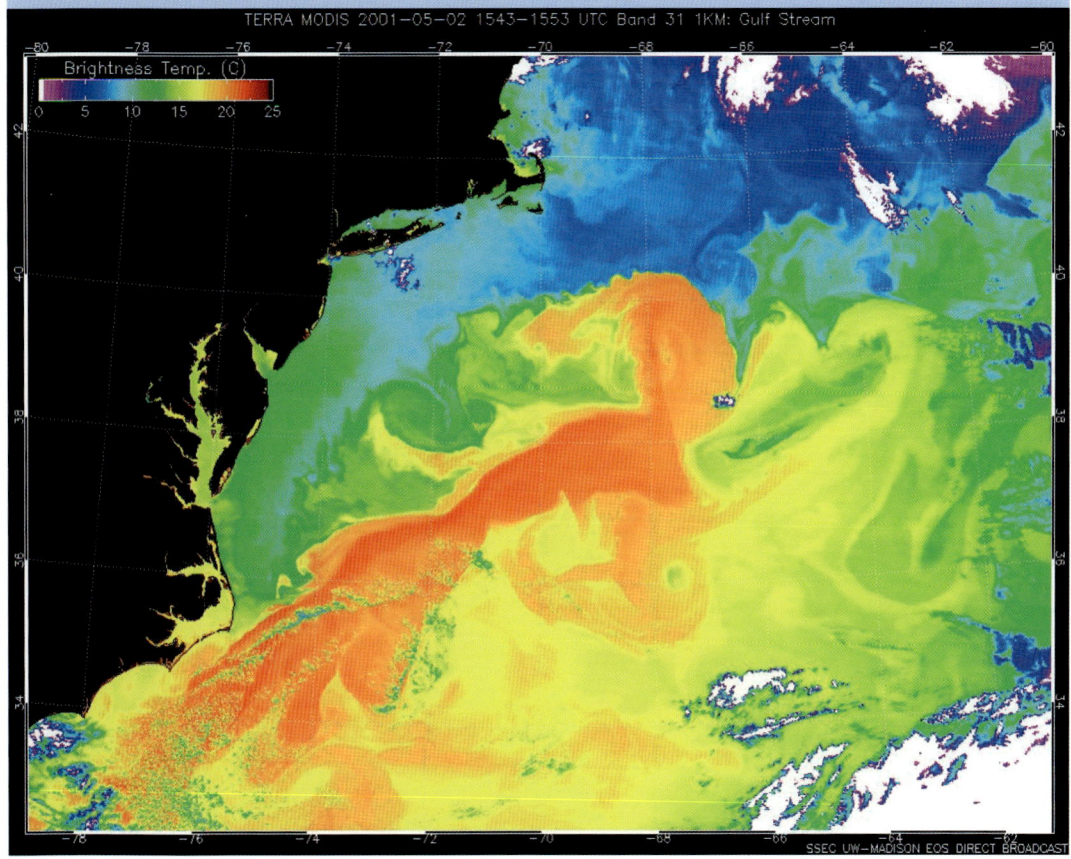

Dieses spektakuläre Falschfarbenbild des Golfstroms im Atlantischen Ozean vom 2. Mai 2001 wurde mithilfe von Datenmaterial erstellt, das mit dem NASA-Strahlungsmessinstrument MODIS auf dem Forschungssatelliten Terra gewonnen wurde. Die Ostküste der USA erscheint schwarz (kalt), der Golfstrom rot (warm).

Die Küsten

Der Küstenverlauf der Meere und Kontinente hat sich in erdgeschichtlichen Abläufen durch die Kontinentaldrift immer wieder verändert. Doch auch gegenwärtig verändern sich Küstenverläufe durch Senkung oder Hebung des Landes oder des Meeresbodens, Meeresströmungen, Wassereinbrüche, Vulkanausbrüche, Verlandung, Wind und Wetter, Ebbe und Flut oder durch menschliches Eingreifen.

Die Länge aller Küsten der Erde zu bemessen ist schier unmöglich. Denn je kleiner man den Maßstab wählt, desto länger wird die gemessene Küstenlänge. Es hängt also vom Maßstab ab, welche Werte man von der Küstenlänge erhält. So ergeben sich bei einem mittleren Maßstab von etwa 1:2.000.000 für die Küstenlängen der fünf Kontinente folgende Werte: Europa: 37.200 Kilometer, Asien: 70.600 Kilometer, Amerika: 104.200 Kilometer, Afrika: 30.500 Kilometer, Australien: 19.500 Kilometer, Antarktis: 24.300 Kilometer. Addiert man alle Werte zusammen, ergibt sich eine Gesamtküstenlänge aller Kontinente von 286.300 Kilometern. Manche Autoren, die feinere Maßstäbe zugrunde legen, kommen auf 500.000 oder gar 777.000 Kilometer.

Die Unterschiede im Verhältnis von Fläche und Küstenlänge eines Kontinents geben schon die ersten Hinweise über die Gestalt seiner Küsten, beispielsweise ob sie zerklüftet oder nur gering gegliedert sind. Man unterscheidet in diesem Zusammenhang Primär- und Sekundärküsten. Primärküsten umfassen alle diejenigen ohne große marine Einwirkungen. Zu ihnen gehören Fjorde, durch Erdrutsche verursachte Küsten, durch Landabsenkung verursachte sogenannte Riasküsten, aber auch tektonische und vulkanische Küstenformen. Sekundärküsten sind umgestaltete Küstenbereiche mit mariner Ablagerung wie etwa bei den Nehrungsküsten oder mit Wachstum wie etwa durch Korallen- oder Mangrovenaufbau. Insgesamt gesehen sind Küsten veränderliche Lebensräume zwischen Meer und Land von großen Ausmaßen. Mehr als die Hälfte der Weltbevölkerung lebt in nur geringer Entfernung zur Küste.

Die Küstenformen sind im Einzelnen sehr unterschiedlich. Steilküsten wie auch Kliffküsten entstehen durch starke Brandung, oft sind Steilküsten auch Gebirgsküsten. Flachküsten laufen seicht in das Meer aus, wie etwa das Watt, wo eine Küstenregion durch die Gezeiten überspült wird. Dieser Lebensraum aus Ebbe und Flut gehört zu den produktivsten Ökosystemen der Erde. Nehrungsküsten bilden sich dort, wo Wellen schräg zu Küsten anlaufen und durch mitgeführte Sedimente einen Sandwall auftürmen. Trennt der Strandwall das Meer vom Land ab und es verbleibt dazwischen ein Wasserspeicher, spricht man von einer

Auf der Halbinsel Jasmund im Nordosten der Ostseeinsel Rügen erstreckt sich auf rund 15 Kilometern Länge eine imposante Kreidefelsenküste. Nach einem Ausflug auf die Insel im Jahr 1818 schuf Caspar David Friedrich das Gemälde „Kreidefelsen auf Rügen", das zu den wichtigsten Werken der deutschen Romantik zählt.

Lagunenküste. Flussmündungen halten an solchen Küsten den Zugang zum Meer offen. Fjordküsten sind tiefe Meereseinschnitte in gebirgigen Küstenlandschaften. Schärenküsten entstehen an flachen Felsküsten, denen kleine Felsinseln vorgelagert sind. Riasküsten sind oft in das Land eingedrungene Meeresbuchten. Mangrovenküsten kommen nur im Bereich der Tropen vor, wo starker Pflanzenwuchs mit Stelzwurzeln im Tidenbereich ihr Erscheinungsbild prägt.

Auf der Felsplattform „Preikestolen" (Predigtstuhl) eröffnet sich den Besuchern ein atemberaubender Ausblick über den etwa 40 Kilometer langen Lysefjord in der norwegischen Provinz Rogaland.

Die Küste der französischen Region Haute-Normandi wird wegen ihrer hellen Färbung Alabasterküste genannt. Das Foto zeigt einen Abschnitt der 120 Kilometer langen schroffen Steilküste nahe dem Ort Les Petites Dalles.

Oben: Auf einem nur durch einen schmalen Pfad mit dem Festland verbundenen Felsvorsprung in der Nordsee liegen die Ruinen von Dunnottar Castle an der Ostküste Schottlands.

Unten: Die bizarren, im Meer stehenden Kalksteinfelsen „Twelve Apostles" (Zwölf Apostel) an der australischen Südküste gehören zu den größten landschaftlichen Attraktionen des fünften Kontinents.

Der Gargano, ein nördliches Vorgebirge Apuliens an der Ostküste Italiens, ist gesäumt von weißen Kreideklippen, die sich steil in die Adria stürzen. Erosionsprozesse haben hier zahlreiche malerische Meeresgrotten und Felsbögen geformt.

Die Schelfgebiete

Die Schelfgebiete der Meere stellen den küstennahen, vom Meer überspülten Kontinentalsaum dar. Schelfmeergebiete, die bis etwa 200 Meter Tiefe reichen, machen 7,5 Prozent des Meeresbodens aus. Sie sind Bestandteil der Festlandmasse, stellen also den kontinentalen Rand dar. In der Regel gehen sie in einem Gefälleknick in den Kontinentalabhang über. Im weiteren Verlauf folgt die Tiefsee. Große Schelfgebiete gibt es im Arktischen und Australasiatischen Mittelmeer, im Beringmeer, vor Patagonien und Guayana, typische Schelfmeere sind die Nord- und Ostsee.

Als Schelfeis wird auf dem Land entstandenes Eis bezeichnet, das auf dem Meer über Schelfgebieten schwimmt. In der Antarktis sind 1,5 Millionen Quadratkilometer Meeresfläche von Schelfeis bedeckt. Die Dicke des Schelfeises beträgt an der Küste bis zu 1.000 Meter und nimmt bis zum äußeren Rand auf unter 300 Meter ab. Die Mächtigkeit des Schelfeises hängt vom Zustrom aus dem Festland, von Dehnung und Strauchung, von Anfrieren und Abschmelzen ab. An der Außenkante abbrechende Eisstücke treiben als Eisberge vom Schelfeis ab. Die größten Schelfeisvorkommen befinden sich in der Antarktis im Rossmeer und im Weddellmeer, kleinere Vorkommen gibt es auch in der Arktis. Wegen der geringen Tiefe der Schelfmeere weisen sie nur etwa 0,2 Prozent des Meerwassers auf. Doch stammen 99 Prozent der Weltfischerträge aus diesen Flachmeerbereichen. Wenn schon mehr als die Hälfte der Weltbevölkerung in nur geringer Entfernung zur Küste lebt, so siedeln zwei Drittel aller Menschen in einem nur 60 Kilometer schmalen Streifen an diesen Schelfgebieten. Sie sind der Teil der Meere, der am stärksten durch menschliches Handeln beeinträchtigt wird. Auch sind die Schelfgebiete die bedeutendste Quelle mariner Ablagerungen und Lagerstätten, so vor allem an Erdöl und Erdgas, an Eisen- und Manganerzen, Salzen, Phosphorit, Schwermineral- und Edelsteinseifen. Seitdem die modernen Aufschluss- und Förderverfahren den Zugang zu diesen Rohstoffen der Schelfgebiete ermöglichen, ist das wirtschaftspolitische Interesse an ihnen außerordentlich gestiegen. Inzwischen hat man sich darauf geeinigt, dass der Schelf, nicht das darüber liegende hohe Meer, zum Staatsgebiet des Uferstaates gehört und dessen Nutzungsrechten unterliegt.

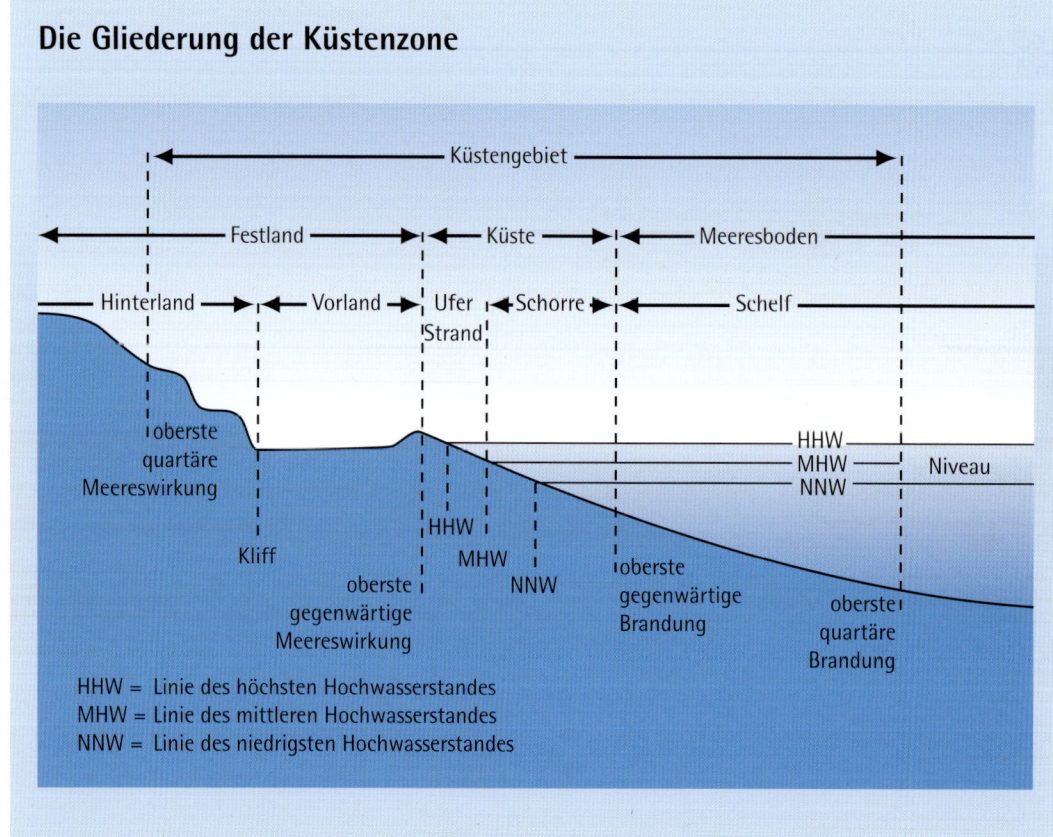

Die Gliederung der Küstenzone

HHW = Linie des höchsten Hochwasserstandes
MHW = Linie des mittleren Hochwasserstandes
NNW = Linie des niedrigsten Hochwasserstandes

Seite 135: Blick von der Prinzessin-Martha-Küste, einem Teil der Küste von Königin-Maud-Land in der Ostantarktis, auf das Weddellmeer. Die gesamte Küstenlinie ist von Schelfeis gesäumt. Der eiskalte Wind hat hier knochenharte Schneewellen herausgefräst, die sogenannten Sastrugi.

Die Tiefsee

Von den Schelfgebieten geht es meist steil ab in die Tiefsee. Die Wassergebiete mit Tiefen unter 200 Metern machen etwa 80 Prozent der gesamten Meeresgebiete, solche mit Tiefen unter 1.000 Metern immerhin noch 62 Prozent der Meeresgebiete aus. Die Wassertemperaturen liegen hier bei 1 bis 3 °Celsius, es herrschen hoher Wasserdruck und völlige Dunkelheit. In 10.000 Metern Tiefe beträgt der Druck 1.000 bar. Und obwohl der Mensch mit seinen heutigen technischen Möglichkeiten immer öfter in die Tiefsee hinabtaucht, sind seine inzwischen gewonnenen Erkenntnisse über diesen größten Teil der Erde immer noch lückenhaft. Es wird gar behauptet, dass der Mensch inzwischen die Oberfläche des Mondes besser

kennt als den Grund der Tiefsee auf der Erde. So steckt die Tiefsee noch voller Überraschungen. Mit jedem Tauchgang werden neue Lebewesen entdeckt, selbst aus Fischernetzen kommt immer wieder Überraschendes, dem man früher vielleicht keine Beachtung geschenkt hat und das manche Neuigkeit aus dem Meer preisgibt.

Eines der typischen Beispiele hierfür ist die Entdeckung des Quastenflossers. Man ging davon aus, dass dieser urtümliche Fisch aus dem Zeitalter des Devons vor 400 Millionen Jahren in der Kreidezeit vor 65 Millionen Jahren ausgestorben war – bis 1938 ein Exemplar des ein Meter langen, 100 Kilogramm schweren und in Tiefen von mehreren 100 Meter lebenden Komoren-Quastenflossers aus

Die Tiere der Tiefsee zeichnen sich durch bizarre Anpassungen an ihren extremen Lebensraum aus. Der Tiefsee-Beilfisch (1) bewohnt die Dämmerlichtzone zwischen 200 und 500 Metern. Wie die meisten Tiefseefische hat er in Proportion zum Kopf übergroße Augen, um die Lichtausbeute zu optimieren. Der Kopf des Pelikanaals (2) ist im Vergleich zum Körper auf-fallend groß und verfügt über enorme Kiefer. Bei dem Tiefsee-angler (3) ist der erste Rücken-flossenstrahl zu einer „Angel mit Leuchtorgan" umgebildet. Durch das Licht wird Beute angelockt und immer weiter in die Nähe des Mauls geleitet. Der Tiefsee-Drachenfisch (4) besitzt kräftige Kiefer mit nach hinten gebogenen Zähnen, die eine einmal gefasste Beute nicht wieder loslassen. Der Schwarze Schlinger (5) kann seine Kiefer sogar ausrenken, um große Beute wie etwa Borstenmäuler (6) zu verschlin-gen. Sein Magen und sein Körper sind so dehnbar, dass er sogar Fische erbeuten kann, die größer sind als er selbst (7). Einen Partner zu finden wird in der Tiefsee zum Problem. Johnsons Schwarzer Angler (8) hat es gelöst, indem er sich untrennbar mit dem Partner verbindet: Ein oder mehrere winzige Männchen heften sich an einem Weibchen fest und verwachsen mit ihm (9).

einem Fischernetz vor Südafrika gezogen wurde. Erst 1987 gelang es mit einem Tauchboot des Max-Planck-Instituts für Verhaltensforschung, ein lebendes Exemplar bei Madagaskar in einer Tiefe von 187 Metern zu filmen. Im Übrigen war der Quastenflosser den Fischern auf den Komoren schon lange unter dem Namen Kombessa als weniger schmackhafter Fisch bekannt.

Eines ist aber sicher: Die Tiefsee steckt voller Rohstoffe, deren Ausbeute für die Menschheit von immer größerem Interesse ist und immer mehr Begehrlichkeiten weckt. Es handelt sich dabei vor allem um mineralische Bodenschätze wie Manganknollen, Phosphoritvorkommen, Erzschlämme und Mineralseifen. In diesem Zusammenhang sei angemerkt, dass sich 60 Prozent der Meeresfläche außerhalb der 200-Seemeilen-Hoheitszonen der Länder der Erde befinden. Die Nutzung von Bodenschätzen der Tiefseegebiete regelt das 1982 von den Vereinten Nationen verabschiedete Internationale Seerechtsübereinkommen. Hier werden in Artikel 136 die Bodenschätze der Meere außerhalb der ausschließlichen Wirtschaftszonen

von Staaten als gemeinsamer Besitz der Menschheit erklärt. Die Internationale Meeresbodenbehörde wurde dazu als Behörde eingesetzt, die Lizenzen zum Abbau von Rohstoffen unter bestimmten Auflagen vergeben kann und den Abbau überwacht. Alle Unternehmungen sollen ausschließlich friedlichen Zwecken dienen und der ganzen Menschheit, insbesondere den Entwicklungsländern, zugutekommen.

Die Tiefsee ist beileibe keine einheitliche Zone. Nicht nur, dass Licht- und Druckverhältnisse sich mit zunehmender Tiefe ändern, auch das Bodenrelief ist mindestens so vielfältig wie das Relief der Kontinente. Hier wechseln sich Täler und Schluchten, steile Kanten und ebene Flächen miteinander ab. Dazu kommen „künstliche" Gebilde wie etwa die Korallenriffe. So wird die Tiefsee einerseits in die Zone des freien Wassers (Pelagial) und andererseits in die Bodenzone (Benthal) unterteilt. Charakteristische Erscheinungsformen des Pelagials sind die in allen Weltmeeren vorhandenen großflächigen Tiefseebecken, die mittelozeanischen Rücken als Gebirgssysteme der Weltmeere und nicht zuletzt die Tiefseerinnen. Die Bodenzone unterhalb der Schelfmeergebiete von 200 bis 2.000 Metern Tiefe wird als Bathyal, die bis 6.000 Metern Tiefe als Abyssal und die bis in die tiefste Tiefe als Hadal bezeichnet.

Bis zum Ende des Mittelalters hatten die Menschen noch keine Vorstellung davon, was sich weit unten in den Meeren abspielte. Von Interesse war nur, was die Schifffahrt behinderte – Riffe und Sandbänke. Von der Tiefsee wusste man überhaupt nichts. Es soll Ferdinand Magellan gewesen sein, der nach seiner Umsegelung von Kap Hoorn im Pazifik 400 Faden Lotleine ins Wasser ließ. Da er nicht auf Grund kam, zog er daraus den Schluss, die tiefste Stelle des Meeres gefunden zu haben. Erst Mitte des 19. Jahrhunderts begann man dann mit den ersten ernsthaften Meerestiefenmessungen. Doch die eigentlichen Pionierleistungen der Tiefseeforschung wurden mit der britischen *H.M.S. Challenger* vollbracht – gern wird dieses umgebaute Kriegsschiff deshalb auch als „Mutter der Ozeanografie" bezeichnet. Systematische Messungen und systematische Probenentnahmen brachten auch ganz neue Erkenntnisse. So entdeckten die Wissenschaftler auf der *Challenger*, die 1872 zu einer mehrjährigen Forschungsfahrt über alle Weltmeere ausgelaufen

war, sowohl den Marianengraben als auch den Mittelatlantischen Rücken. Später löste dann das Echolot die Fadenmessungen ab. Das erste flächendeckende Profil des atlantischen Meeresbodens lieferte das deutsche Meeresforschungsschiff *Meteor* in den 1920er-Jahren. Militärische Intentionen führten dann zur Vermessung aller Meeresböden, aber erst nach dem Ende des Kalten Krieges wurden diese Daten auch allgemein zugänglich.

Doch es blieb weiterhin das Ziel der Forscher, den Meeresuntergrund mit eigenen Augen zu betrachten. Erste bemannte Tauchkugeln kamen in den 1930er-Jahren zum Einsatz. Auguste Piccard konstruierte das erste frei bewegliche Tieftauchgerät, das 1948 von der französischen Marine übernommen wurde und 1954 vor Dakar 4.050 Meter Tiefe erreichte. Sein zweites Tauchboot wurde von der US-amerikanischen Marine übernommen und erreichte mit seinem Sohn Jacques Piccard und Donald Walsh 1960 im Marianengraben bei 10.916 Meter den Grund. Heute leisten vor allem Tauchroboter, die auch Bodenproben entnehmen

Anmerkung: Schwarze Raucher

Nachdem man 1977 mit dem Tauchboot *Alvin* den ersten Schwarzen Raucher in der Tiefsee bei den Galapagosinseln entdeckt hatte, fand man solche geologischen Phänomene vielfach dort, wo im Zuge der Plattentektonik Risse am Meeresboden entstehen, aus denen heiße, schwefelhaltige Hydrothermalquellen sprudeln und bizarre Landschaften bilden. Heißes mineralreiches Meerwasser schießt hier aus der Erdkruste herauf und vermischt sich mit dem nur 2 °Celsius kalten Meerwasser, sodass die Mineralien als schwarzer Rauch ausquellen und sich rund um die Austrittstelle ablagern. Der Austritt selbst ist als Röhre wie ein Schornstein geformt - eben jene Black Smoker, die mehrere Meter Höhe erreichen können. Bei den ausgestoßenen Mineralien sind Metall-Schwefelverbindungen mit Zink und Kupfer vorherrschend. Unter diesen extremen Bedingungen haben sich an den Schwarzen Rauchern ganz besondere Lebensgemeinschaften angesiedelt, die zum Teil aus mehr als 350 Arten bestehen. Als Pionierorganismen siedeln sich Schwefel und Wärme liebende Bakterien und Archaeen an, die nicht auf die Zufuhr von Licht angewiesen sind, sondern mittels Chemosynthese Biomasse produzieren. Damit schaffen sie gleichzeitig die Existenzgrundlage für vielfältige Lebensgemeinschaften aus Röhren- und Bartwürmern, Seespinnen und anderen für Schwarze Raucher typische höhere Lebewesen.

Doch verstopfen solche Schwarzen Raucher in der Regel nach einigen Jahrzehnten. Das Lebensgefüge, dessen Grundlage sie bilden, ist also nur von kurzer Dauer. Zwangsläufig hat sich diese biotoptypische Flora und Fauna darauf eingestellt - wie aber die Übersiedlung der höheren Organismen auf neue Schwarze Raucher vonstatten gehen kann, ist noch ein ungelöstes Rätsel. Und genauso ungelöst ist auch die Frage, ob nicht das Leben auf der Erde insgesamt seinen Ausgang an solchen hydrothermalen Spalten genommen hat.

Ein Schwarzer Raucher am Mittelatlantischen Rücken im Atlantischen Ozean. Aus einer solchen hydrothermalen Quelle tritt bis über 400 °Celsius heißes Wasser aus. Durch die Anreicherung mit verschiedenen chemischen Elementen quillt es beim Kontakt mit dem kalten Meerwasser als schwarzer Rauch hervor.

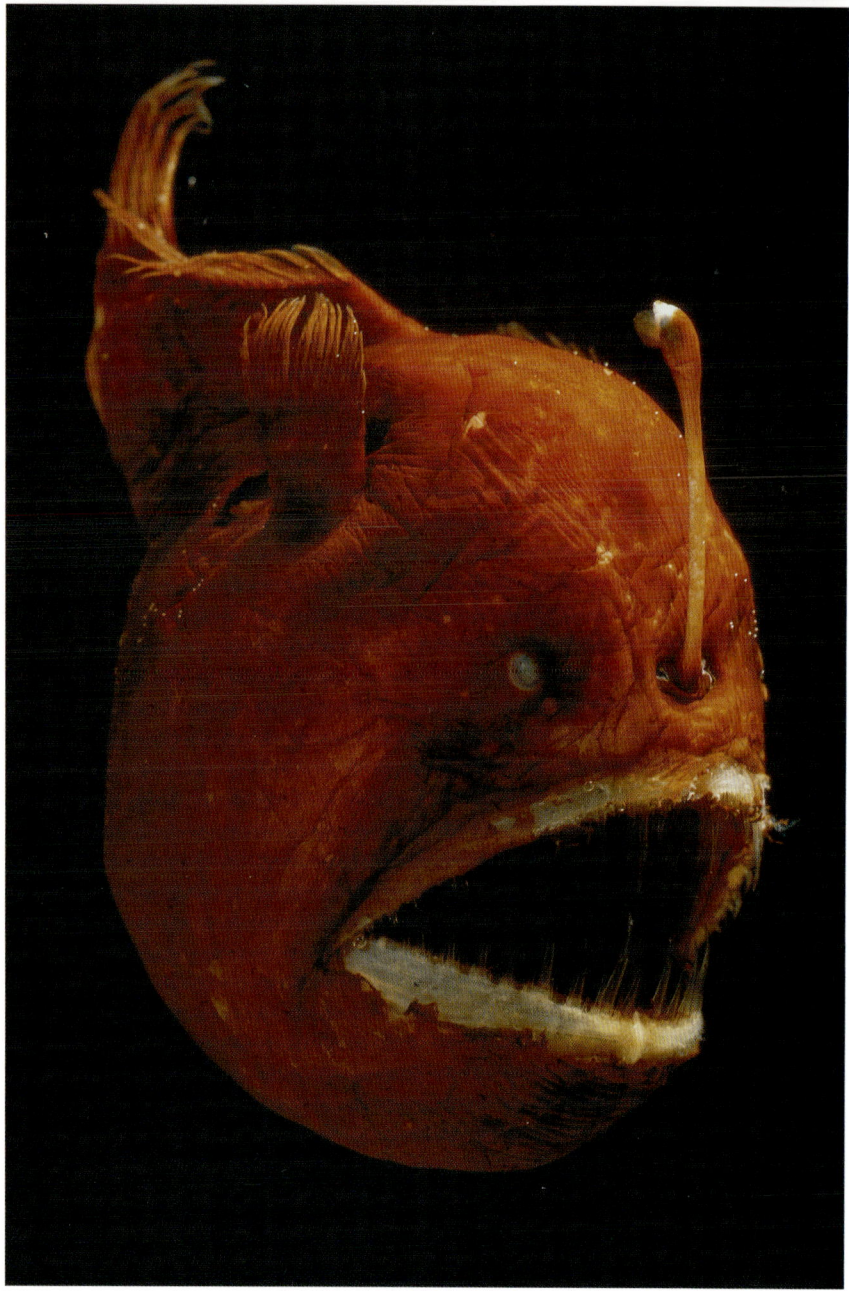

Deutlich ist auf diesem Foto eines Anglerfischweibchens in der Tiefsee das Leuchtorgan am Ende seiner „Angel" zu erkennen. Mit dem riesigen Maul verschluckt es jedes unvorsichtige Opfer, das von den Leuchtsignalen angelockt wird.

können, Langzeitmessungen und Experimente am Meeresboden.

Legendär sind die Fahrten und Entdeckungen des Tauchbootes Alvin der US-Marine. Unter anderem holte das Boot 1966 eine bei einer Flugzeugkollision aus einem US-Bomber vor der spanischen Küste ins Mittelmeer gefallene Wasserstoffbombe wieder an die Oberfläche. Auch wurde mit der *Alvin* das Wrack der *Titanic* entdeckt. Und bei der Erkundung eines Mittelozeanischen Rückens bei den Galapagosinseln wurden im Jahr 1977 die sogenannten Schwarzen Raucher – die „Black Smoker" – in 2.500 Metern Tiefe gefunden, jene untermeerischen Hydrothermalquellen mit einer ganz eigenständigen, urtümlichen Flora und Fauna, die nicht nur die Vorstellungen über Tiefseelebewesen revolutionierten, sondern auch ganz neue Einblicke in die Entstehung des Lebens auf der Erde gewährten.

Die außergewöhnlichen Rahmenbedingungen der Tiefsee haben hier gleichermaßen außergewöhnliche Lebewesen entstehen lassen. Neben Dunkelheit und Druck kennzeichnet vor allem auch Nahrungsarmut diesen Lebensraum. Photosynthese betreibende Pflanzen gibt es hier nicht, die Tierwelt setzt sich dagegen aus fast allen Tierstämmen zusammen, darunter leben Seewalzen und Schwämme bis in die größten Tiefen wie im Marianengraben. Insgesamt nimmt aber Tierzahl und Tiervielfalt mit zunehmender Tiefe ab.

Ein interessantes Merkmal der Lebewesen der Tiefsee machen Leuchtorgane aus. Ihre Funktionen sind im Einzelnen noch nicht hinlänglich bekannt, aber grundsätzlich dienen sie dem Beutefang, dem Erkennen von Geschlechtspartnern oder der Feindabwehr. Zahlreiche Tiefseefische weisen besonders große Augen auf oder sind genau entgegengesetzt blind. Bei fast allen Tiefseefischen ist der Tastsinn hoch entwickelt, wobei sich die Sinneszellen dabei meist an Körperanhängen befinden. Solche bizarren fühler-, büschel- oder astartigen Tentakel verleihen diesen Fischen ein geradezu furchterregendes Äußeres.

In der großen Kälte der Tiefsee verläuft der Stoffwechsel sehr langsam. Die Mineralarmut des Wassers mit besonders wenig Calzium zwingt Krustentiere, aber auch Fische zum sparsamen Umgang mit diesem Baustoff für Schalen und Skelette, was angesichts der Druck- und Bewegungsverhältnisse allerdings erleichtert wird. So sind viele Tiefseelebewesen erheblich größer als ihre Verwandten in höheren Wasserschichten oder gar in der Brandung. Solche Riesenformen gibt es vor allem unter Kopffüßlern, Krabben, Seeigeln und Muscheln. Durch den hohen Wasserdruck fehlt den meisten Fischen auch die Schwimmblase.

Wenig Nahrung in der freien Tiefsee, nur bestehend aus dem von der Oberfläche herabrieselnden Detritus, führt zu einer nur dünnen Besiedlung dieses Lebensraumes. Raubtiere finden nur selten Beute, genauso wie Geschlechtspartner auch nur selten aufeinandertreffen. Leuchtorgane helfen in beiden Fällen. Bei den Laternenanglerfischen lebt das Männchen sogar parasitisch am Körper des Weibchens. Raubfische besitzen zum Beutefang extrem große Zähne, extrem große und dehnbare Mundöffnungen und Mägen, sodass selbst Tiere verschlungen und verdaut werden können, die größer sind als der Räuber selbst.

Oben: Der Schuppendrachenfisch produziert mit einer roten „biologischen Laterne" sein eigenes Licht.
Unten: Mit seinen leuchtenden Schuppen simuliert der Beilfisch ins Wasser eintretende Sonnenstrahlen. So ist er von Fraßfeinden fast nicht zu erkennen.

Anmerkung: Biolumineszenz

Der Begriff Biolumineszens bezeichnet das Leuchten der Lebewesen. Die Körper mancher einzelliger Lebewesen leuchten im Ganzen, während bei den Insekten und Fischen spezielle Drüsen den leuchtenden Stoff herstellen. Am bekanntesten ist vielleicht das Glühwürmchen, ein Leuchtkäfer, den man in warmen Sommernächten im Flug beobachten kann. Bekannt ist auch das sogenannte Meeresleuchten, das von begeißelten Einzellern herbeigeführt wird.

Weniger bekannt ist allerdings, dass das Phänomen der Biolumineszens bei Meerestieren am häufigsten vorkommt, so vor allem bei Tiefseetieren, die im Abbyssal oder gar im Hadal leben. Neben Fischen gehören auch Weichtiere, Würmer und Quallen zu diesen illustren Kreaturen, die den Betrachter in Erstaunen versetzen können. Am typischsten sind die Laternenfische, bei denen die Lichtzellen zu besonderen Strukturen in der Haut angeordnet sind. Der Viperfisch verfügt zum gleichen Zweck über eine leuchtende Mundhöhle. Andere Fische tragen ihre Leuchtorgane an einem Stiel vor sich her. Ihr Licht wird entweder von körpereigenen Zellen produziert, oder aber die Tiefsseefische lagern sich Leuchtbakterien in ihre Zellen ein. Ganz raffiniert verhält sich der aalartige, knapp 20 Zentimeter lange Tiefseefisch Melanostigma pammelas. Seine Beutetiere sind leuchtende Ruderfußkrebse, Salpen, Flohkrebse oder Krabben. Doch leuchtet die Beute in seinem Magen weiter. Deshalb ist der Magen dieses Fisches mit einer schwarzen Pigmentschicht umgeben, die das Leuchten abschirmt, weil sonst die Gefahr zu groß wäre, selbst gefressen zu werden.

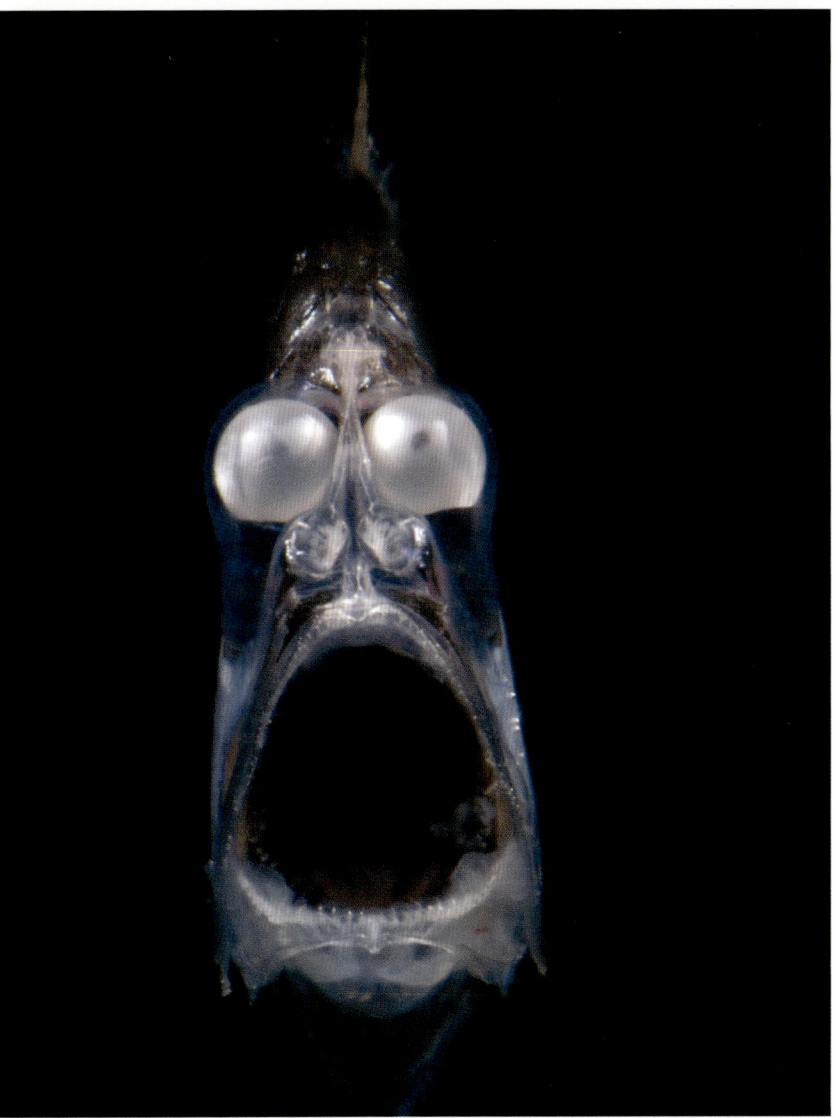

Der Atlantische Ozean

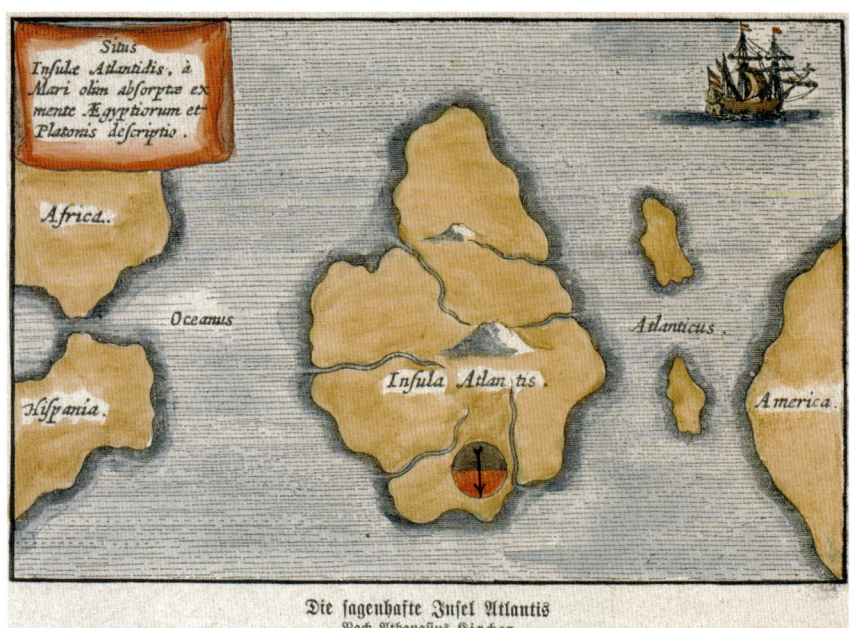

Die sagenhafte Insel Atlantis
Nach Athanasius Kircher

Im Jahr 1665 veröffentlichte der deutsche Jesuit und Universalgelehrte Athanasius Kircher die berühmte Kupferstichillustration „Lage der versunkenen Insel Atlantis nach Auffassung der Ägypter und der Beschreibung Platons". Kircher glaubte, Atlantis im Atlantik verorten zu können.

Der Atlantische Ozean, auch kurz Atlantik genannt, erstreckt sich zwischen Amerika auf der westlichen und Europa / Afrika auf der östlichen Seite und reicht im Norden vom Nordpolarmeer über den Äquator bis zum Südpolarmeer. Aus erdgeschichtlicher Sicht ist der Atlantik durch Teilung des Urkontinents Gondwana entstanden. Seine Namensgebung geht auf die griechische Mythologie zurück, in der das vom griechischen Geschichtsschreiber Herodot erstmals erwähnte *Atlantis thalassa* das Meer jenseits der Säulen des Herakles (= Straße von Gibraltar) bezeichnete, in der sich auch die sagenumwobene Insel Atlantis befinden sollte.

Einschließlich seiner Nebenmeere, die im Bereich des nördlichen Atlantiks zahlreich sind, umfasst dieser Ozean eine Fläche von 106,2 Millionen Quadratkilometern. Die Grenze zum Südatlantischen Ozean deckt sich mit dem Äquator; das einzige südatlantische Nebenmeer ist die auch Scotiasee genannte Südantillensee, die sich als Übergangszone zwischen Atlantik und Pazifik südwestlich der Feuerlandinseln bis zu den Sandwichinseln im Osten und der Antarktischen Halbinsel im Süden erstreckt.

Das untermeerische Relief des Atlantischen Ozeans wird durch den Nord- und Südatlantischen Rücken geprägt, der sich von Island bis zur Bouvetinsel bis zu 3.000 Meter über dem Tiefseeboden aufragend erstreckt und ihn in eine West- und eine Ostatlantische Mulde trennt. Diese atlantischen Mulden bestehen jeweils aus einer lang gestreckten Kette

Anmerkung: Atlantis

Atlantis (= Insel des Atlas) wird von dem griechischen Philosophen Platon (427–347 v. Chr.) als mächtiges Inselreich jenseits der Säulen des Herakles beschrieben. Atlantis hatte bereits große Teile Afrikas und Europas unterworfen, scheiterte jedoch bei dem Versuch, Griechenland zu erobern. Atlantis ging dann nach einer gewaltigen Naturkatastrophe vor über 9.000 Jahren unter.

Die historische Realität des Berichtes über die sagenhafte Insel Atlantis ist wohl kaum gegeben. Vielmehr wollte Platon mit seinem Bericht seinen Zeitgenossen in einem Gleichnis seine Vorstellungen von einem Idealstaat und dessen Untergang als göttlicher Strafe für sittlichen Verfall darlegen. Trotzdem hat dieser platonische Mythos die Nachwelt immer wieder zur Suche nach der Insel angeregt – dabei war schon in der Antike klar, dass Atlantis keinen realen Hintergrund hat. Spätere Lokalisierungsvermutungen bezogen sich auf Helgoland, die Kanarischen Inseln oder Kreta, auch brachte man den Atlantis-Mythos mit dem Untergang Trojas oder der Überflutung des Schwarzen Meeres vor 7.600 Jahren in Verbindung. Einzig den Utopisten, Literaten und Filmemachern bot der Atlantis-Mythos ausreichend Stoff für ihre Zwecke. Auch schon Jules Verne war vom Atlantis-Mythos fasziniert – jedenfalls ließ er seinen Kapitän Nemo in seinem Buch „20.000 Meilen unter dem Meer" die Ruinen von Atlantis auf dem Meeresgrund aufsuchen.

von Einzelbecken. Auf die größten Tiefen trifft man in den beiden wichtigsten atlantischen Gräben: Die Milwaukeetiefe im Puerto-Rico-Graben reicht bis 9.219 Meter herab, die Meteortiefe im Südsandwichgraben 8.264 Meter. Innerhalb des Atlantischen Ozeans liegen viele der größten, bedeutendsten und auch abgelegendsten Inseln, so beispielsweise Grönland, Großbritannien und Irland, Inselgruppen wie die Kanaren, Azoren, Bahamas und Bermudas, die Inselkette der Antillen als Grenze zur Karibik und nicht zuletzt die kleinen Inseln Ascension, St. Helena und Tristan da Cunha.

Die nordamerikanischen Nebenmeere des Atlantischen Ozeans

Baffinbai

Die Baffinbai ist ein Meergebiet von anderthalb-facher Größe der Ostsee, das sich zwischen Grönland im Osten und Baffin Island im Westen erstreckt. Nach Süden ist die Baffinbai durch die Davidstraße mit dem Atlantik und durch den Smithsund nach Norden mit dem Eismeer ver-bunden. Nach Westen öffnet sie sich zum Lancastersund und zum Jonessund. Die Baffinbai wurde 1585 von dem englischen Seefahrer John Davis auf der Suche nach der sogenannten Nordwestpassage, einem kürzeren Weg nach Asien um Kanada als um das Kap Hoorn herum, ent-deckt, aber nach dem gleichfalls englischen Seefahrer William Baffin benannt, der sie 1616 erstmals befuhr.

Hudsonbai

Die Hudsonbai ist eine große Meereseinbuchtung in Nordostkanada, die durch die 60 bis 240 Kilo-meter breite und 800 Kilometer lange Hudson-straße mit dem Atlantik verbunden ist. Benannt wurde sie nach dem englischen Seefahrer Henry Hudson, der – auf der Suche nach der Nordwest-passage – auf seiner vierten großen Entdeckungs-reise 1610 in die Hudsonbai einfuhr. Im Glauben, er sei bereits im Pazifik, richtete er sein Schiff in der Hudsonbai südwärts, wurde dann vom Winter überrascht und sein Schiff saß im Eis fest. Nach einer kritischen Überwinterung meuterte seine Besatzung und setzte Hudson, der seinen Weg nach Westen weiter erkunden wollte, mit einigen Seeleuten in einem Boot aus – von ihnen hörte man nie wieder etwas. In der Tat hat die Hudson-

bai mit 1.400 Kilometern Länge und fast 1.000 Kilometern Breite die Ausmaße eines Meeres, was sicherlich auch Hudson zum Verhängnis wurde. Später erlangte die Bucht Bedeutung für den Biberpelzhandel. Hauptort an der Südwestküste der Hudsonbai ist Churchill, das zu Beginn des 18. Jahrhunderts von der für den Fellhandel gegründeten Hudson's Bay Company mit einem Fort versehen wurde.

Die Falschfarbenaufnahme zeigt die Baffinbai an der West-küste Grönlands aus der Sicht des NASA-Forschungssatelliten Landsat 7. Das Meergebiet wird von einem schmalen Feld von Gletschern gesäumt.

An der Südwestküste der Hudsonbai liegt die kanadische Kleinstadt Churchill, die als „Eisbären-Hauptstadt der Welt" bekannt geworden ist. Zahlreiche Eisbären wandern im Herbst vom Landesinneren hierher zur Robbenjagd an der Küste.

Der Hafen von Cartwright an der Küste der kaum besiedelten ostkanadischen Halbinsel Labrador. Von Ende November bis Anfang Juni ist der Hafen gewöhnlich von Eis umschlossen.

Blick auf die kleine Insel Navy Island vor der Stadt Port Antonio an der Nordküste Jamaikas. Mitte der 1940er-Jahre kaufte der Hollywoodstar Errol Flynn das Eiland und schwärmte: „Jamaika ist schöner als jede Frau."

Labradorsee

Die Labradorsee erstreckt sich zwischen der kanadischen Halbinsel Labrador und Grönland. An ihrer tiefsten Stelle reicht sie 3.804 Meter herab. Außer im Südosten ist die Labradorsee von Kontinentalschelf umgeben. Über die Hudsonstraße ist sie im Westen mit der Hudsonbai verbunden, im Norden schließt sich über die Davisstraße der Kanadische Archipel an und im Osten ist sie weit zum Atlantischen Ozean hin offen. Die im Durchschnitt 3.000 Meter tiefe Labradorsee ist eines der wenigen weltweiten Meeresgebiete, in dem Tiefenwasserbildung stattfindet. Hier sinken große Anteile des Nordatlantischen Stroms in die Tiefsee ab und tragen so zur Entstehung von kaltem Bodenwasser bei, das sich dann langsam südwärts in Richtung Äquator bewegt.

Amerikanisches Mittelmeer

Das Amerikanische Mittelmeer ist durch Nord-, Mittel- und Südamerika sowie durch die Inselkette der Antillen begrenzt. Unterteilt in das Karibische Meer und den Golf von Mexiko ist das Amerikanische Mittelmeer ein Schnittpunkt der amerikanischen, atlantischen und pazifischen Weltschifffahrt, die durch den Panamakanal, der den schmalen Landstreifen Mittelamerikas quert, direkt mit dem Pazifik verbunden ist. Insgesamt bedeckt das Amerikanische Mittelmeer eine Fläche von 4,4 Millionen Quadratkilometern. Sein Bodenrelief ist vielfältig und weist mehrere Tiefseebecken auf. So weist das Mexikanische Becken eine Tiefe von 4.375 Metern, das Karibische Becken im Südosten des Karibischen Meeres eine Tiefe von 5.649 Metern und das Yucatanbecken im Nordwesten des Karibischen Meeres eine Tiefe von 4.901 Metern auf. Als Tiefseerinne erstreckt sich der Kaimangraben zwischen Kuba, Hispaniola und Jamaika – er reicht bis 7.680 Meter herab.

Die Antillen als wichtigste Inselgruppe des Amerikanischen Mittelmeeres grenzen das Karibische Meer vom Atlantik ab. Dabei handelt es sich um die Großen Antillen mit Kuba, Jamaika, Hispaniola und Puerto Rico. Die Kleinen Antillen werden unterteilt in die Inseln über dem Winde, abgeleitet von der in diesen Breiten vorherrschenden Windrichtung des Nordostpassatwindes, der für ein feuchtes Klima mit jährlichen Niederschlägen über 2.000 Millimeter sorgt, und die Inseln unter dem Winde, die ein sehr viel trockeneres Klima aufweisen. Die Inseln über dem Winde reichen von den Jungferninseln bis Trinidad und Tobago, die Inseln unter dem Winde von der Isla Margarita bis Aruba.

Der Golf von Mexiko umfasst als Teil des Amerikanischen Mittelmeeres eine Fläche von 1,6 Millionen Quadratkilometern. Als oval geformtes Nebenmeer wird es von den Spitzen der Halbinseln Floridas und Yukatans begrenzt. Über die Floridastraße, durch die auch der Golfstrom sich seinen Weg bahnt, ist der Golf von Mexiko mit dem Atlantik verbunden, und über den Yukatankanal mit dem Karibischen Meer. Größter Zufluss ist der Mississippi River aus dem Mittleren Westen der USA. Vor allem im westlichen Schelfbereich, der wie ein Kranz den festländischen Küstenverlauf umgibt, werden die untermeerischen Öllagerstätten durch

Bohrinseln erschlossen. Interessanterweise gibt es untermeerische Asphaltaustritte aus solchen Lagerstätten unter Salzdomen, die – ähnlich wie bei den Schwarzen Rauchern – durch eine ganz eigenständige Flora und Fauna gekennzeichnet sind.

Die Bezeichnung des 2,8 Millionen Quadratkilometer großen Karibischen Meeres ist vom Volksstamm der Kariben abgeleitet. Dieser aus Venezuela stammende kriegerische Stamm war dabei, die seit Jahrtausenden auf den karibischen Inseln siedelnden Arawak-Indianer zu unterwerfen, als die ersten Europäer hier eintrafen. Kaum eine andere Region der Erde ist so stark vom Kolonialismus geprägt worden wie die Karibik. Durch Einfuhr afrikanischer Sklaven als Arbeitskräfte auf den Zuckerrohrplantagen der Inseln, durch Ausrottung der amerikanischen Urbevölkerung und durch europäische Besiedlung wurde die Inselwelt völlig neu geprägt. Hier profitierten wenige Kolonialherren auf Kosten vieler Untertanen von den Schätzen der Karibik, die als Teil des kolonialen Dreieckshandels mit Afrika den vorindustriellen Reichtum Europas mit begründeten. Das bunte Völkergemisch, die zauberhafte Inselwelt und das

tropische Klima locken heute Touristen an, die eine immer wichtigere wirtschaftliche Grundlage für die Region bilden.

Neben den vielerorts vorhandenen sozialen Problemen bereiten nach wie vor die Naturkräfte der Wirbelstürme von den Inseln über dem Winde bis zur US-amerikanischen Südostküste und der Vulkanismus vor allem den Kleinen Antillen große

Oben: Offshore-Ölbohrplattformen im Golf von Mexiko, wo noch große Vorkommen des „schwarzen Goldes" vermutet werden.
Unten: Die Strände der Karibik locken mit pudergleichem Sand und glasklarem Wasser.

Kreuzfahrtschiffe ankern in der Bucht von Saint Thomas, der Hauptinsel der Amerikanischen Jungferninseln in der Karibik östlich von Puerto Rico. Der geschützte Hafen der quirligen Hauptstadt Charlotte Amalie zählt heute zu den meist angefahrenen Anlegeplätzen für Kreuzfahrtschiffe.

Am 8. September 2008 zog der Hurrikan „Ike" mit mächtigen Sturmböen und Windgeschwindigkeiten von bis zu 195 Kilometern pro Stunde über Kuba hinweg und hinterließ auf dem Inselstaat in der Karibik eine Spur der Verwüstung. Das Foto vom 10. September zeigt einen Jungen, der an Havannas Küste mit den weiterhin starken Wellen spielt, die der Wirbelsturm nach sich zog.

Probleme. Zahl und Gewalt der Hurrikane nehmen angesichts des vom Menschen verursachten Klimawandels in dieser Region offensichtlich zu, und die größten Vulkanausbrüche sind erdgeschichtlich noch gar nicht allzu lange her: Man erinnere sich nur an den Ausbruch des Mont Pelé am 8. Mai 1902 auf der französischen Insel Martinique, einem der schwersten Ausbrüche des 20. Jahrhunderts, der fast 30.000 Menschen das Leben kostete und die damalige Inselhauptstadt Saint-Pierre völlig vernichtete – nur drei Menschen überlebten diese Katastrophe.

Das Nordpolarmeer

Als landumschlossenes Nebenmeer des Atlantischen Ozeans erstreckt sich das Nordpolarmeer auf einer Fläche von immerhin 14 Millionen Quadratkilometern um den Nordpol südlich bis zu den Küsten Asiens, Europas und Amerikas. Mit dem Pazifischen Ozean ist es über die nur 65 Kilometer breite Meerenge der Beringstraße verbunden. Seine wichtigsten asiatischen Zuflüsse sind der Ob, der Jenissej und die Lena, der wichtigste nordamerikanische Zufluss ist der Mackenzie. Der Boden des Nordpolarmeeres ist stark strukturiert, die Kenntnis darüber resultiert erst aus den 1940er-Jahren. Eingebettet in den Festlandsockel breitet sich das Nordpolarbecken aus, das von drei Bergrücken durchlaufen wird. Der längste darunter ist der das Nordpolarmeer quasi teilende 1.700 Kilometer lange Lomonossowrücken zwischen Sibirien und Nordgrönland. Parallel dazu verlaufen zwei kürzere Rücken: der Alpharücken auf der nordamerikanischen Seite, der das Kanadabecken vom Makarowbecken trennt, und der Nansenrücken auf der eurasischen Seite, der zwischen dem Eurasischen Becken und dem Frambecken verläuft. Die tiefste Stelle des Nordpolarmeeres ist das 5.449 Meter herabreichende Litketief im Eurasischen Becken.

Große Sorgen bereiten den Klimaforschern die Auswirkungen der schon lange anhaltenden Erwärmung des Nordpolarmeeres auf die Ausdehnung, Dicke und Struktur seiner Vereisung und in der Folge auf das Weltklima. Vor allem in der Framstraße zwischen Spitzbergen und Grönland findet der wesentliche Austausch von Wassermassen zwischen dem Nordpolarmeer und dem Nordatlantik statt, und in dieser Region erwärmt sich das Meereswasser immer am stärksten. Satellitenaufnahmen zeigen schon lange den Rückgang der Eisdecke im Bereich der Framstraße und der Barentssee. In spätestens 20 bis 30 Jahren wird laut Prognosen der Nordpol zumindest im Sommer eisfrei sein. Die ökologischen Folgen dieser Entwicklung, die mit dem Schrumpfen der Permafrostböden in der Tundra einhergeht, sind nicht abzuschätzen. Einzig die Schifffahrt wird einen Vorteil haben, denn mit dem Rückgang der Vereisung wird eine intensivere Nutzung der Nordostpassage, die von Nordeuropa an der Küste Sibiriens entlang nach Ostasien führt, möglich werden. Derzeit ist dieser Schifffahrtsweg lediglich an 20 bis 30 Tagen pro Jahr ohne die Hilfe von

Ein Schiff fährt im Nordpolarmeer durch den Königsfjord von Spitzbergen.

Die Gegenüberstellung der Satellitenbilder vom 3. September 2006 (links) und vom 3. September 2007 zeigt das alarmierend schnelle Schmelzen der Eisbedeckung des Nordpols im Jahresvergleich.

Eisbrechern befahrbar, den Rest der Zeit verteuert der Einsatz der Brecher jeden Transport immens, zukünftig werden es bis zu 100 Tage im Jahr sein.

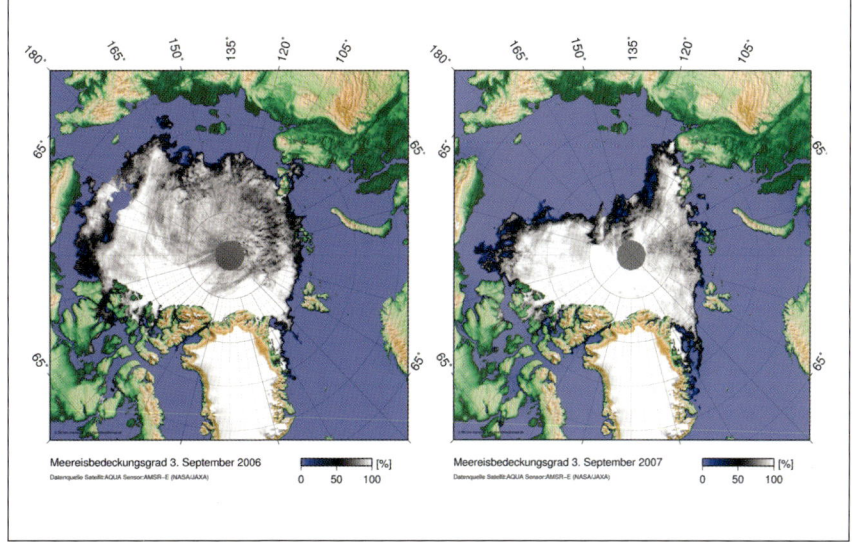

Die europäischen Nebenmeere des Atlantischen Ozeans

Europäisches Nordmeer

Das Europäische Nordmeer ist Teil des zum Atlantik zählenden Nordpolarmeeres. Es umfasst die Ausläufer des Nordpolarmeeres zwischen Grönland und Norwegen und öffnet sich nach Süden zum Atlantik. Der bis zu 4.000 Meter tiefe Untergrund des Europäischen Nordmeeres ist durch verschiedene Rücken und Schwellen stark zerteilt. Hier verlaufen die Nansen-Schwelle als Teil des Mittelatlantischen Rückens, die Island-Schwelle zwischen Island und Grönland, die Färöer-Schwelle zwischen Island und den Färöer-Inseln sowie die

Wyville-Thomson-Schwelle zwischen den Färöer-Inseln und Schottland. Der Golfstrom verhindert weitgehend das Zufrieren des Europäischen Nordmeeres. Eine der wichtigsten Bedeutungen des Europäischen Nordmeeres liegt in seinem Fischreichtum. Es ist deshalb ein bedeutendes Fanggebiet europäischer Hochseefischfangflotten. In diesem Gebiet ist der nordatlantische Lachs beheimatet. Doch sind die meisten Fischbestände wie an Kabeljau, Seezunge oder Makrele mittlerweile mehr als gefährdet.

Barentssee

Die Barentssee erstreckt sich zwischen der Nordküste der Skandinavischen Halbinsel, den Inselgruppen von Spitzbergen sowie Franz-Josef-Land und wird im Osten durch die Doppelinsel Nowaja Semlja begrenzt. Der Boden der Barentssee neigt sich schwach zum Nordpolarmeer im Norden und zur Norwegen-Grönlandsee im Westen, weite Teile weisen nur Wassertiefen zwischen 10 und 100 Metern auf. Ausläufer des Nordatlantikstroms transportieren salzreiche warme atlantische Wassermassen durch die Barentssee bis in das Nordpolarmeer. In der Gegenrichtung wird Süßwasser in Form von Meereis vom Nordpolarmeer in die Barentssee transportiert. Das von Süden her einströmende warme atlantische Wasser lässt die arktischen Eismassen schmelzen und sorgt somit dafür, dass die Barentssee in weiten Teilen ganzjährig eisfrei ist. Hier prallen warme atlantische und kalte polare Wassermassen aufeinander und lassen regelmäßig ausgedehnte Tiefdruckgebiete entstehen, die dann etwa entlang des 70. Breitengrades ostwärts ziehen und der Barentssee gerade im Winter ein relativ milderes Klima verleihen.

Nordsee

Die Nordsee wird im Süden durch das europäische Festland zwischen den Niederlanden und Dänemark, im Westen durch die Britischen Inseln und im Osten durch Skandinavien begrenzt. Sie öffnet sich durch den Ärmelkanal im Südwesten und mit einem breiten Durchgang im Norden zum Europäischen Nordmeer. Über den Skagerrak und Kattegat stellt sie eine Verbindung zur Ostsee her.
Die Nordsee misst eine Fläche von 575.000 Quadratkilometern und ist mit Ausnahme der schma-

len, bis 725 Meter tiefen Norwegischen Rinne ein flaches Schelfmeer von durchschnittlich 100 Metern Tiefe, das von Norden nach Süden immer flacher wird. Im Süden weist sie weniger als 60 Meter Wassertiefe auf, über der Doggerbank sogar noch weniger. Ihr Volumen beträgt 54.000 Kubikkilometer Wasser. Ihre Wasserzirkulation wird stark durch die Gezeiten beeinflusst, in die Weser dringt die Gezeitenwelle noch über 60 Kilometer, in die Elbe sogar noch an die 150 Kilometer weit ein. Die am häufigsten im Winter auftretenden Sturmfluten haben über Jahrhunderte schwere Schäden an den Küsten hervorgerufen, so noch 1952 die Hamburg-Sturmflut mit einem Wasserstand von 5,70 Metern über dem Meeresspiegel und die noch katastrophalere Holland-Sturmflut 1953.

Die Küsten der Nordsee sind stark eiszeitlich geprägt. Der Norden ist durch stark gegliederte und zerklüftete Küstenlandschaft gekennzeichnet. Die Fjorde, die vor allem Norwegens Steilküste kennzeichnen, entstanden durch Gletscher aus dem Hochgebirge, die im Untergrund tiefe Rinnen aushoben und sich mit dem nacheiszeitlichen Wiederanstieg des Meeresspiegels mit Wasser füllten. Im Süden herrschen eher Flachküsten mit vorgelagertem Wattenmeer und Düneninseln vor. Die West- und Ostfriesischen Inseln sind Barriereinseln, die an den Brandungskanten des Meeres aus angeschwemmten und angewehten Sedimenten entstanden. Sie befinden sich bis heute in Bewegung und verlagern sich zunehmend ostwärts. Die Nordfriesischen Inseln haben dagegen einen alten Geestkern und bildeten sich durch Sturmfluten und Wassereinwirkungen, die sie vom Hinterland abtrennten. Die zwischen den Nordfriesischen Inseln und dem Festland liegenden Halligen sind Reste alten Marschlandes, das bei Sturmfluten unterging. Die sich nördlich anschließenden Dänischen Watteninseln entstanden aus Sandbänken. Das Wattenmeer zwischen diesen Inseln und dem Festland ist inzwischen weitgehend zum Nationalpark erklärt worden, um dieser außergewöhnlichen Landschaft im Gezeitenwechsel mit ihrer hohen biologischen Produktivität den erforderlichen Schutz zu gewähren. Einen ganz anderen Charakter zeigt die Nordseeinsel Helgoland mit ihrem alten Sandsteinkern. Kennzeichnend für die Südküste der Nordsee sind auch die ausgedehnten Trichtermündungen – solche Ästuare haben vor allem Maas, Rhein, Weser, Elbe und Eider gebildet. Die Nordsee ist bedeutendes Fischereigebiet, wo vor allem dem Hering, Schellfisch, Kabeljau und der Scholle nachgestellt wird. Hauptfanggebiete sind die Doggerbank, der Fladengrund sowie die norwegischen Küstengewässer. Doch die Bestände sind längst überfischt, Naturschützer beklagen, dass die erlassenen Fangquoten noch immer zu

Oben: Der denkmalgeschützte Leuchtturm „Roter Sand" in der Außenweser.
Unten: Der Südwesten der niederländischen Küste mit den Mündungstrichtern von Rhein, Maas und Schelde aus der Sicht des NASA-Satelliten Terra.

hoch sind. Die wirtschaftliche Bedeutung der Nordsee liegt auch in den seit den 1960er-Jahren genutzten großen Erdöl- und Erdgaslagerstätten. Die Nordsee ist auch einer der verkehrsreichsten Weltgewässer mit so großen Häfen wie London, Antwerpen, Rotterdam, Amsterdam, Hamburg und Bremen. So gehört die Nordsee zu den am stärksten belasteten Meeresgebieten. Trotz aller Gegenmaßnahmen ist das Nordseewasser nach wie vor bedrohlich verschmutzt, was sich in katastrophalen Algenblüten, Fischkrankheiten und Robbensterben äußert.

Blick auf die Gas-Plattform "Sleipner A" in der Nordsee, etwa 150 Kilometer westlich der Hafenstadt Stavanger in Norwegen. Bis zu 240 Leute arbeiten auf der Bohrinsel, die mit mehr als 8.000 Quadratmetern Grundfläche fast halb so groß ist wie das Innere des Berliner Olympiastadions.

Exkurs: Helgoland

Helgoland ist Deutschlands am weitesten vom Festland entfernte Nordseeinsel. Ihre Entstehungsgeschichte reicht weit in das Erdaltertum zurück, als sich hier das Zechsteinmeer ausbreitete. Im Tertiär verfestigten sich die Sedimente dieses Meeres, Dichte und Druck auf die unteren Schichten nahmen zu, dabei wurde der Helgoländer Buntsandsteinfelsen herausgehoben. In den Eiszeiten wurden die oberen Schichten dieses Felsens abgetragen. Mit dem Beginn der jetzigen Warmzeit und dem Anheben des Meeresspiegels begann sich Helgoland vor 4.000 Jahren vom Festland zu lösen. Vor allem Verwitterung nagt weiterhin am Felsgestein Helgolands, die Brandung durchbrach immer wieder den Felsen, und dort, wo die Bogenverbindung einstürzte, entstanden sogenannte Stacks, von denen nur noch die 48 Meter hohe Lange Anna erhalten geblieben ist. Helgoland wurde im Mittelalter von Friesen besiedelt und kam 1402 an Schleswig. Im Hochmittelalter wurden Kupfererze abgebaut und verhüttet. 1714 wurde Helgoland Dänemark übertragen, das es 1814 an Großbritannien abtreten musste. Im Helgoland-Sansibar-Vertrag von 1890 erhielt das Deutsche Reich Helgoland im Rahmen eines größeren Landtausches in Afrika zurück. Ein britischer Bombenangriff vernichtete im April 1945 den Ort Helgoland, die Bevölkerung wurde nach dem Zweiten Weltkrieg ausgewiesen, die Insel diente danach britischen Bomberpiloten als Übungsziel. Am 1. März 1952 wurde Helgoland an Deutschland zurückgegeben, 1960 war der Wiederaufbau beendet.

Heute gehört Helgoland mit seinen etwa 1.500 Einwohnern zum Kreis Pinneberg in Schleswig-Holstein. Die Insel mit einer Größe von 2,09 Quadratkilometern besteht aus dem bis zu 60 Meter hohen Oberland, dem an der Südseite künstlich aufgeschütteten sandigen Unterland mit den Hafenanlagen sowie der 1,5 Kilometer östlich gelegenen, bis 1720 mit der Insel zusammenhängenden Düneninsel. Die bröckelnden Kliffkanten des Oberlandes sind längst durch Betonmauern geschützt. Die Düne verfügt über einen kleinen Flugplatz und dient als Badestrand. Heute ist Helgoland in erster Linie ein Seeheilbad, hat eine Vogelwarte, eine meeresbiologische Anstalt, eine Erdbebenwarte, Wetterdienst und eine Seenotrettungsstation. Die Besucher der Insel sind überwiegend Tagestouristen, die von den Passagierschiffen zum Landgang ausgebootet werden.

Vor allem auch Naturfreude zieht die Insel an. So ist der Lummenfelsen das kleinste Naturschutzgebiet der Welt und Deutschlands einziger Vogelfelsen. Jeweils im April wird Helgoland zu einem großen Brutgebiet mit mehr als 5.000 Vogelpaaren, so neben den Lummen auch Dreizehenmöwen, Eissturmvögel, Basstölpel und Austernfischer. Dazu präsentiert sich das Naturschutzgebiet Helgoländer Felssockel, das mit einer Fläche von 5.138 Hektar das größte Schleswig-Holsteins ist. Das Felswatt stellt einen außergewöhnlichen Lebensraum mit einer großen Artenvielfalt an Algen, wirbellosen Tieren, Fischarten und Vögeln dar. Viele der hier vertretenen Pflanzen- und Tierarten kommen ausschließlich im Helgoländer Felswatt vor.

*Viele kleine und große Häfen
an der Nordsee lassen das Herz
jedes Seefahrtromantikers
höherschlagen.*

*Rund 70 Kilometer von der
deutschen Nordseeküste entfernt hebt sich der mächtige
rote Buntsandsteinfelsen von
Helgoland aus dem Wasser. Als
Wahrzeichen von Deutschlands
einziger Hochseeinsel ragt
an der Spitze die „Lange Anna"
empor, eine 47 Meter hohe
freistehende Felsnadel.*

Die Ahlbecker Seebrücke wurde 1899 auf der Insel Usedom mit einem 280 Meter ins Meer reichenden Seesteg errichtet. Die Brücke des Seebades ist das einzige Bauwerk seiner Art an der Ostseeküste, dessen historische Bausubstanz erhalten blieb.

Die Aufnahme zeigt die Öresundbrücke zwischen Dänemark und Schweden aus der Sicht des NASA-Satelliten Terra. Die weltweit längste Schrägseilbrücke für kombinierten Straßen- und Eisenbahnverkehr ist Teil der Öresundverbindung, welche die dänische Hauptstadt Kopenhagen mit Malmö in Schweden verbindet.

Ostsee

Die Ostsee ist als Nebenmeer des Atlantischen Ozeans ein Anhangmeer der Nordsee und hat durch Skagerrak und Kattegat mit dieser Verbindung. Anrainerstaaten sind die skandinavischen Länder, Russland, die baltischen Staaten und Deutschland. Mit 420.000 Quadratkilometern Fläche ist sie kleiner als die Nordsee und hat durch die geringere durchschnittliche Tiefe von 55 Metern nur ein Volumen von 23.000 Kubikkilometer Wasser. Die maximale Tiefe der Ostsee beträgt im Landsorttief zwischen der schwedischen Halbinsel Södertörn und der Gotland vorgelagerten Insel Gotska Sandön 459 Meter, die zweittiefste Stelle im Gotlandtief zwischen Gotland und der lettischen Westküste beträgt 249 Meter.

Die Ostsee ist ein geologisch sehr junges Meer. Am Ende der letzten Eiszeit bildete sich in der Baltischen Senke ein Schmelzwassersee, der von 12000 bis 8000 v. Chr. als baltischer Eissee das erste Stadium der Ostsee bildete. Im zweiten Sta-

dium bis 7250 v. Chr. wurde die Ostsee zu einem Verbindungsmeer zwischen Nordsee und Weißem Meer. Im dritten Stadium bis 5100 v. Chr. war die Ostsee durch Landhebung wieder zu einem Binnensee geworden. Durch weiteren Anstieg des Meeresspiegels öffnete sich die Verbindung zur Nordsee und die Ostsee nahm ihre heutige Gestalt an. Doch ist im Ostseeraum der Prozess der Landhebung und -senkung noch in vollem Gange, sodass der Wasserstand im Bottnischen Meerbusen weiter sinkt, an der Pommerschen Küste leicht steigt. Interessant sind auch die klimatischen Bedingungen im Ostseeraum. Während der Westen noch unter dem Einfluss des gemäßigten atlantischen Klimas steht, herrscht im Nordosten kontinentales Klima mit kalten Wintern, die den Bottnischen Meerbusen, Teile des Finnischen Meerbusens und den baltischen Küstenbereich zufrieren lassen.

Besondere Eigenheiten weist der Wasserhaushalt der Ostsee auf. Die Gezeiten sind nur ganz gering. Ihr fließen jährlich 480 Kubikkilometer Flusswasser zu, dazu kommen 740 Kubikkilometer durch den Kleinen Belt, Großen Belt und den Öresund einströmendes Nordseewasser mit einem Salzgehalt von 2,6 bis 3,2 Prozent und 180 Kubikkilometer Niederschlag. Das Wasservolumen wird durch gleich große Verdunstung von 180 Kubikkilometern und durch Ausströmen von 1.220 Kubikkilometern salzärmeren Wassers mit einem Salzgehalt von 1,0 bis 2,0 Prozent konstant gehalten. Das Einströmen stärker salzhaltigen Nordseewassers erfolgt am Boden der drei genannten Meerengen im dänischen Inselgürtel, das Ausströmen des leichteren salzärmeren Wassers dabei an der Oberfläche. Dadurch ergibt sich auch in der gesamten Ostsee eine entsprechende Schichtung des Wassers, die sich nach Osten zu abschwächt – im Finnischen Meerbusen beträgt der Salzgehalt nur noch 0.5 Prozent, sodass das Ostseewasser vom Charakter her weitgehend Brackwasser ist. Insgesamt weist das Ostseewasser starke witterungsbedingte Schwankungen der Salinität auf. Stürmische Perioden können den Wasseraustausch durch die Meerengen beschleunigen, große Niederschlagsmengen den Süßwassereintrag vermehren. Geht der Eintrag sauerstoffreichen salzhaltigen Nordseewassers zurück, hat dies auf die Gesamtsituation in der Ostsee negativen Einfluss bis hin zum nachhaltigen Rückgang der Bioproduktivität.

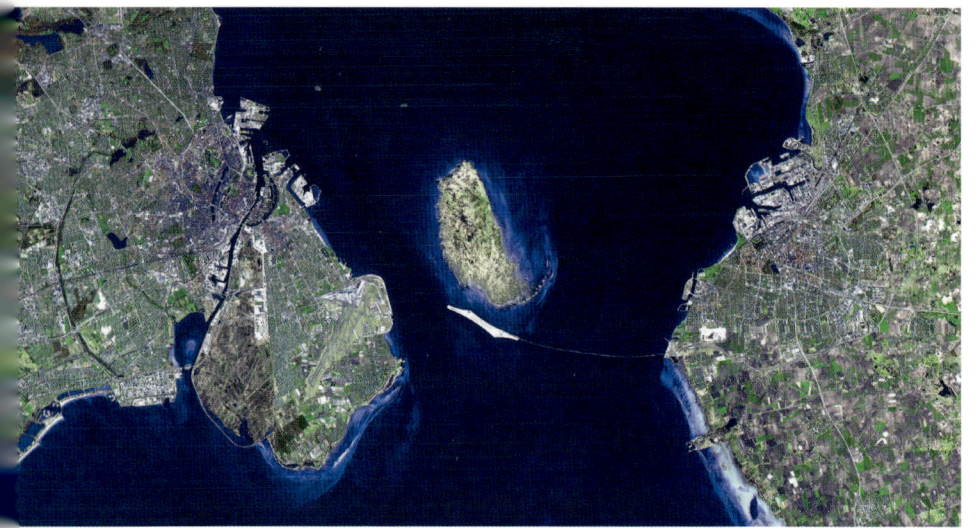

Das Erscheinungsbild der Ostsee wird durch die vielfältige Inselwelt und die unterschiedlichsten Küstenformen geprägt. Neben den bereits erwähnten dänischen Inseln und Bornholm sind dies die schwedischen Inseln Gotland und Öland, die mit Autonomiestatus versehene finnische Inselland, die estnischen Inseln Dagö und Ösel, das polnische Wollin und das deutsch-polnische Usedom. Dazu kommen Rügen als größte deutsche Insel mit dem vorgelagerten autofreien Hiddensee, Poel und Fehmarn. Mehrere große Brücken verbinden die Inselwelt mit dem Festland, so die Brücken über den Großen Belt und den Öresund, die Brücke nach Fehmarn und die Brücke über den Strelasund nach Rügen.

Besonders reizvoll ist die schwedisch-finnische Schärenküste aus Tausenden von Felseilanden. Kliffküsten wie auf Rügen gibt es auf vielen anderen Ostseeinseln auch. Förden kennzeichnen die deutsche und dänische Küste. Anschwemmen von Sand hat die Boddenküsten entstehen lassen wie etwa die vorpommersche Boddenlandschaft zwischen Rostock und der Insel Usedom. Ausgleichsküsten durch Sandanlagerung findet man vor allem in Polen, aber auch Fischland, Darß und Zingst sind so in weiterem Entstehen begriffen. Haffs entstehen an Flussmündungen als Brackwasserzonen, die durch Nehrungen von der Ostsee abgetrennt werden. Beispielhaft hierfür ist das Kurische Haff.

Die faszinierende Schärenwelt der schwedischen Westküste bietet zahlreiche pittoreske Motive.

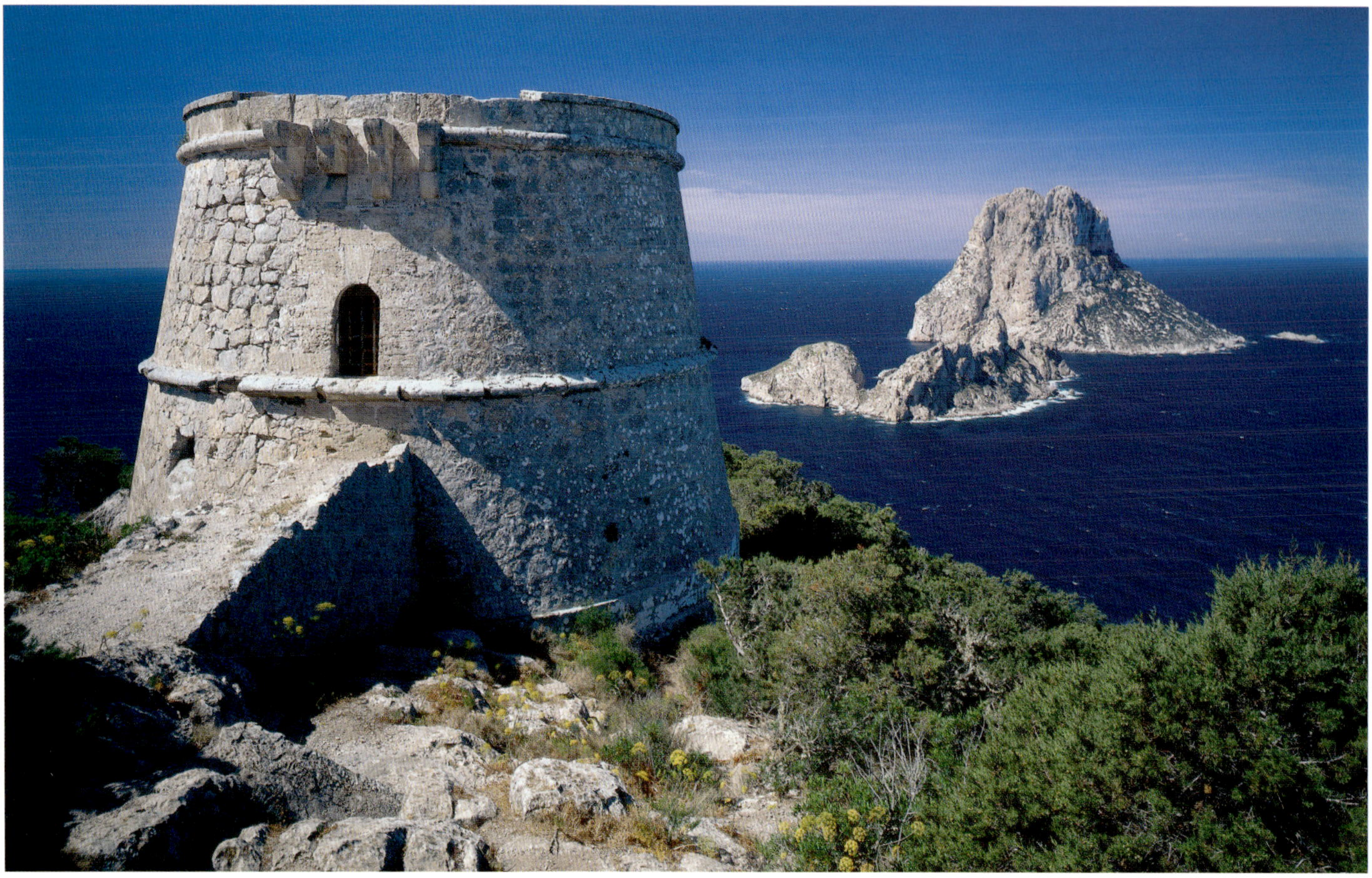

Einer der schönsten Aussichtspunkte der Baleareninsel Ibiza ist der Mirador d'es Savinar am Cap de Jueus. Von hier aus genießt der Betrachter einen großartigen Panoramablick entlang der gesamten Küste sowie zu den vorgelagerten Felseninseln Es Vedrà und Es Venadrell. Oberhalb des Miradors befindet sich der ehemalige Verteidigungsturm dieses Küstenabschnitts, der 1763 zur rechtzeitigen Sichtung der Freibeuter errichtet wurde.

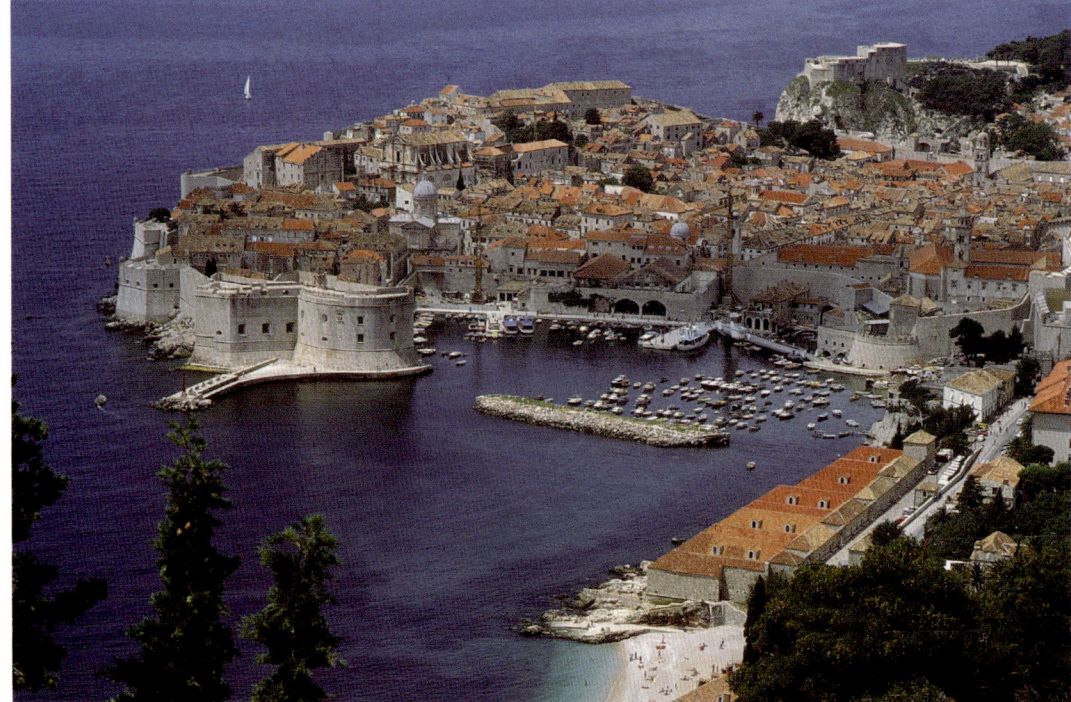

Mittelmeer

Der Mittelmeerraum ist kulturgeschichtlich von allergrößter Bedeutung. Von Rom aus nahm das Christentum seinen Weg, hier entwickelte sich auch der Islam zu einer Weltreligion. Im Römischen Reich liegen die Ursprünge für das Abendland, das seine Tradition im Mittelalter fortsetze und sich dabei auch auf morgenländische Wurzeln stützte. So wie das Mittelmeer in der Antike verbindendes Element der Kulturen war, ist es heute allerdings eher trennendes Element zwischen Morgenland und Abendland – aber es sind deutliche Zeichen der Wiederannäherung zu verspüren. Das europäische Mittelmeer umfasst eine Fläche von drei Millionen Quadratkilometern, ist also erheblich kleiner als das amerikanische Mittelmeer. Es wird begrenzt durch Europa und Klein-

Dubrovnik im Süden Kroatiens gilt als „Perle der Adria". Im Jahr 1979 wurde die gesamte Altstadt in die Liste des UNESCO-Weltkulturerbes aufgenommen.

asien im Norden, Vorderasien im Osten sowie Afrika im Süden und läuft westlich in der Straße von Gibraltar als Verbindung zum Atlantischen Ozean aus. In der Entstehungsgeschichte geht das Mittelmeer auch auf die Kontinentaldrift zurück. Einen grundlegenden Einschnitt in der Geschichte des Mittelmeeres bedeutete die Kollision der Afrikanischen mit der Europäischen Platte, mit der sich die Straße von Gibraltar schloss. Ein um 50 Meter tieferer Meeresspiegel ließ kein Atlantikwasser mehr in das Mittelmeer strömen, es trocknete weitgehend aus und hinterließ eine dicke Salz- und Gipsschicht am Boden.

Das Mittelmeer wird durch große Halbinseln, unterschiedlich große Inseln und tiefe Becken charakterisiert. Zu den Halbinseln zählen die Apenninenhalbinsel mit dem größten Teil Italiens, Istrien als größte Halbinsel der Adria und die Peloponnes im Süden Griechenlands. Die Inselwelt besteht aus den Balearen, Korsika und Sardinien sowie Sizilien als größter Insel des Mittelmeeres, Malta zwischen Italien und Afrika, den Adriainseln vor Kroatien, der griechischen Inselwelt mit Kreta sowie Zypern. Die Hauptbecken des westlichen Mittelmeeres sind das algerisch-provenzalische Becken, das an der tiefsten Stelle 4.389 Meter herabreicht, das Thyrrhenische Becken mit 3.785 Metern und im östlichen Mittelmeer das Ionische Becken mit 5.121 Metern Tiefe westlich der Peloponnes als tiefster Stelle des Mittelmeeres sowie das Levantinische Becken mit 4.517 Metern Tiefe. Der Kollisionskurs der Afrikanischen mit der Europäischen Platte bedingte große tektonische Aktivitäten im

Mittelmeerraum, die durch häufige Erdbeben und aktiven Vulkanismus gekennzeichnet sind. Vesuv und Ätna sind die besten Beispiele hierfür wie auch die Liparischen Inseln mit dem Stromboli. Einer der größten Vulkanausbrüche der jüngeren Geschichte fand etwa 1600 v. Chr. statt und gab der Insel den letztendlichen Caldera-Charakter.

Die durchschnittlichen Temperaturen des Mittelmeeres schwanken zwischen 9 °Celsius in der Ägäis im Winter und 28 °Celsius im Levantinischen Meer im Sommer. Das Mittelmeer ist besonders salzhaltig. Der Oberflächensalzgehalt steigt von Westen mit 3,6 Prozent an der Straße von Gibraltar bis 3,9 Prozent vor Kleinasien, resultierend aus hoher Verdunstung und geringem Abfluss. Im Winter sinkt das relativ kalte und salzreiche Wasser ab und führt zu einem bodennahen Abfluss

Im äußersten Südzipfel der italienischen Insel Ischia im Golf von Neapel liegt an der Steilküste aus Tuffstein das malerische Felsendorf Sant'Angelo.

Auf der Nordseite des Naturhafens Grand Harbour, der mehr als drei Kilometer tief in die Nordostküste der Insel Malta einschneidet, liegt die Inselhauptstadt Valetta. In dem größten Naturhafen Europas ankerten bereits die Phönizier, Punier, Römer und Byzantiner.

durch die Straße von Gibraltar. Dafür fließt salzärmeres Wasser an der Oberfläche durch die Straße von Gibraltar in das Mittelmeer ein.

Dadurch gibt es einen schwachen Oberflächenstrom, der das Mittelmeer entgegen dem Urzeigersinn durchläuft. Die nur schwach ausgeprägten

Exkurs: Schwarzes Meer

Das Schwarze Meer ist als Nebenmeer des Mittelmeeres über die Dardanellen, das Marmarameer und den Bosporus mit diesem verbunden. Des Weiteren verbindet die Straße von Kertsch das Schwarze Meer mit dem nordöstlich angrenzenden Asowschen Meer. Tief ragt die Halbinsel Krim in das Meer hinein. Die Fläche des Schwarzen Meeres misst 422.000 Quadratkilometer, durchschnittlich ist es 1.270 Meter tief, die größte Tiefe beträgt 2.245 Meter, und sein Volumen umfasst 550.000 Kubikkilometer Wasser. Im Nord- und Westteil ist das Schwarze Meer durch flache Schelfzonen gekennzeichnet. Sein Salzgehalt an der Oberfläche beträgt 1,4 bis 1,8 Prozent, sein Wasser ist in Schichten gegliedert und der Wasseraustausch sehr gering. Unter diesen Bedingungen sind die zunehmenden Schadstoffeinträge aus den Anrainerstaaten Bulgarien, Rumänien, der Ukraine, Russland, Georgien und der Türkei aus Phosphaten, Nitraten und Pestiziden, Erdölprodukten und Schwermetallen, welche die Tier- und Pflanzenwelt großer Teile des Meeres schädigen, besonders kritisch zu sehen.

Im Übergang von der letzten Eiszeit zur heutigen Warmzeit war das Schwarze Meer ein Schmelzwasserbecken, das durch den Wiederanstieg des Meeresspiegels über den Bosporus mit Meerwasser gefüllt wurde. Dieses katastrophale Ereignis vor annähernd 8.000 Jahren könnte die Grundlage der Sintflutvorstellungen der frühen Hochkulturen im Vorderen Orient gebildet haben.

Gezeiten tragen kaum dazu bei. Windbedingte Wasserstandsanhebungen um bis zu zwei Meter in der Adria bereiten insbesondere Venedig immer wieder Schwierigkeiten.

Der Fischbestand des Mittelmeeres ist durch die Nährstoffarmut des Oberflächenwassers geringer als in anderen Meeresbereichen der Erde – hier ist er durch kulturgeschichtlich besonders lange Überfischung noch gefährdeter. Schiffsverkehr auf dem Mittelmeer spielt seit der Antike eine große Rolle und hat seit der Eröffnung des Suezkanals weiter an Bedeutung gewonnen. Doch auch in wirtschaftlicher Hinsicht kommen sich die Nordanrainer und die Südanrainer des Mittelmeerraumes einander näher. Auf jeden Fall will die Europäische Union die politische und wirtschaftliche Zusammenarbeit mit den Staaten Nordafrikas und des Nahen Ostens aufwerten und beabsichtigt, eine Mittelmeerunion zu gründen.

Oben: Die unterschiedliche Färbung des Mittelmeeres (unten) und des Schwarzen Meeres auf diesem Satellitenbild beruht auf einer massiven Algenblüte im Schwarzen Meer. Unten: Blick über Schloss Schwalbennest an der Südküste der Krim auf das Schwarze Meer.

Der Pazifische Ozean

Eine graublaue Wolke türmt sich im Mai 2000 auf der Meeresoberfläche im Südpazifik nahe der Salomon-Inseln, nachdem dort unter Wasser der Vulkan Kavachi ausgebrochen ist. Wenn sich die Explosionswolke verzogen hat, wird an der Stelle ein Felsmassiv sichtbar: Eine neue Insel ist geboren.

Der auch Stiller Ozean genannte Pazifische Ozean ist das größte unter den drei Weltmeeren und erstreckt sich zwischen Asien und Australien im Westen sowie Amerika im Osten. Mit einer Nord-Süd-Ausdehnung von knapp 15.000 Kilometern und einer Ost-West-Ausdehnung von 20.000 Kilometern hat er eine Fläche von über 180.000 Quadratkilometern und beinhaltet die Hälfte der Wasserfläche der Erde. Seine durchschnittliche Tiefe beträgt knapp 4.300 Meter, seine tiefste Stelle reicht im Marianengraben 11.034 Meter herab. Das Wasservolumen des Pazifischen Ozeans beträgt annähernd 715 Millionen Kubikkilometer. Die bedeutendsten Randmeere des Pazifischen Ozeans sind das Australasiatische Mittelmeer, die Philippinensee, das Beringmeer, das Ochotskische Meer, das Japanische Meer, das Ostchinesische Meer, das Gelbe Meer, die Korallen- und Tasmansee, der Golf von Kalifornien und der Golf von Alaska. Am Rand und im Pazifischen Ozean liegen an die 10.000 Inseln, darunter so große Inseln wie Sachalin, die japanischen Inseln, die Neuseeländischen Inseln und Taiwan mit einer Landfläche von 3,6 Millionen Quadratkilometern. Die Wassertemperatur schwankt zwischen 29 °Celsius im äquatorialen Bereich und 1 °Celsius im polaren Bereich. Der Salzgehalt schwankt nur leicht zwischen 3,7 Prozent im Bereich der Wendekreise und 2,9 bis 3,3 Prozent ganz im Norden und Süden.

Die Struktur des Pazifikbodens ist durch untermeerische Rücken und quer dazu verlaufende Schwellen gekennzeichnet, die den Pazifischen Ozean in submarine Großbecken wie das Philippinen-, das Marianen- sowie das Nord-, Mittel- und Ostpazifische Becken gliedern. Weitere Strukturen werden durch Tiefseegräben gebildet. Der Untergrund besteht aus basaltischem Gestein, auf dem roter Tiefseeton und -schlamm, in der Nähe von Vulkanen aus Vulkanschlick, ganz im Norden und Süden

Anmerkung: Der Pazifische Feuergürtel

Die Pazifische Platte ist ein Produkt der Kontinentaldrift – als größte aller tektonischen Platten bildet sie mit Ausnahme einiger Randbereiche weitgehend den Untergrund des Pazifischen Ozeans. Der Pazifische Feuerring als Umrandung des Pazifischen Ozeans ist mit tätigen und erloschenen Vulkanen übersät. Häufig sind hier Erd- und Seebeben, besonders im Bereich der Tiefseegräben am Ostrand vieler Inselketten. Im Einzelnen besteht der Feuerring aus einer Reihe von Inselbögen wie den Aleuten, den Kurilen und dem indonesischen Archipel. Im Osten verläuft er von Alaska bis Chile am Rand des gesamten amerikanischen Kontinents bis in die Antarktis hinein. Allein auf den etwa 18.000 indonesischen Inseln sind noch 130 Vulkane aktiv, zu ihnen gehört auch der Merapi auf der Hauptinsel Java als der am häufigsten ausbrechende Vulkan der Erde.

Nach Angaben des United States Geological Survey (USGS) wurden seit 1900 entlang des Rings im Jahresdurchschnitt knapp 20 Erdbeben mit einer Stärke von mehr als 7,0 auf der Richterskala gemessen. Das verheerendste der großen Beben, von denen die Region in den vergangenen Jahren betroffen war, war das Seebeben am 26. Dezember 2004 mit einer Stärke von 9,3. Durch die anschließende Flutwelle wurden in Ländern rund um den Indischen Ozean 240.000 Menschen getötet, davon allein in der nordwestindonesischen Provinz Aceh mehr als 160.000.

auch polarer Schlamm aufliegt. Der gesamte Rand des Pazifiks ist tektonisch aktiv, hier zieht sich am Rand des Pazifiks eine lange Reihe von Vulkanen entlang: In diesem *Ring of Fire* – dem Pazifischen Feuergürtel – befindet sich fast die Hälfte aller Vulkane der Erde.

Zunehmende wirtschaftliche Bedeutung hat der Pazifik als Verkehrsweg. Es geht einmal um die Verbindungen zwischen Ostasien sowie dem boomenden Südostasien nach Europa, zum anderen um die nach Nordamerika. Von steigendem Interesse sind neben Erdöl- und Erzlagerstätten vor allem die Bodenschätze am Grund des Pazifischen Ozeans, der reich an Manganknollen und anderen Naturschätzen ist. Die Mischungsgebiete kalter und warmer Strömungen im Pazifik sind pflanzen- und fischreich. Solche floren- und faunenreiche Gebiete konzentrieren sich vor allem an den Rändern des Pazifischen Ozeans. Beispielsweise kommt nährstoffreiches Wasser des Antarktischen Zirkumpolarstroms mit dem Humboldtstrom vor den Küsten Chiles und Perus an die Oberfläche. Das große Vorkommen von Anchovetas, den südamerikanischen Sardellen, zählt zu den bedeutenden Weltnahrungsreserven der Erde. Auch Randbereiche des Nordwestpazifiks wie das Ochotskische und das Japanische Meer gehören zu den wichtigen Fischfanggebieten. Nicht nur für den zunehmenden Tourismus in den Randländern und auf den Inseln des Pazifiks spielen Korallenriffe eine große Rolle. Der Reichtum des Pazifischen Ozeans an solchen Korallenriffen mit ihrer vielfältigen Tier- und Pflanzenwelt findet seinen deutlichsten Ausdruck im Great Barrier Reef vor der Nordwestküste Australiens, das sich über eine Länge von mehr als 2.000 Kilometern erstreckt. Ein rund 360.000 Quadratkilometer großes Gebiet im Norden des Pazifischen Ozeans zwischen den Midway-Inseln und dem Nordwesten der Hawaii-Insel Kauai wurde im Jahr 2006 zum Northwestern Hawaiian Islands National Monument erklärt und ist damit das größte Meeresschutzgebiet der Welt.

Das Great Barrier Reef vor der Nordostküste Australiens im Südpazifik ist das wohl beeindruckendste Korallenriff der Erde. Auf einer Fläche von 350.000 Quadratkilometern leben hier Abermilliarden winzigster Lebewesen.

Die pazifischen Inseln

Groß sind die Zahl und die Vielfalt der Inseln im Pazifischen Ozean. Da sind einmal die großen Inseln im westlichen Bereich, aus mehreren Insel- bögen vulkanischen Ursprungs gebildet, die sich auf den breiten Kontinentalschelfen am Ostrand der eurasischen Platte erheben. Diese Inselbögen

Eine Schnorchlerin erkundet die Schönheiten eines Korallenriffs vor einer Palmeninsel in der Südsee.

Ein Sonnenstrahl taucht auf dieser Echtfarbenaufnahme aus der Perspektive des NASA-Forschungssatelliten Terra die Hälfte der Hawaii-Inselkette im Pazifischen Ozean in ein silbernes Licht.

Anmerkung: Hawaii-Inseln

Die Gruppe der früher Sandwich-Inseln genannten Hawaii-Inseln, heute der 50. Bundesstaat der Vereinigten Staaten, besteht aus
den acht Hauptinseln Hawaii, Maui, Oahu,
Kauai, Molokai, Lanai, Niihaus und Kahoolawe sowie mehr als 120 kleinen Inseln.
Die Hawaii-Inseln haben eine Fläche von
28.300 Quadratkilometern und erstrecken
sich über eine Ost-West-Länge von 2.400
Kilometern. Sie sind vulkanischen Ursprungs, wobei sich die vulkanischen Aktivitäten südostwärts verlagert haben. Kauai
ist 5,6 Millionen Jahre alt, Hawaii dagegen
nur 500.000 Jahre.
Auf der größten Insel Hawaii liegen die tätigen Vulkane Mauna Kea, mit 4.205 Metern
Höhe der höchste Berg der Inselgruppe,
und Kilauea sowie die erloschenen Vulkane
Mauna Kea, Hualalai und Kohala. Maui
wird aus den beiden Vulkanen Haleakala
und West Maui Mountain gebildet. An der
Südküste der Insel Oahu liegt als wirtschaft-
liches Zentrum der Inselgruppe die Hauptstadt Honolulu sowie der weltberühmte
Strand von Waikiki und der Kriegshafen
Pearl Harbour – als die Japaner diesen Hafen
am 7. Dezember 1941 angriffen, traten die
USA in den Zweiten Weltkrieg ein. Die Insel
Kauai wird von einem einzigen Vulkan
gebildet. An der Nordküste dieser Insel befindet sich der größte Leuchtturm der Welt.
Die kleinste der Hauptinseln ist die karge
Insel Kahoolawe, die als militärisches Sperr-
gebiet nicht bewohnt ist.

ziehen sich in einem lang gestreckten Band von
Japan über Taiwan, die Philippinen, Indonesien,
Neuguinea sogar bis Neuseeland hin. Die Inseln im
Zentrum des Pazifischen Ozeans werden mit dem
Begriff Ozeanien bezeichnet. Sie umfassen die
Inselgruppen Melanesien, Mikronesien und Poly-
nesien. Bei diesen Inseln handelt es sich um
die Gipfel untermeerischer Berge, die sich an
Schwachstellen des Ozeangrundes durch austre-
tendes Magma aufgetürmt haben und über die
Wasseroberfläche ragen. Ozeanien besteht aus
mehr als 30.000 solcher Inseln, die zusammen

aber nur 0,25 Prozent der Gesamtoberfläche des
Pazifiks ausmachen. Als Tiefseeberge werden solche Berge bezeichnet, die die Meeresoberfläche
nicht durchstoßen. Viele der ozeanischen Inseln
stellen auch nur über die Wasseroberfläche hinaus-
ragende Korallenriffe dar: Diese Inseln sind von
der Meeresspiegelanhebung besonders betroffen.
Am Ostrand des Pazifischen Ozeans liegen nur wenige Inseln. Hierzu zählen die Galápagos-Inseln,
die sich auf der Nazcaplatte – dem Verbindungs-
glied zwischen Pazifischer und Südamerikanischer
Platte – befinden. Eine Sonderrolle nehmen die
Hawaii-Inseln ein, die sich vom 5.400 Meter tiefen
Ozeanboden bis zu 4.205 Meter über den Meeresspiegel erheben und damit als Gebirgsmassiv höher
als der Mount Everest sind.

*Oben: Durch den vorherrschen-
den Nordost-Passat ist das
Klima auf den Hawaii-Inseln
mild und ausgeglichen.
Unten: Die Skyline von
Honolulu an der Südküste der
Hawaii-Insel O'ahu erinnert
mit ihren Wolkenkratzern an
die Großstädte an den Küsten
der USA.*

Die Nebenmeere des Pazifischen Ozeans

Beringmeer

Das Beringmeer, benannt nach dem dänischen Seefahrer Vitus Jonassen Bering (1681–1741), ist das nördlichste Randmeer des Pazifischen Ozeans. Es erstreckt sich mit einer Fläche von 2,3 Millionen Quadratkilometern zwischen der ostsibirischen Küste, Alaska, den Aleuten und den Kommandeurinseln. Seinen nördlichen Ausgang bildet die knapp 100 Kilometer breite und weniger als 100 Meter tiefe, Asien und Amerika trennende Beringstraße. Während der letzten Fiszeit mit einem 120 Meter tieferen Meeresspiegel lag die Beringstraße trocken und bot asiatischen Einwanderern den Zugang nach Amerika.

Ochotskisches Meer

Das Ochotskische Meer liegt zwischen der russischen Halbinsel Kamtschatka, den teilweise von Japan beanspruchten Kurilen als ihrem südlichen Ausläufer, der japanischen Insel Hokkaido im Süden, der Insel Sachalin im Südwesten und der südsibirischen Küste. Das Ochotskische Meer ist fast 1,4 Millionen Quadratkilometer groß, die größte Tiefe liegt 3.520 Meter unter dem Meeresspiegel. Im Winter ist das Meer weitgehend vereist, immer wieder treten Nebel auf. Trotzdem machen riesige Erdöl- und Erdgaslagerstätten nördlich von Sachalin zurzeit das Ochotskische Meer wirtschaftlich hoch interessant: Es handelt sich wohl um die größten bisher nicht erschlossenen Fundstätten dieser Art. Der Tatarensund nördlich und die Straße von La Pérouse südlich von Sachalin verbinden das Ochotskische mit dem Japanischen Meer.

Der große Pazifische Ozean weist an seinen Rändern eine Vielzahl zum Teil sehr großer Nebenmeere auf. Regional gegliedert sind dies einerseits an der asiatischen Ostküste das Beringmeer, das Ochotskische Meer, das Japanische Meer, das Ostchinesische Meer und das Südchinesische Meer sowie das Australasiatische Mittelmeer und andererseits um Australien, Neuguinea und Neuseeland die Timorsee, die Arafurasee mit dem Carpentariagolf im Norden, im Nordosten das Korallenmeer sowie im Westen Fidschisee und Tasmansee.

Japanisches Meer

Das Japanische Meer, auch Ostmeer genannt, wird vom japanischen Inselbogen mit der Verlängerung durch Sachalin im Osten und vom asiatischen Festland im Westen begrenzt. Es ist im Süden durch die Koreastraße mit dem Ostchinesischen Meer und im Norden durch den Tatarensund zwischen Amurmündung und der Nordspitze von Sachalin mit dem Ochotskischen Meer verbunden. Das Japanische Meer misst in der Fläche über eine Million Quadratkilometer und reicht bis 3.742 Meter in die Tiefe hinab. Als „Hinterlassenschaft" aus dem Zweiten Weltkrieg und der jahrzehntelangen Besetzung Koreas durch Japan gibt es bis heute Auseinandersetzungen zwischen diesen beiden Staaten um Inselbesitz und die Fischereirechte im Japanischen Meer.

Ostchinesisches und Gelbes Meer

Das Ostchinesische Meer erstreckt sich zwischen China, Taiwan, der südjapanischen Hauptinsel Kyushu, der sich anschließenden Kette der Ryukyu-Inseln und dem sich nördlich anschließenden Gelben Meer. Es handelt sich um ein flaches Schelfmeer, das allerdings im Okinawagraben vor der

Kette der Ryukyu-Inseln bis 2.719 Meter tief hinabreicht. Hauptzufluss des Ostchinesischen Meeres ist der Jangtsekiang. In das sich nördlich anschließende, noch flachere Gelbe Meer mündet der Hwangho, dessen Sinkstoffe aus gelbem Löss ihm den Namen gaben – das Gelbe Meer ist im Durchschnitt sogar nur gut 100 Meter tief.

Die bizarren Felsformationen von Senkaku Bay an der Nordwestküste der japanischen Insel Sado ziehen zahlreiche Touristen an. Die vom Vulkanismus geprägte Insel liegt etwa 60 Kilometer westlich vor Honshu im Japanischen Meer.

Die unbewohnten Senkaku-Inseln im Ostchinesischen Meer etwa 400 Kilometer westlich der japanischen Insel Okinawa werden von Japan verwaltet. Allerdings erheben auch China und Taiwan Anspruch auf die Inseln, in deren Gebiet ein größeres Erdgasvorkommen vermutet wird. Das Foto zeigt die 3,82 Quadratkilometer große „Hauptinsel" Uotsuri.

Südchinesisches Meer

Südlich schließt sich das Südchinesische Meer zwischen Südchina, Hinterindien, Borneo, Philippinen und Taiwan an. Dazu gehören noch der Golf von Thailand und der Golf von Tonkin. Es breitet sich über eine Fläche von fast drei Millionen Quadratkilometern aus und ist bis zu 5.016 Meter tief. Die größte Insel im Golf ist die dicht vor der Festlandküste liegende chinesische Insel Hainan. Weitere Inselgruppen inmitten des Südchinesischen Meeres werden von den Natuna-Inseln, Anambas-Inseln, Sparatly-Inseln und Paracel-Inseln gebildet. Um die beiden letzteren Inselgruppen gibt es Gebietsstreitigkeiten, wobei es sich zweifelsohne um einen der komplexesten Konflikte in der Region Asien/Pazifik handelt. Als Interessenten vor allem um die hoheitsgebietlich umstrittenen Sparatly-Inseln treten insbesondere die Volksrepublik China, Taiwan, Vietnam, die Philippinen, Malaysia und Brunei auf. Darüber haben auch die USA, der ASEAN und andere asiatische Staaten Interessen in diesem Gebiet, das von großer Bedeutung wegen seiner vermuteten Energieressourcen und Fischvorkommen ist und geopolitisch wegen der hier konzentrierten international wichtigen Schifffahrtswege brisant ist.

Eine Dschunke hebt sich malerisch von der Skyline des Banken- und Geschäftszentrums von Hongkong ab. Heute sind die traditionellen chinesischen Segelschiffe zwischen Fähren, Frachtern, Schnellbooten und Kreuzfahrtschiffen nur noch selten zu erspähen.

Zwischen Felsinseln leben vietnamesische Fischer in der Halong-Bucht direkt auf dem Meer. Die bizarren Kalkfelsen und Inseln der Bucht im Golf von Tonkin im Norden Vietnams wurden über tausende Jahre hinweg von Wind und Wasser geformt.

Australasiatisches Mittelmeer

Das Australasiatische Mittelmeer erstreckt sich im Tropengürtel zwischen Südostasien und Nordaustralien und umfasst den gesamten indonesischen Archipel. Im weitesten Sinne wird auch das Südchinesische Meer hinzugerechnet. Charakteristisch für dieses Mittelmeer ist, dass es weniger durch Festländer, sondern eher durch Inseln verschiedenster Größe von seinem Hauptmeer, dem Pazifischen Ozean, abgetrennt ist. Deshalb ist das Australasiatische Mittelmeer auch stark strukturiert und besteht aus den Teilgebieten der Sulusee, Celebessee, Molukkensee, Seramsee, Bandasee, Floressee, Javasee und Makasarstraße. Insgesamt umfasst seine Fläche einschließlich der darin liegenden Inseln neun Millionen Quadratkilometer, wovon drei Millionen Quadratkilometer auf das Südchinesische Meer entfallen. Die starke Strukturierung durch Inseln und Inselgruppen auch als Auswirkung der starken Tektonik in diesem Raum hat auch eine starke Strukturierung des australasiatischen Meeresbodens durch Schwellen, Tiefseebecken und Meerestiefen zur Folge. Große Becken liegen in der Arufasee zwischen Neuguinea und Nordaustralien, so das bis 5.801 Meter tiefe Bandabecken zwischen Timor und Ceram, das bis 6.218 Meter tiefe Celebesbecken nördlich der Insel Sulawesi, das 6.961 Meter tiefe Floresbecken südlich der Insel Sulawesi und das 7.022 Meter tiefe Sulubecken nordöstlich von Borneo. Die tiefste Stelle des Australasiatischen Mittelmeeres ist das Wehertief am Rand des Bandabeckens, das 7.440 Meter hinabreicht.

Zuletzt sei noch auf das Korallenmeer eingegangen, das sich westlich des Great Barrier Reef erstreckt und südlich bis zur Tasmanischen See reicht. Die Fläche des Korallenmeeres misst etwa 4,8 Millionen Quadratkilometer. An vielen Stellen sind Atolle und Korallenriffe in das Meer eingebettet, darunter das Lihou Reef als größtes Atoll mit einer Innenfläche von 2.500 Quadratkilometern. Auf Willis Island befindet sich eine meteorologische Station. Das Korallenmeer hat durch die Ereignisse des Zweiten Weltkriegs weltpolitische Bedeutung erlangt. Hier konnte ein amerikanischer Flugzeugträger-Flottenverband – unter schweren Verlusten – im Mai 1942 den japanischen Vorstoß auf Port Moresby am Südostzipfel Guineas verhindern, mit dem die Japaner erleichterten Zugang zum australischen Festland erhalten hätten.

Blick auf die Hochhäuser des Banken- und Geschäftszentrums von Singapur. Der südostasiatische Inselstaat befindet sich zwischen Malaysia im Norden und Indonesien im Süden.

Der Indische Ozean

sodass er sich hier in den Golf von Bengalen im Osten und das Arabische Meer teilt. Das Arabische Meer wiederum hat zwei nördliche Ausläufer, das Rote Meer und den Persischen Golf. Weit nach Osten öffnet sich die große Australische Bucht. Im Indischen Ozean befindet sich eine Vielzahl von Inseln, unter ihnen als größte Madagaskar, Sri Lanka und das an den Indischen Ozean angrenzende Sumatra, dann noch die Malediven, die zu Indien zählenden Andamenen, Nikobaren und Lakkadiven, die jemenitische Inselgruppe Sokotra, die französischen Komoren, die Seychellen, die tansanische Insel Sansibar sowie Mauritius und das französische La Réunion. Kleine Inseln sind Diego Garcia, die Weihnachtsinsel, die Kokosinseln und die arktischen Kerguelen.

Der Indische Ozean ist durchschnittlich knapp 3.900 Meter tief, im Sundagraben vor der Insel Java reicht er 7.725 Meter, im Diamantinatief innerhalb des Südostindischen Beckens sogar 8.047 Meter herab. An den Kontinentalrändern breiten sich große Schelfgebiete aus, so vor allem im Persischen Golf sowie an Abschnitten der Küste Australiens. Der Tiefseeboden des Indischen Ozeans wird durch ein System von mittelozeanischen Rücken in mehrere Becken gegliedert, so in das Zentralindische Becken im Nordosten, das Somalibecken im Westen und das Südwestindische Becken im Süden. Über niedrigere Rücken und Schwellen stehen diese Großbecken mit mehreren Nebenbecken wie dem Arabischen Becken, dem Madagaskarbecken oder dem Atlantisch-Indischen Subpolarbecken in Verbindung.

Die Oberflächentemperaturen des Indischen Ozeans verlaufen weitgehend parallel zu den Breitenkreisen, variieren aber im Norden wegen der dortigen Landverteilung stärker. Vor allem die nördlichen Randmeere erwärmen sich wegen nur geringer Wasserzirkulation stark. So steigt die Sommertemperatur der oberflächennahen Wasserschichten im Persischen Golf auf 32 °Celsius an und ist damit um 4 °Celsius höher als in den anderen Gebieten nördlich des Äquators. Eine Ausnahme bildet der Somalistrom, in dem kaltes Auftriebswasser zur Abkühlung führt. Die Salzgehalte sind im Persischen Golf und im Roten Meer am höchsten und erreichen einen Wert von vier Prozent. Durch hohen Flusswassereintrag aus Ganges und Brahmaputra beträgt der Wert im Golf von Bengalen nur 3,3 Prozent.

Oben: Die Küsten des Inselstaats Mauritius im Südwesten des Indischen Ozeans laden ein zum Träumen unter Palmen. Unten: Die Südküste Sri Lankas ist bekannt für die Stelzenfischer, die auf Pfählen im Meer hocken.

Der Indische Ozean ist kleiner und jünger als die beiden anderen Weltmeere. Er wird im Westen von Afrika, im Norden von Asien, im Osten von Australien sowie den zu Australien und Asien gehörenden Inseln und im Süden von der Antarktis begrenzt. Seine Fläche beträgt knapp 75 Millionen Quadratkilometer. Der indische Subkontinent schiebt sich weit nach Süden in den Indischen Ozean hinein,

Der Fischfang spielt im Indischen Ozean eine geringere Rolle als in den anderen Weltmeeren, er ist hier weitgehend auf die lokale Küstenfischerei konzentriert. Vor allem im Umkreis des Persischen Golfs haben die Erdölförderung und ihre Verschiffung nach Europa und Ostasien immense Bedeutung und begründen den Wohlstand der Anrainerstaaten. Doch leidet die Region zunehmend unter der Umweltproblematik, die durch kriegerische Ereignisse wie die Golfkriege nur noch verschärft wird.

Auch im Indischen Ozean sind tektonische Kräfte am Werk. Hier stoßen die drei großen Platten – Afrikanische Platte, Australische Platte und Eurasische Platte – aufeinander und aneinander. In ihrem Schnittpunkt drängen die Arabische Platte und die Indische Platte, letztere hebt den Himalaya durch ihre nordwärtige Drift ständig weiter an. Das Seebeben vom 26. Dezember 2004 mit der Stärke 9 vor der Küste von Sumatra mit den verheerenden Folgen für große Teile der Küste des Indischen Ozeans ist ein Zeichen dieser hier wirkenden Kräfte aus dem Erdinneren.

Oben: Die Amiranten, ein Korallenarchipel im Indischen Ozean vor Ostafrika, verzaubern mit ihren schier endlosen Riffgebieten.
Unten: Ein einsamer, palmengesäumter weißer Sandstrand – wie die Malediven-Insel Villivaru im Süd-Male-Atoll stellt sich wohl mancher sein Urlaubsparadies vor.

Die Nebenmeere des Indischen Ozeans

Ein Bewohner der Lakshad-weep-Inseln südwestlich des indischen Subkontinents im Arabischen Meer wirft sein Fischnetz aus.

Ein Ägypter reitet auf seinem Dromedar am Golf von Akaba, der nordöstlichen Bucht des Roten Meeres, entlang.

Zu den Nebenmeeren des Indischen Ozeans zählen das Arabische Meer mit dem Roten Meer, dem Golf von Oman und dem Persischen Golf, der Golf von Bengalen, die Andamanensee sowie die Große Australische Bucht.

Arabisches Meer

Das Arabische Meer bildet den nordwestlichen Teil des Indischen Ozeans. Es erstreckt sich von der Küste des äquatorialen Ostafrikas im Westen bis nach Indien im Osten, nach Norden wird es von Pakistan begrenzt, wo auch der größte Zufluss, der Indus, seine Wasserfracht und damit auch mitgeführtes Sediment aus dem Himalaya in das Meer entleert. Über die Straße von Hormuz und den Golf von Oman besteht im Osten eine Verbindung zum Persischen Golf, im Westen besteht über die Straße von Bab el-Mandab ein Zugang zum Roten Meer. Durch ein System ozeanischer Rücken wird das Arabische Meer in zwei große Becken, das Arabische Becken im Nordosten und das südwestlich gelegene Somalische Becken, unterteilt. Beinahe überall ist das Arabische Meer tiefer als 3.000 Meter. Im Gebiet des Arabischen Meeres herrschen Monsunwinde vor. Wenn sich im Sommer das asiatische Festland erwärmt, entsteht dort ein Tiefdruckgebiet, das Luftmassen vom Meer nachzieht. Dadurch entsteht ein stetiger Südwestwind von der Küste Somalias über das Arabische Meer bis nach Indien. Wenn sich dann im Winter das Land schneller als das Wasser abkühlt, kehrt sich die Windrichtung um. Diese Umkehrung der Windrichtung ist bereits seit der Antike von Bedeutung für die Segelschifffahrt auf dem Arabischen Meer.

Rotes Meer

Kein anderes Meer ist so lang gestreckt wie das Rote Meer. 2.240 Kilometer lang, nur wenige 100 Kilometer breit und bis zu 2.604 Meter tief zieht es sich zwischen der Arabischen Halbinsel im Osten und dem afrikanischen Kontinent im Westen entlang, zwei Finger streckt es im Norden um die Sinai-Halbinsel aus, ist über den Suezkanal mit dem Mittelmeer und über die Straße von Bab el-Mandab mit dem Golf von Aden bzw. dann mit dem Arabischen Meer verbunden. Heißes Wüstenklima links und rechts des Meeres heizt seine Oberflächentemperatur auf über 30 °Celsius auf, selbst im Winter sinkt sie nur an der Sinai-Halbinsel auf an die 20 °Celsius. Die Wasserschicht unterhalb 200 Meter hat bis in große Tiefen nahezu konstante Werte von 21,7 °Celsius. Der Salzgehalt liegt durch hohe Verdunstung bei über vier Prozent. Wirtschaftliche Bedeutung hat das Rote Meer für den Tourismus an der Sinai-Halbinsel und an der ägyptischen Küste, aber vor allem als Schifffahrtsweg zwischen Europa und Asien, seit der Suezkanal 1869 eröffnet wurde.

Golf von Oman und Persischer Golf

Der Golf von Oman stellt mit der Straße von Hormus das Verbindungsstück zwischen dem Arabischen Meer und dem Persischen Golf dar. Diese Meerenge ist von großer strategischer Bedeutung, gibt sie doch den Weg frei zu den Erdölfeldern um den Persischen Golf. Dieser Persische Golf ist eine 1.000 Kilometer lange und 200 bis 300 Kilometer breite Meeresbucht von 235.000 Quadratkilometern Ausdehnung zwischen dem Iran und der Arabischen Halbinsel. Es ist ein relativ flaches Schelfgewässer mit einer größten Tiefe von 100 Metern. Am Nordende geht er in den Schatt al-Arab über, durch den der Zusammenfluss von Euphrat und Tigris in den Golf mündet. Der Persische Golf hat extrem hohe Temperaturwerte und weist Höchsttemperaturen an der Meeresoberfläche von bis zu 35,6 °Celsius auf. Aufgrund der hohen Verdunstungsrate und des geringen Süßwasserzuflusses ist der Salzgehalt des Persischen Golfs ähnlich wie beim Roten Meer mit über vier Prozent überdurchschnittlich groß. Doch das Hauptaugenmerk des Persischen Golfs gilt seinen Erdöllagerstätten, den bedeutendsten der Welt. Hier befinden sich 13 der insgesamt 15 Erdölfelder mit jeweils mehr als 1,5 Milliarden Tonnen sicheren Reserven.

Golf von Bengalen

Der Golf von Bengalen ist der zwischen Vorder- und Hinterindien und der vorgelagerten Insel Ceylon liegende, sich weit nach Süden öffnende Meeresteil des Indischen Ozeans. Auch hier zeigen die Monsunwinde halbjährlich wechselnde Winde und bringen den erforderlichen Regen heran. Doch kann der Monsun sich zum verheerenden Wirbelsturm entwickeln und richtet dann vor allem im dicht besiedelten Delta von Ganges und Brahmaputra große Schäden an.

Blick über ein ankerndes Wassertaxi zur West Bay von Doha, der Hauptstadt von Katar am Persischen Golf.

Im Golf von Bengalen fließt die Ganga, der heiligste indische Fluss, in den Indischen Ozean. Jedes Jahr findet hier ein großes Pilgerfest statt, bei dem die Gläubigen betend in das Wasser eintauchen.

Andamanensee

Die Andamanensee umfasst einen westlichen Teil des Indischen Ozeans zwischen der Malayischen Halbinsel im Westen, den Andamanen und Nikobaren im Westen, der Straße von Malakka im Süden und Burma im Norden, wo sich der Irrawaddy in einem großen Delta in den Ozean ergießt. Der Bereich der Andamanensee war in jüngster Vergangenheit in doppelter Hinsicht Opfer von Naturkatastrophen: einmal durch den Tsunami vom 26. Dezember 2004, dessen Flutwelle bis an die thailändische Ostküste Verwüstungen anrichtete, und dann durch den Tropensturm Nargis, der am 3. Mai 2008 das gesamte Irrawaddy-Delta überschwemmte, Zehntausende von Menschen in den Tod riss und Millionen obdachlos machte. Die Andamanensee, durch die sich in Nord-Süd-Richtung eine tektonische Bruchzone zieht, ist bis zu 4.180 Meter tief.

Große Australische Bucht

Die Große Australische Bucht erstreckt sich vor Südaustralien mit steiler, abweisender Küste vor der Nullarborebene, wo der Indische Ozean in den Pazifischen Ozean übergeht. Die Nullarborebene ist ein großes, fast vegetationsloses Kalksteinplateau, das mit bis zu 75 Meter hohen Klippen in die Bucht abfällt. Die Bucht selbst, in die Stürme der Antarktis ungebremst hineinwehen können, breitet sich auf einer Länge von etwa 1.100 Kilometern in westöstlicher Richtung zwischen Cape Pasley im Westen und Cape Carnot im Osten aus. Südlich der seichten Bucht, deren Wassertiefe auch in 160 Kilometer Entfernung von der Küste kaum mehr als 200 Meter beträgt, sinkt das Südaustralische Becken ab, das mehr als 5.000 Meter tief ist.

Straße von Malakka

Die Straße von Malakka ist der Verbindungsweg zwischen der Andamanensee und der Javasee – angesichts der Globalisierung längst ein Nadelöhr im west-östlichen Seeverkehr. Sie verläuft zwischen der malayischen Halbinsel und der Insel Sumatra, hat eine Länge von etwa 800 Kilometern und ist meist zwischen 50 und 300 Kilometern breit, an

Indonesische Marineboote patrouillieren in der Straße von Malakka. Bis heute wildern die Bajaklaut, die Seeräuber Indonesiens, im Nadelöhr des west-östlichen Seeverkehrs.

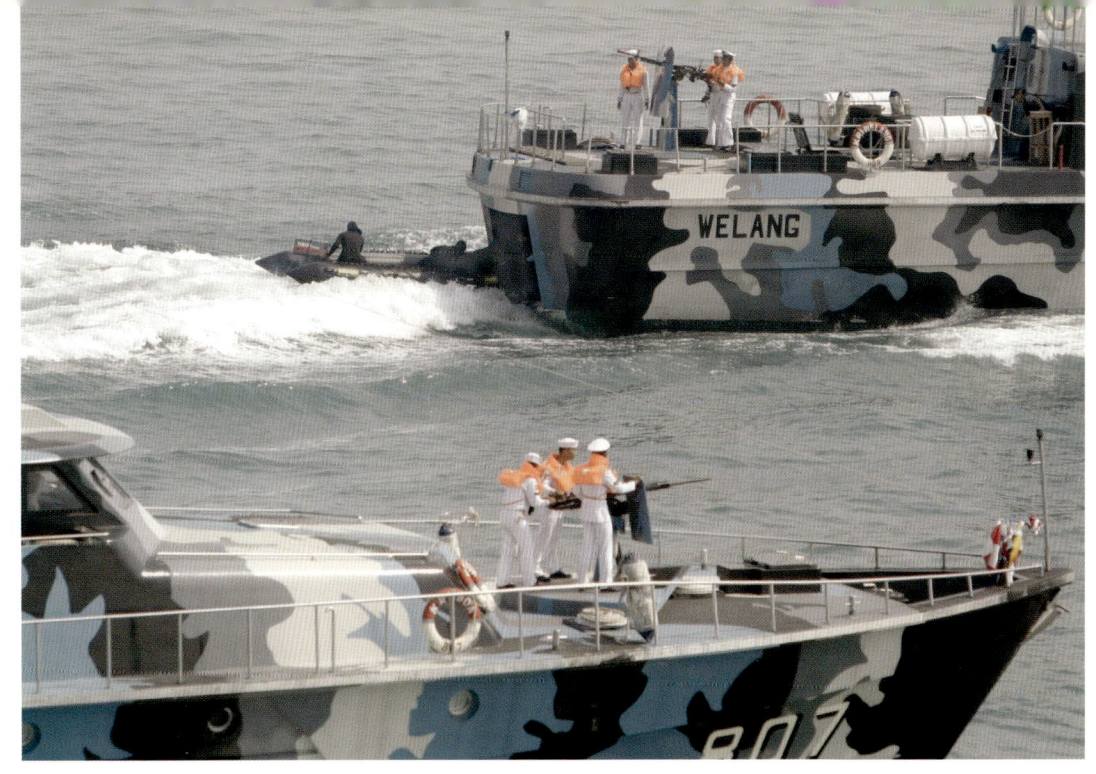

ihrer engsten Stelle jedoch nur 1,5 Seemeilen, also knapp drei Kilometer. Hier hat das Piratenunwesen lange Tradition – und bis heute gilt dieser Seeweg als unsicher. Schon der chinesische Admiral Zheng He führte seine Flotte durch dieses Nadelöhr, Marco Polo durchquerte es 1292 auf dem Rückweg vom Hof Kublai Khans. Portugiesen und Niederländer durchsegelten es mit wertvollen Gewürzen. Zur verbesserten Sicherheit für die englischen Segler empfahl der Captain James Horsburgh von der East India Company die am Südausgang gelegene kleine Insel Temasek als Stützpunkt, aus der sich später die Weltstadt Singapur entwickelte.

Als eine der am stärksten befahrenen Wasserstraßen der Welt besitzt die Straße von Malakka große Bedeutung für den Welthandel. Zwischen 20 und 25 Prozent des Welthandels der Seeschifffahrt durchquert diese Meerenge. Täglich passieren rund 2.000 Schiffe den kürzesten Meeresweg zwischen Ostasien, den Ölländern Arabiens und dem Absatzmarkt Europa.

An der Südküste Australiens erstreckt sich über mehr als 1.100 Kilometer die Große Australische Bucht mit steilen, abweisenden Klippen. Südlich der seichten Bucht liegt das Südaustralische Becken, das mehr als 5.000 Meter tief ist.

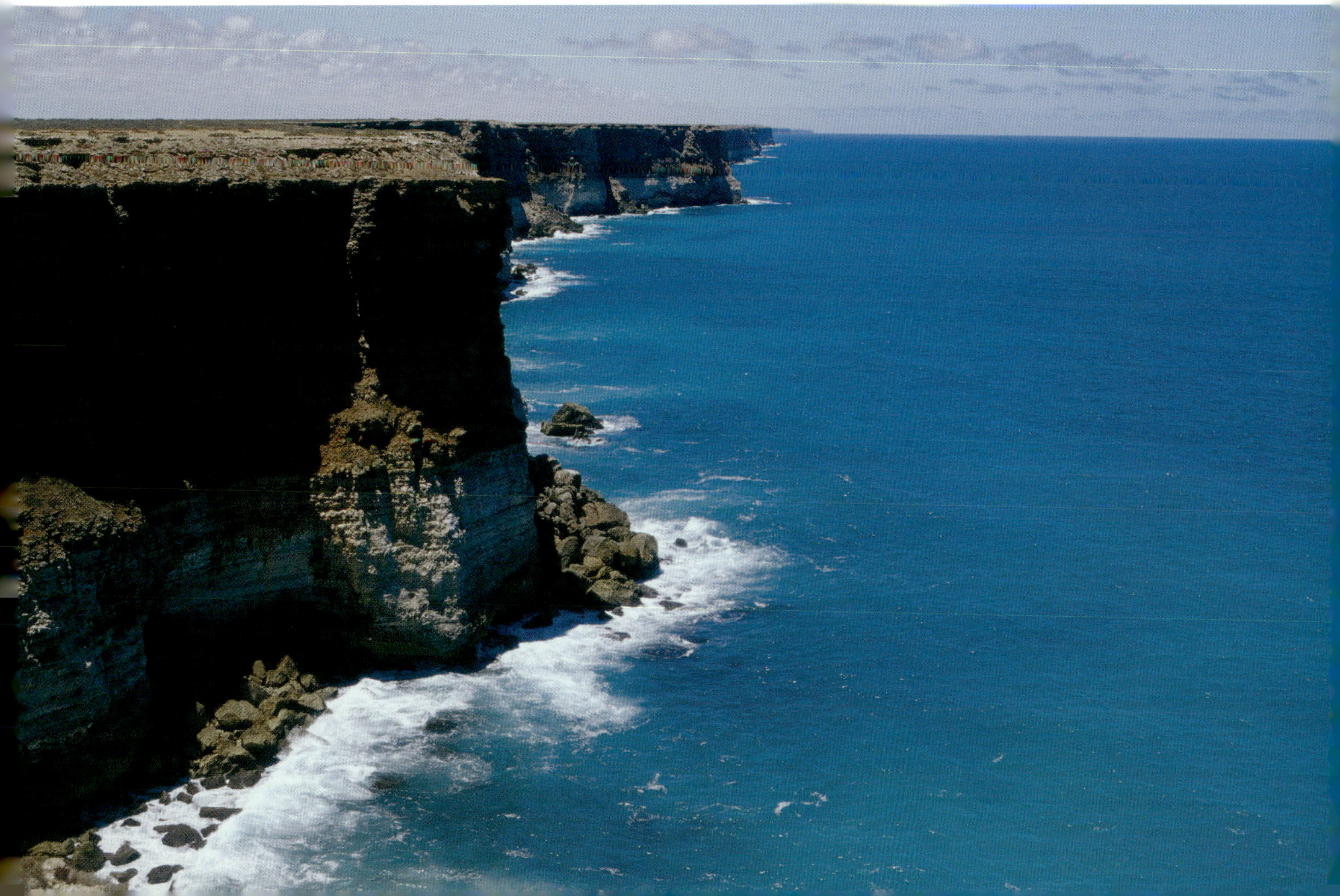

Wasser – Wetter – Klima

Wasser ist immer in Bewegung. Es fällt als Regen auf Land und Meere, verdunstet von der Oberfläche direkt oder indirekt durch Pflanzen und Tiere, steigt in die Atmosphäre auf, bildet Wolken, aus denen es dann wieder regnet. Dies ist ein die gesamte Erde umfassender immerwährender Kreislauf. Man kann davon ausgehen, dass das auf der Erde vorhandene Wasser etwa alle 3.000 Jahre zwischen den Meeren, den Kontinenten und der Atmosphäre umgewälzt wird.

Der Wasserkreislauf

Die permanente Umwälzung des Wassers zwischen Meer, Land und Luft, auch als hydrologischer Kreislauf bezeichnet, wird durch die Sonnenenergie angetrieben. Die Sonnenenergie erwärmt das Wasser der Meeresoberfläche und auf dem Festland. Durch die unterschiedliche Verteilung von Meer und Land auf der Erde verdunsten durchschnittlich täglich 875 Kubikkilometer Wasser aus den Ozeanen und weitere 160 Kubikkilometer vom Land. Dabei gibt es jahreszeitliche Unterschiede und geografische Unterschiede, denn die Verdunstungsrate ist in den Tropen ungleich höher als an den Polen. Wasserdampf ist leichter als Luft, weshalb er nach oben in die Atmosphäre aufsteigt. Je höher der Wasserdampf steigt, umso stärker kühlt er ab. Kalte Luft kann aber weniger Feuchtigkeit aufnehmen und speichern als warme Luft. So entstehen Wolken. Sind die Wolken mit kondensiertem Wasser gesättigt, setzen Niederschläge in Form von Regen, Schnee oder Hagel ein und bringen das Wasser zur Erde zurück.

Das Wasser auf der Erde befindet sich immerfort in einem Kreislauf zwischen Land, Meer und Atmosphäre.

Fällt der Niederschlag auf das Land, verdunstet ein Teil direkt wieder, der andere Teil sickert in das Grundwasser und fließt von dort, teilweise auch direkt über Bäche und Flüsse, in das Meer zurück. Dieser Abfluss vom Land macht täglich etwa 100 Kubikkilometer aus. Auch hier gibt es wieder jahreszeitliche und geografische Unterschiede. In den Wüstenregionen etwa sind Niederschlag und Verdunstung ausgeglichen, sodass es keinen Abfluss gibt, in den Tropen wie etwa im Amazonasgebiet wird die Hälfte des Niederschlages wieder an das Meer abgegeben. Auch ist die Verweildauer des Wassers im Kreislauf unterschiedlich. Verdunstetes Wasser aus dem Meer braucht etwa zehn Tage, bis es als Niederschlag in das Meer zurückgelangt. Die Grundwasservorräte unter der Sahara stammen aus der letzten Eiszeit. Und die Eispanzer auf Grönland oder der Antarktis sind Hunderttausende von Jahren alt – diese Eispanzer stellen historische Klimakammern dar und geben Auskunft über die Klimasituation vergangener Zeiten.

Der Treibhauseffekt

Wenn man heute über das Wetter spricht, taucht sofort der Begriff „Treibhauseffekt" auf. Denn dass sich das Klima der Erde derzeit dramatisch erwärmt, merken wir inzwischen am eigenen Leib. Und dass derzeit der Mensch durch unverantwortliche Verbrennung der fossilen Rohstoffe Erdöl, Erdgas und Kohle diese Erwärmung forciert, ist nach Jahrzehnten heißer Diskussionen zwischen Politik, Wirtschaft und Wissenschaft auch weitgehend unumstritten – und spätestens seit dem im Jahr 2007 veröffentlichten IPCC-Bericht steht allgemein fest, dass der Mensch die Ursachen des Klimawandels auf der Erde durch Intensivierung des Treibhauseffektes über vermehrten Ausstoß von Klimagasen herbeiführt. Es hatte jahrelanger Vorbereitungen für diese Erkenntnis gebraucht. 1988 wurde auf Veranlassung der Vereinten Nationen das auch als Weltklimarat bezeichnete *Intergovernmental Panel on Climate Change* (IPCC – Zwischenstaatliche Sachverständigengruppe über den Klimawandel) gegründet. Hauptaufgabe dieser Organisation ist es, die Risiken der globalen Erwärmung zu beurteilen und Vermeidungsstrateien aufzuzeigen. Der Sitz des IPCC-Sekretariats ist in Genf, sein Vorsitzender ist der Inder Rajendra Kumar Pachauri, der im Jahr 2007 zusammen mit dem ehemaligen US-Vizepräsidenten Al Gore den Friedensnobelpreis erhielt.

Doch ohne den Treibhauseffekt gäbe es überhaupt kein Leben auf der Erde. Wie kann es aber sein, dass einerseits der zunehmende Treibhauseffekt katastrophale Auswirkungen haben soll, andererseits ohne Treibhauseffekt die Erde genauso lebensfeindlich wäre wie unsere Nachbarplaneten Venus und Mars? Hierzu bedarf es der Unterscheidung zwischen dem natürlichen und dem anthropogenen, vom Menschen herbeigeführten Treibhauseffekt.

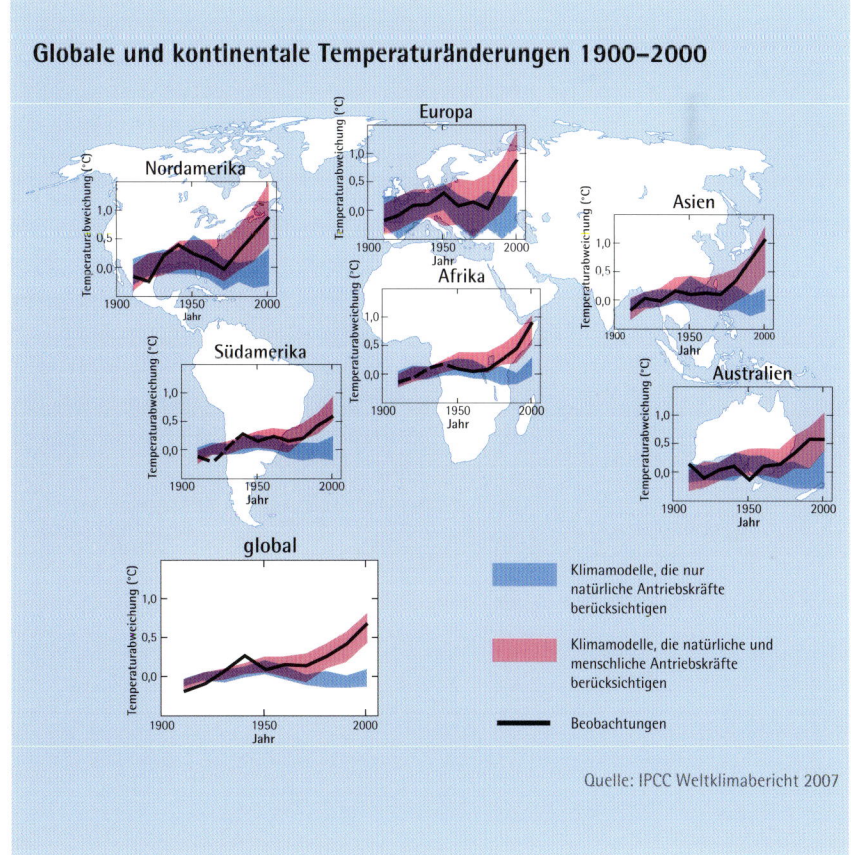

Globale und kontinentale Temperaturänderungen 1900–2000

Klimamodelle, die nur natürliche Antriebskräfte berücksichtigen

Klimamodelle, die natürliche und menschliche Antriebskräfte berücksichtigen

Beobachtungen

Quelle: IPCC Weltklimabericht 2007

Der natürliche Treibhauseffekt

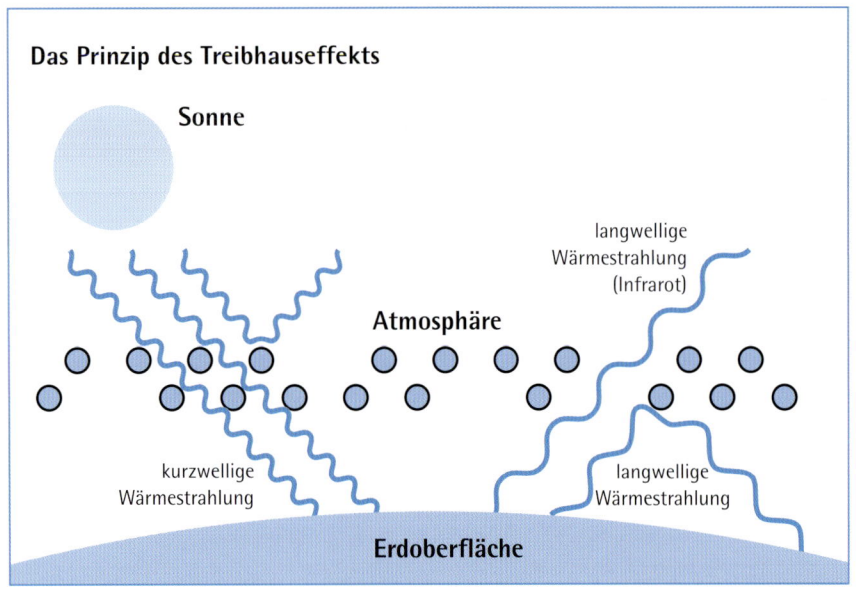

Das Prinzip des Treibhauseffekts

Sonne

Atmosphäre

langwellige
Wärmestrahlung
(Infrarot)

kurzwellige
Wärmestrahlung

langwellige
Wärmestrahlung

Erdoberfläche

Der natürliche Treibhauseffekt ermöglicht das Leben auf der Erde. Im Weltraum herrscht eine Temperatur nahe des absoluten Nullpunkts von –273,15 °Celsius. Durch Sonneneinstrahlung wird die Erde auf etwa –18 °Celsius erwärmt – zu wenig, um Leben entstehen zu lassen, denn das lebensnotwendige Wasser wäre nicht flüssig. Erst durch den Treibhauseffekt liegt die Durchschnittstemperatur auf der Erde bei etwa 15 °Celsius.

Da sich die Erde nicht „nackt" im Weltraum bewegt, sondern mit einer Gashülle, der Atmosphäre, „bekleidet" ist, herrschen hier lebensfreundliche Bedingungen. Wie sehr diese Gashülle temperaturausgleichend wirkt, merkt jeder Bergsteiger selbst im Sommer, wenn er immer höher hinaufsteigt und sogar in den Tropen Gletscher auf den Bergen findet – wie beispielsweise auf dem Kilimandscharo. Eigentlich müsste es doch umgekehrt sein: Je höher man steigt, je mehr man sich der Sonne nähert, umso wärmer müsste es doch werden.

Ausgangspunk des natürlichen Treibhauseffektes ist die Emission energiereicher Strahlung der Sonne, die als Licht auf die Erde trifft. Es handelt sich um eine kurzwellige Strahlung, die die Erdatmosphäre durchdringt und zur Erwärmung ihrer Oberfläche beiträgt. Diese kurzwellige Strahlung wird beim Auftreffen von der Erdoberfläche absorbiert und als langwellige Wärmestrahlung abgestrahlt, die aber die Atmosphäre nicht wie die kurzwellige Strahlung durchdringen kann, sondern dort wiederum teilweise absorbiert und wieder zur Erde zurückreflektiert wird und dadurch ihre Oberfläche zusätzlich erwärmt.

Hätte die Erde keine Atmosphäre, würde sich ihre Oberflächentemperatur aus der Bilanz von eingestrahlter Sonnenenergie und der vom Boden abgestrahlten Wärmestrahlung ergeben. Diese Oberflächentemperatur würde im globalen Mittel bei etwa –18 °Celsius liegen. Selbst bei einer Atmosphäre aus reinem Sauerstoff und Stickstoff als Hauptkomponenten der Erdatmosphäre würde die

Temperatur nicht wesentlich abweichen, da diese beiden Atmosphärenbestandteile keinen wesentlichen Einfluss auf diese Strahlungsbilanz haben. Da aber die Erdatmosphäre noch ein Prozent Klimagase, allen voran Kohlendioxid (CO_2) und dazu Methan (CH_4), Distickstoffoxyd (N_2O = Lachgas) und Ozon (O_3), enthält und auch der in der Atmosphäre enthaltene Wasserdampf (H_2O) Wärmestrahlung absorbiert, stellt sich die Situation ganz anders dar. Diese zusätzliche Wärmestrahlung aus der Atmosphäre übertrifft die Verminderung der Sonneneinstrahlung und bewirkt so am Erdboden eine höhere Energieeinstrahlung, als dass dieses ohne die Klimagase der Fall wäre – und erwärmt gleichzeitig auch die untere Atmosphäre. Rein rechnerisch zeigt sich, dass von der Sonneneinstrahlung in Höhe von durchschnittlich 342 W/m^2 (Watt pro Quadratmeter) etwa 30 Prozent durch Luft, Wolken und Boden, vor allem auch Eis und Schnee, reflektiert werden, sodass 239 W/m^2 von der Erdoberfläche absorbiert werden. Aus der atmosphärischen Rückstrahlung gelangen durch die Treibhausgase weitere 150 W/m^2 auf die Erde, sodass dort insgesamt 389 W/m^2 auftreffen.

Das Prinzip des Treibhauseffektes funktioniert ähnlich wie das Gewächshaus eines Gärtners. Die Glashülle des Gewächshauses wirkt wie ein Filter, der gleichfalls kurzwelliges Licht passieren lässt und langwellige Wärmestrahlung zurückbehält. Aufgrund dieses natürlichen Treibhauseffektes liegt die Temperatur auf der Erde durchschnittlich bei +15 °Celsius, also 33 °Celsius höher als ohne diesen Effekt. Nur dadurch gibt es flüssiges Wasser als Grundlage allen Lebens auf der Erde!

Übrigens ist die Wirkung der einzelnen Klimagase auf den Treibhauseffekt sehr unterschiedlich. Heute weiß man, dass etwa zwei Drittel der Wirkung des natürlichen Treibhauseffektes auf Wasserdampf, weitere 15 Prozent auf Kohlendioxid, zehn Prozent auf Ozon und je drei Prozent auf Lachgas und Methan entfallen. Zur genauen Berechnung dieser Anteile müssen neben der Höhen und Breiten abhängigkeit aller Gase auch die Wirkung der Bewölkung und der Schwebeteilchen (= Aerosole) auf die Sonnen- und Wärmestrahlung einberechnet werden. Bezieht man nur die eigentlichen Gase in diese Berechnungen mit ein, so spricht man vom trockenen Treibhauseffekt, bezieht man auch den feuchten Wasserdampf mit ein, spricht man vom feuchten Treibhauseffekt.

Exkurs: Der Kohlendioxid-Kreislauf

Kohlenstoff ist eines der wichtigsten Elemente der Erde und von unverzichtbarer Bedeutung für das Leben. Als Kohlendioxid-Gas (CO_2) wird der Kohlenstoff sehr behände und treibt einen allumfassenden Kreislauf an, der sich zwischen der Atmosphäre, der Lithosphäre, den Meeren und dem Leben abspielt. Beispielsweise ist die Hälfte der festen Materie, aus der der Mensch besteht, aus Kohlenstoff geschaffen.

Die Grundlage des Lebens entsteht aus der Verbindung von Wasser und Kohlendioxid. Grüne Pflanzen, Algen und einige Bakterien sind in der Lage, aus der Luft Kohlendioxid und aus dem Boden Wasser sowie Mineralien aufzunehmen und daraus organische und energiereiche Substanzen aufzubauen. Bei diesem Photosynthese genannten Prozess wird der für Mensch und Tier notwendige Sauerstoff gebildet. Auf diese Weise wird die Strahlungsenergie der Sonne in Form von Kohlenwasserstoffverbindungen in den Pflanzen gespeichert, die dann in den Nahrungskreislauf der Tiere bis hin zum Menschen einfließt. Im Rahmen dieses Prozesses wird Kohlendioxid wieder abgegeben. Damit vollzieht Kohlendioxid einen natürlichen Kreislauf – die Anreicherung der Atmosphäre mit Kohlendioxid und anderen Spurengasen ließ eine Schutzschicht um die Erde entstehen. Die Schutzschicht wirkt wie ein Glashaus und hindert einen Teil der Strahlungsenergie der Sonne daran, in das Weltall zurückgeworfen zu werden. Dieser Teil der Strahlung wird von der Atmosphäre auf die Erdoberfläche zurückreflektiert. Durch diesen natürlichen Treibhauseffekt kühlt sich die Erde nicht zu sehr ab. Seit mehreren 100 Millionen Jahren vollzieht sich nun dieser Kreislauf auf der Erde. Aus einem Teil der pflanzlichen und tierischen Reste dieses Prozesses wurden unter Luftabschluss und unter hohem Druck Kohle-, Erdöl- und Erdgaslagerstätten gebildet, die heute als fossile Energieträger im Zeitraum weniger Menschengenerationen verbrannt werden. Diese Art der Verbrennung setzt unter erdgeschichtlicher Sicht plötzlich ungeheure Kohlendioxidmengen wieder frei, die vorher langfristig in diesen fossilen Energieträgern gespeichert waren. Der vorhandene Pflanzenbewuchs der Erde kann diese zusätzliche CO_2-Menge nicht mehr gleichzeitig aufnehmen, was zu einem Anstieg der atmosphärischen CO_2-Konzentration führt. Die Strahlungsenergie der Sonne wird dadurch vermehrt in der Atmosphäre absorbiert und in der Folge erwärmt sich die Erde.

Kohlenstoff selbst ist sehr ungleich in den einzelnen Erdsphären verteilt. In der Atmosphäre sind es „nur" 750 Gigatonnen (1 GT = 1.000.000.000 Tonnen), in der Vegetation 550 GT, in den Ozeanen schon 40.000 GT, in den Böden 1.500 GT, in den fossilen Brennstoffen immerhin noch 5.000 GT, aber in den Sedimenten 100.000.000 GT Kohlenstoff. Auf seinem Weg durch die Sphären wird Kohlendioxid durch Regen aus der Atmosphäre ausgewaschen und gelangt als Kohlensäure (H_2CO_3) auf die Erde. An Land erodiert Regenwasser die Gesteine, die Kohlensäure reagiert mit den Mineralien, die so mit dem Flusswasser ins Meer gespült werden. Regnet es über dem Meer, wird die Kohlensäure unmittelbar in das Meerwasser eingetragen. Das aus Kohlenstoff

Kohlenstoff ist überall: im Grundgestein, im Erdboden, in der Luft, in den Gewässern und in den Organismen. Die Grafik zeigt, wie der Kohlenstoff zwischen der belebten und der unbelebten Natur auf der Erde zirkuliert.

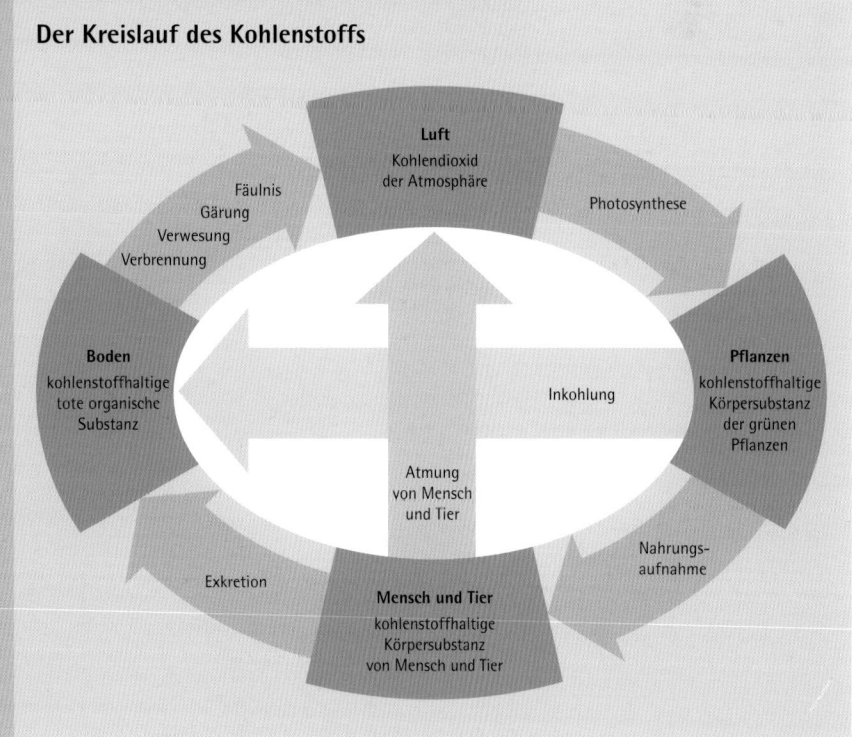

Der Kreislauf des Kohlenstoffs

und dem aus den Flüssen ausgewaschenen Kalzium mit Sauerstoff gebildeten Kalziumkarbonat (CaCO$_3$) nutzen die unterschiedlichsten Meeresbewohner, um damit ihre Schale, ihr Skelett, ihre Zähne oder ihre Korallen zu bauen. Doch ist allen Meeresbewohnern ein endliches Leben beschieden. Die abgestorbenen Organismen sinken samt ihren Schalen, Skeletten und Zähnen zu Boden, wo sich die festen Bestandteile nunmehr über Milliarden von Jahren als Karbonatsedimente sammeln. Im Zuge der Plattentektonik gelangt ein Teil dieser Sedimente auf einer Kontinentalplatte unter eine andere Kontinentalplatte, wo sie in den Erdmantel absinkt. Wiederum ein Teil dieser in das Erdinnere abgesunkenen Sedimente reagiert mit anderen Mineralien, wobei CO$_2$ freigesetzt wird und unter hohem Druck bei Vulkanausbrüchen an den Kanten der Kontinentalplatten wieder in die Atmosphäre gelangt. Im normalen, vom Menschen unbeeinflussten Kohlendioxid-Kreislauf hält sich ein C-Atom ungefähr 100.000 Jahre zwischen Luft, Pflanzen, Erde und Ozeanen auf – nimmt das Kohlendioxid den „Umweg" über den Erdmantel, dauert dieser Kreislauf entsprechend länger. Durch die Verbrennung fossiler Energieträger haben wir Menschen diesen Kreislauf erheblich verkürzt, sodass selbst der relativ kleine Speicher in der Atmosphäre diese gewaltigen Auswirkungen auf Klima, Wetter, Meeresspiegel und unser eigenes Leben haben kann.

Vor allem die Verbrennung fossiler Brennstoffe wie Kohle, Erdöl und Gas sorgt für eine deutliche Zunahme der Treibhausgase in der Atmosphäre. Für rund ein Viertel der gesamten Treibhausgasemissionen sorgen die USA mit nur etwa fünf Prozent der Weltbevölkerung.

Kohlendioxidemissionen: Wo 15 Länder stehen

Land	Emissionen 2005 Millionen Tonnen	Änderung seit 2001 Prozent	Emissionen 2005 je Einwohner Tonnen	Änderung seit 2001 Prozent
Vereinigte Staaten	5816,96	2,5	19,61	-1,2
China	5059,87	62,6	3,88	44,2
Russland	1543,76	1,6	10,79	2,8
Japan	1214,19	7,2	9,50	6,7
Indien	1147,46	13,2	1,05	7,1
Deutschland	813,48	-4,3	9,87	-4,4
Großbritannien	529,89	-2,0	8,80	-4,3
Frankreich	388,38	0,9	6,19	-2,1
Australien	376,78	1,9	18,41	-3,1
Indonesien	340,98	20,3	1,90	39,7
Brasilien	329,28	5,6	1,77	-2,2
Saudi-Arabien	319,68	15,7	13,83	7,2
Ungarn	57,68	2,4	5,72	3,4
Norwegen	37,00	-2,5	8,01	-4,8
Bangladesch	36,34	17,2	0,26	13,0
Welt	*27136*	*14,6*	*4,22*	*8,8*

Quelle: Internationale Energieagentur (IEA)

Der anthropogene Treibhauseffekt

Seit der Mensch durch seine Maßnahmen in den natürlichen Treibhauseffekt eingreift, verändert er messbar die Klimabedingungen auf der Erde. Der zusätzliche anthropogene Treibhauseffekt wird vor allem über die Anreicherung der Atmosphäre mit Kohlendioxid (CO_2) durch Verbrennung der fossilen Energieträger Erdöl, Erdgas und Kohle wirksam und erhöht die Temperatur des Bodens und der unteren Atmosphäre. Doch nicht nur die Freisetzung von Kohlendioxid aus erdgeschichtlich früheren Perioden, auch die aktuell weiter zunehmende Rodung der Wälder, vor allem im Brandrodungsverfahren, wirkt sich schädlich auf die Kohlendioxid-Bilanz der Atmosphäre aus. Verbranntes Holz fügt der Atmosphäre weiteres Kohlendioxid zu und entwaldete Flächen entnehmen der Atmosphäre weniger Kohlendioxid – beide Effekte summieren sich somit. Aber nicht nur, dass Bäume einen höheren Kohlendioxidbedarf als Getreide auf der gleichen Fläche haben: Durch die Bewirtschaftung der Ackerfläche wird auch zusätzlich Kohlendioxid aus dem Boden freigesetzt. Darüber hinaus fügt der Mensch durch seine Aktivitäten der Atmosphäre auch neue Klimagase wie etwa FCKW (= Fluor-Chlor-Kohlen-Wasserstoffe) zu. Dies sind künstlich hergestellte Gase oder Flüssigkeiten, die als Kühlmittel, Treibgase oder Reinigungsmittel eingesetzt werden. FCKW können jahrzehntelang in der Atmosphäre verbleiben und sind eine Quelle für Chlorradikale, die mit Ozon (O_3) reagieren und wesentlich zum Abbau der Ozonschicht beitragen. In den 1980er-Jahren hat man die zerstörerische Wirkung der FCKW erkannt und in vielen Ländern ihre Anwendung verboten.

Doch das Problem des anthropogenen Treibhauseffektes liegt nicht nur darin, dass der Mensch zusätzliche Treibhausgase wie vor allem Kohlendioxid in die Atmosphäre bläst – er beschleunigt sogar den Ausstoß trotz aller Warnungen über die schädlichen Auswirkungen dieser Klimagase. So muss man feststellen, dass der Mensch seit Beginn der Industrialisierung und der Intensivierung der Landwirtschaft als hauptsächlichen Verursachungen des zusätzlichen Treibhauseffektes die Klimagasabgaben systematisch steigert. Allein seit 1970 hat nach Angaben des IPCC-Berichtes der vom Menschen erzeugte Ausstoß von Klimagasen um 70 Prozent zugenommen. Die Konzentration des wichtigsten Treibhausgases Kohlendioxid übersteigt die in den vergangenen 650.000 Jahren natürli-

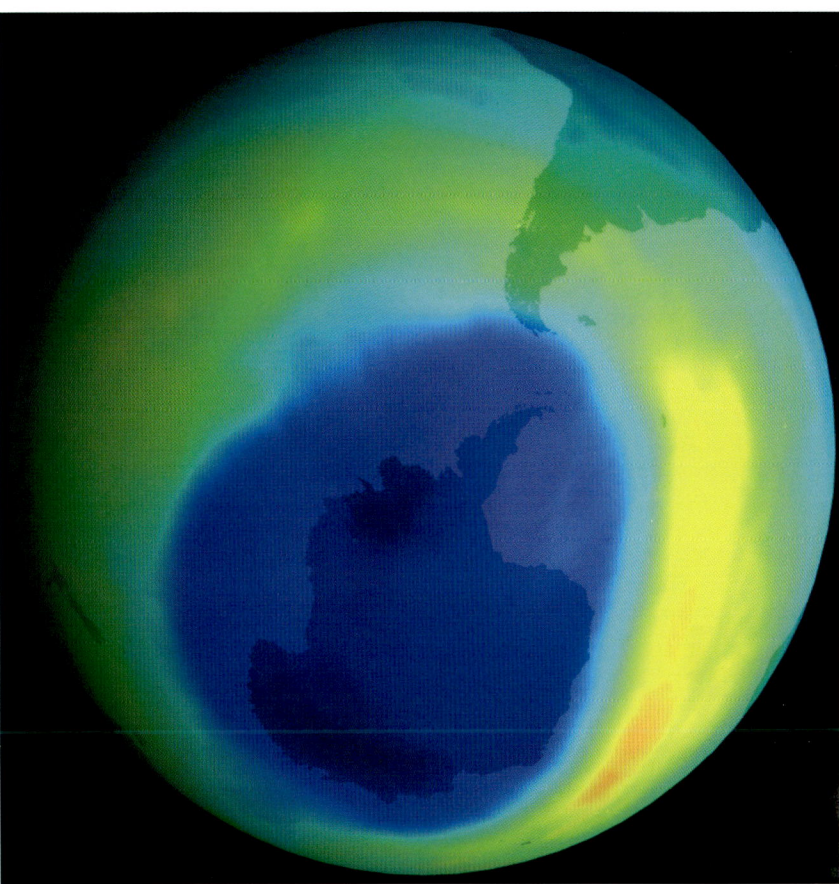

cherweise entstandene Menge bei weitem. Allein in den letzten 150 Jahren wurde so durch menschliches Zutun der Anteil von Kohlendioxid um etwa 30 Prozent, bei Methan (CH_4) um 120 Prozent und bei Lachgas (N_2O) um circa 10 Prozent in der Atmosphäre erhöht. Der dadurch ausgelöste langfristige Prozess der Erwärmung der unteren Atmosphäre und der Erdoberfläche wird mit dem Ausmaß der Konzentrationszunahme der Klimagase weiter ansteigen, aber auch stark von der Reaktion des Wasserkreislaufs (Wasserdampf, Bewölkung, Niederschlag, Verdunstung, Schneebedeckung, Meereisausdehnung) abhängen. Durch den zusätzlichen anthropogenen Treibhauseffekt kann der Wasserkreislauf in der Atmosphäre sowohl verstärkend als auch reduzierend eingreifen, weil viele dieser Auswirkungen unter anderem auch stark temperaturabhängig sind. Neben der Vegetation spielt die Bodenbeschaffenheit eine Rolle für das zukünftige Klimageschehen auf der Erde. In diesem Zusammenhang haben neben der ackerbaulichen Betätigung die zunehmende Versiegelung der Böden maßgeblichen Einfluss auf die Verdunstungsrate und damit auf die

Satellitendaten veranschaulichen das Ozonloch über der Antarktis im September 2000, dessen Größe damals auf 28,3 Millionen Quadratkilometer geschätzt wurde. Seine bisher größte Ausdehnung erreichte das Loch in der Ozonschicht über dem Südpolargebiet im September 2006, als seine Fläche 29 Millionen Quadratkilometer überschritt.

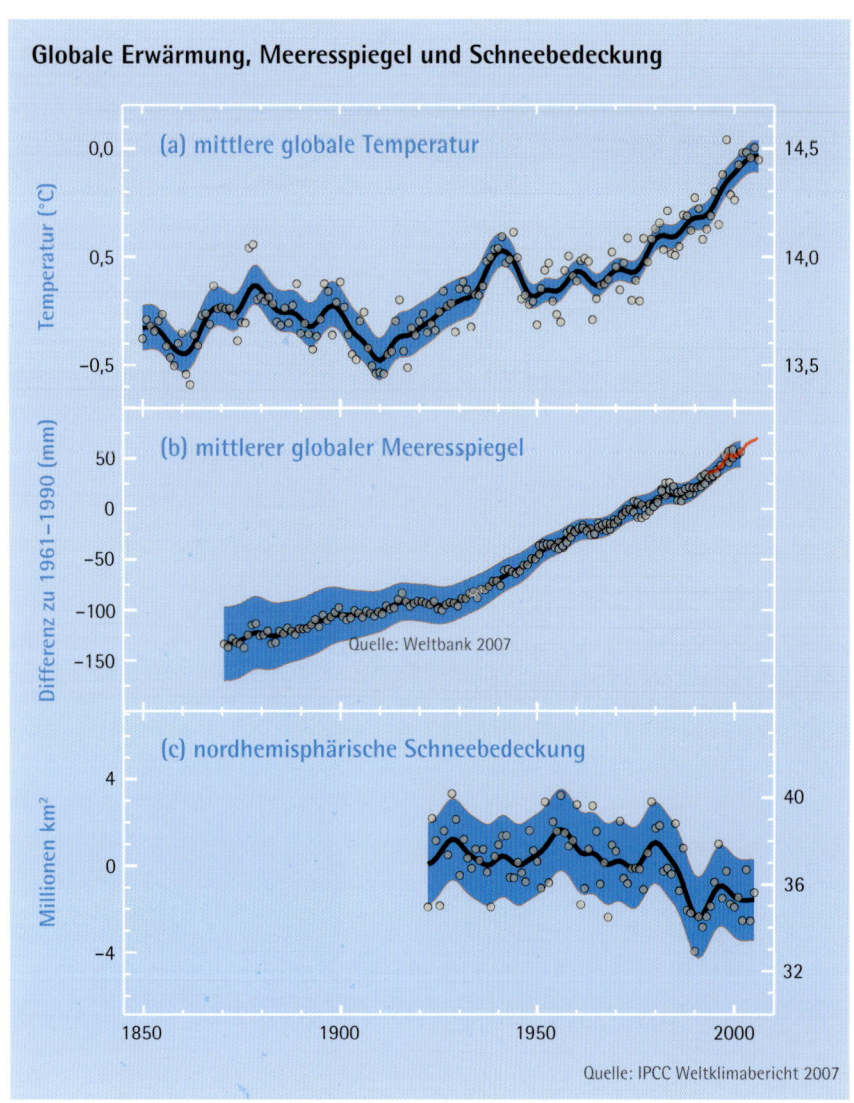

Globale Erwärmung, Meeresspiegel und Schneebedeckung

(a) mittlere globale Temperatur

Temperatur (°C)

(b) mittlerer globaler Meeresspiegel

Differenz zu 1961–1990 (mm)

Quelle: Weltbank 2007

(c) nordhemisphärische Schneebedeckung

Millionen km²

Quelle: IPCC Weltklimabericht 2007

Die Erde befindet sich zunehmend im „Schwitzkasten": Die Graphiken zeigen, wie sich die Messwerte dreier wichtiger Klimaindikatoren seit 1850 im Vergleich zu den entsprechenden Mittelwerten der Jahre 1961 bis 1990 verändert haben.

Wolkenbildung. Gleichzeitig muss festgestellt werden, dass sich die Erwärmung über die Erdfläche regional und innerhalb eines Jahres unterschiedlich ausbreitet, was unter anderem von der Struktur der Atmosphäre, der Jahreszeit und vom Oberflächenrelief abhängt. Insgesamt führt der zusätzliche anthropogene Treibhauseffekt auch zu veränderten Werten des Niederschlags, der Bewölkung, der Meereisausdehnung, der Schneebedeckung und zu Wetterextremen, sodass sich die Klimaerwärmung unter immer heftigeren Ausschlägen vollzieht. Selbst wenn es der Menschheit gelingen sollte, den Ausstoß an Klimagasen in der Zukunft wieder zu verringern – wonach es aber derzeit überhaupt nicht aussieht –, wird allein die Langlebigkeit dieser Gase in der Atmosphäre einen langfristigen Prozess der Klimaerwärmung nicht aufhalten können.

Exkurs: Wasserdampf im Treibhauseffekt

Der Treibhauseffekt der Atmosphäre beschert der Erde eine lebensfreundliche Wärme von durchschnittlich +15 °Celsius. Dies verdanken wir der Tatsache, dass die Atmosphäre die von der Erdoberfläche wieder abgestrahlte Sonnenstrahlung so speichern kann, dass sie die Erde mit einer angenehm warmen Lufthülle umgibt. Die Atmosphäre schützt uns also vor der Kälte des Weltalls, weil ein Teil der von der Erde reflektierten Sonnestrahlung sozusagen in der Atmosphäre hängen bleibt. Und der in der Atmosphäre vorhandene Wasserdampf spielt in diesem Zusammenhang die größte Rolle: Wasserdampf ist also das wichtigste Klimagas für den natürlichen Treibhauseffekt, danach folgen Kohlendioxid und mit Abstand Ozon, Lachgas, Methan etc.

Wasser spielt aber nicht nur beim natürlichen Treibhauseffekt die hauptsächliche Rolle, sondern der Mensch ist auch an der zusätzlichen Strahlungsabsorption durch Wasserdampf beteiligt. Dies geschieht allerdings auf indirekte Weise. Dadurch, dass sich die Temperatur der unteren Luftschichten durch den anthropogenen Treibhauseffekt erhöht, erhöht sich auch die Verdunstung. Damit gelangt mehr Wasserdampf in die Luft, der nun seinerseits für eine vermehrte Strahlungsabsorption sorgt, die wiederum zur weiteren Klimaerwärmung beiträgt. Theoretisch könnte dieser Prozess zum „Überkochen" der Erde führen, wenn nicht die vermehrte Wasserdampfanreicherung in der Troposphäre, dem unteren Teil der Atmosphäre, gleichzeitig zu einer vermehrten Wolkenbildung führt, was einen entgegengesetzten Effekt auslöst – nämlich die stärkere Reflektion der Sonnenstrahlung an der Wolkengrenze. Dieser zusätzlich reflektierte Teil der Sonnestrahlung erreicht die Erdoberfläche erst gar nicht und heizt die Erde weniger stark auf. Eines der Hauptprobleme der Wissenschaftler besteht aber darin, in ihren Klimamodellen den Einfluss der Wolkenbildung auf das weitere Geschehen im Voraus zu berechnen. Dies ist einer der großen Unsicherheitsfaktoren für die Errechnung von Klimamodellen, die unter anderem auch deswegen so weit auseinanderklaffen.

So versucht man bereits seit Mitte der 1940er-Jahre die Konzentration des Wasserdampfes in der Atmosphäre zu bestimmen. Doch im Gegensatz zu Kohlendioxid ist dieses Treibhausgas nur schwer zu fassen, denn es wird mit Wolken, Regen, Schnee oder Eis in großen Mengen von einem Ort zum anderen transportiert, und zudem schwankt die Konzentration vom Boden bis in 15 Kilometer Höhe erheblich. Um genauere Daten zu erhalten, beobachten amerikanische Wissenschaftler seit 1980 Wasserdampf mittels Satelliten kontinuierlich in den relevanten Schichten der Atmosphäre. Über der Troposphäre als unterster Schicht der Atmosphäre in Höhen von 12 bis 16 Kilometern kommt Wasserdampf nur noch in Spuren vor. Durch Zusammenfassung aller bisherigen Daten konnten Wissenschaftler im Rahmen einer 2001 veröffentlichten Studie des Weltklimaforschungsprogramms (WCRP) unter der Leitung von Prof. Dieter Kley vom Forschungszentrum Jülich und Dr. James Russell von der Hampton-Universität in den USA aber nachweisen, dass die Konzentration von Wasserdampf in höheren Luftschichten in den letzten 45 Jahren schon um mehr als 75 Prozent angestiegen ist.

Die Zunahme des Wasserdampfs in der Luft von 1980 bis heute hat den durch die Kohlendioxiderhöhung bedingten Temperaturanstieg insgesamt um etwa die Hälfte erhöht. Zu einem Teil ist für die Zunahme des Wasserdampfs Methan verantwortlich. Dieses Spurengas, das zum Beispiel aus Reisfeldern oder bei Fäulnisprozessen freigesetzt wird, reagiert in der Stratosphäre zu Wasserdampf und Kohlendioxid. Damit lässt sich jedoch nur die Hälfte des beobachteten Wasserdampfanstiegs erklären. Die vollständigen Gründe für die Zunahme des stratosphärischen Wasserdampfs im letzten halben Jahrhundert sind bisher nicht bekannt.

Wasserdampf führt zu einer positiven Rückkopplung beim Treibhauseffekt. Diese Aufnahme stammt von dem NASA-Instrument MODIS an Bord des Erdbeobachtungssatelliten Terra, das Konzentrationen des Gases in den relevanten Schichten der Atmosphäre messen kann.

Der Patient Erde ist krank

Simulierte Temperaturänderung mit ECHAM5 / MPI-OM: IPCC Szenario A1B

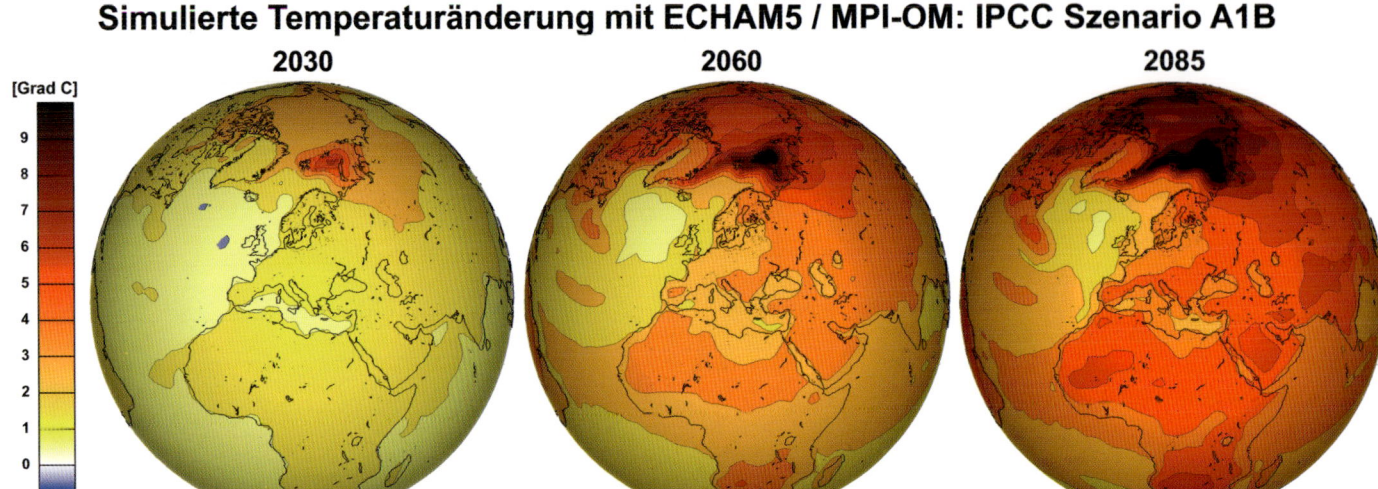

[Grad C]
9 8 7 6 5 4 3 2 1 0

2030   2060   2085

© DKRZ / MPI-M / M&D

Nach dem gemäßigt optimistischen Szenario A1B des UN-Klimarats aus dem Jahr 2007 wird die mittlere globale Temperatur bis 2085 um 1,7 bis 4,4 °Celsius steigen. Die Globen zeigen Ausschnitte aus der zeitlichen Entwicklung: Demnach wird die Erwärmung zuerst im Seegebiet östlich von Spitzbergen einsetzen und dann auf die sibirische Nordküste übergreifen.

Der Patient Erde hat Fieber, seine Temperatur steigt und Hitzerekorde treten immer öfter auf. Den Klimawandel als globales Problem zu erkennen hat lange gebraucht. Und da die Klimaproblematik ein internationales Problem ist, hat man sich bei den Vereinten Nationen des Themas angenommen. Im Jahr 1992 wurden im Rahmen der Konferenz der Vereinten Nationen für Umwelt und Zusammenarbeit (UNCEP) in Rio de Janeiro erste Schritte in Richtung einer weltweiten Klimaschutzpolitik unternommen. Dort unterzeichneten 154 Staaten und die EU eine Klimarahmenkonvention, in der sich die Industrieländer auf Maßnahmen zu einer langfristigen Senkung der Treibgasemissionen einigten. Zu diesen Maßnahmen verpflichteten sich zunächst nur die 36 sogenannten „Annex-1-Staaten", zu denen vor allem die Industrieländer als Hauptproduzenten der klimaschädlichen Treibhausgase gehören, unter anderem auch die OECD-Staaten und die Europäische Union. Die Entwicklungsländer wurden von einer Reduktion ihrer Emissionen zunächst freigestellt. Im Geiste dieser Klimarahmenkonvention wollten also die entwickelten Länder bei der Änderung der längerfristigen Trends bei anthropogenen Emissionen die Führungsrolle übernehmen. Diese Konvention bildet den Rahmen für die Klimaschutzverhandlungen, die jeweils als Vertragsstaatenkonferenz der Konvention stattfinden. Die Klimarahmenkonvention wurde bald von mehr als 150 Staaten und der EU ratifiziert und trat am 21. März 1994 in Kraft. Die erste Klimakonferenz fand 1995 in Berlin statt. Sie wird auch als Nachfolgekonferenz zu Rio bezeichnet. Das Ziel der Konferenz war es, die

Verpflichtungen der Konvention fortzuentwickeln. Am 11. Dezember 1997 wurde dann im Rahmen der 3. Vertragsstaatenkonferenz das sogenannte Kyoto-Protokoll verabschiedet. An dieser Fortentwicklung der Klimarahmenkonvention von 1992 beteiligten sich 160 Staaten. Dabei wurden erstmals auch rechtsverbindliche Begrenzungs- und Reduktionsverpflichtungen für die Industrieländer festlegt. Danach müssen die Industrieländer ihre Emissionen der sechs Schlüssel-Klimagase Kohlendioxid, Methan, Stickoxide und von drei besonders langlebigen Fluorkohlenwasserstoffverbindungen bis zum Jahr 2010 im Schnitt um fünf Prozent, bezogen auf die Werte von 1990, gesenkt haben. Auf der Klimakonferenz 2001 in Marrakesch wurden dann Entscheidungen zur Ausgestaltung und Umsetzung des Kyoto-Protokolls als Basis für eine internationale Ratifizierung getroffen. Die auf der Klimakonferenz in Montreal 2005 erfolgte Fortschreibung des Kyoto-Protokolls führte zur Aushandlung neuer Grenzwerte für Klimagasemissionen. Nach diesen Beschlüssen sollte die EU den Klimagasausstoß um acht Prozent senken, Ungarn, Polen und Japan jeweils um sechs Prozent, die USA um sieben Prozent. Russland, die Ukraine und Neuseeland verpflichteten sich, ihre Emissionen auf dem bisherigen Stand einzufrieren. Demgegenüber dürfen Staaten, die bislang nur relativ wenig zum anthropogenen Treibhauseffekt beitragen, ihre Emissionen sogar erhöhen, so Norwegen um einen Prozent, Australien bis zu acht und Island sogar um bis zu zehn Prozent. Die Vereinigten Staaten akzeptierten das Ergebnis der Konferenz von Marrakesch zwar, ratifizieren das Kyoto-Proto-

Änderung der 2m-Temperatur für 2071-2100 gegenüber 1961-1990

A1B

B1

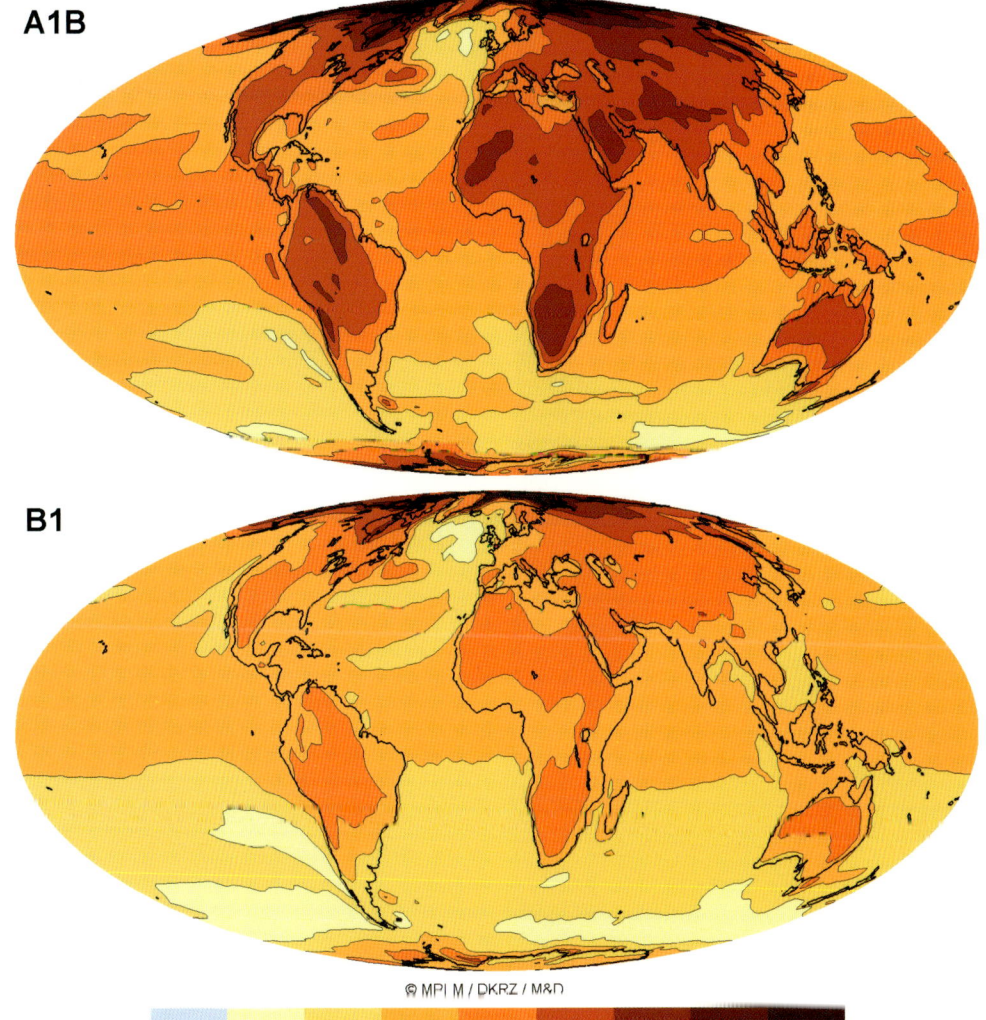

@ MPI M / DKRZ / M&D

0　1　2　3　4　5　6　7 [°C]

Die Karten veranschaulichen die geografische Verteilung der Temperaturveränderungen für das gemäßigt optimistische Szenario A1B und das optimistische Szenario B1 des UN-Klimarats aus dem Jahr 2007. Dargestellt ist die Differenz zwischen den Mittelwerten der Jahre 2071 bis 2100 und denen der Jahre 1961 bis 1990.

koll aber weiterhin nicht. Die Umweltverbände kritisierten das Ergebnis als zu niedrig. Um künftige Klimaschäden zu vermeiden, sei mindestens eine Halbierung der Treibhausgase nötig. Bestimmten Ländern sogar eine Steigerung ihrer Emissionen einzuräumen sei mit diesem Ziel nicht vereinbar und führe nur zu Emissionsschacherei.

Da die bisherigen Beschlüsse über die Reduktion des Ausstoßes an Klimagasen insgesamt nicht eingehalten worden waren, stand die Klimakonferenz auf Bali im Dezember 2007 von Anfang an unter einem ungünstigen Stern. Der auf Bali meistdiskutierte Beschluss war das Verhandlungsmandat für ein Nachfolgeabkommen zum Kyoto-Protokoll, das 2012 ausläuft. Die Frage war, ob bereits in dem Verhandlungsauftrag für die Klimakonferenz 2009

konkrete Emissionsziele genannt werden sollen. Auf Druck vor allem der Vereinigten Staaten wurde auf eine Nennung solch konkreter Ziele im Mandatstext verzichtet, allerdings wurde ein Verweis auf die Erkenntnisse des Weltklimarats *Intergovernmental Panel on Climate Change* (IPCC – Zwischenstaatliche Sachverständigengruppe über den Klimawandel) aufgenommen, wie sie im IPCC-Bericht 2007 niedergelegt wurden. Nach diesem Bericht, in dem die bereits dargelegten Konsequenzen des weltweit anthropogen herbeigeführten Treibhauseffektes aufgezeigt werden, müssen die Treibhausgasemissionen bis 2050 um mehr als 50 Prozent reduziert werden, wenn die Erderwärmung auf rund zwei Grad begrenzt werden soll. Eines steht allerdings fest: Der IPCC-Bericht hat

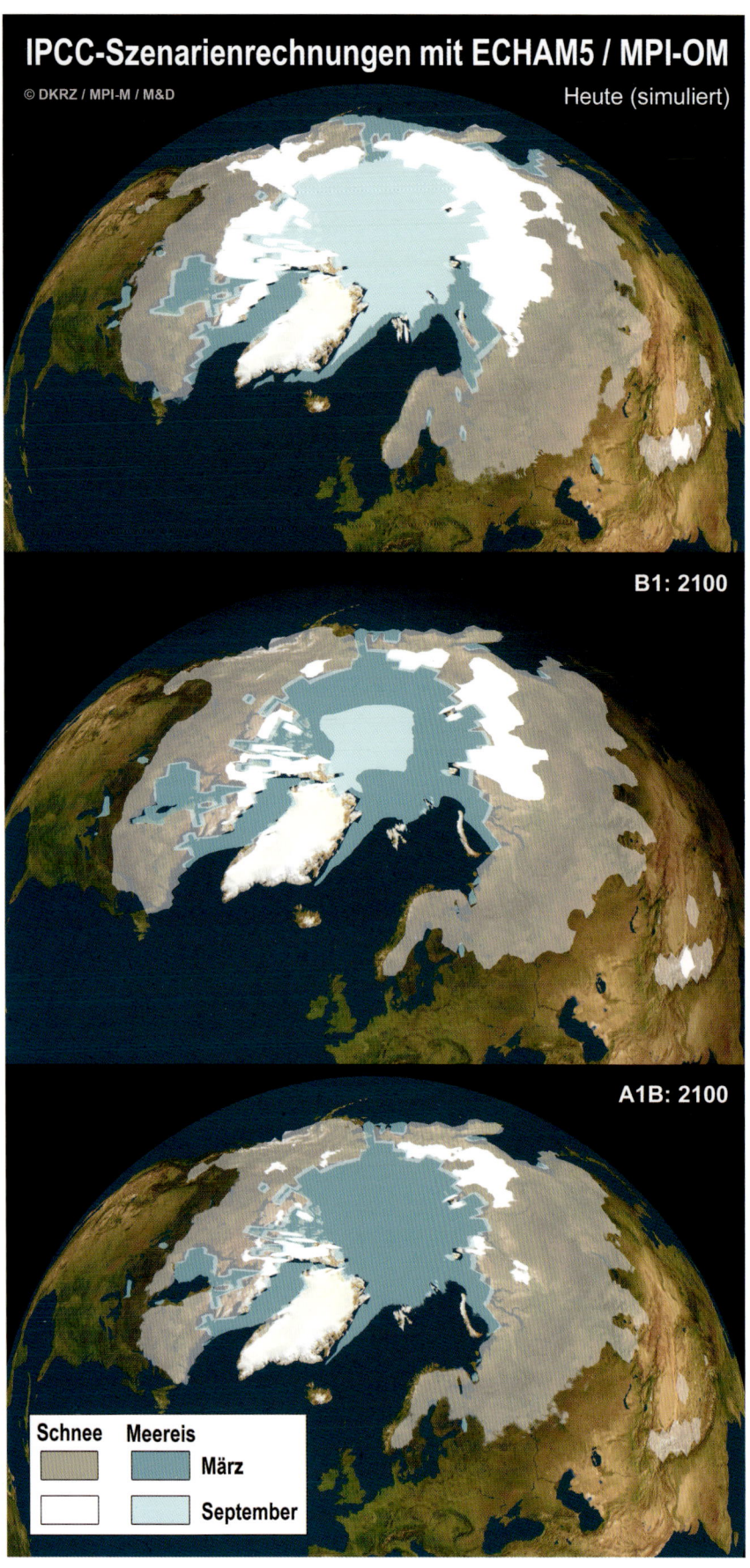

IPCC-Szenarienrechnungen mit ECHAM5 / MPI-OM

© DKRZ / MPI-M / M&D

Heute (simuliert)

B1: 2100

A1B: 2100

Schnee	Meereis	
		März
		September

Die Simulationsbilder des optimistischen Szenarios B1 und des gemäßigt optimistischen Szenarios A1B des UN-Klimarats aus dem Jahr 2007 zeigen, wie stark die nördliche Polkappe am Ende des 21. Jahrhunderts geschmolzen sein könnte.

ein weltweit so breites Echo gefunden, dass Wirtschaft und Politik seine Feststellungen nicht mehr bezweifeln, auch kaum noch relativieren können. Und obwohl dieser Bericht die Welt aufrüttelte, weigern sich immer noch viele Länder – vor allem auch diejenigen Länder, die die Luft am stärksten verpesten –, das ganze Ausmaß der Katastrophe zu akzeptieren: Denn dann müssten sie ja mehr dagegen tun. Doch in der Besorgnis der Bevölkerungen tritt das Thema „Klima" immer mehr in den Vordergrund. Nicht umsonst wurde in Deutschland das Wort „Klimakatastrophe" zum Wort des Jahres 2007. Nur zögernd folgt die Politik, vielfach bleibt es beim Kurieren von Symptomen.

Das eigentliche Problem der Klimakatastrophe ist: Es sind vor allem die „Besitzenden" auf der Erde, die die Ursachen für diese Katastrophe herbeiführen, und ausbaden müssen es die „Besitzlosen" auf der Erde. Es ist letztlich ein soziales Problem, wenn die Besitzenden die Ressourcen der Erde ausbeuten und den Besitzlosen den Zugang immer weiter erschweren. Fast hört es sich an wie ein Nord-Süd-Problem, ein Problem zwischen Industrie- und Entwicklungsländern auf der Erde, aber diese politischen Kategorien von gestern gelten heute nicht mehr. Es sind die Schwellenländer, die am wirtschaftlichen Fortschritt teilhaben wollen und dadurch selbst zu den Umweltzerstörern werden. Mit großer Beachtung von allen Seiten der Welt ist mitverfolgt worden, wie vor allem die größten Schwellenländer Indien und China nach dem Zweiten Weltkrieg ihre Nahrungsmittelproduktion so weit steigern konnten, dass sie heute im Wesentlichen zu den Selbstversorgern zählen – aber mit welchen Konsequenzen? Wenig Beachtung hat nämlich bisher die Tatsache gefunden, dass diese Länder ihren Erfolg durch brutale Überforderung ihrer Wasserressourcen erzielt haben. Durch Staudämme trocknen die Flüsse aus, bewässertes Land versalzt, Grundwasser wird immer tiefer abgepumpt, die ländlichen Regionen verarmen weiter. Stadtflucht erscheint für viele der einzige Ausweg – oder der Versuch, illegal in die sogenannten reichen Länder zu gelangen, die heute alle ihre eigenen Probleme mit verarmten Bevölkerungsteilen haben. Die Entwicklung in den Vereinigten Staaten ist das beste Beispiel dafür, die sich inzwischen mit einem hohen Zaun gegen Zuwanderer aus Mexiko erwehren. Ein weiteres Beispiel bieten die Kanarischen Inseln, jene paradiesischen Ur-

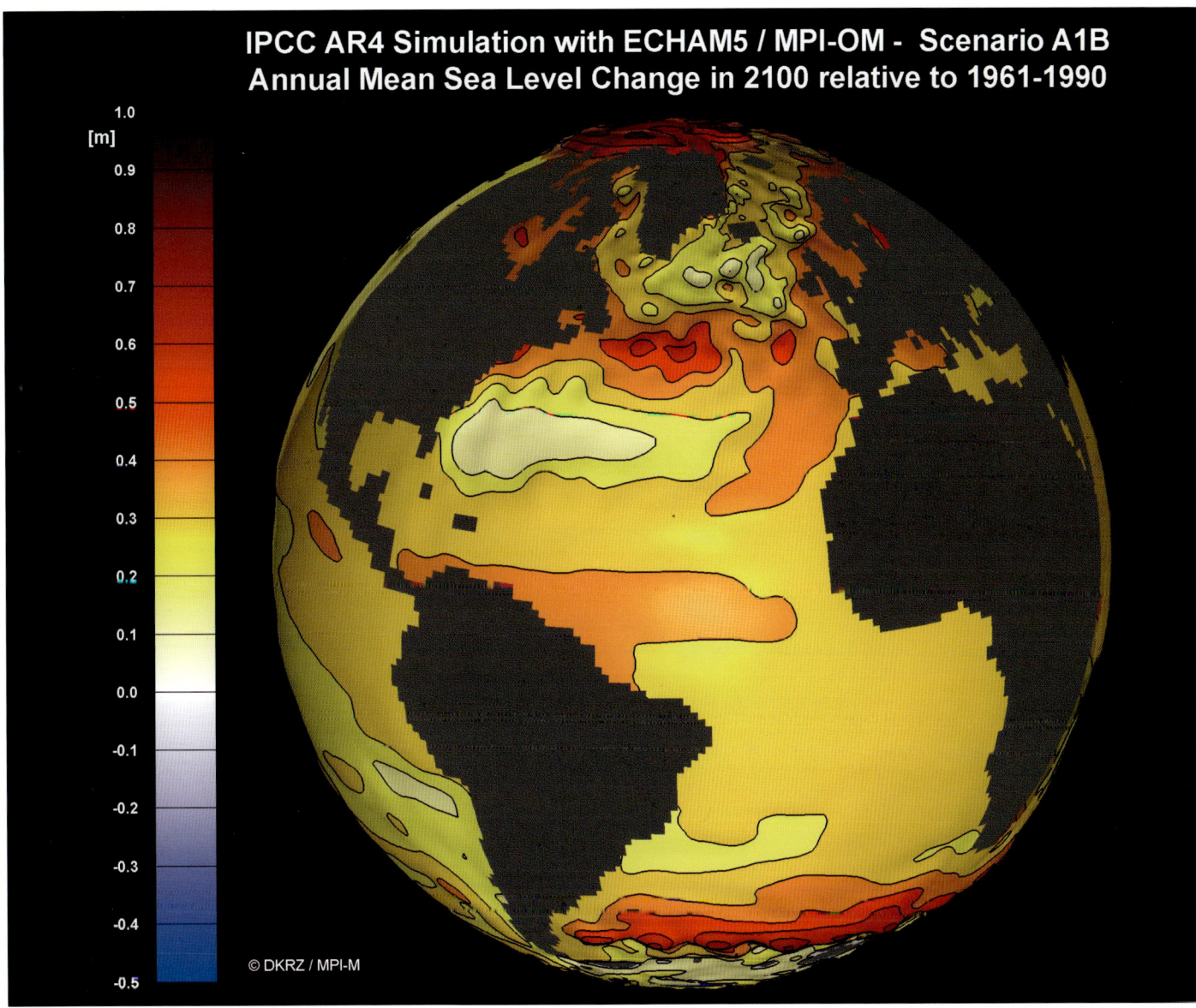

IPCC AR4 Simulation with ECHAM5 / MPI-OM - Scenario A1B
Annual Mean Sea Level Change in 2100 relative to 1961-1990

1.0
[m]
0.9

0.8

0.7

0.6

0.5

0.4

0.3

0.2

0.1

0.0

-0.1

-0.2

-0.3

-0.4

© DKRZ / MPI-M

-0.5

laubsoasen der wettergestressten Nordeuropäer, an deren Stränden immer mehr Bootsflüchtlinge mit der Hoffnung auf Arbeit (und Sozialhilfe?) anlanden. Auch die Berichte über gekenterte Boote mit Armutsflüchtlingen im Mittelmeer häufen sich, vielfach organisiert von Schlepperbanden, die mit dem Elend dieser Menschen ihr Geschäft betreiben – und sie nur allzu oft im Stich lassen, wenn es brenzlig wird. Denn in der Heimat dieser Hoffnungslosen, die ihren einzigen Ausweg im illegalen Grenzübertritt sehen, fehlt es meist an allem. Und es beginnt schon damit, dass noch nicht einmal sauberes Wasser als Grundlage einer jeden Existenz zur Verfügung steht oder solches Wasser von weit hergeholt werden muss.

Mit dem Problem des sinnvollen und gerechten Umgangs mit den Trinkwasserressourcen der Erde wird sich dieses Buch noch intensiver beschäftigen. Zunächst einmal gilt es aufzuzeigen, welches Ausmaß die derzeit vom Menschen herbeigeführte

Klimakatastrophe bereits hat und welche Auswirkungen dieser Klimakatastrophe die Menschheit zu vergegenwärtigen hat. Dies ist alles in dem bereits zitierten IPCC-Bericht niedergeschrieben. Zusammengefasst heißt es darin:

Die vergangenen Jahre sind die wärmsten Jahre auf der Erde seit 1850, seit es wissenschaftlich exakte Aufzeichnungen über das Klimageschehen gibt. Danach ist die durchschnittliche Temperatur der Nordhalbkugel in der zweiten Hälfte des 20. Jahrhunderts höher als in allen anderen Perioden der vergangenen 500 Jahre, wahrscheinlich sogar die höchste Durchschnittstemperatur der vergangenen 1.300 Jahre. Der größte Teil der globalen Temperaturzunahme seit Mitte des 20. Jahrhunderts geht „sehr wahrscheinlich" auf den vom Menschen verstärkten Treibhauseffekt zurück.

In diesem Zusammenhang bleibt anzumerken, dass sehr starker politischer Druck auf die Verfasser des IPCC-Berichtes ausgeübt wurde, um gerade die

Der Anstieg der Meerespegel wird im 21. Jahrhundert regional stark schwanken. Besonders betroffen werden die arktischen Küsten sein – insbesondere dann, wenn auf Grönland weiter die Gletscher schmelzen. Der Globus zeigt die mittlere Änderung des Meeresspiegels im Jahr 2100 im Vergleich zu den Jahren 1961 bis 1990 in dem gemäßigt optimistischen Szenario A1B des UN-Klimarats aus dem Jahr 2007.

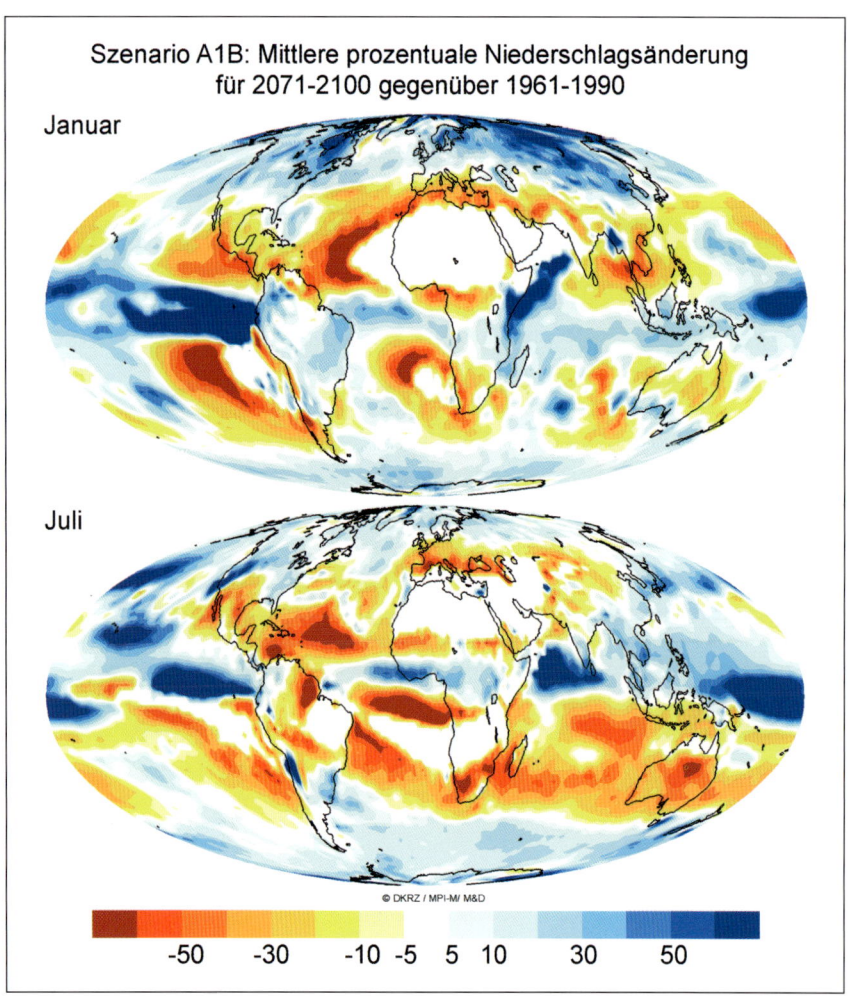

Szenario A1B: Mittlere prozentuale Niederschlagsänderung für 2071-2100 gegenüber 1961-1990

Januar

Juli

© DKRZ / MPI-M/ M&D

-50 -30 -10 -5 5 10 30 50

Im 21. Jahrhundert wird es weltweit mehr Niederschläge geben: Denn infolge der allgemeinen Erwärmung verdunstet mehr Wasser, das sich schließlich wieder zu Regenwolken sammelt. Die Karten zeigen die prognostizierten Niederschlagsänderungen im Januar und Juli in dem gemäßigt optimistischen Szenario A1B des UN-Klimarats aus dem Jahr 2007. Demnach wird vor allem in Äquatornähe und in hohen Breiten zusätzlicher Regen fallen.

Auswirkungen der Menschen auf die Klimasituation zu relativieren. Fragt man allerdings die große Zahl der weltweit anerkannten Wissenschaftler, die an dem Bericht mitgewirkt haben, so fällt die Antwort ganz eindeutig aus: Es ist der Mensch selbst, der der Hauptverursacher der derzeitigen Klimakatastrophe ist.

Weiter heißt es in dem Bericht, dass sich die Ozeane seit den 1960er-Jahren bis in eine Tiefe von 3.000 Metern erwärmt haben. Danach haben die Weltmeere bislang etwa 80 Prozent der Wärme aufgenommen, die dem Klimasystem zusätzlich zugeführt wurde. Der Meeresspiegel ist im 20. Jahrhundert wahrscheinlich um insgesamt 17 Zentimeter gestiegen und wird in diesem Jahrhundert um weitere 18 bis 59 Zentimeter steigen. Neben der Ausdehnung der erwärmten Meere haben die Eisverluste in der Antarktis und auf Grönland zum Anstieg des Meeresspiegels beigetragen. In diesen Regionen fließen die Gletscher zudem schneller. Darüber hinaus sind die Berg-

gletscher und Schneedecken sowohl auf der Nord- als auch auf der Südhalbkugel auf dem Rückzug. Die Temperaturen der oberen Lagen des Permafrostbodens in der Arktis haben seit den 1980er-Jahren um bis zu 3 °Celsius zugenommen. Satelliten- und Ballonmessdaten zeigen, dass sich nicht nur die bodennahen, sondern auch die höheren Luftschichten erwärmen. Eine deutliche Zunahme des Niederschlags wird in den östlichen Teilen Nord- und Südamerikas, in Nordeuropa und Zentralasien beobachtet. Entgegengesetzt zeigt sich die Entwicklung in der Sahelzone, der Mittelmeerregion, im südlichen Afrika und in Teilen Südasiens, wo die Trockenheit zunimmt. Kalte Tage, kalte Nächte und Frost sind weltweit seltener geworden, dagegen treten heiße Tage, heiße Nächte und Hitzewellen häufiger auf. Es gibt zahlreiche Hinweise darauf, dass die Intensität tropischer Stürme im Nordatlantik zugenommen hat. Dies geht einher mit höheren Oberflächentemperaturen der tropischen Meere. In den letzten 100 Jahren hat sich die Temperatur auf der Erde bereits um 0,74 °Celsius erhöht, in den nächsten zwei Jahrzehnten wird die Temperatur alle zehn Jahre um weitere 0,2 °Celsius steigen. Selbst wenn die Konzentration der Treibhausgase des Jahres 2000 auf dem damaligen Stand eingefroren worden wäre, wäre ein Temperaturzuwachs von 0,1 °Celsius pro Jahrzehnt zu erwarten. Um die zu erwartende Klimasituation anschaulich aufzuzeigen, haben die Verfasser des IPCC-Berichtes Klimamodelle in sechs unterschiedlichen Szenarien auf der Basis mathematischer Klimamodelle entwickelt, von denen das günstigste einen Anstieg der Durchschnittstemperatur auf der Erde bis zum Ende des 21. Jahrhunderts von 1,8 °Celsius, im ungünstigsten Fall von 4 °Celsius prognostiziert.

Zusammenfassend sagen die Wissenschaftler im IPCC-Bericht, dass die Folgen des Klimawandels weltweit ungleich verteilt sind. Arme und alte Menschen leiden am stärksten darunter, ebenso die Menschen in den Ländern am Äquator, die in Afrika ohnehin zu den ärmsten Staaten gehören, und vor allem die asiatischen Länder mit hohen Bevölkerungszahlen in den großen Flussdeltas wie auch die Menschen auf den kleinen flachen Inseln der Weltmeere. Darüber hinaus werden bei einem Temperaturanstieg von 1,5 bis 2,5 °Celsius 20 bis 30 Prozent aller Tier- und Pflanzenarten vom Aussterben bedroht sein. Dazu nimmt das Risiko extremer Wetterereignisse wie Wirbelstürme, Dürreperioden und Hitzewellen weiter zu. Einzigartige Ökosysteme sind am Nord- und Südpol sowie in Hochgebirgsregionen gefährdet und Korallenriffe von der Zerstörung bedroht.

Die Wissenschaftler warnen, dass der Gesamtausstoß von Klimagasen spätestens ab dem Jahr 2015 sinken muss, damit der Temperaturanstieg wenigstens auf 2,0 bis 2,4 °Celsius gegenüber vorindustriellen Zeiten beschränkt werden kann. Ohne einschneidende politische Schritte werden die Emissionen in den nächsten Jahrzehnten aber mit hoher Geschwindigkeit weiter steigen. Die Wissenschaftler zeigen auf, dass die nachhaltigsten Beiträge zur Lösung dieses Klimaproblems durch Senkung des Kohlendioxidausstoßes einerseits aus einer effizienteren Energienutzung sowie andererseits aus einer Umstellung der Energieversorgung auf Solarenergie, Windenergie, Biomasse, Geothermie und Wasserkraft erfolgen. Dabei sehen sie aber auch die Kernkraft als Möglichkeit zur Reduktion der Klimagase. Im Übrigen vertreten die Wissenschaftler die Auffassung, dass sich die Kosten für den Kampf gegen den Klimawandel selbst bei den ehrgeizigsten

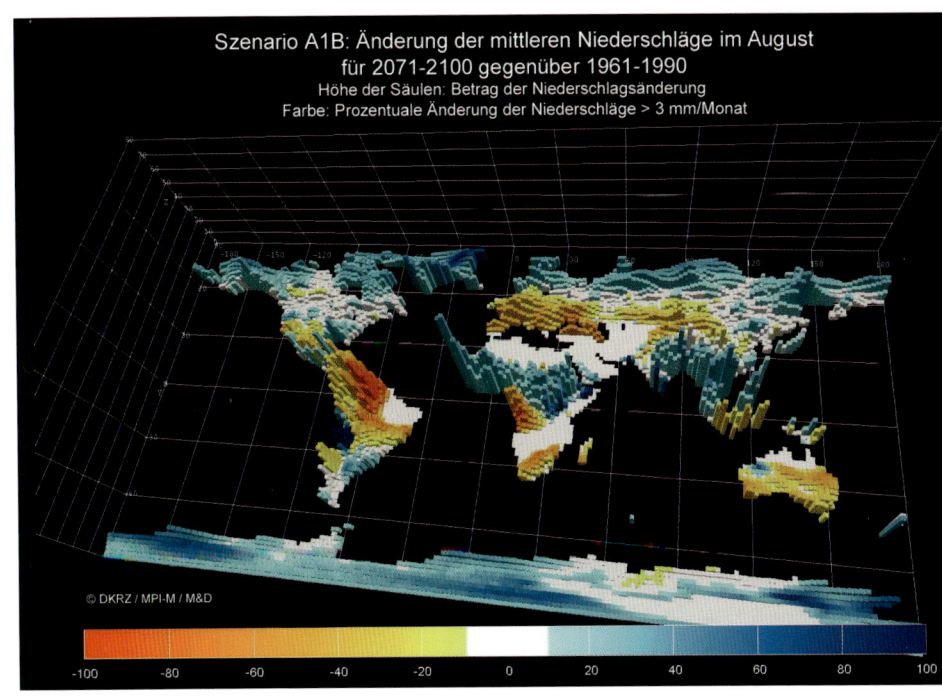

Szenario A1B: Änderung der mittleren Niederschläge im August für 2071-2100 gegenüber 1961-1990
Höhe der Säulen: Betrag der Niederschlagsänderung
Farbe: Prozentuale Änderung der Niederschläge > 3 mm/Monat

© DKRZ / MPI-M / M&D

-100 -80 -60 -40 -20 0 20 40 60 80 100

Szenarien auf weniger als 0,12 Prozent des jährlichen weltweiten Bruttoinlandsprodukts belaufen. Im teuersten Fall müssten bis 2030 weniger als drei Prozent der Weltwertschöpfung hierfür aufgewendet werden.

Heute schon chronisch trockene Gebiete wie Nordafrika werden von der zusätzlichen Feuchtigkeit im 21. Jahrhundert nicht profitieren, genauso wenig wie der Mittelmeerraum oder auch Kalifornien und Australien. Insgesamt wird sich der Gegensatz zwischen feuchten und trockenen Klimazonen verschärfen.

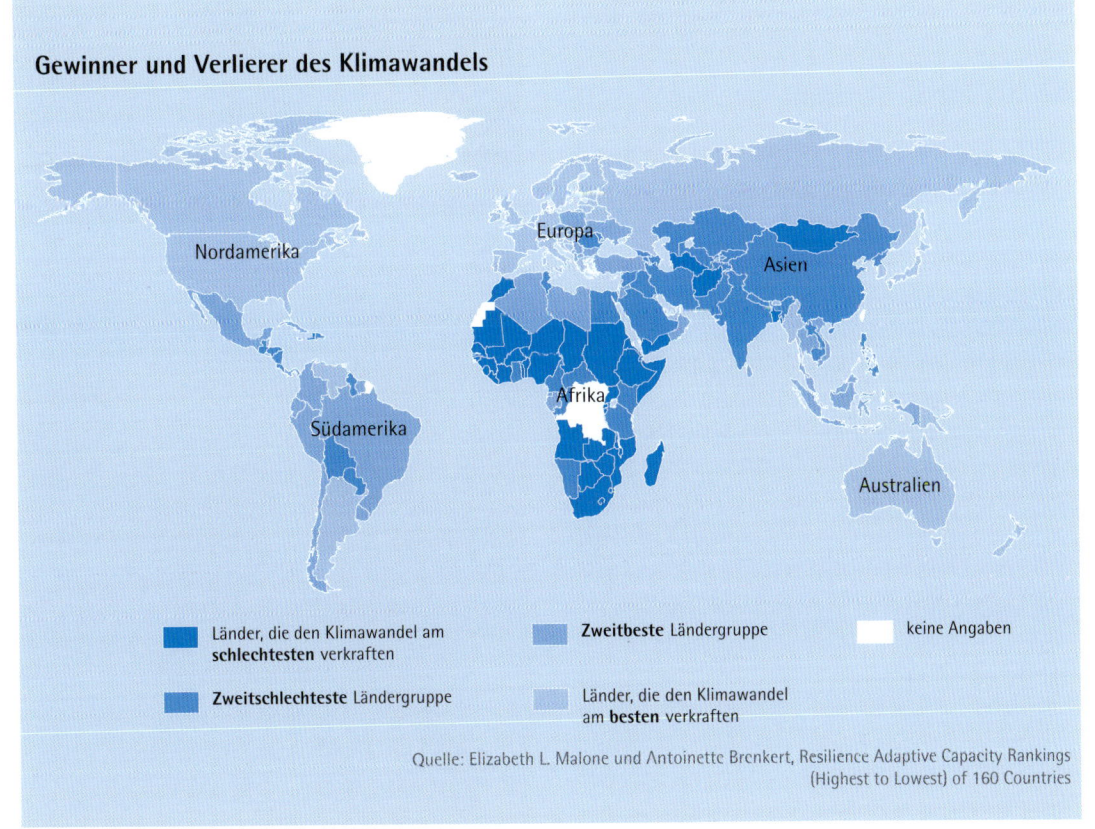

Gewinner und Verlierer des Klimawandels

Nordamerika

Europa

Asien

Afrika

Südamerika

Australien

Länder, die den Klimawandel am **schlechtesten** verkraften

Zweitschlechteste Ländergruppe

Zweitbeste Ländergruppe

Länder, die den Klimawandel am **besten** verkraften

keine Angaben

Quelle: Elizabeth L. Malone und Antoinette Brenkert, Resilience Adaptive Capacity Rankings (Highest to Lowest) of 160 Countries

Unter dem Klimawandel haben nach Einschätzung der internationalen Experten vor allem die ärmsten Weltregionen zu leiden.

Klimageschichte

Wenn heute über die Problematik des aktuellen Klimawandels gesprochen wird, muss man wissen, dass das Klima der Erde seit ihrem Entstehen vor 4,6 Milliarden Jahren nie gleichmäßig war. Es hat immer wieder Kälteperioden und auch Wärmeperioden gegeben, außerdem Zeiten, in denen sich das Klima relativ schnell erwärmt bzw. abgekühlt hat. Doch haben dem immer natürliche Ursachen zugrunde gelegen: Niemals zuvor ist eine solche Erwärmung in diesem Ausmaß und in dieser Geschwindigkeit eingetreten wie durch den derzeitigen, anthropogen herbeigeführten Klimawandel.

Völlig unabhängig von der aktuellen Betrachtung des Klimageschehens ist das irdische Klima trotz aller Schwankungen insgesamt relativ stabil und ausgeglichen geblieben. Dies ist ausgesprochen bemerkenswert, denn seit der Entstehung der Erde hat die Sonneneinstrahlung in den letzten Milliarden von Jahren um 20 bis 30 Prozent zugenommen. Daraus hätte eigentlich eine kontinuierliche Erwärmung der Erdoberfläche mit dem Ergebnis erfolgen müssen, dass sich das Wasser auf der Erde so weit erwärmt, bis es zu kochen beginnt und verdampft. Dadurch hätte kein flüssiges Wasser mehr auf der Erde für das Leben, wie es sich heute auf dem Planeten zeigt, zur Verfügung gestanden. Doch die Entwicklung ist anders verlaufen, denn kompensierende Prozesse haben dafür gesorgt, dass dieses Wasser seit 3,5 Milliarden Jahren vorhanden ist. Dabei spielt die Reduktion des Kohlendioxidgehalts der Atmosphäre der Erde bei gleichzeitigem Anstieg ihres Sauerstoffgehaltes durch die Photosynthese pflanzlichen Lebens die entscheidende Rolle: Es ist der Treibhauseffekt der Atmosphäre, der diesen Ausgleich über die bisherige Lebenszeit der Erde herbeigeführt hat. In gewisser Weise hat sich die Erde also die ihr gemäße Umwelt selbst geschaffen. Dazu kamen ganz entscheidende weitere Einflussfaktoren wie etwa der Vulkanismus, die Plattentektonik und auch unter anderem daraus resultierende Bewegungen in den Luftschichten und Ozeanen. Jedenfalls kann man davon ausgehen, dass die relative Wärme auf der Erde seit dem Ende der letzten Eiszeit vor etwa 12.000 Jahren ganz entscheidend zur Entstehung der frühen Hochkulturen der Menschheit beigetragen hat, der Mensch aber wiederum seit Beginn des Zeitalters der Industrialisierung selbst durch den vermehrten Ausstoß der Klimagase seine eigene Existenzgrundlage beeinträchtigt. Inwieweit durch diesen anthropogenen Eingriff in die Zusammensetzung der Erdatmosphäre die bisherige Klimastabilität durchbrochen wird und der Mensch durch sein Handeln damit einer nächsten, für das komplexe heutige Leben auf der Erde katastrophalen Kaltzeit entgegenwirkt, bleibt abzuwarten. Mit den heutigen Möglichkeiten wissenschaftlicher Beurteilung muss diese Frage noch unbeantwortet bleiben.

Frühzeitliches Erdklima

Von „Klima" im heutigen Sinn kann eigentlich erst gesprochen werden, seit die Erde die mit Sauerstoff angereicherte Atmosphäre besitzt, denn das Klima zuvor war ganz anderen Bedingungen ausgesetzt. Daher verstehen wir das Klima des Sauerstoffzeitalters als die Gesamtheit von Witterungserscheinungen, womit der durchschnittliche Zustand der Atmosphäre über einem bestimmten Gebiet in seiner täglichen und jahreszeitlichen Abfolge umrissen ist. Als Klima bezeichnet man also im Gegensatz zum Wetter keinen Ist-Zustand, sondern das langfristige Witterungsgeschehen. Die wichtigsten Klimakomponenten sind Temperatur, Luftdruck, Windrichtung und -stärke, Niederschläge, Luftfeuchtigkeit, Bewölkung und Sonnenscheindauer mit regionalen Komponenten wie geografische Breite, Relief, Höhenlage und lokalen Komponenten wie Berg- oder Tallage und Wald- oder Offenlage. Und da das Klima auf der Erde nicht konstant ist, sondern sich im Ablauf der Zeit

Der um 1880 entstandene Farbdruck zeigt Landschaft und Tierwelt der Jurazeit vor 200 bis 145 Millionen Jahren in Europa. In dieser zweiten Periode des Erdmittelalters dominierten im Ozean Fisch- und Flossenechsen. Unbestrittene Herrscher des Festlandes waren im Jura die Dinosaurier.

immer wieder ändert, hat man zur Betrachtung von Klimaerscheinungen eine Basisperiode 1961–1990 festgelegt.

Je weiter man die Erdgeschichte zurückverfolgt, umso schwieriger wird es, Aussagen über das Klima früherer Erdzeiträume zu treffen. Aus dem vor 2,5 Milliarden Jahren einsetzenden Erdzeitalter des Proterozoikums liegen Nachweise über die ersten klimatischen Ereignisse vor. Zu diesem Zeitpunkt begann sich die Atmosphäre mit Sauerstoff anzureichern. Zwar hatten die ersten Cyanobakterien schon eine Milliarde Jahre zuvor in den Urozeanen mit der Sauerstoffproduktion begonnen: Doch bis der Sauerstoff aus dem Wasser zu entweichen begann, hatte es dieses Zeitraums bedurft. In dieser Epoche gab es auch die erste weltweite Vereisung der Erde, die nach entsprechenden Zeugnissen am Huron-See regional auch Huron-Vereisung genannt wird. Diese Vereisung währte an die 300 Millionen Jahre und wird erdweit als Archaisches Zeitalter, in dem die Erde fast gänzlich zugefroren war, bezeichnet. In dieser Zeit geriet das Leben in den Ozeanen in große Bedrängnis, denn die Algen waren vom Sonnenlicht abgeschirmt. Leben konnte sich nur im Bereich heißer Quellen, die es wie die „Schwarzen Raucher" heute noch weit verbreitet in den Ozeanen gibt, und in möglicherweise eisfrei gebliebenen äquatorialen Bereichen erhalten haben. Eine Milliarde Jahre später begann die zweite große Vereisung der Erde im sogenannten Algonkischen Eiszeitalter, das vor 950 Millionen Jahren einsetzte. Damals war nur ein Pol vereist, der im Zuge der Kontinentalverschiebung mit dem heutigen Kontinent Europa bedeckt war, wo sich auch Spuren dieser Vereisung gefunden haben. Vor 750 Millionen Jahren folgten dann zwei Eiszeiten dicht aufeinander, die zusammen als Eokambrisches Zeitalter bezeichnet werden. In diesem Eiszeitalter waren wiederum beide Pole vereist, vielleicht war nach der „Snowball-Earth-Theorie" (= Schneeball-Erde-Theorie) sogar die gesamte Erde mit Eis bedeckt. Danach könnte die Erde vom Weltall aus wie ein großer Schneeball ausgesehen haben. Doch Kritiker dieser Theorie weisen darauf hin, dass es immer eisfreie Bereiche gegeben haben muss, in denen der Weiterbestand des Lebens möglich war – denn das Leben hat sich von seinen Urformen bis heute ununterbrochen auf der Erde fortentwickelt. Es folgten das Silur-Ordovizische Eiszeitalter

vor 440 Millionen Jahren und das Permokarbonische Eiszeitalter vor 300 Millionen Jahren.

Das aktuelle Eiszeitalter, auch Quartäres Eiszeitalter genannt, setzte vor 2,6 Millionen Jahren ein – und ist keineswegs abgeschlossen: Wir befinden uns seit 10.000 Jahren in einer Warmphase dieses letzten Eiszeitalters. Aber in dem langen Zeitraum seit der vorletzten Eiszeit ist die klimatische Entwicklung keineswegs kontinuierlich verlaufen. In dieser lang anhaltenden Warmzeit waren Dinosaurier auf der ganzen Erde verbreitet, selbst bis in arktische Breiten hinein. Dennoch kühlte sich das Klima langsam weiter ab. Und es gab auch tief greifende Einschnitte mit abrupten Folgen nicht nur für das Klimageschehen, sondern auch für die gesamte Lebenswelt auf der Erde, wie etwa durch einen gewaltigen Asteroideneinschlag vor 65 Millionen Jahren. Durch den Aufschlag wurde so viel Staub aufgewirbelt und in die Atmosphäre geschleudert, dass der Himmel verdunkelte und darauf eine extrem lange Winterperiode einsetzte. Entsprechende Sedimentfunde in Gesteinen aus dieser Zeit beweisen diese Naturkatastrophe. Zudem wurde im Golf von Mexiko ein Krater mit 170 Kilometern Durchmesser entdeckt, der als Ergebnis dieses Einschlags gelten kann. Durch das Verdampfen schwefelhaltigen Materials aus dem Golf von Mexiko erfolgte eine Unterbrechung der Nahrungskette, die vor allem Großtiere wie die Dinosaurier betraf. Saurer Regen beeinflusste die Pflanzenwelt, parallel wurde der Sauerstoffgehalt der Meere beeinträchtigt. Durch diese Naturkatastrophe wurde ein Massenaussterben von Tier- und Pflanzenarten auf dem Land und im Meer ausgelöst.

Ein weiteres Phänomen der Klimageschichte zwischen der vorletzten und der letzten Eiszeit stellt das Temperaturmaximum an der Grenze zwischen den Erdzeitaltern Paläozän und Eozän vor 55 Millionen Jahren dar. Obwohl sich das Klima tendenziell langsam abkühlte, trat auf einmal eine Periode höherer Temperaturen ein, deren Ursachen bis heute nicht geklärt sind. Möglicherweise wurde durch die insgesamt sinkenden Temperaturen Methan aus der arktischen Tiefsee frei, das als Auslöser dieser Klimaanomalie gelten könnte. In dieser Zeit stiegen die Durchschnittstemperaturen von +18 auf 23 °Celsius, verbunden mit einer starken Zunahme von Kohlendioxid in der Atmosphäre. In dieser Zeit erwärmte sich sogar die

Arktis, die Temperaturdifferenz zwischen Äquator und den Polen sank deutlich.

Während des aktuellen Quartären Eiszeitalters hat sich das Klima in Schüben entwickelt, den Glazialen und den dazwischenliegenden Interglazialen. Die erste nachhaltige Vereisung setzte vor 1,8 Millionen Jahren ein. Über 20 Mal hat sich das Klima

Anmerkung: Kohlendioxid in der Paläoklimatologie

Die Paläoklimatologie ist die Lehre vom Klima vergangener Erdzeitalter. Naturgemäß beschäftigt sich dieser Wissenschaftszweig schwerpunktmäßig mit dem Kohlendioxidgehalt in der Atmosphäre. Eine der Hauptursachen für die Kohlendioxidanreicherung besteht in der Plattentektonik, durch welche die Kontinente aufeinander zudriften und an den Kanten hohe Gebirge entstehen lassen, verbunden mit starkem Vulkanismus. Durch diesen Vulkanismus entweicht Kohlendioxid aus dem Erdmantel, ebenso auch aus der Verwitterung des neu aufragenden Gesteins.

Da die Plattentektonik aber ein diskontinuierlicher Prozess ist, schwankt auch die Freisetzungsrate von Kohlendioxid. Danach gab es während der letzten Millionen von Jahren zwei Phasen niedrigen Kohlendioxidgehalts in der Atmosphäre derzeit und vor etwa 300 Millionen Jahren. Doch in den letzten 600 Millionen Jahren lag der Anteil in der Regel weit höher, auch über 1 Prozent. Zur Erinnerung: Heute sind es über 0,038 Prozent. Dabei lässt sich eine eindeutige Relation zwischen niedrigen Kohlendioxidanteilen und der Vereisung der Erde erkennen. Seit der vorletzten starken Vereisung der Erde im Permokarbonischen Eiszeitalter vor 300 Millionen Jahren ist der Kohlendioxidanteil in der Atmosphäre bis vor 150 Millionen Jahren zunächst angestiegen und hat seither wieder abgenommen. Mit der Abnahme des Kohlendioxidanteils wurde das Klima wieder kälter, bis vor 3 Millionen Jahren die ersten Ansätze zum aktuellen Quartären Eiszeitalter deutlich wurden.

seit diesem Zeitraum abrupt geändert, manchmal bedurfte es nur weniger Jahrzehnte, um beispielsweise in Grönland die Temperatur über 10 °Celsius ansteigen zu lassen. Diese abrupten Klimaänderungen werden als Dansgaard-Oeschger-Ereignisse bezeichnet – nach den beiden Klimaforschern Willi Dansgaard und Hans Oeschger, die diese Phänomene in den 1960er-Jahren beschrieben. Ausgelöst wurden sie durch Veränderungen der in Eiszeiten sehr sensiblen Meeresströmungen im Nordatlantik: Denn nur auf der Nordhalbkugel sind diese Ereignisse eingetreten. Neben den Dansgaard-Oeschger-Ereignissen gibt es die nach dem deutschen Klimatologen Hartmut Heinrich benannten Heinrich-Ereignisse mit ähnlichen Auswirkungen. Diese traten immer dann ein, wenn wahre Massen von Eisbergen sich von den polaren Eisschilden Nordamerikas lösten, durch die Hudson-Straße den Nordatlantik bedeckten, durch Schmelzen den Süßwasseranteil im Meer erhöhten und die atlantische Strömung kurzzeitig zum Erliegen kam.

Während der Glaziale des aktuellen Eiszeitalters drangen die Gletscher aus Skandinavien südwärts bis in das Norddeutsche Tiefland und aus den Alpen nordwärts in das Alpenvorland vor. Am weitesten vereisten die skandinavischen Gletscher das nördliche Ost-, Mittel- und Westeuropa in der Saaleeiszeit vor 230.000 bis 130.000 Jahren. In mehreren Schüben drangen die Eiszungen bis zur mitteleuropäischen Mittelgebirgsschwelle vor und hinterließen Altmoränenlandschaften und Urstromtäler, die im Zuge der nächsten Weichseleiszeit, die nur wenig über die Ostsee nach Nordostdeutschland vorstieß, nicht mehr überdeckt wurden. Dieser letzten Kaltzeit und ihren Eisvorstößen verdanken wir die Jungmoränenlandschaft mit den Urstromtälern von Elbe, Oder, Havel und Spree sowie die eiszeitlich entstandenen Seen zwischen Holstein über Mecklenburg und Ostpreußen bis zum Baltikum. Die Holsteinische Schweiz, die Mecklenburgische Seenplatte und die Masurischen Seen bereichern das Erscheinungsbild der mitteleuropäischen Landschaft in außerordentlichem Maße – und man kann sich heute kaum mehr vorstellen, dass diese Landschaft einst mit Eis bedeckt war!

Das Klima der Nacheiszeit

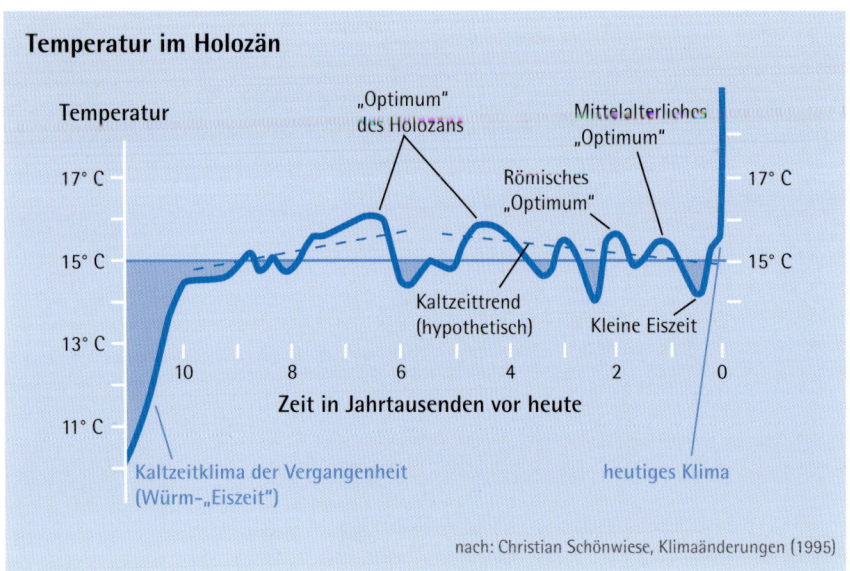

Temperatur im Holozän

Temperatur

17° C

15° C

13° C

11° C

„Optimum" des Holozäns

Römisches „Optimum"

Mittelalterliches „Optimum"

17° C

15° C

Kaltzeittrend (hypothetisch)

Kleine Eiszeit

10   8   6   4   2   0

Zeit in Jahrtausenden vor heute

Kaltzeitklima der Vergangenheit (Würm-„Eiszeit")

heutiges Klima

nach: Christian Schönwiese, Klimaänderungen (1995)

In der aktuellen Warmzeit des Holozäns erfolgte die Entwicklung des Menschen vom Nomadendasein zur modernen Gesellschaft. Noch nicht abschließend geklärt sind die Ursachen für markante Klimaschwankungen wie die wärmere Phase der Römerzeit oder die Kleine Eiszeit, die vom 15. bis in das 19. Jahrhundert herrschte.

Mit dem Ende der letzten Eiszeit vor 10.000 Jahren begann die Warmzeit, in der wir jetzt leben. Dieser jüngste Abschnitt der Erdgeschichte wird als Zeitalter des Holozäns bezeichnet. Der französische Zoologe Paul Gervais schuf diesen Begriff in Anlehnung an das Altgriechische als das „völlig Neue". Der niederländische Nobelpreisträger Paul Josef Crutzen schlägt ergänzend vor, den jetzt aktuellen Zeitabschnitt als „Anthropozän" zu bezeichnen, weil der Einfluss des Menschen auf diesen letzten Abschnitt der Warmzeit immer deutlicher sichtbar wird.

So wie die Kalt- und Warmzeiten der früheren Erdzeitalter nicht einheitlich verlaufen sind, so zeigte auch die vor etwa 10.000 Jahren einsetzende jüngste Warmzeit große Ausschläge in ihrer Entwicklung, zunächst auch völlig unabhängig von den aktuellen anthropogenen Einflüssen. Offensichtlich sind diese Ausschläge aber weniger ausgeprägt als in vorangegangenen Perioden ausgefallen, denn diese relative Stabilität im Klimageschehen hat wohl entscheidend zur Ausbildung der frühen Hochkulturen der Menschheit beigetragen. Dennoch sind die Auswirkungen des Klimawandels zur heutigen Warmperiode für das Erscheinungsbild wie für das Leben auf der Erde von grundsätzlicher Bedeutung gewesen. Der Beginn des grundsätzlichen Abtauens der Eismassen als Überbleibsel der letzten Kaltzeit des derzeitigen Eiszeitalters ist mit den heutigen wissenschaftlichen Untersuchungsmethoden der grönländischen Eisbohrkerne sowie aus Sedimentuntersuchungen der Eifelmaare gut eingrenzbar.

Dies war vor etwa 11.700 Jahren der Fall, auch wenn danach noch einmal mit dem Klimaabschnitt der Jüngeren Dryas für annähernd 1.200 Jahre eine Kälteperiode einsetzte. Die vorangegangene Erwärmung um 2 bis 2,5 °Celsius setzte große Mengen „süßen" Schmelzwassers frei und verminderte die thermohaline Zirkulation, mit der die in den polaren Breiten erzeugten dichten, besonders salzhaltigen und kalten Wassermassen in tiefere Bereiche des Ozeans absinken und warmes tropisches Wasser aus der Karibik nachziehen. Durch die so verminderte thermohaline Zirkulation wurde für Mittel- und Nordeuropa die „Fernwärme" blockiert, die uns bis heute über den Golfstrom das für unsere Breiten zu warme Klima beschert. Mit der 1.200 Jahre langen Abkühlung blieb das Schmelzwasser aus und die Temperaturen stiegen wieder deutlich über die der vorangegangenen Kaltzeit an, auch wenn sie noch nicht die Durchschnittswerte des Holozäns erreichten.

Unterteilt wird die aktuelle Warmzeit in das Altholozän bis circa 7250 v. Chr., das Mittelholozän bis gut 2000 v. Chr. und das jetzige Jungholozän. Ein wichtiges Datum für den endgültigen Beginn des relativ unvermittelt einsetzenden Holozäns ist der Rückzug des Eises aus dem nördlichen Mitteleuropa nach Mittelschweden, wodurch sich die Billinger Pforte öffnete, die bis dahin den Abfluss des Schmelzwassers aus der Ostsee verhinderte und nunmehr ihren Wasserspiegel auf Meeresniveau senkte.

Der Übergang der letzten Eiszeit zur neuen Warmzeit stellte die Lebenswelt in den Eisrückzugsgebieten vor große Probleme. In dieser Übergangsperiode verschwanden viele der großen Säugetiere von der Bildfläche. Der Übergang zur Steppenvegetation mit einem teilweise für diese Tiere nicht verträglichen Pflanzenwuchs ließ viele dieser großen Arten wie beispielsweise das Mammut aussterben. Man spricht in diesem Zusammenhang vom großen Holozän-Massensterben.

Die „Vorwärmezeit" als erster Abschnitt des Altholozäns wird als Präboreal bezeichnet, das etwa bis 8750 v. Chr. reichte. Die Gletscher hatten sich bereits zurückgezogen und eine Tundrenlandschaft hinterlassen, die sich nun allmählich mit ersten Büschen und Bäumen anreicherte, so mit Haselsträuchern, Birken und Kiefern. Die Durchschnittstemperatur stieg auf etwa 7 °Celsius an,

die Sommer waren nur wenig kühler als heute, aber die Winter blieben noch hart. Für die Menschheit war es der Übergang von der Altsteinzeit zur Mittelsteinzeit. In dem ab 8750 v. Chr. einsetzenden zweiten, als Boreal bezeichneten Abschnitt des Altholozäns wurde es warm und trocken und erste Wälder breiteten sich aus.

Der Warmzeitabschnitt des Mittelholozäns setzte mit dem Atlantikum um 7250 v. Chr. ein und führte bei zunächst gleichförmiger Klimaentwicklung zum Klimaoptimum des gesamten Holozäns. In seinem wärmsten Abschnitt war es in Norddeutschland 1 bis 2 °Celsius wärmer, aber etwas feuchter als heute. Eichenmischwald mit Ulmen, Linden und Haselbäumen breitete sich aus, sodass dieser Abschnitt des Holozäns auch als „Atlantische Eichenzeit" bezeichnet wird. Es entwickelte sich eine reiche Tierwelt, bestehend aus Säugetieren wie Reh, Rothirsch, Wildschwein, Ur, Elch, Braunbär, Wildpferd, Fuchs, Biber, Hase, Fischotter, Wildkatze, Luchs, Dachs und Iltis, dazu Wildente, Schwan, Wasserhuhn und Kranich sowie Fische wie Wels, Hecht und Barsch. Die Tundrengrenze verschob sich weit nach Norden in die vormals unwirtliche polare Kaltwüste. Die Klimaerwärmung führte zum weiteren Abschmelzen der Gletscher, in Nordamerika brach vor 8.340 Jahren der Damm des 440.000 Quadratkilometer großen Agassizsees ein, seine Schmelzwassermassen unterbrachen kurzzeitig den Golfstrom und bereiteten Europa einen Klimaeinbruch.

Anmerkung: Der Agassizsee

Zu Beginn der heutigen Warmzeit schmolzen die eiszeitlichen Gletscher ab und ungeheure Schmelzwassermassen suchten sich ihren Weg. So staute sich in Nordamerika der Agassizsee über eine Fläche von 440.000 Quadratkilometern zum größten Süßwassersee der Erde auf, dessen Reste heute von den Großen Seen zwischen den Vereinigten Staaten und Kanada gebildet werden. Als vor rund 8.340 Jahren sein Damm aus Eis und Geröll brach, ergossen sich seine Wassermassen in den Nordatlantik. Menschen dürften damals kaum zu Schaden gekommen sein, denn der Norden des heutigen Kanadas war wenig besiedelt.

Doch auf der anderen Seite des Nordatlantiks wirkte sich der Dammbruch auf die Steinzeitmenschen verheerend aus. Durch den Zustrom des Süßwassers verringerte sich damals der Salzgehalt des Nordatlantiks, das Meerwasser wurde leichter, folglich sank es nicht mehr tief genug. Die Wasserströme kamen ins Stocken, der wärmende Golfstrom wurde unterbrochen, die Temperaturen im Westen Europas sanken zeitweise um rund 5 °Celsius.

Exkurs: Die Sintflut

Sinflut-Sagen sind in vielen Kulturkreisen verbreitet. Auch die biblische Sintflut-Erzählung ist nicht originär, sondern findet Vorbilder unter anderem im Gilgamesch-Epos, der babylonischen Flutsage, die vom Fluthelden Utnapischtim handelt, der eine sechs Tage während Flut überlebt. Nach dem Text des Alten Testaments überlebt nur Noah, der von Gott auserwählt war und auf göttliche Anweisung eine Arche gebaut hat, mit seiner Frau Hanna, ihren drei Söhnen, den Schwiegertöchtern und vielen Tieren die biblische Flut. Als die Flut zurückgeht, landet die Arche auf dem Berg Ararat, und das Leben kann sich wieder über die Erde ausbreiten.

Gewaltige Flutkatastrophen sind sicherlich als Folge des Übergangs von der Eiszeit zur Warmzeit häufig gewesen und haben sich mit ihren katastrophalen Auswirkungen tief in die Erinnerung der Menschen eingegraben. Solche Fluterlebnisse sind dann in der Überlieferung von Generation zu Generation weitergegeben worden, bis sie in das religiöse Umfeld einbezogen und auch niedergeschrieben wurden. In

der biblischen Ausführung der Sintflut-Sage gilt die Flut als Strafe Gottes für das lasterhafte Leben, das die Menschen auf Erden geführt haben. Als Noah gerettet ist, schließt Gott mit ihm und den Menschen einen neuen Bund, als Zeichen dieses Bundes gilt der Regenbogen.

Den Hintergrund für die Sintflut-Sage könnte der Durchbruch des Bosporus vor knapp 8.000 Jahren liefern. Es gibt deutliche Hinweise darauf, dass sich damals gewaltige, aus dem Mittelmeer kommende Salzwasserfluten in das tiefer liegende Schwarze Meer ergossen. Während der letzten Eiszeit bildete das bis zu 2.200 Meter tiefe Schwarze Meer einen großen Süßwassersee. Die gewaltigen Eismassen der letzten Eiszeit hatten so viel Wasser gebunden, dass die Meeresspiegel gesunken waren und der Bosporus trocken lag. Mit dem Abschmelzen der Eismassen stieg der weltweite Meeresspiegel wieder an, bis sich Mittelmeerwasser durch den Bosporus in das damals 100 Meter tiefer liegende Schwarze Meer ergießen konnte. Die Überflutung weit besiedelter Küstengebiete könnte somit Schauplatz der biblischen Sintflut gewesen sein.

Die Klimaerwärmung ließ auch den Meeresspiegel um 120 Meter gegenüber dem der vorangegangenen Eiszeit ansteigen. So schoss um 5500 v. Chr. das Mittelmeer durch den Bosporus und überflutete das Schwarze Meer, das bis dahin ein See gewesen war. Die im Zuge der allgemeinen Meeresspiegelanhebung überfluteten Küstenräume ließen das feste Land zurückweichen, und es bildeten sich in etwa die heutigen Küstenlinien. So wurden damals beispielsweise auch die Britischen Inseln vom europäischen Kontinent getrennt.

Aber auch das Klimaoptimum des Holozäns lief nicht ganz ohne Abweichungen ab. So wird diese Periode in das erste Hauptoptimum in der Zeit von 5500 bis 4100 v. Chr., eine darauf folgende Kälteperiode in der Zeit von 4100 bis 2500 v. Chr. und in die Zeit des zweiten Hauptoptimums von 2500 bis 1800 v. Chr. unterteilt.

Diese Unterteilung ist deshalb von großer Bedeutung, weil sich in dieser Zeit die größte Umbruch-

periode der Menschheit vollzog. Es ist die Zeit des Neolithikums, in der die bislang als Jäger und Sammler in Horden lebenden Menschen Ackerbau und Viehzucht erlernten und begannen, sesshaft zu werden. Die ersten Hochkulturen entstanden im sogenannten Fruchtbaren Halbmond am Nil und am Euphrat und Tigris sowie am Indus und in China.

Im Klimaoptimum des Holozäns war es aber nicht nur bedeutend wärmer als heute, sondern auch bedeutend feuchter. Die heutige Sandwüste der Sahara war zu dieser Zeit eine teilweise auch üppig bewachsene Steppe, teilweise sogar von ganzjährig Wasser führenden Flüssen durchzogen. Galeriewälder säumten die Flusstäler und Wadis. Der Tschadsee wies ein Vielfaches seiner heutigen Größe auf. Großtierarten wie Giraffen, Elefanten und Nashörner durchstreiften die Savannenlandschaften, Krokodile und Flusspferde die Wasserlandschaften. Die Menschen trieben ihre Viehherden durch dieses Land – all dies ist in den prähistorischen

Felszeichnungen an den Felswänden der Sahara festgehalten. Doch auch die mittelasiatischen Wüsten wie etwa die pakistanische Thar-Wüste sahen damals dank des viel weiter um sich greifenden indischen Monsuns grün aus. Auch das südwestliche Afrika war insgesamt feuchter, die Wüste Namib deutlich geschrumpft.

Doch nun setzte das Kältepessimum zwischen den beiden Hauptoptima ein. Die Zeit zwischen 4100 bis 2500 v. Chr. war durch niedrigere Temperaturen und zurückgehende Niederschläge sowie in der Folge durch einen rasanten Rückzug der Savannenvegetation gekennzeichnet, und es setzte die Desertifikation der Wüstengebiete wie vor allem

Mit dem Pfahlbaumuseum besitzt die Gemeinde Uhldingen eine der Attraktionen des Bodensees. Die Rekonstruktion eines in der Jungstein- und Bronzezeit üblichen Pfahlbaudorfes im Wasser ist weit über die Grenzen des Bodenseegebietes hinaus bekannt.

der Sahara ein. Die Sahara bot nun den Menschen keine Lebensgrundlage mehr, und sie zogen sich in die Oasen und vor allem an den Nil, an Euphrat und Tigris, an den Indus und in China an den Huang-Ho, den „Gelben Fluss", zurück. Wer in diesen Flusstälern überleben wollte, musste den Fluss regulieren, um Ackerbau betreiben zu können. Dies konnten die Menschen aber nicht alleine, sie mussten sich organisieren, es entstanden dörfliche, von Priestern geführte Wassergemeinschaften wie zuerst an Euphrat und Tigris, aus denen sich dann die frühen Städte der Menschheit entwickelten, wie etwa Uruk am Euphrat 300 Kilometer südlich vom heutigen Bagdad.

Wenn auch mit zeitlicher Verzögerung fand auch in Europa der langsame Übergang von umherziehenden Wildbeuter-Kulturen zu mindestens teilweise sesshaften Ackerbauern-Gesellschaften und Viehzüchtern statt. Denn nur dort, wo durch Ackerbau und Viehzucht Nahrungsüberschüsse produziert wurden, konnte sich die eindrucksvolle Megalith-Kultur entwickeln, deren Großsteingräber in Südostspanien, in der Bretagne, in England, Irland und Nordwestdeutschland zu finden sind. Diese gigantischen Anlagen wie Antequera in Südostspanien oder Stonehenge in England sowie die unzähligen kleineren Dolmen und Hügelgräber konnten nur auf der Basis einer produktiven Landwirtschaft entstehen, wie sie von den damaligen Klimabedingungen begünstigt wurde. In diese Epoche fällt auch der Übergang von der Steinzeit in die Bronzezeit.

Das Jungholozän als dritte Phase der derzeitigen Warmzeit setzte um 3000 v. Chr. ein. Diese Epoche begann mit langsamem Temperaturrückgang und allmählicher Niederschlagsverminderung. So wird beispielsweise das rückläufige Nilhochwasser als eine der Ursachen des Untergangs des Altägyptischen Reichs angesehen. Ein weiteres Klimapessimum folgte ab 1200 v. Chr. mit den niedrigsten Temperaturen seit der letzten Kaltzeit. Doch schon ab 500 v. Chr. stiegen die Temperaturen wieder zum sogenannten Römischen Optimum an. Nur dank dieser Warmperiode war es Hannibal möglich, mit seinen Elefanten im Jahr 217 v. Chr. die Alpen zu überqueren. Es handelt sich auch um die Zeit, in der die Römer den Weinanbau am Rhein, an der Mosel und der Ahr einführten. Erfolgreiche Städtegründungen wie Trier, Köln oder Xanten waren in diesem Umfang nur aufgrund der für die Landwirtschaft so günstigen Wirtschaftsbedingungen möglich.

Unmittelbar verbunden mit dem Untergang des Römischen Reichs ist eine erneute Klimaverschlechterung. Etwa ab 300 n. Chr. bestimmten sinkende Temperaturen und Trockenheit das sogenannte Pessimum der Völkerwanderungszeit. In Italien wurde es kühler, die Aridisierung Arabiens und Innerasiens schritt voran. Zwischen 300 und 400 n. Chr. ließen Dürreperioden den Handel über die Seidenstraße zum Erliegen kommen. Zeitgleich begannen die Hunnen-Einfälle in Europa, ausgelöst durch die Austrocknung ihrer Weideflächen in Zentralasien. Das Pessimum der Völkerwanderungszeit fiel zwar nicht so nachhaltig aus wie die kältere Periode vor dem Römischen Optimum, doch veranlasste es auch germanische Völkerscharen, wegen verschlechterter Lebensbedingungen den Nord- und Ostseeraum südwarts zu verlassen und in das ohnehin schon vom Untergang gezeichnete Römische Reich einzudringen.

Nach einer erneuten Klimawende ab dem 8. und 9. Jahrhundert setzte von 1200 n. Chr. bis 1400 n. Chr. das Mittelalterliche Optimum ein. Die Temperaturen lagen um etwa 1 °Celsius höher als heute. Es ist die Zeit, in der die Wikinger über den Atlantik bis Nordamerika vordrangen und Grönland, das „Grüne Land", besiedelten. Es ist auch die Zeit, in der in Deutschland Weinbau im dreifachen Umfang gegenüber heute betrieben wurde. Der Weinbau drang sogar bis Pommern und Südschottland vor. Der landwirtschaftliche Flächenbedarf für die wachsende Bevölkerung führte zu umfangreichen Waldrodungen – das Verhältnis von Wald, Ackerland und Weide entsprach schon damals dem heutigen Verhältnis. Doch schon ab 1250 n. Chr. begannen die Temperaturen wieder zu sinken.

Die sogenannte Kleine Eiszeit hielt bis 1850 n. Chr. an. Kühle Sommer und strenge Winter führten zum Beispiel in England zu Missernten und Hungersnöten. Berühmt sind die Bilder der holländischen Maler des 17. Jahrhunderts mit dem beliebten Motiv der zugefrorenen Grachten und Kanäle, auf denen die Menschen Schlittschuh laufen. Diese Epoche ist ohnehin schicksalsreich für Europa. Sturmfluten nagten an der norddeutschen und niederländischen Küste, die Zuiderzee erweiterte sich tief ins Land, die Nordseeinseln von Texel vor der nordholländischen Küste bis Fanø vor der dänischen Küste wurden vom Festland abgetrennt. Nasskalte Sommer führten zu Missernten und in der Folge zu Hungersnöten – die auch daraus resultierende Landflucht hatte also nicht nur in der Anziehungskraft der wachsenden Städte unter dem Motto „Stadtluft macht frei" ihre Ursache. Die Pest raffte die Menschen schon seit 1248 n. Chr. dahin, und sie brach in den folgenden Jahrhunderten immer wieder aus. Großes Elend verbreitete auch der Dreißigjährig Krieg, als Truppen aus aller Herren Länder brandschatzend und mordend durch Deutschland zogen.

Die letzte Siedlung der Wikinger auf Grönland wurde um 1500 aufgegeben. Im Nordatlantik hatte die saisonale Eisbedeckung wieder zugenommen, der Kontakt zum Ursprungsland war längst abgeschnitten. Nun stießen die Inuit mit ganz anderen, an die veränderten Umstände angepassten Lebensweisen in alle Teile Grönlands vor.

In Mitteleuropa sank die Waldgrenze wieder, die Landwirtschaft zog sich auch aus den Höhenlagen der Mittelgebirge wieder zurück, Wüstungen hinterlassend. Oft reifte das Getreide nicht mehr aus, die Ernte verfaulte, Mehltau- und Pilzbefall beeinträchtigten die Ernten, Mutterkornvergiftungen griffen um sich. Aufgrund der verschlechterten Versorgungslage auf dem Land wanderten zunehmende Bevölkerungsteile in die Städte aus, wo sich deshalb auch die Situation aus Mangelernährung und Hygieneproblemen verschärfte. Sintflutartige Regenfälle ließen die Flüsse zunehmend über die Ufer treten, der so angerichtete Schaden war enorm. Das Jahr 1342 gilt als das größte Katastrophenjahr in dieser Hinsicht. Die Bevölkerung stagnierte, weil auch immer mehr Menschen in die Neue Welt auswanderten.

Die Kleine Eiszeit hat aber nicht nur im abendländischen Lebens- und Kulturkreis Spuren hinterlassen. Sie lässt sich beispielsweise genauso in Tibet durch dendrologische Untersuchungen nachweisen. Genau wie in den Alpen, wo vom 16. bis in die Mitte des 19. Jahrhunderts die Gletscher vorstießen, haben sich auch auf dem Dach der Welt die Gletscher nachhaltig vergrößert – verursacht wohl durch ein verringertes sommerliches Abschmelzen der monsunal ausgelösten Schneefälle. Gleichzeitig trocknete die Sahara aus. Libyen, die einstige Kornkammer des Römischen Reichs, fiel als Getreideanbaugebiet zunehmend aus.

Ab der Mitte des 19. Jahrhunderts sind dann die ersten Anzeichen einer erneuten Erwärmung festzustellen. Die Kleine Eiszeit ging zu Ende und leitete ein neuzeitliches Wärmeoptimum ein. Die Ursachen dieser seit 1850 einsetzenden Klimaänderung sind noch weitgehend unbekannt. Eines steht allerdings fest: Der Mensch war zu dieser Zeit noch nicht der Verursacher. Sicherlich hatte

Anmerkung: Pluvial und Interpluvial

Für die eiszeitlichen Veränderungen des Klimas wurden die Begriffe „Glazial" (= Kaltzeit) und „Interglazial" (= Warmzeit) geprägt. Doch sind für die Beurteilung der jeweiligen Klimasituation auch andere Faktoren entscheidend, so etwa die Frage nach den jeweiligen Niederschlägen. Denn keineswegs verlaufen Temperatur- und Niederschlagsentwicklungen parallel.

So unterscheidet man noch die Begriffe „Pluvial" (= niederschlagsreiche Phase) und „Interpluvial" (= trockene Phase), die primär auf die Eiszeitalter bezogen werden. Doch ist es natürlich viel schwieriger, die Niederschlagsverhältnisse früherer Epochen zu bestimmen. Fest steht aber, dass die Klimaverschlechterung nach der Kleinen Eiszeit im ausgehenden Mittelalter mit einer nachhaltigen Zunahme der Niederschläge vor allem auch im Sommer verbunden war. Dies wirkte sich für die Versorgung der nach dem Dreißigjährigen Krieg wieder ansteigenden Bevölkerung besonders nachteilig aus, da angesichts der damaligen Ackerbaumethoden Ernteausfälle an der Regel waren. Die schlechten Klimabedingungen mit überdurchschnittlich hohen Niederschlägen begünstigten auch die Ausbreitung der Kraut- und Knollenfäule, eine Pilzerkrankung der Kartoffel, die in ganz Europa ab 1848 zu verheerenden Hungersnöten führte. In Irland, wo die Kartoffel angesichts der für die Knolle hier günstigen Wachstumsbedingungen zum Hauptnahrungsmittel geworden war, starb ein großer Teil der Bevölkerung an Hunger, ein weiterer Teil wanderte in der Not nach Amerika aus.

die Entwaldung in Europa bis dahin schon großen Umfang angenommen, die Kohleverbrennung war seit dem Mittelalter immer üblicher geworden, hatte aber noch keine klimarelevanten Ausmaße angenommen. Das geschah aber immer nachhaltiger mit der ausufernden Verbrennung aller fossilen Energieträger, der aus dem Bevölkerungswachstum resultierenden Entwaldung und dem

Exkurs: Der Blanke Hans – der Untergang von Rungholt

Die Kleine Eiszeit erreichte im 14. Jahrhundert ihren Höhepunkt. Besonders die Küsten litten unter zunehmenden Schäden aus orkanartigen Stürmen. Solche Sturmfluten häuften sich schon seit dem 13. Jahrhundert. Ihre Auswirkungen wurden immer schlimmer, weil ihre Gewalt zunahm und auch menschliches Zutun seinen Anteil hatte, so zum Beispiel die Torfstecherei, die zur Absenkung des Landes führte. Die schlimmsten dieser Fluten gingen mit ihren nach den Kalenderheiligen benannten Namen oder Festtagsnamen in die Geschichte ein. Dann tobte der Blanke Hans über der Nordsee, womit in der Sprache der Seeleute sowohl die Kraft der Wellen als auch die Kraft des Sturms zum Ausdruck gebracht wird, die die Deiche bedroht und die Schiffe auf See gefährdet. Zu den besonders katastrophalen Sturmfluten zählen die sogenannten Marcellusfluten.

Die erste Marcellusflut, auch erste *Grote Mandränke* (= große Manntränke) genannt, suchte vom 15. bis 16. Januar 1219 hauptsächlich den westlichen Teil der Nordseeküste heim und soll viele Tausend Menschenleben gekostet haben. Sie trat um 2,50 Meter über die Deichkronen Nordfrieslands und überschwemmte die gesamten Marschländer von Eiderstedt, Dithmarschen und Nordstrand. Ihren Höhepunkt erreichte sie am 16. Januar, dem Marcellustag.

Die zweite Marcellusflut am 16. Januar 1362 ging ebenfalls als *Grote Mandränke* in die Geschichte ein. Es war eine der größten Sturmflutkatastrophen an der Küste. Die Chroniken sprechen von rund 100.000 Toten. Weite Gebiete wurden überschwemmt und gingen verloren, Jadebusen, Dollart, Harle und Leybucht wurden weiter vergrößert. In Nordfriesland reichte das Wasser bis an den Geestrand. Östlich des heutigen Pellworm versank der Ort Rungholt in den Fluten, einer der wichtigsten Orte Nordfrieslands im Mittelalter. Rungholt hatte nämlich auf einer Torfschicht gelegen, die durch Entwässerung in sich zusammensackte und deshalb leichtes Opfer der Flut geworden war. Damals entstand auch der Norderhever, der einst als Fluss das Festland entwässerte und seither zum Priel geworden ist.

In der Zeit nach der Flut wurde das Gebiet von Rungholt auf Alt-Nordstrand wieder besiedelt, aber mit der Sturmflut von 1532 erneut überschwemmt. Damals teilten die Fluten die Insel Alt-Nordstrand, von der heute noch Nordstrand, Pellworm und die Hallig Nordstrandischmoor verblieben sind. In der Sturmflut von 1632 gingen dann auch noch die letzten Reste des Festlandes hier unter und hinterließen seither das Watt.

Die Legendenbildung hat Rungholt mit dem Mythos der versunkenen Stadt versehen und aus Rungholt einen Sündenpfuhl gemacht. Ihr Untergang sei die Strafe Gottes gewesen. Man erzählte sich Wunderdinge über den Reichtum, die Größe und die Gottlosigkeit der Bewohner der Stadt, die eigentlich nur ein bäuerlicher Hafen gewesen war. Erst der Dichter David von Liliencron hat der lokalen Legende um Rungholt ein poetisches Denkmal gesetzt. Nach seinem Aufenthalt in Husum 1882/83 verfasste er sein Lied „Trutz, Blanke Hans" mit der berühmten Zeile:

„Heut bin ich über Rungholt gefahren,
die Stadt ging unter vor sechshundert Jahren,
noch schlagen die Wellen da wild und empört,
wie damals, als sie die Marschen zerstört."

Im Jahr 1652 fertigte der Husumer Kartograf Johannes Mejer auf der Grundlage alter Kirchenlisten eine Karte des Ortes Rungholt an, der 1362 von einer der größten Sturmfluten an der Nordseeküste zerstört worden war. Trotz großer Ungenauigkeiten lässt die Karte die enormen Landverluste in Bereichen der norddeutschen Küstengebiete erahnen.

Ausstoß auch weiterer Klimagase seit dem Zweiten Weltkrieg. Seither sind die goldenen Zeiten wärmerer Klimaabschnitte bei geringer Weltbevölkerung vorbei.

Exkurs: Von der Zuiderzee zum Ijsselmeer

Die Zuiderzee war eine tiefe Einbuchtung der Nordsee in die Niederlande. Diese flache Meeresbucht mit einer Tiefe von zwei bis vier Metern ragte an die 100 Kilometer in das Land hinein und war bis zu 50 Kilometer breit. Mit der Fertigstellung des großen Abschlussdeiches im Jahr 1932 wurde die Zuiderzee von der Nordsee abgetrennt und das dadurch entstandene Binnenmehr nunmehr Ijsselmeer genannt. Die Entstehung der Zuiderzee geht etwa auf das 7. Jahrhundert v. Chr. zurück, als Sturmfluten durch den Dünengürtel der Nordsee in das sich seit der Eiszeit leicht absenkende, flache Moorgebiet im Norden der heutigen Niederlande brachen. Das sich landeinwärts bildende Seengebiet wurde vor allem durch die Ijssel als Nebenarm des Rheins (Nederrijn) und durch weitere kleine Zuflüsse aus dem heutigen Veluwegebiet mit Wasser aufgefüllt. Die immer noch nach der römischen Bezeichnung *lacus flevo* als Flavosee benannte Meeresbucht weitete sich aus und erhielt im Mittelalter die Bezeichnung Almere (= Aalmeer), wonach auch die neue große Stadt im Südwesten der Provinz Flevoland benannt wurde. Durch Sturmfluten wie die Julianaflut im Jahr 1164, die erste Marcellusflut 1219 und die zweite Marcellusflut 1228 sowie die Luciaflut 1287 brachen erneut große Mengen Nordseewasser in die Meeresbucht ein und erweiterten sie in außerordentlichem Maße. So entstand neben der Zuiderzee auch die Waddenzee zwischen den Westfriesischen Inseln, die die Niederländer als Waddeneilanden bezeichnen.

Bereits um 1360 war mit dem Deichbau an der Südküste der Zuiderzee begonnen worden, so dass die Fischersiedlungen hier besser vor der Unbill der Nordsee geschützt werden konnten. Schon innerhalb weniger Jahrzehnte wurden aus diesen Siedlungen am Südrand der Zuiderzee beachtliche Handels- und Stapelplätze, die – wie Harderwijk, Elburg oder Kampen – der Hanse beitraten und nun aufstrebend am Nord- und Ostseehandel teilnehmen konnten. Doch in dem Maße, wie sich im Übergang vom Mittelalter zur Neuzeit vor allem die holländischen Interessen nach Übersee verlagerten und mit dem Gewürzhandel noch mehr als mit dem Nord- und Ostseehandel zu verdienen war, verloren diese Plätze an Bedeutung.

Pläne, die Zuiderzee durch einen Damm von der Nordsee zu trennen und so die Städte vor Sturmfluten zu bewahren, reichen bis in das 17. Jahrhundert zurück. Doch damals reichten die Mittel für ein so umfassendes Bauwerk noch nicht aus. Erst mit der Planvorlage des Wasserbauingenieurs Cornelis Lely (1854–1929), die 1918 endgültig vom niederländischen Parlament genehmigt wurde, konnte tatsächlich mit den Arbeiten begonnen werden – neben dem Küstenschutz ging es vor allem auch um Landgewinnung und Schaffung eines großen Süßwasserreservoirs, um der Bodenversalzung vorzubeugen. Die unter der Bezeichnung Zuiderzeewerke laufenden Arbeiten setzten mit dem Bau der Deiche für den Wieringemeerpolder an der Spitze Nordhollands ein. Mit dem Amsteldiepdeich wurde die Insel Wieringen an das Festland angeschlossen und die Landfläche des Wieringemeers trockengelegt. Das Hauptbauwerk der Zuiderzeewerke ist der 1932 fertiggestellte Abschlussdeich. Er ist 32 Kilometer lang und 90 Meter breit. Über den Deich führt die Autobahn A 7 von Sneek nach Amsterdam mit einer Halte-, Tank- und Wendemöglichkeit bei Breezanddijk. Im Deich befinden sich die Schleusen von Den Oever und Kornwerderzand. Im Zuge der weiteren Arbeiten der Zuiderzeewerke folgten der Noordoostpolder bis 1942, Oostelijk Flevoland bis 1957 und Zuidelijk Flevoland bis 1967. Zwar wurde noch der Markerwaarddijk angelegt, aber auf die Trockenlegung des Markermeeres verzichtet. Der Deich mit der Nationalstraße N 302 stellt eine wichtige abkürzende, aber sehr windige Verkehrsverbindung zwischen Enkhuizen und Lelystad dar.

Mit der Realisierung der Maßnahmen im Rahmen der Zuiderzeewerke wurden auch zusätzliche neue Freizeit- und Erholungsräume geschaffen. Das Ijsselmeer ist ein Paradies für Segler und Surfer. Neue Radwege wurden am Ufer angelegt. Und es gibt eine Vielzahl von Stränden, meist aus angeschüttetem Sand, die flach abfallen und daher besonders kinderfreundlich sind. Der schönste dieser Strände erstreckt sich in einem Bogen unterhalb des Leuchtturms auf der ehemaligen Insel Urk, der ältesten Gemeinde der Provinz Flevoland.

Seit 1932 trennt der Abschlussdeich das Ijsselmeer – die ehemalige Meeresbucht Zuiderzee – vom Wattenmeer. Durch den Bau von Deichen und das Abpumpen von Wasser entstand anschließend fast das gesamte Gebiet der Provinz Flevoland. Dort befinden sich heute die Provinzhauptstadt Lelystad und die auf dem Foto abgebildete Stadt Almere. Die seit 1975 förmlich aus dem Nichts entstandene Stadt ist heute mit mehr als 180.000 Einwohnern die achtgrößte Stadt der Niederlande.

Die Klimazonen der Erde

Die bisherige Betrachtung des Klimas war weitgehend auf die erdgeschichtlichen Abläufe bezogen. Bei dieser Betrachtung waren – neben der Zusammensetzung der Lufthülle – die Veränderung der Sonneneinstrahlung und der Stellung der Erde zur Sonne sowie besonders auch die geografische Verteilung der Land- und Wassermassen auf der Erde von Bedeutung für das Klima und seine weitere Entwicklung. Diese Faktoren sind auch bis heute noch maßgeblich für das Erscheinungsbild des Klimas in den unterschiedlichen geografischen Zonen der Erde. Im Einzelnen sind für das jeweilige Klima auf der Erde noch folgende Faktoren von Bedeutung:

- Sonnenein- und -abstrahlung
- Sonnenscheindauer
- Luftdruck
- Lufttemperatur
- Wind
- Bewölkung
- Niederschlag
- Verdunstung
- Wassertemperatur
- Salzgehalt des Meeres
- Meeresströmungen
- Eis- und Schneedicke

Das Klima der Erde wird in Klimazonen als geografische Regionen der Erde unterteilt, in denen abhängig von den Breitengraden und der Jahreszeit bestimmte Bestrahlungs- und damit Temperaturverhältnisse herrschen. Diese werden über den Einfallswinkel des Sonnenlichtes und die Zeitdauer der Bestrahlung, also die Tageslänge, definiert.

Mit zunehmenden Breitengraden nimmt die Neigung der scheinbaren Sonnenbahn gegenüber dem Horizont und damit der Einfallswinkel des Sonnenlichtes ab. Während am Äquator die Sonnenstrahlen senkrecht auf die Erdoberfläche fallen, ist der Einfallswinkel des Lichtes an den Polen 0 Grad. Die Tageslängen variieren mit der Jahreszeit. Auf der südlichen Halbkugel haben die Tageslängen zu den Sonnenwenden am 21. Juni ihr Minimum und am 21. Dezember ihr Maximum – auf der nördlichen Erdhalbkugel ist es umgekehrt. In Abhängigkeit der Breitengrade und der Jahresdurchschnittstemperaturen kann zwischen der polaren, der subpolaren, der gemäßigten, der subtropischen und der tropischen Klimazone unterschieden werden. Eine Sonderform stellen die Hochgebirgsregionen dar, die selbst in den Tropen polare Erscheinungsbilder aufweisen können.

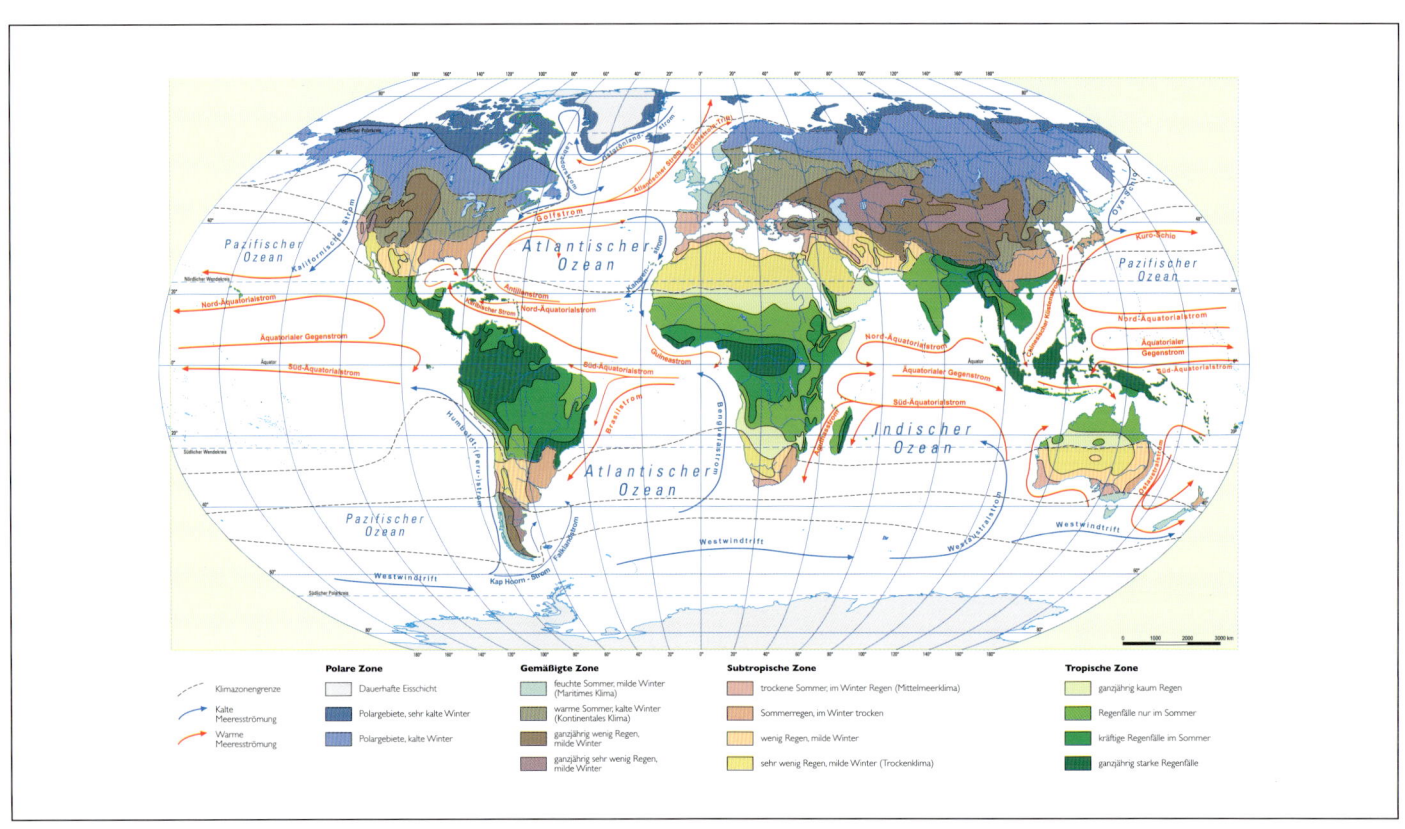

Tropische Klimazone

Um den Äquator breitet sich die Region des Tropenklimas aus. Dieser Regenwaldgürtel ist durch ganzjährig sehr hohen Sonnenstand mit Tageslängen zwischen 10,5 und 13,5 Stunden und zweimaligen Zenitstand der Sonne gekennzeichnet. Die Jahreszeiten haben keine thermische Ausprägung. Es herrscht ein Tageszeitenklima: Die täglichen Temperaturschwankungen sind größer als die jährlichen. Die Temperatur weist in den inneren Tropen fast gleichbleibende Monatsmittelwerte über 18 °Celsius auf. Kennzeichnend ist die wenige 100 Kilometer breite Tiefdruckrinne über dem Äquator, verursacht durch die von Norden und Süden auftreffenden Passatwinde. Hier steht die Sonne im Zenit, die Luft erwärmt sich, steigt auf, kühlt ab und bildet angesichts der hohen Luftfeuchtigkeit hoch reichende Wolkenformationen, die zu umfangreichen Niederschlägen führen. Über dem Pazifik und Atlantik steht diese auch als Kalmenzone bezeichnete Konvergenzzone still, in anderen tropischen Regionen wechselt sie zyklisch mit dem Jahreszeitenverlauf. Auflandige Passat- und Monsunwinde regnen sich heftig ab. So reicht das Tropenklima von immerfeucht bis in etwas trockenere, wechselfeuchte Randzonen. Insgesamt ist die Region durch hohes Wasserangebot gekennzeichnet: Hier gibt es die wasserreichsten Flüsse der Erde wie den Amazonas und den Kongo.

Ein Fluss schlängelt sich im Amazonasgebiet durch den Regenwald. Tropische Regenwälder gedeihen rund um den Globus jeweils etwa bis zum zehnten Breitengrad.

Ein kleiner Wasserfall ergießt sich in einem tropischen Wald in einen Bach.

Subtropische Klimazone

Das Capo Coda Cavallo an der Nordwestküste Sardiniens ist beliebt bei Seglern, Surfern und Tauchern. Die „Pferdeschwanzbucht" ist gesäumt von den stachligen Büschen der Macchie, einer immergrünen Gebüschformation der weltweit einzigartigen mediterranen Hartlaubvegetationszone.

Zu den Wendekreisen hin steigen die jahreszeitlichen Temperaturschwankungen an. So werden die Subtropen als Klimazone mit hohen Sommer- und geringeren Wintertemperaturen definiert, die in trockene, winterfeuchte, sommerfeuchte und immerfeuchte Subtropen unterteilt werden. Eigentlich spricht man überall dort von Subtropen, wo die Jahresmitteltemperatur über 20 °Celsius liegt. Die Temperaturunterschiede zwischen Tag und Nacht nehmen zu, die Landschaftsformen reichen von der Savanne über die Steppe und Wüste, wo die mögliche Verdunstung den Niederschlag stets übertrifft, bis zum mediterranen Erscheinungsbild.

In Äquatornähe herrscht noch tropisches Wechselklima. Die Temperaturen können sehr hoch werden, Regen- und Trockenzeiten wechseln sich ab, wobei die Regenzeiten in Äquatorrichtung deutlicher hervortreten. Durch periodische Wasserführung der Flüsse kommt es zu Überschwemmungen in den Regenzeiten, in der Trockenzeit findet starke mechanische Verwitterung durch die Erosionswirkung des Wassers und des Windes statt, die tiefe Schluchten in das Gebirge gräbt und beispielsweise auch Erdrutsche verursacht. Je weiter man sich vom Äquator entfernt, desto mehr nehmen die Extreme an Temperatur und Trockenheit zu.

Gemäßigte Klimazone

Polwärts folgt in den hohen Mittelbreiten warm-
gemäßigtes winter- oder sommertrockenes Klima
mit großen jahreszeitlichen Temperaturunter-
schieden. Relativ warme Sommer und kalte Winter sowie geringe Luftfeuchtigkeit und Niederschläge zeichnen das kontinental-gemäßigte
Klima aus, das entsprechende maritim-gemäßigte
Klima zeigt sowohl thermisch als auch den Niederschlag bzw. die Luftfeuchte betreffend einen
ausgeglicheneren Verlauf. Diese gemäßigte Klimazone erstreckt sich vom Polarkreis bis zum 40.
Breitengrad. Die mittleren Breiten der gemäßigten
Klimazone breiten sich in der Westwindzone aus.
Die jahreszeitlichen Unterschiede sind sehr ausgeprägt, nehmen in Richtung Äquator jedoch etwas
ab. Auch die Unterschiede zwischen Tag und
Nacht variieren je nach Jahreszeit sehr. Die Tages-
längeschwankungen reichen von acht bis 16
Stunden, die Niederschläge verteilen sich über das
ganze Jahr, was die Witterung eher unbeständig
macht. Die Niederschlagsmenge beträgt durchschnittlich 800 Millimeter im Jahr, nach den
Tropen weisen die gemäßigten Breiten damit die
zweitbeste Wasserversorgung aller Klimazonen
der Erde auf.

Die gemäßigte Klimaregion wird unterschieden in
sommergrüne Laub- und Nadelwälder, winterkalte
Steppen, winterkalte Wüsten und den nördlichen
Nadelwaldgürtel. In der sommergrünen Laub- und
Nadelwaldzone herrscht See- und Übergangs-
klima bei Niederschlägen zwischen 500 und 1.000
Millimetern pro Jahr. Der Temperaturdurchschnitt
des kältesten Monats beträgt in Westeuropa 2 bis
10 °Celsius, im kontinentalen Bereich bis unter
–30 °Celsius. Im Westen dominieren Frühjahrs-
und Sommerhochwasser, je weiter man nach dem
Osten Europas kommt, desto mehr nehmen die
Wasserstandsschwankungen der Flüsse zu. Die
Vegetationsdauer beträgt 160 bis 210 Tage. Die
winterkalten Steppen weisen kontinentales Klima
mit strengen Wintern und heißen Sommern bei
Niederschlägen zwischen 250 und 400 Millimetern jährlich auf, wobei periodisch Trockenjahre
auftreten. In den ganz trockenen Gebieten liegt
der Grundwasserspiegel sehr tief, im Sommer
herrscht großer Wasserbedarf, sodass zunehmend
die Wasserführung der Flüsse für menschliche
Zwecke genutzt wird. Die winterkalte Wüste weist
im Sommer heiße Tage und kühle Nächte bei großer Trockenheit mit weniger als 250 Millimetern

Niederschlag auf. Die Flüsse versickern oder münden in Endseen, darüber hinaus gibt es Grundwas-
seroasen. Der nördliche Nadelwaldgürtel ist durch
gemäßigt kontinentales Klima mit langen, sehr
kalten Wintern und kurzen, warmen Sommern gekennzeichnet. Die geringen Niederschläge fallen
im Sommer. In Tiefländern und Senken breiten
sich Sümpfe aus. Nach der Eis- und Schneeschmelze treten Überschwemmungen auf.

Ein Gebirgsbach fließt durch einen herbstlichen Laubwald. Sommergrüne Laub- und Mischwälder sind typisch für die gemäßigte Klimazone Mitteleuropas, zu der Deutschland vollständig gehört.

Subpolare Klimazone

Die subpolare Klimazone bildet den Übergang zwischen polarer Klimazone und gemäßigter Zone mit halbjährlichem Wechsel von außertropischen Westwinden im Sommer und polaren Ostwinden im Winter. Im Süden wird sie durch den Polarkreis begrenzt. In den hochkontinentalen Bereichen Asiens und Amerikas reicht sie auch noch weiter südwärts. Die subpolare Klimazone ist niederschlagsarm, im Durchschnitt fallen nur 300 Millimeter Niederschlag jährlich. So wächst die winterliche Schneedecke nicht über eine Höhe von 30 Zentimetern hinaus, wegen der geringen Verdunstung bleibt das Klima trocken. Lediglich dort, wo – wie in Island – der Golfstrom die Region berührt, sind Niederschlag und Feuchtigkeit höher. Die Sonnenbestrahlung geht im Winter auf Null zu, im Sommer bleibt die Nacht dämmrig. Das subpolare Wechselklima weist strenge, sieben bis neun Monate lange Winter auf, die Sommer sind entsprechend kurz, der Temperaturschnitt des wärmsten Monats beträgt 5 bis 12 °Celsius.

Karg und unwirtlich erscheint die baumlose Landschaft der subpolaren Tundra, hier auf der Nordatlantik-Insel Island.

Auf der Bolschewik-Insel im Arktischen Ozean nördlich des russischen Festlands schlängelt sich ein Schmelzwasser führender Fluss durch eine Tundrenlandschaft. Die Tundra ist der vorherrschende Vegetationsgürtel der subpolaren Klimazone.

Polare Klimazone

Die polare Klimazone der Arktis und Antarktis ist durch Kältewüsten gekennzeichnet. Die Temperaturen liegen unter 0 °Celsius, die Niederschläge sind gering und die solare Einstrahlung der Sonne ist reduziert – im Durchschnitt beträgt sie 40 Prozent weniger als am Äquator. Selbst im Sommer bei ununterbrochener Sonnenbestrahlung bleibt die Sonnenbahn niedrig. Im kurzen Sommer liegt der Temperaturdurchschnitt des wärmsten Monats bei 6 °Celsius. Grönland und der antarktische Kontinent sind mit Eispanzern von 2.000 bis 3.000 Metern Mächtigkeit bedeckt. Die polaren Meere tragen Eispanzer, hier treiben Eisberge und -schollen, Gletscher bearbeiten die Küsten, für die Antarktis ist die Schärenküste typisch. Im Allgemeinen weist die polare Klimaregion keine Vegetation auf, lediglich auf der westantarktischen Halbinsel sieht man im Sommer Algen, Moose und Flechten. Die Eisbären sind auf die nordpolare Region beschränkt, Pinguine gibt es nur in der Antarktis.

Eine Eisbärin stapft durch den Schnee der Arktis. Die in den Treibeisregionen der Arktis beheimateten Eisbären sind mit einer durchschnittlichen Größe von zweieinhalb Metern von Kopf bis Rumpf bei männlichen Tieren die größten an Land lebenden Raubtiere der Erde.

Ein Eisberg schwimmt in der Andvord Bay, die einen tiefen
Einschnitt in der Antarktischen Halbinsel bildet. Am Ende der
Bucht liegt Neko Harbour, benannt nach einem Walfangschiff,
das dort im frühen 20. Jahrhundert ankerte.

Das Wetter

Ein Wissenschaftler bei der Installation eines Hygrometers: In Brandenburg modellierten Meteorologen im Jahr 2003 für eine Fläche von 100 Quadratkilometern den Energie- und Wasserkreislauf, um davon ausgehend Klimaprognosen zu erstellen.

Als Wetter wird der physikalische Zustand der als Troposphäre bezeichneten unteren Atmosphäre, die je nach Situation bis in Höhen von zehn oder 15 Kilometern reicht, zu einem bestimmten Zeitpunkt und an einem bestimmten Ort beschrieben. Die räumliche Zusammenfassung des Wetters ergibt die Wetterlage, der Wetterablauf mehrerer Tage die Witterung. Erst der langfristige Ablauf ergibt das Klima. Damit die Meteorologen weltweit auf gleicher Basis arbeiten können, richtet man sich nach der international anerkannten Empfehlung der *World Meteorological Organization* (WMO), die Perioden von 30 Jahren für sinnvoll hält, um Klima zu definieren: Als Bezug dienen danach die statistischen Daten der Jahre 1901–1930, 1931–1960 und 1961–1990.

Das Klima setzt also sozusagen den Rahmen für das Wetter, das sich in der unteren Atmosphäre abspielt. Dabei sind die Geschehnisse in der Atmosphäre, die unter dem ständigen Einfluss der Sonneneinstrahlung steht, abhängig von speziellen Einflussfaktoren, die ausgehen von der Hydrosphäre – dem Wassersystem der Erde aus Ozeanen, Seen, Flüssen und dem Wasserdampf in der Atmosphäre –, der Kryosphäre – dem Eis der Meere und Landmassen sowie deren Schneebedeckung –, der Biosphäre – den Lebewesen auf der Erde –, der Pedosphäre – dem Boden der Erde – sowie nicht zuletzt der Lithosphäre – den Gesteinen der Erdoberfläche.

Das Wetter wird unter anderem gekennzeichnet durch die Wetterelemente Luftdruck, Luftbewegung, Temperatur, Luftfeuchtigkeit, Sicht und Bewölkung. Die Art der Wettererscheinungen wird beeinflusst vom Standort auf der Erde – also ob man sich näher an den Polen oder am Äquator

befindet – und in welcher Position sich dabei die Erde zur Sonne befindet. Die jeweiligen Wetterdaten werden in Wetterstationen zu international einheitlichen Terminen beobachtet und an die Wetterdienste übermittelt, denen sie als Ausgangsmaterial für die Wettervorhersage dienen. Schon aus der Vielfalt der oben aufgeführten Einflussfaktoren des Wetters wird deutlich, wie komplex das gesamte System ist – und wie schwierig es ist, Wettervorhersagen mit so vielen unterschiedlichen Größen zu treffen. Erst mit der modernen Datenverarbeitung ist es überhaupt möglich geworden, die Vielzahl der Messgrößen in Vorhersagesysteme einzugeben und daraus das zukünftige Wetter zu errechnen. Dabei ist trotz allen Fortschritts in der Datenverarbeitung immer noch das Wissen der Meteorologen gefragt: Denn bei den mathematisch errechneten Vorhersagen kann es sich nur um Näherungswerte handeln, die

Zusammensetzung der Luft

Bestandteil	Molekulargewicht (g/mol)	Prozentualer Anteil an der Gesamtanzahl der Moleküle
Stickstoff	28,016	0,7808 (75,51 % Massenanteil)
Sauerstoff	32,000	0,2095 (23,14 % Massenanteil)
Argon	39,94	0,0093 (1,28 % Massenanteil)
Wasserdampf	18,02	0,0093 (1,28 % Massenanteil)
Kohlendioxid	44,01	0–0,04 (75,51 % Massenanteil)
Neon	20,18	325 ppm (parts per million)
Helium	4,00	5 ppm (parts per million)
Krypton	83,7	1 ppm (parts per million)
Wasserstoff	2,02	0,5 ppm (parts per million)
Ozon	48,00	0–12 ppm (parts per million)

Exkurs: Bauernregeln

Landwirtschaft ist in früheren Zeiten viel risikoreicher gewesen als heute. Deshalb haben die Bauern das Wetter immer genau beobachtet, wobei ihnen jährliche Regelmäßigkeiten auffielen, etwa in den Wetterabläufen oder im Wachstum von Obst und Getreide. Diese Erfahrungen wurden von Generation zu Generation weitergegeben und vielfach in Versform zusammengefasst. Ihre Existenz reicht bis in die Zeit vor der Christianisierung zurück. Mit der Einführung des Christentums wurden die Bauernregeln dann auf die Kalenderheiligen bezogen, die aber seit Einführung des Gregorianischen Kalenders durch Papst Gregor XIII. im Jahr 1582, der den vorangegangenen Julianischen Kalender ablöste, nicht mehr taggenau passten. Ein Beispiel dafür bietet folgende Regel: „St. Veit (15. Juni) hat den längsten Tag, Lucie (13. Dezember) die längste Nacht." Gemeint sind hier jedoch der 21. Juni und der 21. Dezember. Eine der bekanntesten Regeln ist wohl die des Siebenschläfer-Tages am 27. Juni: „Wenn's am Siebenschläfer regnet, sind wir sieben Wochen mit Regen gesegnet."
Die Bezeichnung für diesen Tag, der sich im Übrigen auch mit dem Gregorianischen Kalen-

der verschoben hat, geht auf die Legende von den sieben Märtyrern Maximian, Malchus, Martinian, Dionysius, Johannes, Serapion und Constantin zurück, die sich zur Zeit der Christenverfolgung unter Kaiser Decius im Jahr 251 in einer Höhle bei Ephesus verstecken, dort aber eingemauert werden. Sie fallen in einen tiefen Schlaf und werden rund 200 Jahre später an einem 27. Juni wieder befreit.
Eine weitere bekannte Bauernregel lautet: „Vor Nachtfrost bist du sicher nicht, bevor Sophie (15. Mai) vorüber ist." Der Zeitraum vom 12. bis zum 15. Mai gehört den Eisheiligen. Mit nördlichem Wind wird im Mai frische, trockene Polarluft nach Mitteleuropa herangeführt. Deshalb steigt bei dieser Wetterlage trotz Sonnenscheins die Temperatur kaum über 15 °Celsius. Die zusätzliche kalte Sophie am 15. Mai kommt besonders in Süddeutschland zum Tragen, da die Kaltluft länger braucht, ehe sie von Nord- nach Süddeutschland gelangt. Nachtfrost kann verheerend für die Obstblüte sein, vor allem, wenn es Anfang Mai warm war und die Bäume und Sträucher austreiben.
Übrigens ist die Eintrittswahrscheinlichkeit von Bauernregeln sehr viel höher, als man bei Beginn der modernen Wettervorhersage angenommen hat.

Luft kann wechselnde Mengen Wasserdampf – also gasförmiges Wasser – aufnehmen: Je wärmer sie ist, desto mehr, je kälter sie ist, desto weniger. Die üblichen Werte des Wasserdampfgehalts der Luft schwanken zwischen einem Zehntel Volumenprozent an den Polen und drei Volumenprozent in den Tropen.

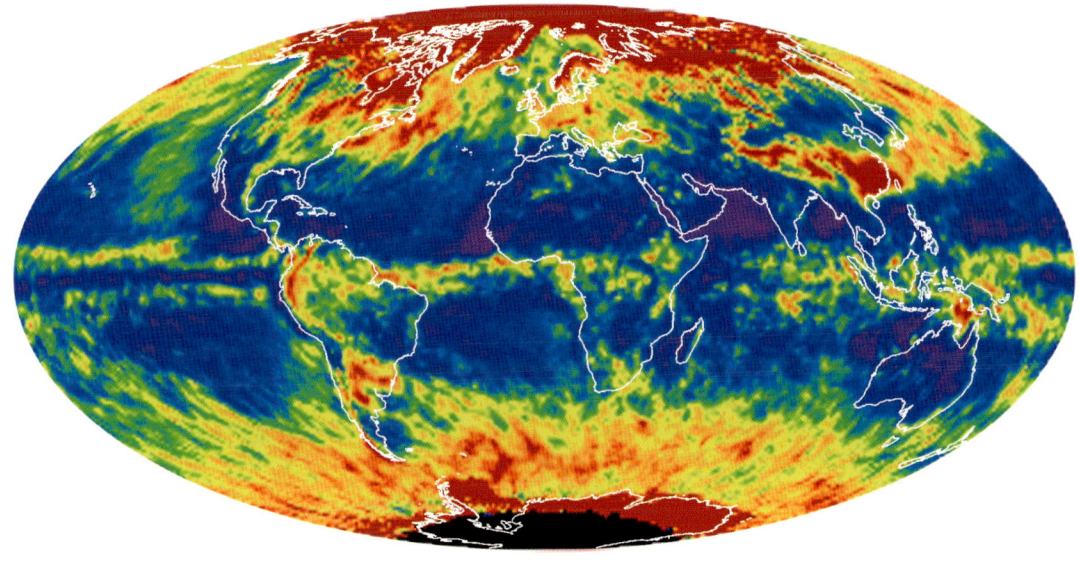

eben nicht alle regionalen Einflussfaktoren be-rücksichtigen können. Dennoch sind heute Wetter-prognosen über drei bis vier Tage mit einer hohen Sicherheit versehen, aber schon bei einer Woche beträgt die Sicherheit nur noch 50 Prozent. Aber schon diese Sicherheit über drei bis vier Tage ist von allergrößter wirtschaftlicher Bedeutung für die Landwirtschaft, für den Verkehr, für den Touris-mus und für viele andere Bereiche.

Einer der großen Unsicherheitsfaktoren bei der Wettervorhersage ist nach wie vor der Anteil des Wasserdampfes in der Atmosphäre. Er kann bis zu vier Prozent betragen, und bei dem hohen Eigen-gewicht bedeutet dies sogar einen überpro-portionalen Masseanteil an der gesamten Atmo-sphäre. Im Gegensatz zu der hohen Variabilität des Wasserdampfanteils ist das Gasgemisch der Atmosphäre bis in Höhen von 100 Kilometern weitgehend homogen – das heißt, dass durch alle Schichten der Atmosphäre die Anteile der einzel-nen Gasanteile identisch sind. Denn bis zu dieser Höhe ist die turbulente Durchmischung der Atmo-sphäre hierfür ausreichend groß. Erst darüber fin-det eine diffusive Trennung der schwereren von den leichteren Molekülen statt, wobei am äußeren Rand der Erdatmosphäre in etwa 1.000 Kilo-metern Höhe dann nur noch die leichtesten Gase Helium und Wasserstoff zu finden sind. Außer Ozon ist also nur der Wasserdampf ein sogenann-tes variables Gas in der bis 100 Kilometer Höhe reichenden Atmosphäre. Alle anderen Luftbe-standteile sind permanente Gase. So ist es also der Wasserdampf, der durch seine große räumliche und zeitliche Variabilität die Vielfältigkeit des Wetters verursacht. Hinzu kommt die Tatsache, dass Wasser unter den normalerweise in der Erd-atmosphäre herrschenden Bedingungen in allen drei Aggregatzuständen vorkommt, also dampf-förmig, flüssig und fest. Dies trifft auf keinen an-deren Gasbestandteil der Luft zu, wenn man von der Auskristallisation von Kohlendioxid bei extrem niedrigen Temperaturen von unter –80 °Celsius absieht.

Wolken

Ein wichtiges Indiz für die Wetterlage bilden die Wolken. Bei Wolken handelt es sich um eine Ansammlung von Wassertropfen in der Troposphäre, der unteren Atmosphäre. Bodennah bildet sich Nebel, nur bei höheren Wolken können diese auch aus Eiskristallen bestehen. Wolken treten in unterschiedlichsten Erscheinungsformen auf, lassen sich aber dennoch klassifizieren. Grundsätzlich wird zwischen tiefen, mittelhohen und hohen Wolken unterschieden. In der Troposphäre der mittleren Breiten gelten alle Wolken unterhalb von zwei Kilometern Höhe als tief, jene in Höhen von zwei bis sieben Kilometern als mittelhoch und alle, die in Höhen oberhalb von sieben Kilometern vorkommen, als hohe Wolken. Wolken lassen sich auch nach ihrem Aussehen unterscheiden, so in haufenförmige, schichtförmige und schleierförmige.

Cumulus

Zu den tiefen Wolken zählt die Cumuluswolke, die typische Haufen- oder Quellwolke. Ihre Untergrenze ist glatt und durch den Eigenschatten abgedunkelt, was sie bedrohlich aussehen lässt. Sie türmt sich zu weißen, blumenkohlartigen und scharf gegen den Hintergrund abgehobenen Aufquellungen auf, die durchaus bis in den mittelhohen Wolkenhorizont hinaufreichen können. Cumuluswolken treten meist bei schönem Wetter auf, wenn die Luft etwas feuchter ist. Aus mächtigen Cumuluswolken kann es auch abregnen.

Stratus

Stratusbewölkung bildet eine einheitlich graue Wolkenschicht, die nicht selten den ganzen

Haufenwolken (Cumulus) schweben über ein reifes Getreidefeld. Die klassische Schönwetterwolke verspricht trockenes Wetter.

Federwolken (Cirrus) ziehen über eine Tundrenlandschaft auf Island. Die Schlechtwetterboten künden ein Unwetter an.

wolken haben häufig eine graue Unterseite, da ihre Wassertröpfchen relativ viel Licht absorbieren.

Nimbostratus

Zu den typischen Regenwolken zählen Nimbostratuswolken. Sie entstehen durch Aufgleitbewegung an einer Warmfront und ergeben den als Landregen bezeichneten lang anhaltenden gleichmäßigen Niederschlag, der im Winter als dauerhafter Schnee fallen kann. Die Nimbostratuswolkenschicht stellt sich als mehr oder weniger konturlose, blaugraue Wolkendecke dar, die oft auch ab mittleren Höhen beginnt. Die Sonne ist unter der dichten Wolkenschicht nicht sichtbar.

Cumulonimbus

Cumulonimbuswolken sind als typische Gewitterwolken durch ihre starke vertikale Gliederung gekennzeichnet. Sie reichen von den untersten Schichten einige Kilometer bis in die höchsten Schichten hinein. Dementsprechend bestehen diese Wolken in den unteren Schichten hauptsächlich aus Wassertröpfchen oder in späteren Entwicklungsstadien aus Hagelkörnern, in höheren Schichten bilden sich Eiskristalle und die Wolke bekommt dort unscharfe Umrisse. An der Obergrenze der Tropopause fließt die Wolke an einem unsichtbaren Horizont auseinander und bildet dann die für diese Wolkenformation typische Ambossform.

Altostratus

Altostratuswolken zählen schon zu den mittelhohen Wolken. Sie sind der Typus der tiefen Stratusbewölkung, aber eben im mittelhohen Bereich. Sie bilden bläuliche bis graue Schichtwolken ohne Konturen, die aus teilweise unterkühlten Wassertröpfchen und Eiskristallen bestehen. Sie sind einerseits so mächtig, dass man die Sonne nicht mehr oder nur noch schemenhaft erkennen kann, Niederschlag fällt aus Altostratuswolken allerdings nicht, da dazu andererseits ihre vertikale Mächtigkeit nicht ausreicht.

Altocumulus

Altocumuluswolken, deren Untergrenze im mittelhohen Bereich liegt, sind häufig aus einzelnen Ballen zusammengesetzt, wobei die Einzelelemente wogen- oder walzenartig angeordnet sind.

Himmel bedeckt und sich wie Hochnebel darstellt. Die Wolkenschicht ist nicht sehr dick, es kann leicht aus ihr rieseln. Oberhalb in den Berglagen tritt jedoch Sonnenschein hervor.

Stratocumulus

Als Mischform treten Stratocumuluswolken auf. Sie entstehen meist aus Stratuswolken, die durch Boden- und Windeinflüsse in kleine Ballen oder Schollen gegliedert sind. Die einzelnen Ballen weisen dabei eine größere horizontale als vertikale Ausdehnung auf und besitzen im Gegensatz zu Cumuluswolken unscharfe Ränder. Stratocumulus-

Altocumuluswolken weisen einen Eigenschatten auf und erscheinen nur noch in der Nähe der Sonne durchgehend weiß. Altocumuluswolken zählen zu den häufigsten Wolkenformen in den mittleren Breiten, treten aber in verschiedenen Erscheinungsformen auf. Wenn aus einer gemeinsamen Wolkenbank wie Zinnen herauswachsende Türmchen zu sehen sind, handelt es sich um eine Altocumulusbank von abnehmender Stabilität. Wenn solche Wolkenformationen bereits am frühen Morgen auftreten, sind Schauer und Gewitter am Nachmittag wahrscheinlich. Dann bilden sich oft auch linsenförmige Altocumuluswolken, die typischerweise bei Föhn auftreten. Das Wetter ist heiter und mild, doch zieht nach Abbruch der Föhnwetterlage rasch dichte, frontale Bewölkung mit nachfolgenden Niederschlägen auf.

Cirrus

Die Cirruswolken sind feine Federwolken in der Höhe, die ganz aus Eiskristallen bestehen. Ihre Erscheinungsform ist durch Höhenwinde ausgefranst, feingliedrig faserig, lang gezogen oder gebändert. Sinken die Eiskristalle der Wolkenformation in tiefer gelegene Schichten mit anderer Windstärke und -richtung ab, so nehmen sie eine typisch hakenförmige Gestalt an. Tagsüber sind sie gänzlich weiß, der Grund dafür ist ihre geringe Dicke. Beim Sonnenauf- und -untergang erscheinen sie farbenprächtig und bieten beliebte Motive für Fotografie und Malerei. Cirruswolken bilden sich meist vor herannahenden Tiefdruckzonen, denen sie bis zu 1.000 Kilometer vorauseilen können. Aus diesem Grunde gelten sie auch als Schlechtwetterboten.

Cirrostratus

Cirrostratuswolken bilden die hohe Entsprechung zu den Stratuswolken. Es handelt sich um eine dünne, meist unstrukturierte gleichförmige Wolkenschicht aus Eiskristallen in sechs bis zehn Kilometern Höhe. Die Schicht ist so dünn, dass die Sonne nahezu ungehindert hindurchscheint und auch so interessante Himmelserscheinungen wie Halos, Nebensonnen oder farbige Ringe hervorbringt.

Abendstimmung mit Halo vor der chilenischen Küstenstadt Punta Arenas, die im äußersten Süden des Landes an der Magellanstraße gegenüber der Insel Feuerland liegt. Meist tritt ein Halo in Form von hellen Ringen um die Sonne oder den Mond auf, gelegentlich ist es aber auch streifen- oder fleckenförmig. Der Lichteffekt entsteht durch Brechung und Spiegelung des Lichts an Eiskristallen in der Atmosphäre.

Haloerscheinungen können manchmal auch nachts bei Mondschein auftreten.

Cirrocumulus

Bei Cirrocumuluswolken handelt es sich um die landläufig als Schäfchenwolken bezeichneten Formationen in großer Höhe. Sie bestehen vorwiegend aus Eiskristallen und nur zu einem geringen Anteil aus unterkühlten Wassertröpfchen. Die Wolke besteht aus kleinen weißen Wolkenflecken, die gerippt oder gekörnt und mehr oder weniger regelmäßig in Bändern oder Gruppen angeordnet sind. Cirrocumuluswolken weisen im Gegensatz zu Altocumuluswolken keinen Eigenschatten auf. Sie treten meistens in mehr oder weniger ausgedehnten Feldern auf, die aus sehr kleinen, körnigen oder gerippelten Wolkenteilen bestehen und oft auch in ein oder zwei Wellensystemen mit ausgefaserten Rändern angeordnet sind. Sie treten häufig im Winter auf und bringen dann schönes klares, aber kaltes Wetter.

Niederschlag

Niederschlag ist wissenschaftlich gesehen die Ausscheidung von Wasser aus der Atmosphäre in flüssiger oder fester Form, der durch Kondensation der Feuchtigkeit aus der Luft entsteht. Die als Niederschlag aus der feuchten Luft ausfallenden (kondensierenden) Teilchen fallen als Niesel, Regen, Schnee oder Hagel auf die Erde. Im Gegensatz zu diesen fallenden Niederschlägen spricht man auch von abgesetzten Niederschlägen wie zum Beispiel Tau, Reif, Raureif, Glatteis, Nebel und Eisnebel. Bei diesen abgesetzten Niederschlägen kann der in der Luft enthaltene Wasserdampf direkt am Boden oder an Gegenständen kondensieren, oder die Wolkentropfen lagern sich am Boden oder an Gegenständen an. Mit dem Niederschlag schließt sich letztlich der Kreislauf des Wassers auf der Erde.

Niederschlag entsteht, wenn es durch aufsteigende, kälter werdende Luft zur Kondensation von

Eine Wiesenblume im Regen. Regelmäßige Niederschläge sind für Mensch, Tierwelt und Pflanzen gleichermaßen wichtig.

Ein Bild, das in Rangun im Süden von Myanmar während des Monsunregens im Sommer zum Alltag gehört. Der Regenzeit, die von Mai bis Oktober dauert, folgt eine kühle Trockenzeit von November bis Februar, an die sich die heißen und trockenen Monate März und April anschließen.

Nur wenige Passanten wagten sich auf die Straße, als ein Blizzard am 12. Februar 2006 durch New York fegte und die Metropole binnen Stunden lahmlegte. Die Amerikaner sprechen dann von einem Blizzard, wenn ein Schneesturm mindestens Windstärke 7 erreicht, die Lufttemperatur unter –7 °Celsius sinkt, mindestens 25 Zentimeter Neuschnee fallen und die Sichtweite höchstens 400 Meter beträgt.

Wasserdampf kommt, aus dem sich Wolkentröpfchen bilden. In Höhen mit Temperaturen zwischen –10 und –15 °Celsius bilden sich aus den unterkühlten Wassertröpfchen Eiskörnchen. Weitere Wolkentropfen lagern sich daran an und gefrieren – das Eispartikel wird schwerer und fällt auf die Erde zurück. Auf seinem langsamen Weg nach unten verbinden sich weitere Wasserpartikel mit den Eisteilchen und es beginnt wieder zu tauen. Aus dem Eis- oder Graupelkorn wird ein Regentropfen. Niederschlag tritt in fester Form als Schnee, Graupel oder Hagel und flüssig als Regen und Nieselregen auf. Dies kann auf dreierlei Weise geschehen: Beim konvektiven Niederschlag steigt warme Luft nach oben und bildet die hohen, teilweise durch Blumenkohlform charakterisierten Wolken, aus denen Schauer oder Gewitter mit hohen lokalen Niederschlagsmengen oder Hagel entstehen. Beim orografischen Niederschlagstyp erzwingen Gebirge das Aufsteigen der Luft und der gleiche Prozess läuft ab. Dabei entstehen an der Luvseite wesentlich höhere Niederschläge als auf der windabgewandten Leeseite. Beim stratiformen Niederschlagstyp treffen Luftmassen unterschiedlicher Temperaturen an Warm- und Kaltfronten von Tiefdruckgebieten aufeinander. Die warme Luft wird dabei nach oben gedrückt

und Wolken entstehen. Ein ausgedehnter gleichmäßiger, als Landregen bezeichneter Niederschlag entsteht, der unter Umständen auch tagelang anhalten kann.

Regen

Nieselregen ist eine spezielle Form des Regens mit Tropfen, die einen Durchmesser von weniger als 0,5 Millimeter aufweisen – sie müssen aber mindestens einen Durchmesser von 0,01 Millimeter haben, um überhaupt aus der Atmosphäre auf die Erde zu fallen. Nieselregen entsteht üblicherweise aus Stratuswolken. Der eigentliche Regen weist Tropfendurchmesser von über 0,5 Millimeter auf. Dauerregen fällt üblicherweise aus Nimbostratuswolken. Regenschauer entstammen mächtigen Cumuluswolken, die in den Tropen anhaltend schauerartigen Charakter zeigen.

Schnee

Schnee entsteht, wenn sich in Wolken feinste Tröpfchen unterkühlten Wassers an sogenannten Kristallisationskeimen wie zum Beispiel feinsten Staubteilchen anlagern und dort gefrieren. Dann werden kleine Eiskristalle in vielfältigen Formen von hexagonalen Plättchen oder etwa auch

Nach einem Graupelschauer liegen Eiskügelchen auf Herbstblättern. Bei Graupel werden Schneekristalle durch angefrorene Wassertröpfchen zu kleinen, bis zu fünf Millimeter großen Kügelchen verklumpt.

Säulen gebildet. Die jeweilige Kristallform hängt hauptsächlich von der Temperatur sowie von dem Grad der Übersättigung des Wasserdampfes bei der Bildung ab. Bei Temperaturen um 0 °Celsius fällt Schnee meist in Form großer, lockerer Schneeflocken von bis zu mehreren Zentimetern Größe aus zusammengeketteten Kristallen, bei tieferen Temperaturen in Form von Schneesternchen, Eisplättchen oder Eisnadeln. Üblicherweise fällt Schnee aus Wolkentypen wie Nimbostratus und Altostratus, in Form von Schneeschauern aus Cumulonimbus und einzelne Flocken aus Stratocumulus.

Graupel

Graupel ist eine Vorform des Hagels. Graupel entstehen als Schneekristalle, die durch angefrorene Wassertröpfchen zu unregelmäßig geformten, lufthaltigen und gefrorenen, milchig-weißen Eiskügelchen von zwei bis fünf Millimeter Größe verklumpt werden und durch kräftige Aufwinde etwa an Kaltfronten entstehen. In diesen starken Windböen kollidieren die unterkühlten Wassertropfen mit Eis- oder Schneekristallen. Dadurch gefrieren die Regentropfen sofort zu den undurchsichtigen Graupeln.

Hagel

Hagel entsteht in Gewitterwolken. Die Hagelzone in einer Gewitterwolke ist meistens nur ein paar Kilometer breit und im Bereich des Aufwindschlotes der Wolke am intensivsten: In Gewitterwolken herrschen nämlich starke Aufwinde bis in Höhen von über zwölf Kilometern. Regentropfen werden durch diesen starken Aufwind in die Höhen transportiert und gefrieren zunächst zu winzigen Eis-

körnern. In großer Höhe nimmt der Aufwind ab, die Eiskörner sinken herab, werden durch weitere anfrierende Wassertropfen größer, geraten wieder in die Aufwindzone, werden nach oben getrieben, reichern sich weiter an, bis ihr Gewicht die Kraft des Auftriebs überschreitet und sie als Hagelkörner zur Erde fallen. Dabei können die Hagelkörner Tennisballgröße erreichen und richten dann großen Schaden an. Schneidet man ein Hagelkorn durch, so kann man seinen schalenartigen Aufbau aus einem Eiskristallkern und mehreren gefrorenen Schalen erkennen. In Deutschland ist besonders im Süden in Alpennähe das Risiko von Hagelgewittern groß.

Bei Eisklumpen mit einem Durchmesser von mehr als fünf Millimetern spricht man von Hagelkörnern. Hagel- und Graupelkörner fallen nicht selten mit mehr als 100 Kilometer pro Stunde vom Himmel. Entsprechend groß ist die Wucht des Aufpralls.

Tau und Reif

Tau und Reif entstehen nicht aus Niederschlag, sondern unmittelbar aus der Luftfeuchtigkeit. Wenn nachts Wasserdampf aus der Luft an Pflanzen oder Gegenständen kondensiert, entsteht Tau. Reif ist der Wasserdampf aus der Luft, der an Pflanzen oder Gegenständen gefriert.

Oben: Im Morgenlicht funkeln Tautröpfchen auf den Gräsern einer Wiese.

Links: Der Blütenstand einer Kiefer ist mit Raureif überzogen.

Unten: In einem Spinnennetz bilden Tauperlen ein faszinierendes Spiegelkabinett.

Wetterextreme

Eine der Folgen des derzeitigen, vom Menschen verursachten Klimawandels besteht in der Zunahme extremer Wettersituationen. Während sich Sonnenanbeter und Eisdielenbesitzer über neue Hitzeperioden freuen, klagen empfindliche Menschen über Kreislaufbeschwerden und schlaflose Nächte. Dennoch muss man sehr vorsichtig bei der Beurteilung extremer Wettersituationen sein und darf nicht gleich jede Veränderung zum Außergewöhnlichen dem anthropogen verursachten Klimawandel zuschreiben. Immerhin befinden wir uns in einer Epoche des Klimawandels, in der sich nach Abschluss einer Kälteperiode des derzeitigen Eiszeitalters eine Warmzeit ausbreitet. Dieser seit Tausenden von Jahren währende Prozess ist noch in vollem Gange, er wird allenfalls durch die menschlichen Aktivitäten noch zusätzlich verstärkt. So ist die Austrocknung der Sahara seit etwa 6.000 Jahren nicht menschlichem Einfluss zuzuschreiben, sondern findet ihren Ursprung in den nacheiszeitlichen Klimaveränderungen. Dass aber der Mensch seit der industriellen Revolution diesen Vorgang weiter fördert und durch Überweidung der noch vorhandenen Vegetation in den Randgebieten der Sahelzone unmittelbar beschleunigt, steht dabei allerdings außer Zweifel. Gleichfalls ist beispielsweise der Rückgang der Gletscher auf dem Kilimandscharo nicht primär menschlichen Einflüssen zuzuschreiben, sondern Folge einer langfristig zunehmenden Austrocknung Ostafrikas.

Doch insgesamt ist nicht mehr zu übersehen, dass sich das Wetter in letzter Zeit spürbar verändert hat. Immer aufs Neue wird von einem Jahr der Rekordtemperaturen gesprochen. Überschwemmungen häufen sich – man denke nur an die Jahrhundertflut der Oder im Jahr 2002. Doch die Extreme nehmen auf der ganzen Erde zu. Wirbelstürme tauchen an Orten auf, wo sie bisher völlig unbekannt waren, etwa in Oman oder Iran. In Südafrika schneite es 2006 zum ersten Mal seit 25 Jahren heftig. Und auf der Insel Réunion im Indischen Ozean wurden 2007 innerhalb von drei Tagen 390 Zentimeter Regen gemessen – so viel wie nie zuvor. In großen Teilen der Vereinigten Staaten war es 2007 ungewöhnlich trocken. Die Großstadt Atlanta stand im November am Rand einer Trinkwasserkrise, weil das wichtigste Reservoir, der Lake Lanier, auf einen Tiefststand sank. Ähnlich erging es im August und September dem Lake Superior, dem größten und tiefsten der Gro-

Oben: Die Aufnahme zeigt den Aufprall des Hurrikans Katrina auf Südflorida am 24. August 2005 aus der Sicht des NASA-Erdbeobachtungssatelliten Terra. Der Orkan überquerte Florida zunächst als gemäßigter Hurrikan der Stufe 1, bevor er im Golf von Mexiko rasant an Stärke gewann und zu einem der heftigsten dort jemals verzeichneten Wirbelstürme wurde.
Rechts: Im Vergleich mit der Satellitenaufnahme aus dem Jahr 2001 zeigt das Bild vom 13. September 2005 deutlich das Ausmaß der Verwüstungen, die der Hurrikan Katrina am 29. August 2005 in New Orleans verursachte, als das Wasser des Lake Pontchartrain die Südstaatenmetropole überschwemmte.

ßen Seen. Auch Los Angeles erlebte 2007 das bislang trockenste Jahr seiner Geschichte. In Australien gab es sogar die schlimmste Dürre des letzten Jahrhunderts. Trockenheit und Hitze verursachten in Südeuropa so große Wald- und Buschbrände wie nie zuvor. Griechenland war am schlimmsten betroffen. Insgesamt sind sich die Klima- und Wetterexperten einig, dass es zukünftig in unseren mittleren Breiten niederschlagsreichere, wärmere Winter und trockene, heiße Sommer geben wird, dazu kommen heftigere Stürme im Frühjahr und Herbst. Auch weltweit nimmt offensichtlich die Heftigkeit von Wetterphänomenen wie Hurrikans, Taifunen und Tornados zu – und in der Folge auch Überschwemmungen, wobei gleichzeitig schon trockene Gebiete mit noch weniger Niederschlag rechnen müssen.

In der Karibik nimmt die Bedrohung durch Wirbelstürme zu. Mit der Erderwärmung steigen hier die Meerestemperatur und die Verdunstung über den Ozeanen. Dadurch bilden sich immer stärkere Hurrikane. Erst wenn ihre immensen wirbelnden Energiemassen auf das Festland treffen, fehlt ihnen der Nachschub an feuchter Luft, und der Wirbelsturm verliert seine Energiegrundlage. Bis dahin hat er aber seinen Schaden angerichtet, denn bei Windgeschwindigkeiten von bis zu 300 Kilometern pro Stunde können die tropischen Wirbelstürme ganze Landstriche verwüsten. Hurrikan „Katrina" verursachte im August 2005 eine der größten Naturkatastrophen der Welt. Er wütete an der Golfküste und vernichtete fast die ganze Stadt New Orleans. Zwei zusätzliche Brüche im Deichsystem führten dazu, dass vier Fünftel des Stadtgebietes bis zu 7,60 Meter tief unter Wasser standen. Zu den betroffenen Bundesstaaten zählten neben Louisiana auch Florida, Mississippi, Alabama und Georgia. Insgesamt kamen durch den Hurrikan etwa 1.800 Menschen ums Leben. Der Sachschaden belief sich auf rund 81 Milliarden US-Dollar.

Neben extremeren Stürmen wird es aufgrund des Klimawandels auch zu extremeren Hitzewetterlagen kommen. So wird man davon ausgehen müssen,

Exkurs: Wirbelstürme

Tropische Wirbelstürme entstehen, wenn Luftmassen der erwärmten Meeresoberfläche aufsteigen und durch den Unterdruck aus allen Himmelsrichtungen Luft ansaugen. Da die vor allem von den Tropen zu den Polen hin strömenden Luftmassen der planetarischen Zirkulation durch die Erdrotation in östlicher Richtung abgelenkt werden (= Corioliskraft), wehen die Winde kreisförmig um das Zentrum des Wirbelsturms herum. So rotieren Wirbelstürme auf der Südhalbkugel im Uhrzeigersinn und in der nördlichen Hemisphäre gegen den Uhrzeigersinn. Die feuchte Luft kreist aufsteigend aus dem zentralen Kern mit extrem tiefem Luftdruck, dem Auge des Wirbelsturms, und bildet mit zunehmender Höhe und Abkühlung Regenwolken mit den im Satellitenbild gut erkennbaren spiralförmigen Ausfransungen. Diese starken, kreisförmigen Tiefdrucksysteme entwickeln sich vor allem zwischen dem 5. und dem 25. Grad nördlicher und südlicher Breite bei einer Wassertemperatur von mehr als 27 °Celsius über dem Meer.

Ab Orkanstärke, also ab mindestens der größten Windstärke 12 mit Geschwindigkeiten über 118 Stundenkilometer, werden Wirbelstürme im Atlantik als Hurrikan (nach dem indianischen Windgott Huracan) bezeichnet. Sie entstehen zwischen Juni und November vor Afrika und ziehen über den Atlantik auf die Karibik zu. Seit 1953 erhalten sie Namen, zunächst Frauennamen, seit 1979 abwechselnd Männer- und Frauennamen. Während der Hurrikan sich selbst verhältnismäßig langsam vorwärtsbewegt, kann sich die Rotation der Wolken und Luftmassen enorm beschleunigen. Im Auge des Hurrikans bleibt es zwar relativ ruhig, wolkenarm und niederschlagsfrei, aber in den äußeren Regionen eines Hurrikans treten die enormen Windgeschwindigkeiten auf, die dann die großen Schäden anrichten. Nicht selten bringt ein Hurrikan zusätzlich eine meterhohe Flutwelle mit sich, die Überschwemmungen und damit weitere Zerstörungen auslöst.

Tropische Wirbelstürme über dem Indischen Ozean werden als Taifun bezeichnet. Einen tropischen Zyklon über West- oder Nordwest-Australien nennt man Willy-Willy.

dass sich so außergewöhnlich heiße europäische Sommer wie im Jahr 2003 wiederholen werden. Mediterrane Wetterlagen mit ihren sehr trockenen Sommermonaten werden immer öfter bis nach Mitteleuropa vordringen, sodass nach Modellrechnungen bereits in den 2040er-Jahren jeder zweite Sommer wärmer als der des Jahres 2003 sein könnte. Die Tatsache zunehmender Hitzewellen ist aber kein Indiz für insgesamt zurückgehende Niederschläge – im Gegenteil: Alle Voraussagen über das Klima sagen aus, dass mit der Erwärmung mehr Wasser verdunstet, der Wasserdampfanteil in der Atmosphäre steigt, was weltweit sogar zu vermehrten Niederschlägen führt. Doch die Verteilung

dieser zunehmenden Niederschläge ist ungleich. In Mitteleuropa gibt es vermehrt Regen im Winter und weniger Regen im Sommer, aber die Intensität der einzelnen Niederschläge wird im Sommer zunehmen. So wird per Saldo der Niederschlag insbesondere in Nordeuropa, Nordasien und im Nordwesten Nordamerikas, aber auch an der Ostküste Asiens, im nordöstlichen Nordamerika, in Südost-Australien und in den meisten tropischen Gebieten zunehmen. Dagegen werden im Südwesten der USA, im mediterranen Raum und in Südwest-Australien die mittleren Niederschläge abnehmen, aber auch hier ihre Intensität – wenn auch geringfügig – zunehmen.

Exkurs: Schnee auf dem Kilimandscharo

Ernest Hemingway hat mit seiner 1936 erschienenen Kurzgeschichte „Schnee auf dem Kilimandscharo" Literaturgeschichte geschrieben und damit den sagenumwobenen höchsten Berg Afrikas weithin berühmt gemacht. Dieser Berg ist eines der großen Symbole Afrikas – und dass seine Gletscher am Gipfel an Mächtigkeit und Ausdehnung verlieren, hat ihn auch zum Sinnbild des vom Menschen herbeigeführten Klimawandels gemacht. Doch wie sich inzwischen herausgestellt hat, sind die Ursachen des Gletscherrückgangs auf dem Kilimandscharo woanders zu suchen.

Die drei höchsten Gipfel Afrikas – der 5.895 Meter hohe Kilimandscharo in Tansania, der 5.199 Meter hohe Mount Kenya in Kenia und der 5.099 Meter hohe Rwenzori in Uganda – tragen alle Eiskappen. Vor über 100 Jahren betrug die Gletscherfläche des Kilimandscharo noch knapp 2 Quadratkilometer, die des Mount Kenya 1,6 Quadratkilometer und die des Rwenzori 0,6 Quadratkilometer. Ihre Gesamtfläche beträgt heute weniger als 1 Quadratkilometer. Doch befinden sich alle drei Gletscher schon seit langem auf dem Rückzug, der Kilimand-

scharo schon seit der Zeit vor 1880 und damit noch nicht vom Menschen beeinflusst. Dazu kommt, dass sich der Kilimandscharo-Gletscher vor 1912 am schnellsten zurückzog. Und bei keinem der drei Gletscher ist in den letzten Jahrzehnten eine Beschleunigung des Rückzuges zu erkennen. Hinsichtlich der Temperaturen in der Region der drei Hochgebirge Ostafrikas ist im 20. Jahrhundert keine Trendwende festzustellen: Es hat also weder eine Erwärmung noch eine Abkühlung stattgefunden. Auch in neuester Zeit, seit es wissenschaftliche Messungen durch eine Wetterstation auf dem Kilimandscharo gibt, ist die Temperatur auf dem Gipfel nie über −1,6 °Celsius gestiegen, die monatliche Durchschnittstemperatur beträgt −7,1 °Celsius. Regelmäßige Satellitenmessungen seit 1979 haben auch keine Erwärmung auf dem Kilimandscharo nachgewiesen. Also beruht der Gletscherrückgang auf den ostafrikanischen Hochgebirgen nicht auf dem Temperaturwandel, sondern man muss nach anderen Ursachen suchen.

Maßgeblich für die Veränderungen in den afrikanischen Hochgebirgen ist die nacheiszeitliche Klimaveränderung Ostafrikas, die zumindest seit Mitte des 19. Jahrhunderts wissenschaftlich belegt ist. Seit dieser Zeit hat sich

Durch die Kombination von topografischen Daten einer Space-Shuttle-Mission mit einer Satellitenaufnahme entstand diese 3-D-Darstellung des Kilimandscharo. Der mächtige Vulkan im Norden von Tansania hat eine Grundfläche von etwa 60 mal 40 Kilometern und ist damit der größte freistehende Berg auf den Kontinenten.

hier ein Wechsel zu trockeneren Klimabedingungen vollzogen. Ob vulkanische Aktivitäten zusätzlichen Einfluss auf den Gletscherrückzug hatten, kann zumindest nicht ausgeschlossen werden. Vor allem rückläufige Niederschläge bei gleichzeitig vermehrtem Sonnenschein sind wohl primär ursächlich für den Gletscherrückzug. Dadurch fehlt den Gletschern seither der erforderliche Schneenachschub, und die erhöhte Sonnenstrahlung führt zur unmittelbaren Verdampfung von Eis, weshalb auch nur wenig Gletscherwasser ins Tal fließt.

„Kilima njaro" bedeutet auf Swahili „Weißer Berg". Doch manche Wissenschaftler befürchten, dass die heute noch meilenweit sichtbaren weißen Gletscher am Kilimandscharo in einigen Jahren verschwunden sein werden. Diese Gegenüberstellung von Satellitenbildern aus den Jahren 1993 (oben) und 2000 verdeutlicht das dramatische Schrumpfen der Schneekrone auf dem höchsten Berg Afrikas.

Unser Wasser – unser Leben

Ohne Wasser kein Leben – Wasser ist nicht nur der wichtigste Stoff für jeden Organismus, sondern das Lebenselixier der Evolution. Alles Leben bis hin zum Menschen entwickelte sich aus dem Wasser. Unser Organismus besteht zu etwa zwei Dritteln aus Wasser, ein ausgeglichener Wasserhaushalt ist daher die Grundvoraussetzung für das Funktionieren des gesamten menschlichen Organismus. Denn der Mensch kann zwar längere Zeit ohne feste Nahrung überleben, ohne Wasser jedoch nur wenige Tage. Schon eine unzureichende Wasseraufnahme stört den Wasserhaushalt empfindlich und führt schnell zur Beeinträchtigung verschiedener Körperfunktionen mit langfristig ernst zu nehmenden gesundheitlichen Folgen.

Wasservorkommen

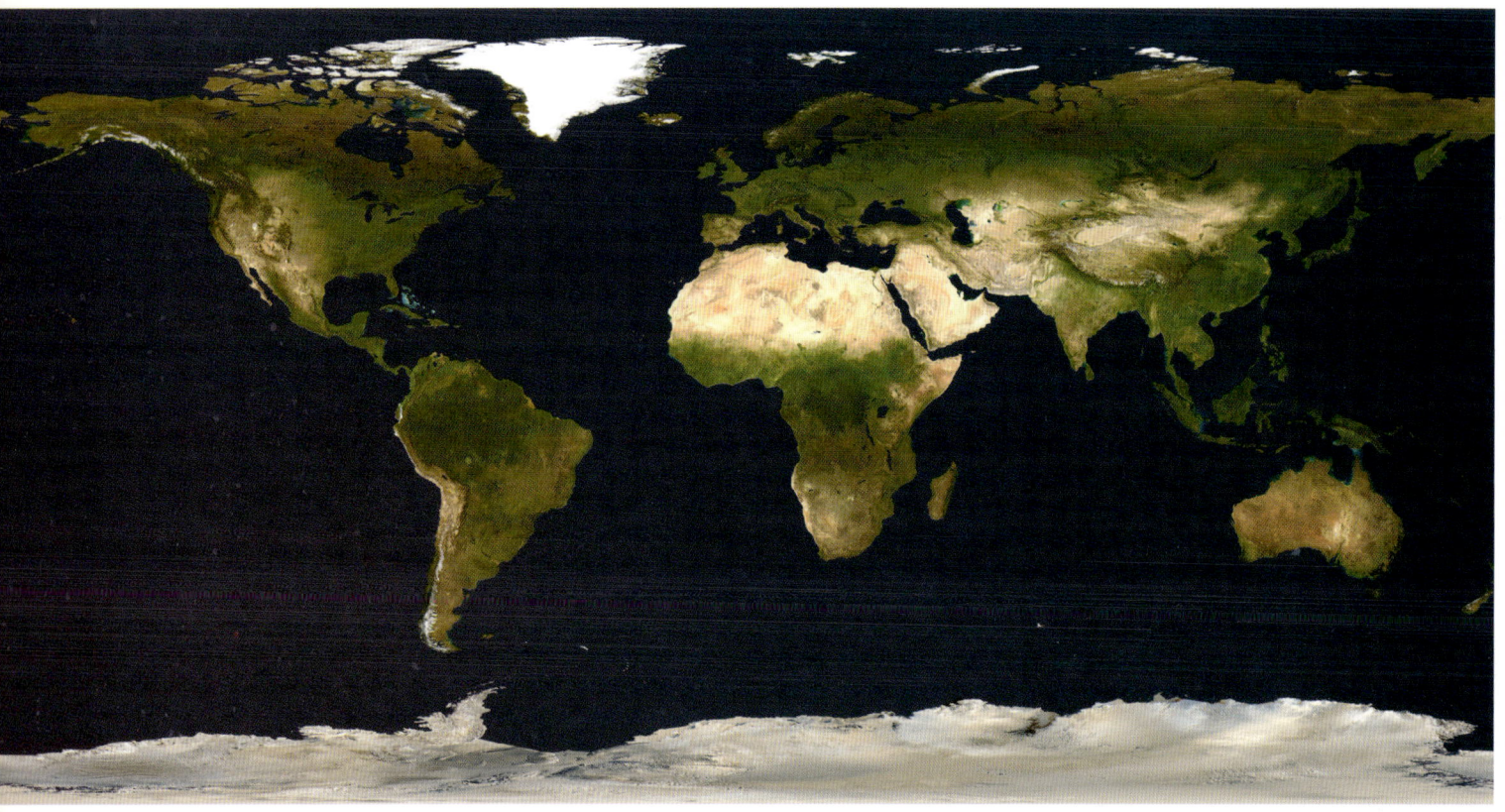

Wasser bedeckt fast drei Viertel der Erdoberfläche. Diese Echtfarben-Fotomontage der Erde bei Tag beruht auf Datenmaterial, das über einen Zeitraum von mehreren Monaten mittels Erdbeobachtungssatelliten gewonnen wurde.

Wasser ist der wichtigste Stoff der Erdoberfläche. In reinem Zustand – wie es eigentlich auf der Erde nicht vorkommt – ist es geschmack-, geruch- und farblos, aber da es rotes Licht absorbiert, erscheint es blau. Annähernd drei Viertel der Erdoberfläche sind mit Wasser bedeckt. Davon machen die im Durchschnitt über 3.700 Meter tiefen Ozeane den größten Teil aus, wobei die Nordhalbkugel der Erde weniger Meeresanteil aufweist als die Südhalbkugel. Von der gesamten Wassermenge der Erde mit knapp 1,5 Milliarden Kubikkilometern entfallen fast 94 Prozent auf Meerwasser, nur gut 6 Prozent auf Süßwasser. Von diesem Süßwasser liegt der größte Teil als Grundwasser vor. Von diesem Süßwasservorrat in Höhe von 64 Millionen Kubikkilometern sind weit über 90 Prozent nicht erreichbares Tiefengrundwasser. Immens groß sind auch die im Eis der Pole, Gebirge und Dauerfrostböden gebundenen Süßwasservorräte der Erde in Höhe von 24 Millionen Kubikkilometern. Der Anteil des Süßwassers der Flüsse, der Seen und des erreichbaren Grundwassers der Kontinente macht nur noch einen kleinen Teil der gesamten auf der Erde vorhandenen Wassermenge aus.

Zu beachten sind bei der Betrachtung der gesamten Wasservorräte der Erde die Zeitspannen ihrer möglichen Erneuerung. Dabei geht es beim Meerwasser, beim Tiefengrundwasser und vor allem bei den dicken Eisschilden der Antarktis und Grönlands um durchschnittlich jeweils mehrere tausend Jahre – schließlich sind die tiefsten Eisbohrungen hier auf mehrere hunderttausend Jahre altes Eis vorgestoßen. Beim oberflächennahen Grundwasser betragen diese Zeitspannen nur noch mehrere hundert Jahre, bei Seen sind die Unterschiede nach Größe, Zu- und Abfluss zwangsläufig sehr unterschiedlich – aber es geht durchschnittlich nur noch um Jahre, während das Wasser in den Flüssen und vor allem auch in der Atmosphäre sehr kurzlebig ist.

Insgesamt werden täglich bis zu 150 Millionen Kubikmeter Wasser durch Verdunstung und Niederschlag vom Meer zum Land umgewälzt, im Jahr über 40 Millionen Kubikkilometer: Dennoch sind aber von den gesamten Wasservorräten der Erde nur annähernd 0,3 Prozent als Süßwasservorräte (= 0,0075 Prozent allen Wassers) für den Menschen relativ leicht zugänglich. Einen weiteren Teil hat sich der Mensch durch Anlage von Talsperren verfügbar gemacht. Weltweit existieren rund 45.000 solcher Großstaudämme, die zu einem unverzichtbaren, aber ökologisch vielfach bedenklichen Bestandteil der Wasserversorgung geworden sind. Doch sind die weltweit verfügbaren Wasserressourcen ungleich verteilt, insbesondere, wenn man dabei auch die Zahl der Menschen berücksichtigt, die sich diese Ressourcen teilen müssen. Angesichts der hohen Bevölkerungszahl sieht dabei die Verfügbarkeit von Süßwasser in Asien am bedrohlichsten aus: Hier leben 60 Prozent der Weltbevölkerung, der aber nur 36 Prozent der Wasserressourcen zur Verfügung stehen. Auch Europas und Afrikas Anteil an der Weltbevölkerung liegt über dem Anteil an den Welt-Süßwasserreserven. Dazu hat sich seit 1930 der Trinkwasserverbrauch in etwa versechsfacht. Diese Entwicklung geht sowohl auf den Anstieg der Weltbevölkerung in dieser Zeit als auch auf die durchschnittliche Verdoppelung des Wasserverbrauchs pro Kopf zurück. So wird Wasser in vielen Nutzungsbereichen und -regionen immer knapper. Darüber hinaus werden die Süßwasserressourcen durch Klimaänderungen und menschliches Zutun wie etwa durch Verschmutzung weiter eingeschränkt.

Neben der Wasserverschwendung ist es vor allem die Wasserverschmutzung, die zunehmende Probleme für die Versorgung der Menschen mit ihrem wichtigsten Gut bereitet. Dabei setzten diese Probleme schon ein, als die Menschen begannen, in Siedlungen zusammenzurücken. Seit der Antike bereitete die Entsorgung vor allem der damals primär auftretenden organischen Abfälle immer ernstere Schwierigkeiten. Mit der industriellen Revolution kamen die immer schwerer abbaubaren giftigen Schadstoffe und Abwässer hinzu. Dazu kommen die landwirtschaftlichen Ausbringungen an Dünger und Pestiziden. Und so sind auch schon die Ozeane verschmutzt, in denen längst mehr Plastikmüll treibt, als man überhaupt ahnen kann.

Mitte dieses Jahrhunderts werden im schlimmsten Fall sieben Milliarden Menschen in 60 Ländern und im besten Fall zwei Milliarden Menschen in 48 Ländern von Wasserknappheit betroffen sein. Trotz der knappen Verfügbarkeit bleiben viele Einsparmöglichkeiten ungenutzt, unter anderem eine bessere Bewässerungstechnik, der Anbau angepasster Erzeugnisse, ein achtsames Konsumverhalten und die Vermeidung der Trinkwassernutzung im Agrarsektor.

Wasservorkommen auf der Erde

	Volumen x 10³ km³	% des Gesamtvolumens	% Süßwasser	Erneuerungszeit (Jahre)
Weltmeer	1 370 323	93,94	–	3 000
Tiefes Grundwasser	60 000	1,11	–	5 000
Aktives Grundwasser	4 000	0,27	14,09	330
Eis	24 000	1,65	84,57	8 000
Seen	280	0,02	0,99	7
Bodenfeuchte	85	0,01	0,30	1
Atmosphäre	14	0,00	0,05	0,03
Flüsse	1,2	0,00	0,00	0,03
Süßwasser gesamt	28 380,2	1,95	100	
Wasser gesamt	1 458 703	100		2 800

Quelle: Arbeitskreis Wasser am Zentrum für Allgemeine Wissenschaftliche Weiterbildung der Universität Ulm

Wasserverfügbarkeit
Anteile am verfügbaren Süßwasser und an der Weltbevölkerung in Prozent, 2001

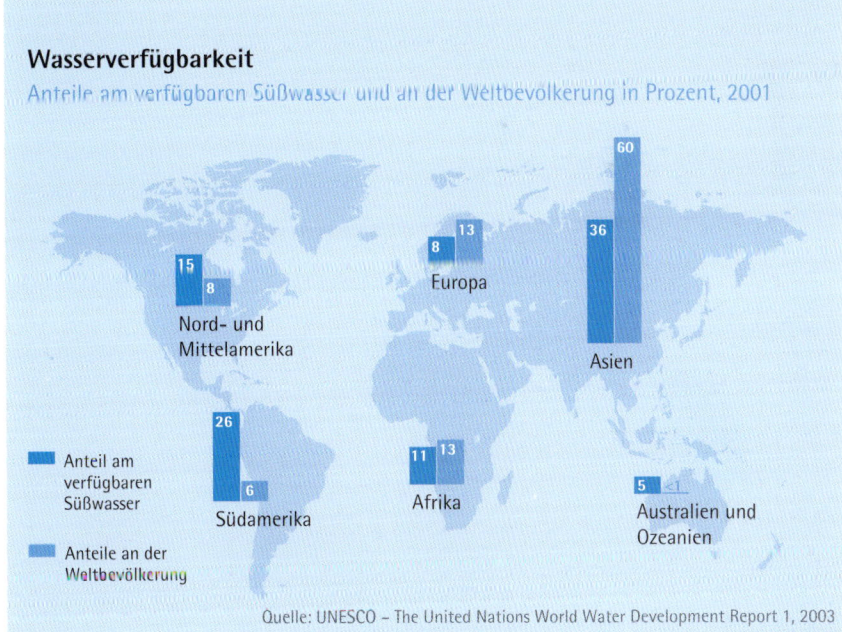

Quelle: UNESCO – The United Nations World Water Development Report 1, 2003

Oben: Obwohl Wasser die am häufigsten vorkommende Substanz auf der Erde ist, sind von den etwa 1,4 Milliarden Kubikkilometern Wasser nur etwa 2,5 Prozent Süßwasser. Unten: Die Übersicht zur globalen Verfügbarkeit von Süßwasser im Vergleich zur Bevölkerung zeigt insbesondere die Belastung Asiens.

Lebenselixier Wasser

Zu den Grundaufgaben des Wassers im Organismus gehört seine Eignung als *Lösungs- und Transportmittel:* So sind nahezu alle Lebensprozesse und biochemischen Vorgänge auf dieses Lösungsmittel abgestimmt und von ihm abhängig. Die meisten Biomoleküle können nur im Lösungsmittel Wasser ihre Form und Funktion entfalten und gelangen so an jede einzelne Zelle des Körpers. Wasser sorgt für den Abtransport der Abbau- und Giftstoffe des Körpers wie zum Beispiel über die Nieren. Viele Stoffwechselendprodukte können nur ausgeschieden werden, wenn sie im Wasser gelöst sind: Auch deshalb benötigt der Körper ausreichend viel Flüssigkeit.

Wasser erhält den *osmotischen Druck* im Körper, durch den der Fluss von Molekülen durch eine semipermeable (– halbdurchlässige) bzw. selektiv durchlässige Membran gesteuert wird und der damit für die Regulation des Wasserhaushalts der Zellen der Organismen von allergrößter Bedeutung ist. Die für den Körper lebenswichtigen Mineralstoffe und Spurenelemente liegen innerhalb und außerhalb der Zellen in unterschiedlicher Konzentration gelöst vor. Osmotischer Druck bedeutet in diesem Zusammenhang, dass diese Stoffe nur dann durch die Zellmembranen gelangen können, wenn auf einer Seite der Zelle (innen) eine geringere Stoffkonzentration vorliegt als auf der anderen (außen). Bewirkt zum Beispiel Wassermangel eine annähernd gleich hohe Stoffkonzentrationen beiderseits der Zellen, versagt das System: Jeder, der schon einmal Muskelkrämpfe hatte, sollte wissen, dass diese unter anderem auf eine unzureichende Wasserzufuhr zurückzuführen sein können.

Wasser reguliert nicht zuletzt auch die *Körpertemperatur*. Wasser leitet Wärme besser als Luft. Ist die Körpertemperatur durch Anstrengung oder eine Erkrankung zu hoch, nutzt der Körper sein Wasser-Kühlsystem. Beim Schwitzen wird Wasser über die Hautporen ausgeschieden und sorgt für rasche Wärmeableitung, sodass die Körperkerntemperatur unabhängig von der Außentemperatur auf konstanten 37 °Celsius gehalten werden kann. Bereits leichte Abweichungen nach oben werden von uns als Fieber wahrgenommen, einer körpereigenen Funktion zur Krankheitsabwehr. Wenn der Körper diese anfallende innere Wärme nicht auch abgeben könnte, stiege die Temperatur irgendwann auf über 41 °Celsius, was zum tödlichen Hitzschlag führt. Auch ein Unterschreiten der „normalen" Körpertemperatur führt zunächst zur Unterkühlung und dann zum Tod.

Wasser ist auch der entscheidende *Reaktionspartner* für den Körper. Ständig laufen in jeder Körperzelle chemische Reaktionen ab, an denen Wasser beteiligt ist oder die Wasser erst ermöglicht.

Allein diese Funktionen zeigen, wie wichtig Wasser für den menschlichen Körper – genauso wie für andere Organismen – ist. Dabei variiert der *Wasseranteil* des Menschen nach Alter, Geschlecht und Körperfettanteil. Im Säuglingsalter liegt der Wasseranteil mit 75 Prozent am höchsten und sinkt mit zunehmendem Alter auf einen Durchschnittswert von circa 53 Prozent, wobei Frauen einen noch niedrigeren Wasseranteil haben, da ihr Fettanteil höher ist als bei Männern. Rund drei Viertel der Gesamtmenge des Wassers ist in den Zellen eingeschlossen. Dabei haben die unterschiedlichen Organe auch einen unterschiedlich hohen Wasseranteil und reagieren entsprechend empfindlich auf einen Wassermangel: Gehirn und Muskeln zum Beispiel bestehen zu 75 Prozent aus Wasser, die Leber zu 69 Prozent. Das Wasser außerhalb der Zellen fließt in den Blut- und Lymphgefäßen.

Der menschliche Körper scheidet pro Tag in unseren Breiten mit gemäßigtem Klima an die 2,5 bis 3 Liter des Körperwassers etwa über die Lunge als Wasserdampf beim Sprechen und Atmen, über die Nieren und den Darm sowie über die Haut in Form von Schweiß aus. Dieser *Wasserverlust* muss regelmäßig ergänzt werden, also muss die Wasserbilanz eines jeden Organismus innerhalb eines kurzen Zeitrahmens ausgeglichen sein. Verliert der Körper durch Arbeit oder steigende Außentemperatur mehr Wasser als sonst, muss auch entsprechend mehr Wasser wieder zugeführt werden. Dies können in heißen, trockenen Wüstenregionen bis zu 10 Liter Wasser täglich sein, ansonsten dehydriert der Körper sehr schnell. Schon ein Wasserverlust von bis zu 20 Prozent führt zum Verdurstungstod. Doch schon vorher treten schwerwiegende Beeinträchtigungen der Körperfunktionen durch Wassermangel ein, wenn Blut, Muskeln und Organe unterversorgt sind. Denn mit dem Auftreten des Durstgefühls zeigt der Körper schon Wasserbedarf an, also ist der Mangel bereits eingetreten. Auch ist der Durst selbst kein zuverlässiger Indikator, denn in bestimmten Situationen, wie zum Beispiel unter Stress, wird das Durstgefühl vom Körper unterdrückt.

Unabhängig von diesen allgemeinen Aussagen über den Wasserbedarf des Menschen gibt es Situationen, die eine höhere Wasserzufuhr erfordern. So steigt beispielsweise der *Wasserbedarf* bei hohem Energieumsatz, bei starker körperlicher Anstrengung kann der tägliche Wasserbedarf auf das Drei- bis Vierfache der normalen Richtwerte ansteigen. Hochofenarbeiter benötigen an ihrem extrem heißen Arbeitsplatz bis zu 10 Liter Wasser am Tag – als ob sie in der Wüste arbeiten würden! Gleichfalls erhöhen Hitze, trockene und kalte Luft, hoher Kochsalzverzehr, hohe Eiweißzufuhr und nicht zuletzt verschiedene Erkrankungen mit Fieber, Erbrechen oder Durchfall den Wasserbedarf. Bereits leichte Wasserdefizite aus einer um einen Liter zu geringen Zufuhr schränken Wohlbefinden und Leistungsfähigkeit ein mit Müdigkeit und Schlaffheit bis hin zu Konzentrationsmangel als Anzeichen. Denn das Gehirn hat im menschlichen Wasserkreislauf Priorität, wird primär versorgt, sodass schon bei leichtem Wassermangel andere Organe erste Ausfallerscheinungen zeigen, wozu

Kopfschmerzen und Verdauungsbeschwerden zählen. Bei chronischem Wassermangel tritt Verstopfung auf und die Gelenke bereiten erste Schwierigkeiten. In der nächsten Stufe kommen Kreislaufbeschwerden hinzu, aus den Kopfschmerzen entwickelt sich eine hartnäckige Migräne. Letztlich bereitet chronischer Wassermangel auch chronische Müdigkeit, das Blut wird dicker, der Blutdruck steigt, Gerinnsel können sich bilden, Schlaganfall und Herzinfarkt sind die möglichen unter vielen weiteren Folgen. Besonders gefährdet sind übrigens ältere Menschen, bei denen das Durstgefühl immer schwächer ausgeprägt ist und die deshalb am stärksten von der Dehydrierung betroffen sind.

Die Eigenschaften des Wassers

Wasser ist ein ganz besonderer Saft – nur so kann es Lebenselixier für Pflanzen, Tiere und Menschen auf der Erde sein. Der Aufbau des Wassermoleküls bewirkt seine für das Leben so wichtigen physikalischen, chemischen, elektrischen und optischen Eigenschaften. Dabei kommt reines Wasser in der Natur so gut wie gar nicht vor, der Mensch muss dieses erst als destilliertes Wasser herstellen. Und erst seit es im Jahr 1781 dem französischen Chemiker Antoine Lavoisier gelang, die korrekte Formel für Wasser aufzustellen, nach der zwei Atome Wasserstoff durch elektromagnetische Kräfte jeweils mit einem Atom Sauerstoff zu einem Wassermolekül namens H_2O verbunden werden, begannen die Menschen, die Ursachen des eigentümlichen abweichenden Verhaltens dieser Substanz zu verstehen.

In der Antike hatten die Philosophen noch eine ganz andere Vorstellung vom Wasser. So ging der griechische Mathematiker und Philosoph Thales von Milet (um 624–546 v. Chr.) davon aus, dass alle Stoffe nur verschiedene Aspekte des Urstoffes Wasser seien. Zudem stellte er sich vor, dass die Erde als flache Scheibe auf Wasser schwimmt.

Vitruvius, der geniale Konstrukteur von Kriegsmaschinen unter Cäsar und großartige Architekt der römischen Überland-Wasserleitungen, führt in seinem grundlegenden Werk „Zehn Bücher über Architektur" aus, dass für den griechischen Dichter und Denker Euripides (um 484–406 v. Chr.) Wasser und Erde den Urstoff aller Dinge abgeben: *„... letztere habe, benetzt von dem vom Himmel strömenden Regen infolge Befruchtung durch ihn, die Urahnen der Volksstämme und aller Lebewesen in der Welt gebärend hervorgebracht."* Er fährt fort, dass *„das Wasser aber, das uns nicht nur Trank bietet, sondern durch seine Verwendung unzählige Bedürfnisse befriedigt, einen willkommenen Nutzen bietet, weil es unentgeltlich zur Verfügung steht".* Dies ist ein großer Irrtum, denn wie wir heute wissen ist auch Wasser in seiner Verfügbarkeit eingeschränkt und kann eben nicht unbegrenzt verwendet werden.

Das Wasserstoffmolekül

Doch kehren wir zum Wasser und zu seinen Eigenschaften zurück, wie sie heute in ihrer Außergewöhnlichkeit gesehen werden. Denn in der Tat hat Wasser viele Eigenschaften, die man im

Vergleich zu anderen Stoffen auf der Erde so nicht erwarten würde – und die es gerade dadurch zum Lebenselixier machen. Dazu sind zunächst einige Vorbemerkungen zum Wasserstoffmolekül, also jener Verbindung aus zwei Wasserstoffatomen und einem Sauerstoffatom, erforderlich. Wie jedes andere stabile Atom auch, bestehen Wasserstoff und Sauerstoff aus einem elektrisch positiv geladenen Kern, der von negativ geladenen Elektronen umkreist wird, die ihre Schale bilden. Atomkerne bestehen normalerweise aus Protonen und Neutronen, allerdings weist der Wasserstoffatomkern ausschließlich ein Proton auf, wohingegen Sauerstoff neben acht Protonen auch noch acht Neutronen aufweist. In der Schale um den Sauerstoffkern ist Platz für acht Elektronen, vorhanden sind aber nur sechs, und in der Wasserstoffschale ist Platz für zwei Elektronen, vorhanden ist aber nur eines. Da jedes Atom das Bestreben hat, seine Hüllen kapazitätsmäßig auszufüllen, resultiert daraus die gegenseitige Anziehungskraft der Wasserstoff- und Sauerstoffatome. Wenn sich Wasserstoff und Sauerstoff miteinander verbinden, geben je zwei Wasserstoffatome ihre Elektronen ab und bilden dann mit denen des Sauerstoffs die Hülle aus acht Elektronen, sodass die Wasserstoffkerne durch ihre Bindungselektronen eine vollständige erste Schale gewonnen haben, während der Sauerstoffkern eine vollständige zweite Schale gewonnen hat. Doch ist die Elektronen-

Durch elektromagnetische Kräfte werden zwei Atome Wasserstoff jeweils mit einem Atom Sauerstoff zu einem Wassermolekül (H_2O) verbunden. Normalerweise bewegen sich die H_2O-Moleküle im Wasser wild durcheinander: Daher ist Wasser flüssig.

bindungsfähigkeit des mit mehr Protonen versehenen Sauerstoffatomkerns höher als die des Wasserstoffatomkerns. Im Wasser haben sich also Atomkerne unterschiedlicher Elektronegativität miteinander verbunden. Sauerstoff mit seiner vergleichsweise höheren Elektronegativität zieht daher die Flektronen des Wassermoleküls stärker an, sodass auf der Sauerstoffseite des Moleküls eine höhere Elektronendichte entsteht als auf der Wasserstoffseite. So entsteht im Wassermolekül eine stärker negativ geladene Sauerstoffseite und eine stärker positiv geladene Wasserstoffseite: Diese Tatsache ist von entscheidender Bedeutung für die außergewöhnlichen Eigenschaften des Wassers.

Wasserstoffbrückenbindung

Der Dipolcharakter der Wassermoleküle aus einer stärker negativ geladenen Sauerstoffseite und einer stärker positiv geladenen Wasserstoffseite veranlasst diese nun, sich aneinander anzulagern: Denn gegensätzliche Ladungen ziehen sich untereinander an. Diese auch Wasserstoffbrückenbindung genannte gegenseitige Anziehungskraft der Wassermoleküle stellt keine feste Verkettung dar. Wasserstoffbrückenbindungen sind unbe-

ständig, bestehen nur Bruchteile von Sekunden und gruppieren sich nach ebenso kurzem Zeitraum zu „Cluster" genannten Komplexen. Dieser Zusammenhalt ist ursächlich für den relativ hohen Schmelz- und Siedepunkt des Wassers, die Bindungseigenschaften flüssigen Wassers, die Dichteanomalie des Wassers und andere der außergewöhnlichen Eigenschaften des Wassers.

Oberflächenspannung

Aus der Wasserbrückenbindung leitet sich auch die Oberflächenspannung des Wassers ab. Die einzelnen Wassermoleküle an der Oberfläche von flüssigem Wasser verhalten sich nämlich anders als jene im Inneren. Im Inneren des Wassers ist jedes Molekül von vielen anderen Wassermolekülen umgeben. Die zwischen den Wassermolekülen wirkenden Anziehungskräfte wirken gleichmäßig nach allen Seiten und heben sich daher in ihrer Wirkung gegenseitig auf. An der Wasseroberfläche fehlen nach oben hin die Wassermoleküle und damit auch die entsprechenden Anziehungskräfte. So bleibt ein Teil ihres Kraftfeldes ungebunden, das ins Innere der Flüssigkeit gerichtet ist. Die Summe dieser Kräfte tritt als Oberflächenspannung in

Erscheinung. Dadurch bildet sich eine elastische Haut, die immer versucht, ihre Fläche möglichst gering zu halten. Diese Oberflächenspannung erlaubt es beispielsweise Insekten wie den Wasserläufern, sich auf dem Wasser fortzubewegen. Dank der Oberflächenspannung kann sich Wasser, das sich in engen Röhren befindet, mit der Wasserstoffbrückenbindung seiner Moleküle am Rand solcher Gefäße festmachen, sich damit selbst nach oben ziehen und sogar die Schwerkraft überwinden. Kraft dieser Kapillarität saugen sich Schwämme und Tücher voll. Und kraft dieser Kapillarität decken Pflanzen über ihre Wurzeln ihren Flüssigkeitsbedarf durch dünne Wasseradern aus dem Boden. Das Wasser wird dann mitsamt seinen gelösten Stoffen durch die auf der Oberflächenspannung beruhenden Kapillarkräfte innerhalb der Pflanzen bis in die Blattkronen der Bäume transportiert.

Dichteanomalie

Die Wasserbrückenbindung erklärt auch die sogenannte Dichteanomalie des Wassers, nach der Wasser seine höchste Dichte bei etwa +4 °Celsius erreicht, also bei vier Grad über dem Gefrierpunkt:

Bei kaum einer anderen Flüssigkeit treten solche Effekte auf, denn normalerweise dehnen sich Stoffe bei Wärmezufuhr aus und ziehen sich bei sinkender Temperatur zusammen. Dazu muss man wissen, dass die Wasserstoffbrückenbindung keine feste Verkettung darstellt, sondern unbeständig ist, weswegen sich die Gitterstruktur der Cluster innerhalb von Sekundenbruchteilen immer wieder erneuert. Ist nur wenig Energie vorhanden, bewegen sich die Moleküle nicht mehr und die Gitterstruktur gefriert zu Eis. Wärmezufuhr lässt die Struktur zerbrechen, im flüssigen Wasser wird die Bewegung der Moleküle immer lebhafter, bis sich schließlich die bindungslosen Teilchen zu Dampf verflüchtigen. Bei genau 3,983 ± 0,00067 °Celius nehmen die Cluster das geringste Volumen ein. Wenn die Temperatur weiter sinkt, wird durch einen stetigen Wandel der Gitterstrukturen mehr Volumen benötigt. Wenn die Temperatur steigt, benötigen die Moleküle wieder mehr Bewegungsfreiraum und das Volumen steigt ebenfalls. So hat Wasser bei etwa +4 °Celsius seine größte Dichte, also auch sein höchstes Gewicht. Und deshalb schwimmt Eis auf dem Wasser, sodass Gewässer nicht von unten zufrieren, sondern von oben. Am Gewässergrund sammelt sich +4 °Celsius warmes

Eine Weiße Seerose schwimmt auf der elastischen Haut des Wassers. Die beliebte Teichpflanze, die in ruhigen Seebuchten und Altwässern von Flüssen zu finden ist, gilt als typische Vertreterin der Schwimmblattpflanze.

Eis – also festes Wasser – hat aufgrund der Dichteanomalie des Wassers eine geringere Dichte als flüssiges Wasser: Daher schwimmen Eisberge und -schollen auf dem Wasser.

Aggregatzustände

Eine weitere Besonderheit des Wassers besteht darin, dass es unter den Bedingungen auf der Erde in allen drei Aggregatzuständen – also als Eis, flüssig und als Wasserdampf – in der Natur vorkommt: Auch dies ist gegenüber allen anderen Stoffen eine Ausnahme. Wasser wird bei 0 °Celsius normalerweise flüssig und verdampft bei 100 °Celsius. Doch sind diese Übergänge nicht so eindeutig. So kann Wasser auch unter Normalbedingungen noch bei unter 0 °Celsius als Flüssigkeit vorliegen. Dann spricht man vom unterkühlten Wasser. Der Siedepunkt des Wassers ist stark vom Sättigungsdampfdruck abhängig und lässt sich auch etwas über den Siedepunkt hinaus erhitzen, was als Siedeverzug bezeichnet wird. Auf 5.000 Meter über dem Meeresspiegel beginnt Wasser wegen des geringeren Luftdruckes schon bei 83 °Celsius zu dampfen. Auch im Wasser gelöste Stoffe verändern den Siede- und Schmelzpunkt. Unter bestimmten Bedingungen kann Eis auch unmittelbar in gasförmigen Zustand übergehen. Bei einer gewissen Temperatur befindet sich Wasser zugleich in flüssigem und gasförmigem Zustand: Einige Moleküle sind bereits verdampft, andere noch eingegittert.

Wärmekapazität

Eine weitere Besonderheit stellt die hohe Wärmekapazität des Wassers dar, von der zum Beispiel die Europäer unmittelbar profitieren. Flüssiges Wasser weist die spezifische Wärmekapazität von 4.187 Joules pro Kilogramm und Kelvin auf, man braucht also für die Erhitzung eines Kilogramms um ein Kelvin 4,2 Kilojoule an thermischer Energie. Das bedeutet, dass Wasser im Vergleich mit anderen Flüssigkeiten recht viel Energie aufnehmen kann, ohne dass sich die Temperatur dabei deutlich erhöhen würde. Dadurch wird auch beim Abkühlen ebenso viel Energie wieder frei. Diese Tatsache macht zum Beispiel die Wirksamkeit des Golfstroms aus. Im Karibischen Meer kann das Wasser ungeheuer viel Energie auftanken, die es dann durch den gesamten Nordatlantik trägt und langsam nach Europa abgibt: Deshalb herrschen hier höhere Temperaturen, als man sie normalerweise in diesen Breitengraden antreffen würde. Und deshalb bevorzugen die Winzer in den hohen

Wasser – das ist eine Temperatur, in der Lebewesen den Winter überdauern können. Jeder von uns hat den Effekt der Dichteanomalie schon einmal verspürt, wenn eine mit Wasser gefüllte Flasche zufriert, die dann platzt. Ein weiteres Beispiel bilden Frostschäden an Straßenbelägen, wenn gefrierendes Wasser durch seine Ausdehnung das Pflaster sprengt. Und letztlich schwimmen Eisberge deswegen auf dem Meer.

Breitengraden die zur Sonne exponierten Hänge der Flusstäler für den Weinbau: Denn zur täglichen Sonneneinstrahlung kommt die nächtliche Wärmeabgabe des Flusswassers. Wasser ist nämlich ein schlechter Wärmeleiter – insofern hält sich die Wärme in dieser Flüssigkeit auch lange –, aber ein besserer Wärmeleiter als Luft – insofern erfolgt die Wärmeabgabe in der kühleren Nacht langsamer an die Umgebung.

Lösungs- und Transportmittel

Die Eigenschaft von Wasser als Lösungs- und Transportmittel wurde bereits angesprochen. Auch in diesem Punkt bietet Wasser Außergewöhnliches. Das Lösungsvermögen ist sogar so gut, dass auch Schadstoffe mit dem Wasser transportiert werden. Insofern ist die Kontaminierung von Wasser ein leichtes Unterfangen. Und überall auf der Erde wird unverantwortlich – also viel zu sorglos – mit Rückständen, chemischen Abfällen oder auch verseuchtem Abwasser umgegangen. Irgendwann landen alle diese Giftstoffe im Trinkwasser. In den hoch industrialisierten Ländern wird zwar schon die Einbringung von Schadstoffen in das Wasser immer strikter unterbunden und ist auch die Aufbereitung von Abwasser weit fortgeschritten:

Aber es gibt viel zu viele langlebige chemische Verbindungen, die eben nicht so einfach eliminiert werden können. Diese Kontaminierungen haben längst auch das Grundwasser erreicht. Besonders benachteiligt ist in diesem Zusammenhang vor allem die Bevölkerung der Entwicklungsländer, die gerade in den Slumgebieten und oft auch auf dem Land den Kontaminierungen des Trinkwassers ungeschützt ausgesetzt wird.

Heilendes Wasser

Der Clusterbildung des Wassers werden noch weitere Eigenschaften zugeschrieben. Vor allem die Vertreter homöopathischer Heilungsmethoden sprechen der Wasserbrückenbindung sogar die Fähigkeit zu, Informationen zu speichern, die dazu führen, dass sich die Molekülcluster nach ganz bestimmten Sequenzen zusammenfinden. Die Vertreter dieser Fachrichtung sprechen davon, dass die Wassercluster die Schwingungsmuster, wie sie von jedem Stoff in unterschiedlicher Weise ausgehen, erhalten können, auch wenn diese Stoffe gar nicht mehr im Wasser vorhanden sind. Als Nachweis hierfür wird die Resonanzspektrografie angeführt, nach der Wasser mit bestimmten elektromagnetischen Wellen bestrahlt wird, deren Schwingungsmuster sich noch Monate später im Wasser nachweisen lassen.

Mitten durch das weltbekannte Anbaugebiet des Portweins bahnt sich der Douro in Portugal seinen Weg in Richtung Atlantik. Die Hänge des Flusses bieten ideale Bedingungen für die Weinterrassen: Neben der täglichen Sonneneinstrahlung profitieren die Weinreben von der nächtlichen Wärmeabgabe des Flusswassers.

Seetang wellt sich im Meer. Der in Zonen flachen Wassers von der mittleren Gezeitenlinie bis in 50 Meter Tiefe vorkommende Tang dient einigen Völkern an den Küsten als wichtige Nahrungsquelle. Zu diesen zählt vor allem Japan, wo getrockneter Seetang unter dem Namen Nori als Gemüse unter anderem dazu benutzt wird, um Sushi-Rollen zu umwickeln.

dem Druck in der Tiefe der Ozeane: Denn nur so bleibt Wasser bei solchen Temperaturen, bei denen es an der Erdoberfläche sofort verdampfen würde, flüssig. Wiederum andere Archaebakterien leben in Salzseen oder Schwefelquellen. Statt Sauerstoff veratmen solche Arten Schwefel und können aus Eisen und Schwefel das Mineral Pyrit bilden oder Stickstoff aus der Luft fixieren.

Die außergewöhnlichen Stoffwechseleigenschaften der Archaeen ermöglichen es ihnen, unter extremsten Bedingungen zu existieren. Neben den temperaturresistenten, den hyperthermophilen Arten, die beispielsweise in den Schwarzen Rauchern – heißen, untermeerischen Quellen vulkanischen Ursprungs – oder in den Geysiren des Yellowstone Parks leben, gibt es solche, die als halophile Arten in hohen Salzkonzentrationen wie etwa im Toten Meer, als acidophile Arten in stark saurer Umgebung oder als alkalophile Arten in stark basischer Umgebung leben. Dazu gibt es autotrophe Arten, die zum Aufbau ihrer Körpersubstanz nur anorganische Stoffe wie Kohlendioxid, Wasser, Salze und Stickstoffverbindungen benötigen, aber auch heterotrophe Arten, die den Aufbau ihrer Körpersubstanz aus organischen Verbindungen vornehmen.

Eukaryonten

Im Gegensatz zu den zellkernlosen Prokaryonten, bestehend aus den Bakterien und den Archaeen, besitzen die Lebewesen aus der Domäne der Eukaryonten einen Zellkern mit Zellmembran – die Grundlage allen höheren Lebens. Zudem haben Eukaryonten mehrere Chromosomen. Bei den Eukaryonten kann es sich um Einzeller oder Mehrzeller handeln, in der Regel sind diese um ein Vielfaches größer als Prokaryonten.

Die Domäne der Eukaryonten wird nach neuester Sicht in folgende sechs Untergruppen eingeteilt: die einzelligen Amoebozoa, die einzelligen Rhizaria, die allgemein als Algen bezeichneten Chromalveolata, die überwiegend begeißelten Excavata, die Archaeplastida, zu denen die Pflanzen gehören, sowie die Opisthokonta, zu denen Pilze und die vielzelligen Tiere zählen.

Exkurs: Irisches Moos

Irisches Moos *(Chondrus crispus)* ist eine Rotalge der nordatlantischen Küsten mit intensivem Geschmack nach Mollusken. Die Alge befestigt sich an untermeerischem Felsgestein, teilt sich in Äste auf und bildet flaches, am Rand wellig krauses Laub. Im frischen Zustand ist die Alge von gallertartiger Konsistenz. Nach dem Trocknen wird sie hornartig. Von ihrem irischen Namen Carraigin (= Felsenmoos) wurde die Bezeichnung für Karrageen abgeleitet, ein in der Ernährungswirtschaft gern verwendetes Verdickungsmittel, das Agar-Agar ähnelt. Es handelt sich dabei um aus den Algen gewonnene Polysaccharide, die eine hohe Quell- und Gelierfähigkeit aufweisen. Karrageen dient als Stabilisator für Ölemulsionen und verdickt Speiseeis, Gelees sowie Puddings und ist besonders hilfreich bei der Zubereitung von Soßen, Cremesuppen und Desserts.

Irisches Moos wächst zwar an allen nordatlantischen Küsten bis zu den Azoren, wird aber namentlich an der West- und Nordostküste Irlands, aber auch in Schottland und Massachusetts gesammelt, wo der Wellenschlag die Algen ans Ufer treibt. Ein weiteres Erntegebiet der Rotalgen befindet sich vor der galizischen Küste, wo sie von Tauchern an der felsigen Atlantikküste geerntet werden. Nach der Entnahme werden die Algen unter Erhalt ihrer natürlichen Eigenschaften getrocknet, um sie gut haltbar zu machen. Nach dem Trocknen ist das Gewächs hornartig, durchscheinend und gelblich. Die Einweichzeit für die getrockneten Chondrus-crispus-Algen beträgt lediglich fünf Minuten, die Kochzeit circa 30 Minuten, zum Gelieren benötigt man etwa eine Stunde. Selbst im Kochwasser bleiben noch viele der Vitamine und Spurenelemente der Algen erhalten, weshalb empfohlen wird, es auch mitzuverwenden.

Entlang der felsigen Atlantikküsten wächst üppig das Irische Moos, das insbesondere an der West- und Nordostküste Irlands gesammelt wird. Die Lebensmittelindustrie gewinnt aus der Rotalge nützliche Substanzen für die Herstellung von Verdickungs- und Geliermitteln.

Exkurs: Wasser bis in die Baumspitzen

Bäume spielen im ökologischen Kreislauf von Boden, Pflanzen und Atmosphäre eine entscheidende Rolle. Dafür brauchen sie sowohl für das Wachstum als auch für den Transport lebenswichtiger Stoffe viel Wasser. Das Wasser dient auch als Kühlsystem, denn durch die laufende Verdunstung werden Blätter bzw. Nadeln vor Überhitzung geschützt. Das Wasser wird gleichermaßen für die Photosynthese benötigt: Die Bäume wandeln mit Hilfe von Sonnenlicht Kohlendioxid aus der Luft und Wasser in Zucker und Stärke um, die sie zur eigenen Ernährung und Energiegewinnung brauchen. Bei diesem Vorgang der Photosynthese wird der Sauerstoff freigesetzt, der sich in der Atmosphäre anreichert.

Der Wassertransport im Baum erfolgt als Sog von den Wurzeln, deren feine Haare trockener sind als der Boden und die daher das Wasser aufnehmen, durch den Stamm – und hier nur in dessen äußeren Schichten – bis in die Blätter. Der Antrieb für diesen Sog in den Leitungen des Baums erfolgt durch Transpiration, mit welcher der größte Teil des Wassers über die Spaltöffnungen bzw. über die Schutzschicht der Blätter (Cuticula) sowie über Rinde, Stamm und Äste in die Atmosphäre abgegeben wird. Dabei müssen Baumhöhen bis über 100 Meter überwunden werden, der Mammutbaum wird sogar bis 135 Meter hoch. Unterstützend wirken bei dieser Transportleistung noch Kapillarkräfte, mit denen in engen Gefäßen die Oberflächenspannung der Wassersäule steigt, dazu Kohäsionskräfte als innere Kräfte der Wassermoleküle sowie Adhäsionskräfte, die Haftkräfte zwischen Wassermolekülen und Gefäßwänden. Auf diese Weise verdunsten je nach Lufttemperatur Fichten bis zu 10 Liter Wasser, Buchen bis zu 30 Liter, Eichen bis zu 40 Liter und Birken gar bis zu 100 Liter Wasser am Tag. Dabei speichert der Baum in seinen Blättern bzw. Nadeln, in der Rinde und hauptsächlich im Stamm Wasser, das ihn Trockenperioden überstehen lässt. Bei Austrocknung kann der Baum seine Spaltöffnungen schließen und sich dadurch ent-sprechend schützen. Hält die Trockenheit an, sinkt der Wassergehalt im Holz merklich ab und der Baum bildet weniger und kleinere Zellen. Nach einem trockenen Jahr sind dann die Baumringe erheblich dünner. Anhand der spezifischen Erscheinungsform der Baumringe sind Altersbestimmungen möglich. Mit dieser Jahresringchronologie beschäftigt sich die Wissenschaft von der Dendrochronologie (altgriechisch *dendron* = Baum, *chronos* = Zeit, *logos* – Kunde), die eine präzise, jahrgenaue Datierungsmethode über den Vergleich der Jahrringfolgen darstellt und die zeitliche Zuordnung von Hölzern ermöglicht. Sie findet eine breite Anwendung in der Archäologie sowie in der Bau- und Kunstgeschichte.

Seite 244: Im Redwood-Nationalpark an der kalifornischen Pazifikküste wächst fast die Hälfte aller Küstenmammutbäume, den höchsten Bäumen der Erde. Im Schutzgebiet des Parks steht auch der höchste bekannte Baum der Welt. Von den Wurzeln bis zur Spitze dieses immergrünen Nadelbaums legt Wasser einen Weg von 115,55 Meter zurück.

Ein Tannenwald am Ufer eines Sees spiegelt sich im Wasser.

Wirbellose wie Nesseltiere oder Insekten

Die farbenprächtigen Korallenlandschaften des St. John's Reef im Süden des Roten Meeres sind ein Paradies für Tauchbegeisterte. Dort entstand diese Aufnahme einer Wurzelmundqualle. Die auch Blumenkohlqualle genannten Nesseltiere gehören zu den größten Quallen, ihr Schirm erreicht durchschnittlich einen Durchmesser von 50 Zentimetern.

Von den bisher 1,5 Millionen wissenschaftlich erfassten Tierarten sind die meisten wirbellos, allein etwa eine Million Insekten, die man als „die wahren Herrscher der Erde" bezeichnen kann. Viele dieser wirbellosen Tiere werden auch als „Niedere Tiere" abgetan: Dabei sind doch solche darunter, die Staaten bilden, die ungeheuer effektiv ihre Lebensräume besetzen – und die vor allem ausgesprochen gut mit dem Lebenselixier Wasser umgehen können. Im Gegensatz zum symmetrischen Körperbau der Wirbeltiere ist der Körperbau der Wirbellosen ganz vielgestaltig, ganz so wie es auch die Erscheinungsform ihrer Arten ist. Oft sind sie von kugeliger Gestalt wie die Urtierchen, während Quallen, Seerosen und Seesterne eine strahlige Symmetrie besitzen. Bei symmetrischen Wirbellosen sind die Gliedmaßen eher am Kopf angesiedelt, wie bei den Tintenfischen, bei anderen sind die Augen über den ganzen Körper verteilt, Hörorgane an den Beinen angesiedelt oder sie sind so klein, dass sie nur unter dem Mikroskop entdeckt werden können, andere wiederum so groß wie die Riesentintenfische, die 15 Meter lang werden und mehrere 100 Kilogramm wiegen. Doch die Tatsache, dass den Wirbellosen das Rückrat oder eine vergleichbare Stütze zum Halt ihres Körpers fehlt, ist maßgeblich dafür, dass es sich in der Regel um kleinere Tiere handelt. Wirbellose sind „Kaltblüter", sie besitzen keine Vorrichtungen zur Regulierung der Körperinnentemperatur. Viele von ihnen sind reine Wassertiere – in diesem Lebensraum sind die Temperaturschwankungen weniger stark als an Land. So können sie dann auch in kühlen oder gar kalten Lebensräumen zurechtkommen, wenn es eben kühl oder kalt bleibt. Manche von ihnen können auch in heißen Lebensräumen existieren, wie etwa in den Schwarzen Rauchern. Viele der Meeresbewohner unter den Wirbellosen haben einen qualligen Körper, denn wegen des Auftriebs im Wasser ist eine innere Stütze wie bei den Wirbeltieren weniger erforderlich. Viele Wirbellose benutzen anstelle eines inneren Skeletts eine äußere Stabilisierung, wie etwa die Muscheln. Doch hat ihre Schale im Wesentlichen auch Verteidigungsfunktion. Andere Wirbellose haben überhaupt keinen Kopf, ihre Nerven sind beiderseits der Mittellinie des Körpers am Bauch angelegt. Die Vielfältigkeit der Erscheinungsformen der wirbellosen Tiere und die Vielzahl ihrer Arten hat es möglich gemacht, dass sie alle nur erdenklichen Lebensräume der Erde be-

setzen – von heißen Quellen bis in die Arktis, von der Wüste bis in die Tropen.

Nesseltiere

Eine wichtige Gruppe unter den wirbellosen Tieren stellen Nesseltiere dar. Zum Stamm der Nesseltiere gehören ganz unterschiedliche Tiere, die alle im Wasser und fast alle im Meer leben: Quallen, Korallen, Seeanemonen und Seemoospolypen. Im Süßwasser kommt beispielsweise der Süßwasserpolyp vor, wie etwa der auch in Mitteleuropa verbreitete Gemeine Süßwasserpolyp *Hydra vulgaris* oder die grüne Hydra *Hydra viridissima*, die ihre grüne Färbung aus den mit ihr symbiotisch lebenden Chlorella-Algen bezieht. Allen Nesseltieren gemeinsam ist der Besitz der komplizierten Nessel-

Oben: Ein Clownfisch lebt in einem Riff in Symbiose mit einer Seeanemone. Die Nesselfäden der Anemone schützen den Fisch vor Fressfeinden, dieser wiederum schützt die Anemone vor gefräßigen Fischen und versorgt sie mit Futterresten. Vor den Nesseln der Anemone ist er selbst durch eine Schleimschicht geschützt, die bewirkt, dass die Anemone ihn nicht für Beute hält.
Unten: In einem Korallenriff tummeln sich kleine Barsche um eine filigrane rote Fächerkoralle.

zellen, die in der Evolution nur einmal „erfunden" wurden und die ihnen als Schutz und zum Beutefang dienen.

Der Stamm der Nesseltiere (Cnidaria), von dem 9.000 Arten bekannt sind, tritt in zwei Habitusformen auf, entweder festsitzend als Polyp oder schwimmend als Meduse (= Qualle). Ihre Gemeinsamkeit als Fleischfresser ist der Beutefang mit den sogenannten Cniden, den Nesselzellen auf den Tentakeln. Auf den blitzschnellen Fang der Beute durch die Explosion der Nesselkapseln folgt die Verkürzung der Tentakel, welche die Beute zum Mund bringen. Dieser öffnet sich sogleich und verschlingt die Nahrung. Zu den Untergruppen der Nesseltiere zählen Quallen, Blumentiere, Seeanemonen und auch Korallen. Die skelettbildenden Steinkorallen sind von größter Bedeutung für die Erscheinungsform der Meere. Sie schaffen Tiefwasserriffe in kaltem Wasser ab 60 Metern Tiefe wie etwa am norwegischen Kontinentalhang oder Flachwasserriffe in warmen Meeren mit Temperaturen über 20 °Celsius. Solche Riffe stellen die größten Bauwerke tierischen Lebens auf der Erde dar, wie etwa das über 2.000 Kilometer lange Great Barrier Reef vor der australischen Küste.

Dem Bauplan aller Nesseltiere ist gemeinsam, dass sie ein gallertartiges Gewebe zwischen der äußeren Epidermis- und der inneren Gastrodermisschicht haben. Die Gastrodermis umfasst auch den Magen als Gastralraum, der nur eine Öffnung für die Aufnahme der Beute und die Abgabe von Verdauungsabfallprodukten hat. Diese Gallertschicht dient gleichzeitig der Stabilisierung des Körpers von denjenigen Nesseltieren, die nicht wie die Korallen Kalk in ihrem Körper ablagern und damit Hartskelette bilden. Typisch für viele der Nesseltiere ist die ungeschlechtliche Fortpflanzung durch Knospung. In den Klassen der Blumentiere (Anthozoa) und der Hydrozoen (Hydrozoa) ist sie sogar besonders weit verbreitet. Dabei trennt sich vom erwachsenen Polypen seitlich eine ungeschlechtliche Larve, die sogenannte Schwimmknospe, ab, die sich zum Polypen fortentwickelt. Oft ist die Knospung unvollständig, sodass physisch miteinander verbundene Kolonien genetisch identischer Polypen entstehen.

Den farbenprächtigen Korallenriffen sieht man es auf den ersten Blick gar nicht an, dass ihre Baumeister keine Pflanzen, sondern winzige Tierchen sind.

Insekten

Wie Insekten mit Wasser umgehen, kann man sehr gut am Beispiel der Wasserwanzen *(Nepomorpha)* aufzeigen. Sie leben räuberisch im Süßwasser, das sie höchstens zum Ortswechsel oder zur Überwinterung verlassen. Nur um Sauerstoff aufzutanken, kommen sie kurz an die Oberfläche. Einige dieser aquatischen Insekten sind sogar so angepasst, dass sie dauernd unter Wasser leben können. Charakteristisch sind ihr abgeflachter Körper, verkürzte Fühler, gut ausgebildete Vorderflügel, die hinteren Beine sind zu Ruderorganen umgebaut, die vorderen zu Fangarmen, mit denen die Wasserwanzen

ihre tierische Beute ergreifen, um sie anschließend mit Hilfe ihrer stechend-saugenden Mundwerkzeuge, dem Saugrüssel, auszusaugen. Nur bei den Ruderwanzen gibt es Arten, die sich auch von Detritus ernähren. Deren Vorderbeine sind schaufelartig ausgebaut, damit sie im Schlamm nach Nahrung wühlen können. Unter den Rückenschwimmern, die auch in Europa heimisch sind, gibt es einige Arten, die unangenehm stechen können, deshalb umgangssprachlich auch „Teichbienen" genannt werden. Um Luft zu holen, durchstoßen Rückenschwimmer mit ihrem mit Borsten versehenen Hinterleib in Rückenlage die Wasseroberfläche, die Luft wird von zwei Borstenreihen an der Bauchseite aufgenommen. Über Tracheenöff-

Die Portugiesische Galeere erscheint wie eine Qualle, ist tatsächlich aber ein Gemeinschaftswesen, das aus einer ganzen Kolonie von voneinander abhängigen Polypen besteht.

Eine Wasserwanze lauert in einem Teich unter der Wasseroberfläche auf Beute. Der weit verbreitete Rückenschwimmer ist häufig an stehenden Gewässern anzutreffen.

Eine faszinierende Metamorphose: Nachdem die ausgewachsene Larve an einer Pflanze aus dem Wasser gekrochen ist, schlüpft aus ihr die erwachsene Libelle. Zurück bleibt die Larvenhaut, die Exuvie.

nungen diffundiert der Sauerstoff in den Körper. Zum Abtauchen müssen die mit Luft gefüllten Rückenschwimmer heftig mit den Hinterbeinen rudern. Auch zum Beutefang verharren die bis knapp zwei Zentimeter großen Rückenschwimmer in Rückenlage an der Wasseroberfläche und greifen dann zu, wenn Tiere zum Atmen an die Oberfläche kommen oder in erreichbarer Nähe vorbeischwimmen. Atemspezialisten sind Skorpionswanzen und Riesenwasserwanzen. Sie verfügen über eine bis zu körperlange, starre Atemröhre am Hinterleib, welche sie zum Luft holen mit Hilfe besonderer Muskeln aus der Wasseroberfläche herausstrecken und auch wieder einziehen. Am Ende der Atemröhre liegt die Atemöffnung. Unter den im tropischen und subtropischen Klima beheimateten Riesenwasserwanzen gibt es Exemplare wie *Abedus indentatus*, die an die zehn Zentimeter lang werden und sogar kleine Fische mit ihren klappmesserartig umgestalteten Vorderbeinen ergreifen und durch ihren Rüssel aussaugen.

Exkurs: Die Blaugrüne Mosaikjungfer

Viele Insekten machen ihr Larvenstadium im Wasser durch. Darunter fallen auch Libellen. Zu den bekanntesten Großlibellen Mitteleuropas zählt die Blaugrüne Mosaikjungfer *(Aeshna cyanea)*. Ihre Körperlänge beträgt bis zu 75 Millimeter und sie weist eine Spannweite von 90 bis 110 Millimetern auf. Sie ist ab Mitte Juni bis in den Oktober hinein an kleinen, stehenden Gewässern zu beobachten. Am Thorax befinden sich zwei gelbe Seitenstreifen, zwei weitere kleine Streifen auf der Oberseite. Auf dem Hinterleib erscheinen einzelne blaue oder grüne Flecken, wobei die beiden letzten zusammenlaufen. Die Jagdflüge der Blaugrünen Mosaikjungfer sind dabei nicht auf Gewässer beschränkt, sie finden auch auf Wiesen, Waldlichtungen oder anderen freien Flächen statt. Dabei werden im Wesentlichen andere Insekten im Flug erbeutet. Ihr Beutespektrum ist groß, sie attackieren alles, was sie überwältigen können. Ab Mitte Juli patrouillieren die Männchen, meistens jedoch immer nur eines am Teich, auf der Suche nach Weibchen, wobei sie häufig rüttelnd in der Luft stehen bleiben. Die Paarung beginnt am Wasser und endet im gewässernahen Gebüsch. Das Weibchen sticht die Eier in Pflanzenteile am Uferbereich nahe dem Wasserspiegel. Die Eier werden relativ spät gelegt und überwintern als solche, die Larven schlüpfen erst im darauf folgenden Jahr. Die Larvenzeit dauert zwei bis drei Jahre. Die räuberischen Larven leben im Wasser, wo sie sich von Kleingetier wie Mückenlarven oder Kaulquappen ernähren. Zur Atmung unter Wasser besitzen Libellenlarven Techniken. Kleinlibellen haben an ihrem Hinterende drei blattförmige Tracheenkiemen, mit denen sie Sauerstoff aus dem Wasser aufnehmen. Großlibellen wie die Blaugrüne Mosaikjungfer verfügen über keine sichtbaren Kiemen, denn diese sind als Rektalkiemen in den Enddarm verlagert, wo der Sauerstoff durch ein spezielles Gewebe aufgenommen wird. Der Schlupf der adulten Libelle erfolgt meist in den Morgenstunden. Dazu klettert sie an einem aus dem Wasser ragenden Pflanzenteil empor und streift die alte Haut ab, die dann am Stängel haften bleibt.

Fische, Amphibien, Reptilien, Vögel und Säugetiere

Fische

Die Tiergruppe der Fische besteht aus wechselwarmen, fast ausschließlich im Wasser lebenden Wirbeltieren, die durch Kiemen atmen. Sie stellen gut die Hälfte aller bekannten Wirbeltierarten. Fische leben zu zwei Dritteln im Meer und zu einem Drittel im Süßwasser. Sie haben zu Flossen ausgebildete Gliedmaßen und Schuppen, Schilde oder Platten in der Lederhaut. Ihr Skelett ist entweder verknöchert wie bei den Knochenfischen, oder knorpelig wie bei den Knorpelfischen. Deshalb wird die Tiergruppe der Fische auch in die Klassen der Knorpelfische mit den Hauptgruppen der Haie und Rochen, sowie in die der Knochenfische unterteilt, bei denen das Skelett durch feine Verknöcherungen der bindegewebigen Scheidewände, die als Gräten die einzelnen Muskelschichten trennen, ergänzt ist.

Die Körperformen der Fische sind ihrer Lebensweise angepasst. Fische des offenen Meeres haben einen torpedoförmigen Aufbau, Bodenfische sind abgeplattet, Rifffische sind seitlich zusammengedrückt. Die meisten Fische legen Eier, der als Rogen bekannt ist, nur wenige sind lebend gebärend. Die Fische leben hauptsächlich von tierischer Nahrung, von ihresgleichen, Krustentieren, Weichtieren, Insekten, Würmern etc.

Fische sind von allergrößter wirtschaftlicher Bedeutung für die Menschheit. Seit jeher werden Fische als Speisefische gefangen. Fische bilden mit über 20.000 bekannten Arten die größte der für tierische Lebensmittel genutzten Tiergruppen. Von diesen Arten gehören etwa 650 zu den kommerziell genutzten Fischarten. Als Lebensmittel werden außerdem noch 110 Krebstier- und 100 Weichtierarten wie Muscheln, Schnecken oder Tintenfische genutzt. Teilweise waren die Fische von so großer Bedeutung, dass sie sogar Kriege auslösten, wie die so genanten Heringskriege der Niederlande gegen England im 17. Jahrhundert. Heute decken Fische und andere Meerestiere etwa ein Viertel des menschlichen Eiweißbedarfs, wobei Japaner und Isländer den höchsten Fischanteil in ihrer Ernährung haben. Seit mit der modernen Technik aber viel intensiver gefischt werden kann, sind die Bestände vieler Speisefischarten in den Weltmeeren und auch in den Süßgewässern vom Aussterben bedroht. Der Weltfischfang hat seit dem Ende des zweiten Weltkrieges stark expandiert.

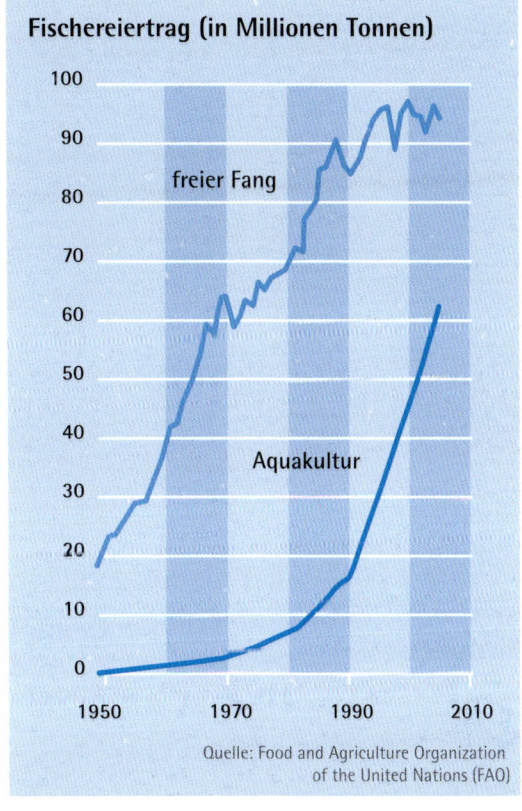

Fischereiertrag (in Millionen Tonnen)

freier Fang

Aquakultur

Quelle: Food and Agriculture Organization of the United Nations (FAO)

Seit den frühen 1990er-Jahren stagniert der Fischereiertrag bei etwas über 90 Millionen Tonnen pro Jahr. Im gleichen Zeitraum stieg die Ernte aus Aquakulturen dramatisch an.

Während 1948 nur circa 22 Millionen Tonnen gefangen wurden, werden heute an die 140 Millionen Tonnen angelandet. Auf China, als die nach wie vor mit Abstand größte Fischereination, entfiel ein Anteil von 35 Prozent der weltweiten Fischerzeugung, bezogen auf die Aquakultur sogar von 67 Prozent. Der starke Anstieg des Weltfischfangs in den ersten 20 Nachkriegsjahren verlangsamte sich allerdings in den letzten zwei Jahrzehnten. Seither hat aber die Aquakultur wachsende Bedeutung erlangt, der Anteil der gezüchteten Fische am Weltfischfang stieg in den letzten 40 Jahren von 11 Prozent auf 15 Prozent an. Ein Teil des Weltfischfangs wird nach wie vor zu Fischmehl verarbeitet, das für Tierernährung und als Düngemittel genutzt wird. Hierfür werden gezielt Industriefische wie Sandaal oder Anchoveta gefangen. Das bei der Verarbeitung anfallende Fischöl wird auch für die menschliche Ernährung verwendet. Auch für die Fischwirtschaft ist die Unterscheidung in Süß- und Meerwasserfische von Bedeutung, wobei einige wenige Arten wie Aal und Lachs befähigt sind, in beiden Lebensräumen zu leben. Typische Vertreter der Süßwasserfische sind Karpfen, Hecht, Barsch, Zander oder Schlei, Vertreter der Meeresfische Kabeljau, Seelachs, Rotbarsch, Makrele und Hering.

Die ersten Fische tauchten vor ungefähr 500 Millionen Jahren im Erdzeitalter des Kambriums auf. Man vermutet, dass sie sich aus wirbellosen Nahrungsfiltrierern entwickelt haben. Ähnlich den gegenwärtigen Kieferlosen besaßen diese „Urfische" ein fleischiges, rundes Maul ohne Kiefer. 60 Millionen Jahre später brachte die Evolution den ersten Fisch mit beweglichen Kiefern hervor, die Kiefer entstanden aus den vorderen Kiefernbögen. Stachelähnliche Ausstülpungen an den Bauchseiten formten sich zu paarigen Flossen um. Das Knorpelskelett bei Fischen entwickelte sich vor etwa 370 Millionen Jahren. Hauptvertreter dieser Knorpelfische sind bis heute Haie und Rochen sowie die als Chimären bekannte Seekatzen. Bei den Knorpelfischen besteht das Skelett – wie der Name sagt – aus Knorpel, der durch Einlagerung von Kalk seine Festigkeit erhält. Ein weiteres Merkmal der Knorpelfische besteht darin, dass sie keine Schwimmblase haben. Das geringe Gewicht des Knorpelskeletts, eine große ölhaltige Leber und die großen tragflächenartige Brustflossen bei den vielen im freien Wasser lebenden Arten helfen beim Auftrieb.

Im Gegensatz zu den Knorpelfischen ist das Skelett der Knochenfische durch Calcium-Einlagen ganz oder teilweise verknöchert. Zu ihnen zählen auch die archaischen Muskelflosser *(Sarcopterygii)*, die zwar heute mit nur noch acht lebenden Arten vertreten sind, aber ihre Bedeutung vor allem da-durch haben, dass unter ihren fossilen Vertretern die Vorfahren der Landwirbeltiere zu finden sind, so die Quastenflosser und Lungenfische. Die Hauptgruppe wird von den Strahlenflossern *(Actinopterygii)* gestellt, die mit ihren etwa 27.000 Arten mehr als 96 Prozent der Fischfauna stellen. Sie besitzen ein knochiges Innenskelett, dünnere Schuppen und einen symmetrischen Schwanz, der die Strahlenflosser zu hervorragenden Schwimmern gemacht hat. Die Kiefer wurden noch beweglicher und Kiemenkammern versorgen den Fisch effizienter mit Sauerstoff. Denn im Gegensatz zu den Knorpelfischen, bei denen die Kiemenspalten noch getrennt ausmünden, wodurch bei ihnen das Atemwasser durch verschiedene Kiemenspalten ausströmt, sind bei den Knochenfischen die Kiemenspalten durch einen knöchernen Kiemendeckel abgedeckt und so zu einer einzigen Austrittöffnung verbunden. Die Kiemen sind besser geschützt und außerdem kann die Ventilation des Atemwassers durch den Kiemendeckel unterstützt werden. Im Übrigen haben die meisten Knochenfische eine Schwimmblase, die sich aus einer lungenähnlichen Aussackung des Vorderdarms entwickelt hat.

Die Unterwasser-Welt der Fische ist vielfältig und faszinierend. Da gibt es gewaltige Exemplare wie den Walhai, den größten aller Fische, der bis zu 14 Meter lang und bis zu 12 Tonnen schwer wird. Es sind ungefährliche Fische wie der fast ebenso große Riesenhai, die von Plankton leben, das sie aus dem Wasser filtern. Und es gibt ganz kleine Fische, von denen es im Flusssystem des Amazonas nur so wimmelt. Zu ihnen zählen der unscheinbare Guppy, den Aqurianer zu höchster Farben- und Formenpracht gezüchtet haben, und der ruhig dahingleitende Diskusfisch, dessen Farbvariationen heute Höchstpreise unter Aquarianern erzielen. Flach wie der Diskus ist auch die Flunder, die es in verschiedenen Variationen als Scholle, Steinbutt oder Seezunge gibt. Sie alle werden „hochkant" geboren, legen sich im Laufe der Zeit auf die Seite, um getarnt auf Grund liegen zu können, wobei das untere Auge auf die Oberseite wechselt – und schmecken ganz köstlich. Von ganz anderer Statur ist das Seepferdchen, das so wenig nach Fisch aussieht – ihr Kopf ähnelt dem eines Pferdes, ihr Hinterleib dem eines Wurmes, was ihnen den wissenschaftlichen Namen Hippocampus (= Pferderaupe) einbrachte.

Ein besonderes Verhalten legt der Bitterling an den Tag, dessen Weibchen zur Laichzeit zwischen April und Juni hinter der Afteröffnung eine fünf bis sechs Zentimeter lange Legeröhre wächst. Mit dieser Legeröhre kann das Weibchen ihre 40 bis 100 kleinen Eier in den Kiemenraum großer Süßwassermuscheln ablegen. Überhaupt ist das Brutverhalten bei vielen Fischen hoch interessant. So brüten viele Buntbarsche der ostafrikanischen Seen ihre Eier im Maul aus, andere nehmen die Jungtiere bei Gefahr ins Maul und spucken sie danach wieder aus. Während der teils wochenlangen Brutpflege können die beteiligten Elterntiere natürlich keine Nahrung aufnehmen. Außergewöhnlich ist das Aggressionspotential von Kampffischen – es handelt sich um eine Gattung klein bleibender Süßwasserfische aus der Unterordnung der Labyrinthfische, die wie alle über ein Labyrinthorgan zur Aufnahme atmosphärischen Sauerstoffs verfügen, womit sie auch sauerstoffarme Gewässer wie etwa überschwemmte Reisfelder besiedeln können. Treffen zwei Männchen aufeinander, gehen sie sofort in Kampfstellung und imponieren mit ihren Körperfarben. Dies haben Aquarienliebhaber ausgenutzt und vor allem dem Siamesischen Kampffisch (Betta splendens) noch schönere Farben und Flossen angezüchtet. Die Landwirbeltiere entstanden vor etwa 365 Millionen Jahren. Die damaligen Wirbeltiere gingen vom Süßwasser aus an Land. Diese Tiere hatten bereits paarige Lungen ausgebildet. Das Skelett passte sich

der landlebenden Weise an. Das bedeutet, dass sich die Flossen zu Beinen bzw. Armen mit mehreren Gelenken und Hand- bzw. Fußwurzelknochen umgewandelt haben. Dieser gesamte erste Entwicklungsschritt der Landwirbeltiere soll etwa 20 Millionen Jahre in Anspruch genommen haben.

Oben: Ein Karpfen schnappt an der Wasseroberfläche nach Luft.
Unten: Eine Gruppe Seepferdchen klammert sich an einer Braunalge fest.

Ein Indischer Rotfeuerfisch schwimmt im Roten Meer. Die stacheligen Strahlen der Rückenflosse der nachtaktiven Tiere enthalten ein starkes Gift.

Auf dieser Unterwasseraufnahme sind die großen und kraftigen Stacheln um Körper eines Igelfischs gut zu erkennen. Die Igelfische sind vor allem in den Korallenriffen vor den Küsten flacher subtropischer und tropischer Meere beheimatet.

Der Napoleon-Lippfisch lebt an den Korallenriffkanten des Indopazifiks. Aufgrund der starken Überfischung ist der Bestand dieses früher sehr häufigen Lippfischs heute gefährdet.

Exkurs: Landgang

Als Landgang wird in der Evolutionsbiologie der Übergang des Lebens aus dem Wasser auf das Land bezeichnet. Dabei setzte die terrestrische Lebensweise von Pflanzen früher ein als die der Tiere. Nach derzeitigen Erkenntnissen kann man für Grünalgen von einer Erstbesiedelung vor 700 Millionen Jahren und für Pilze sogar vor einer Milliarde Jahren ausgehen. Der Landgang der Pflanzen setzte vor knapp 500 Millionen Jahren ein. Zu den ältesten bekannten Landpflanzen zählt Rhynia – so benannt nach dem Fundort in Schottland –, die ein Rhizom horizontal in den Boden treibt, aus dem verzweigte Sprossen 50 Zentimeter an die Oberfläche ragen: Diese Pflanze hat noch keine Blätter. Aus der gleichen Zeit vor circa 400 Millionen Jahren stammt *Horneophyton lignieri* als eine weitere der vier Ur-Pflanzen, die im Hornstein von Rhynie entdeckt wurden. Es konnte bisher keine Verwandtschaft zu anderen fossilen oder lebenden Pflanzen hergestellt werden, hauptsächlich wegen ihrer einzigartig verzweigten Sporenkapseln (Sporangien).

Besser informiert ist man heute über den Landgang der Wirbeltiere, der sich als evolutionärer Übergang von den Fischen zu den frühen Amphibien vollzog. Dies geschah vor rund 365 Millionen Jahren, als die ersten Wirbeltiere das Land eroberten. Damals veränderten sich auch ihre Extremitäten: aus Flossen wurden Füße mit geteilten Zehen. Vorläufer solcher frühen Amphibien sind im Verwandtschaftsbereich von Quastenflossern und Lungenfischen zu suchen. Dazu zählt beispielsweise *Gogonasus*, eine 380 Millionen Jahre alte Gattung fossiler Fische. Er hat schon viele Merkmale, die jenen von *Tiktaalik* ähneln, dem urzeitlichen Fisch, der wohl den Landwirbeltieren am nächsten steht. *Tiktaalik* wiederum steht Fleischflossern wie den Quastenflossern und Lungenfischen nahe, was ihnen an der Beschuppung, den Flossen, dem schon amphibienartigen Schädeldach und an der

Schnauze anzusehen ist. Die Brustflossen erinnern schon an Arme aus einer beweglichen Schulter mit Ellenbogen. *Tiktaalik* als fast an Krokodile erinnerndes Tier hatte seinen Lebensraum im Flachwasser küstennaher Meeresgebiete. Hier konnte es sich schon auf seine „Arme" stützen, mit dem Kopf aus dem Wasser ragen.

Auf dem Weiterweg entstanden die Landwirbeltiere, zu denen nunmehr an die 27.000 Arten gehören. Sie werden auch als Tetrapoden (= Vierfüßer) bezeichnet. Hierunter findet man Amphibien, Reptilien, Vögel und Säugetiere – auch die, die später wieder zu reinen Wasserbewohnern geworden sind, wie zum Beispiel Wale oder Seeschlangen. Die Landwirbeltiere atmen mit Lungen, auch die im Wasser lebenden Arten. Nur die Larven der Amphibien atmen mit Kiemen. Manchen Landwirbeltieren sind ihre Füße im Laufe der Evolution wieder äußerlich verloren gegangen, wie etwa den Schlangen. Auch haben sich im Laufe der Evolution Vordergliedmaßen zu Flossen, wie bei den Walen, oder zu Flügeln, wie bei Vögeln, Fledermäusen oder den Flugsauriern entwickelt. Landwirbeltiere sind heute die dominante Tiergruppe auf der Erde, die inzwischen weitgehend alle verfügbaren Lebensräume besetzt haben.

Amphibien

Amphibien, im allgemeinen Sprachgebrauch auch als Lurche bezeichnet, stellen die früheste Form der Landwirbeltiere dar. Bis heute ist nicht abschließend geklärt, wie sich die Entwicklungslinien von Quastenflossern und Lungenfischen zu den Amphibien vollzogen hat. Als Zwischenglieder bieten sich die frühen Formen der *Acanthostega* und *Ichthyostega* an. Acanthostega, in einem 365 Millionen Jahre alten Sedimentgestein gefunden, lebte noch ganz im Wasser, konnte sich aufgrund seiner Anatomie mit Gliedmaßen, die schon den Charakter von Vorder- und Hinterhand trugen, auf dem mit Wasserpflanzen bewachsenen Sumpfboden flacher Gewässer, die seinen Lebensraum darstellten, fortbewegen, wie es auch heute

noch die Lungenfische tun. *Ichthyostega* hat man sogar in einem 380 Millionen Jahre alten Sediment gefunden. Dieses Tier war etwa einen Meter lang, hatte einen etwas längeren als breiten Schädel mit großen Augenhöhlen. Seine Extremitäten waren kurz und stämmig und mit fünf oder vielleicht auch sieben Zehen versehen. Massive Rippen bildeten im vorderen Rumpfbereich einen sehr starren Knochenpanzer. *Ichthyostega* war vermutlich eines der ersten Wirbeltiere, das mit vier Beinen und einer Lunge ausgestattet aufs Festland zog – ein Fisch auf vier Beinen! Wahrscheinlich hatte sich *Ichthyostega* aus dem Quastenflosser entwickelt. Er stellt sozusagen eine Übergangsform zwischen Fisch und Amphibium dar. Und obwohl sich Ichthyostega offenbar an zwei Lebensräume gleichzeitig anpassen konnte, verkörpert er einen frühen aber letztendlich erfolglosen Versuch der Anpassung an eine Fortbewegung auf dem Land – er war kein erfolgreiches Modell, sondern starb nach einigen Millionen Jahren aus.

Alle heute existenten Amphibien sind letztlich das Ergebnis einer Entwicklung von fast 400 Millionen Jahren. Ihre Anpassung an das Landleben stellte völlig neue Anforderungen an den Bewegungsapparat. An Land fehlt ihnen bei der Fortbewegung der Auftrieb des Wassers. Der Wasserbedarf des Körpers muss von außen zugeführt werden können. Dafür müssen sie sich, aus dem sauerstoffarmen Wasser kommend, nunmehr mit der sauerstoffreichen Luft auseinandersetzen. Dafür bieten sich verschiedene Möglichkeiten an, mit welchen die Amphibien den Sauerstoff aufnehmen. In sehr feuchten Lebensräumen kann dies bei kleineren Exemplaren über die zarte Körperhaut erfolgen, die dann den Gasaustausch übernimmt, und es kommt zur Hautatmung wie beispielsweise

Im Jahr 2005 wurde dieses außergewöhnlich gut erhaltene Skelett des fossilen Fisches Gogonasus in einem Kalksteinbruch in Westaustralien entdeckt. Die etwa 380 Millionen Jahre alte Gattung Gogonasus gilt als Vorläufer der späteren Landwirbeltiere.

Oben: Das Hautsekret des Zwerg-Panamabaumsteigers wurde von den Eingeborenen Mittelamerikas jahrhundertelang als Pfeilgift verwendet. Unten: Die Wechselkröte kann ihre Grundfärbung der Umgebung anpassen.

Winterruhe. Dazu vergraben sich viele Arten der Frösche in den Bodenschlamm ihrer Wohngewässer, während sich die Kröten in der Regel in feuchtes Erdreich verkriechen. Während dieser Winterstarre nehmen sie keine Nahrung zu sich. Ihren geringen Sauerstoffbedarf decken sie durch die Haut.

Heute sind Amphibien mit über 6.000 Arten auf (fast) allen Kontinenten anzutreffen, nur nicht in vereisten Gebieten, unterteilt in Blindwühlen, Schwanzlurche und Froschlurche. Sie bevorzugen feuchte Biotope als Lebensraum. Blindwühlen gibt es nur in den Tropen, mit Ausnahme von Australien, des indo-australischen Raumes, Madagaskars und Westindiens. Die Schwanzlurche beschränken sich im Wesentlichen auf die gemäßigten Breiten und sind besonders stark in Nordamerika vertreten. In Südamerika sind sie im Bereich der Anden bis in die tropischen Breiten vorgedrungen, doch fehlen sie in Afrika mit Ausnahme des äußersten Nordwestens. Froschlurche sind überall vertreten, besonders zahlreich in den Tropen, nicht aber auf ozeanischen kleinen Inseln. Die Größe der Amphibien reicht von einem Zentimeter bis eineinhalb Meter Länge, ihr Körper ist gedrungen bis lang gestreckt, die meist drüsenreiche Haut nackt, oft intensiv gefärbt, der Schwanz lang bis zurückgebildet. Alle erwachsenen Amphibien sind Fleischfresser und ernähren sich in der Regel, ihrer Größe entsprechend, von Insekten und anderen kleinen Wirbellosen. In der Fortpflanzung vollziehen sich die Begattung als auch die Ei- und Larvenentwicklung im Wasser. Wasser schützt den Laich vor dem Austrocknen, bietet den schlüpfenden Jungtieren ausreichend Nahrung, bereitet aber durch vielfältigste Fressfeinde Gefahr. Darum wird der Fortbestand der Art entweder durch eine sehr große Eizahl oder aber durch Schutz, für den die Elterntiere in irgendeiner Weise sorgen, gesichert. Manche Arten treiben Brutpflege, einige sind lebend gebärend. Es gibt auch Amphibien, bei denen sich die Jungen völlig im Körper der Weibchen entwickeln. Der Körper liefert somit Schutz gegen die Feinde und die Austrocknung und Nahrung für den heranwachsenden Nachwuchs. Im Allgemeinen aber schlüpfen aus den Eiern Larven mit äußeren Kiemen. Sie wachsen im Wasser heran, wandeln sich Schritt für Schritt im Äußeren und in den Funktionen, wie zum Beispiel dem Atemmechanismus, und wachsen zum Typ

bei den Lungenlosen Salamandern. Es gibt auch Mund- und Kehlatmung, wie man sie bei den Froschlurchen findet. Schwierigkeiten bereiten auch die größeren Temperaturschwankungen an Land. So sind Amphibien wechselwarme Wirbeltiere, die bei tiefen Temperaturen in einen Zustand der Starre verfallen. Die Arten, die in den gemäßigten Klimaten vorkommen, halten eine

des erwachsenen Tieres heran, um dann schließlich zum Landleben überzugehen.

Blindwühlen, auch Schleichenlurche genannt, sind die kleinste Ordnung der Amphibien mit nur 170 Arten. Es handelt sich um gliedmaßenlose, wurmähnliche Amphibien mit Gesamtlängen zwischen sieben Zentimetern bis eineinhalb Metern Länge. Der Körper ist durch Ringfalten in einzelne Abschnitte unterteilt. Schwanzlurche sind die zweite Ordnung der Amphibien mit lang gestrecktem Körper, gut ausgeprägtem Schwanz und deutlich vom Rumpf abgesetztem Kopf. Zu ihnen zählen Riesensalamander, Salamander, Molche und Olme. Froschlurche stellen die artenreichste Ordnung der Amphibien. Zu ihnen gehören neben Fröschen vor allem auch Kröten und Unken. Nur ihre Larven verfügen noch über einen Ruderschwanz. Die Begattung erfolgt unter Wasser. Der Laich wird in Klumpen wie bei den Fröschen oder in Schnüren wie bei den Kröten im Wasser abgelegt. Nach mehreren Tagen bilden sich aus den Eiern die als Kaulquappen bezeichneten Larven. Zunächst sind ihre Kiemen noch außen liegend; später werden sie von einer Hautfalte bedeckt. Nach mehreren Wochen Entwicklung, während der sich die Kaulquappe überwiegend von Pflanzen, organischem Material, Kleinsttieren und Aas ernährt, erscheinen bei dem Tier zuerst die Hinterbeine. Adulte Tiere bilden vergrößerte Hinterbeine aus, was ihnen zu einem guten Springvermögen verhilft. Ihre artspezifische Lauterzeugung erfolgt mittels Schallblasen. Ihre Haut ist glatt bis warzig, mit Schleimdrüsen durchsetzt, die die Oberfläche feucht halten und auch Hautatmung ermöglichen, oder mit größer ausgebildeten Körnerdrüsen versehen, die giftiges Sekret aussondern. Pigmentzellen der Haut geben den Fröschen eine teilweise grelle Färbung. Sie nehmen ausschließlich Fleischnahrung aus Insekten, Gliedertieren, Weichtieren oder Spinnen auf. Die Größe der Frösche reicht vom Goliathfrosch mit über 40 Zentimeter bis zu kleinen Exemplaren von weniger als einem Zentimeter Länge.

Wie alle Grünfrösche besitzen auch die Männchen der Kleinen Wasserfrösche zwei seitlich ausstülpbare ballonartige Schallblasen hinter den Mundwinkeln. Mit ihnen können sie die Resonanz ihrer Paarungsrufe zum Anlocken von Weibchen verstärken.

Exkurs: Allen Unkenrufen zum Trotz

Die Rotbauchunke *(Bombina bombina)* gehört zu den Fröschen, die durch ihre markanten Rufe besonders auffällig sind. Sie lassen zur Laichzeit aus ihren inneren Schallblasen ein dunkles, klangvolles uuh --- uuh --- uuh, in Abständen von über 1,5 Sekunden ertönen. Dabei werden der Körper und die Kehle kugelförmig aufgebläht, sodass die farbige Fleckung an der Kehle sichtbar wird. Ein Unkenchor klingt unheimlich und stimmungsvoll zugleich. So wurde der Unke früher mythische Bedeutung beigemessen. *Unke* stand im 18. Jahrhundert für „Stubenhocker", das Verb *unken* stand für „jammern" und „Unheil voraussagen" – „Allen Unkenrufen zum Trotz ..." drückt danach Zuversicht gegen die von Zweiflern und Pessimisten geäußerten Bedenken aus. Die Rotbauchunke zählt zu den ganz kleinen urtümlichen, warzigen, krötenartigen Fröschen von 3,5 Zentimetern Länge. Ihre Oberseite ist dunkelbraun bis graubraun gefärbt, die Unterseite einschließlich der Innenseiten der Vorder- und Hintergliedmaßen ist dunkelgrau bis schwarz gefärbt und trägt eine auffallend orangefarbene Zeichnung, die ein individuelles Muster bildet. Auffallend sind auch ihre herzförmigen Pupillen. Anders als die meisten Froschlurche leben Rotbauchunken vom Frühling bis zum Herbst meistens im oder am Wasser. Sie sind im östlichen Mitteleuropa verbreitet. In Deutschland treten diese Tieflandunken im östlichen Schleswig-Holstein, in den Flussauen von Elbe, Mulde und Weißer Elster auf. Ihren Lebensraum bilden Tümpel auf Wiesen und in der Ackerflur mit Wasser gefüllte Wagenspuren oder auch verlandete Kiesgruben. Sie ernähren sich von Mückenlarven, Tausendfüßlern, Käfern und Spinnen. Die Balz erfolgt im Juli/August. Die Larven erscheinen ohne äußere Kiemen, sie haben einen Flossensaum mit Netzstruktur und tragen an der Oberseite zwei gelbe Längsstreifen.

Die Bastardschildkröte ist in den tropischen Gewässern des Pazifischen, Indischen und Südatlantischen Ozeans beheimatet. Ihr Name geht darauf zurück, dass sie früher als Mischling zwischen der Suppenschildkröte und der Unechten Karettschildkröte galt.

Reptilien

Reptilien stellen eine weitere Klasse der Wirbeltiere mit den Ordnungen der Schildkröten, Brückenechsen, Krokodile und Schuppenkriechtiere, die sich aus Echsen und Schlangen zusammensetzen, dar. Ihre Stammesgeschichte reicht bis in das Frdzeitalter des Karbon vor mindestens 300 Millionen Jahren zurück – ihren Ursprung finden sie einschließlich der Vögel in amphibischen Landwirbeltieren. Im Gegensatz zu den Lurchen sind sie zur Fortpflanzung aber nicht mehr auf Gewässer angewiesen, und auch generell besser an trockene Lebensräume angepasst. Die Erscheinungsformen der derzeit auf der Erde vertretenen Reptilien sind sehr vielgestaltig und unterscheiden sich in Körperbau, Größe und Lebensweise. Bei den meisten Arten sind die vier Gliedmaßen mit normalerweise je fünf Zehen ausgebildet, bei anderen sind sie, wie bei Schlangen und einigen Echsen, vollständig zurückgebildet. Ihre drüsenarme, trockene Haut ist mit hornigen Schuppen, Hornplatten oder größeren Schilden bedeckt.

Reptilien sind wechselwarme Tiere. Ihre Körpertemperatur ist in hohem Maße von der Umge-

bungstemperatur abhängig und wird hauptsächlich durch angepasstes Verhalten, etwa durch Aufwärmen in der Sonne, Abkühlen im Schatten oder im Wasser bei großer Hitze reguliert. Sie sind vor allem Land- und Süßwasserbewohner, wobei sie grundsätzlich warme, besonnte Lebensräume bevorzugen. Nur wenige Reptilien haben das Meer als Lebensraum. Kälte und knappe Nahrung zwingen sie zur Winterruhe. Zum Überwintern werden passende Verstecke aufgesucht, so im Wurzelbereich von Bäumen, in Erdlöchern, Felsspalten, Hohlräumen unter Steinplatten, unter totem Holz oder in Kleinsäugerbauten. Die Reptilien sind lungenatmende Tiere ohne Verwandlung (Metamorphose).

Sie entwickeln sich aus Eiern, die an Land abgelegt werden oder im Muttertier ausreifen und von den Jungen vor oder bei der Geburt gesprengt werden wie beispielsweise bei der Waldeidechse. Auch sekundär wasserbewohnende Arten suchen das Land zur Eiablage auf. Bei den Reptilien haben sich ausgesprochene Nahrungsspezialisten herausgebildet, sodass neben Würmern, Schnecken, Insekten und anderen Gliedertieren auch Kleinsäuger, Vögel, andere Reptilien, Fische sowie pflanzliche Nahrung gefressen wird. Es gibt aber auch Reptilien, die sich, wie viele Schildkrötenarten, ganz überwiegend von pflanzlicher Kost ernähren.

Die eigentümlich melancholisch klingenden Rufe der männlichen Rotbauchunke bescherten dem Tier in früheren Zeiten mythische Bedeutung – dabei dienen sie nichts anderem als der Revierabgrenzung und dem Anlocken der Weibchen.

Exkurs: Fischsaurier

Die Dinosaurier haben sich wie keine andere ausgestorbene Tiergruppe im Gedächtnis der Menschen bewahrt, haben sie doch die größten Lebewesen aller Zeiten hervorgebracht. Zweifelsohne waren sie lange Zeit die beherrschende Tiergruppe auf der Erde und haben in ihrer über 200 Millionen Jahre währenden Geschichte alle nur erdenklichen Lebensräume besetzt – Saurier ist nämlich der Oberbegriff für landbewohnende Dinosaurier, Fischsaurier und Flugsaurier. Ihr Aussterben vor etwa 65 Millionen Jahren wird als Folge eines durch Einschlag eines Riesenmeteoriten bewirkten enormen Klimawechsels mit Vernichtung der Existenzvoraussetzungen erklärt.

Unter dem Oberbegriff der Ichthyosaurier werden die bis zu 15 Meter langen, aber meist kleineren Fischsaurier zusammengefasst. Die mit allen anderen Sauriern zusammen ausgestorbenen Fischsaurier bewohnten die Meere der Trias-, Jura- und Kreidezeit. Ihr nackthäutiger Körper war fischförmig. Bis heute sind Vertreter von 30 Gattungen fossil gefunden worden. In ihrer Gestalt ähnelten sie den heutigen Delphinen. Ihr lang gestreckter Kopf ließ sich gegen den Rumpf kaum bewegen, weil die Halswirbelsäule kurz und starr war. Die insgesamt vier zu Paddeln umgewandelten Gliedmaßen steuerten den von der mächtigen Schwanzflosse angetriebenen Körper. In den Kiefern saßen zahlreiche spitze Zähne, welche die Fischsaurier als Räuber ausweisen. Sie ernährten sich offensichtlich hauptsächlich von tintenfischähnlichen Belemniten, auch junge Schildkröten und Fische standen auf ihrem Speiseplan.

Kennzeichnend für Ichtyosaurier waren ihre enorm großen Augen, eine Anpassung an ein Leben unter Schwachlichtbedingungen in bis zu 600 Metern Tiefe. So besaß der Temnodontosaurus Augen mit einem Durchmesser von mindestens 26,4 Zentimetern – die größten Augäpfel im bekannten Tierreich.

Zu den frühesten Fischsauriern Nordamerikas aus der Triaszeit gehört der bis zu zehn Meter lange Cymbospondylus, von dem Fossilien in Nevada und Utah gefunden wurden. Einer der ältesten Fischsaurier Europas ist die Gattung Mixosaurus, die in der Triaszeit vor etwa 230 Millionen Jahren vorkam und in Asien und Nordamerika nachgewiesen wurde. Er wurde ungefähr einen Meter lang. Sein Schwanz war lang und trug eine Schwanzflosse. Die Flossen hatten noch fünf Zehen, spätere Gattungen hatten nur drei. Die Brustflossen waren länger als die Bauchflossen. Die vorderen Zähne waren spitz und scharf, die Backenzähne stumpf. Als der größte Fischsaurier gilt die gegen Ende der Triaszeit vor mehr als 210 Millionen Jahren vorkommende Gattung Shonisaurus, die in Nordamerika heimisch war. Er hatte eine eher walartige Form. Ein Drittel seines Körpers entfällt auf den Kopf und Hals, ein weiteres auf den Rumpf und das letzte Drittel auf den Schwanz. Seine Kiefer trugen nur vorne Zähne. Die vier Gliedmaßen hatten die Form ungewöhnlich schmaler und langer Paddel.

Die extremen Anpassungen der Fischsaurier an das Leben im Meer machen es unwahrscheinlich, dass diese Tiere wie die meisten anderen Reptilien ihre Eier an Land ablegten. Fossile Funde dieser Saurier aus Holzmaden in Süddeutschland enthalten in ihrer Bauchhöhle vollständige Skelette von Jungtieren. Währen diese Tiere als Nahrung aufgenommen worden, so hätten sich ihre Skelette nicht so erhalten können. Also müssen Ichthyosaurier lebendgebärend gewesen sein.

Eine Übergangsform zwischen Land- und Wassersauriern stellt die Unterordnung der Plesiosaurier dar. Sie lebten in der Zeit vom Ende der Trias bis zum Ende der Kreide. Ihr Körper ist tonnenförmig, ihre Kiefer tragen spitze Zähne, sie haben einen kurzen Schwanz und paddelförmige, sehr bewegliche Gliedmaßen. Ihr besonderes Kennzeichen ist ihr langer Hals. Bei Elasmosaurus wies er über 70 Wirbel auf. So konnte er seinen Hals sieben Meter hoch recken und war damit ideal an das Leben in Küstengewässern angepasst. Auf der Suche nach Beute konnte er sich sowohl durch das Wasser schlängeln als auch den Kopf über Wasser heben und von dort auf die Beute herabstoßen.

Die interessanteste Anpassung an das Leben im Meer bietet die zur Familie der Leguane gehörende Galapagos-Meerechse *(Amblyrhynchus cristatus)*. Wie der Name schon sagt, sind die Galapagos-inseln ihre Heimat. Als Lebensraum dienen Lava-blöcke, die aus dem Meer ragen – und natürlich das Meer. Sie erreicht eine Kopf-Rumpf-Länge von 50 bis 70 Zentimeter, einschließlich Schwanz von 80 bis 110 Zentimeter, und ein Gewicht von 1,5 Kilogramm. Die Weibchen sind erheblich kleiner und weniger als halb so schwer. Über den gesamten Rücken, vom Hals über den Nacken bis zur Schwanzspitze zieht sich ein hoher Kamm. Die Kopfoberseite ist stark höckerig. Der Schwanz ist seitlich zusammengedrückt und dient als Ruder-schwanz. Die Grundfarbe ist je nach Alter und Unterart unterschiedlich, sie ist dunkel bis schwarz mit grauen Flecken. Durch die dunkle Tönung können sich die Tiere nach ihren Tauchgängen im Meer schnell wieder erwärmen, um dann einen neuen Tauchgang unternehmen zu können. Ihre Ernährung ist nämlich mühsam, sie ernähren sich fast ausschließlich unter Wasser von Algen und Tang. Beim Bauchen können Alttiere Tiefen von bis zu fünfzehn Metern erreichen und bis zu einer Stunde unter Wasser bleiben. In der Regel bleiben Meerechsen höchstens zehn Minuten unter Wasser und fressen in flacheren Gewässern.

Ein Leben im Wasser führen auch die Arten der Reptilienordnung der Krokodile, die heute aus den drei Familien der Echten Krokodile, Alligatoren und Gavialen besteht. Ihr Körperbau ist stark an die Lebensweise im Wasser angepasst. Charakterisierend sind der flache Körper, die breite und flache Schnauze sowie der zu einem Ruder ausgebildete und seitlich abgeflachte Schwanz. Gaumen und innere Nasenöffnung sind weit nach hinten gezogen, wodurch das Atmen durch die Nase bei unter Wasser geöffnetem Maul ermög-

In der Nähe von Braunschweig wurde im Jahr 2005 dieses Skelett eines Ichthyosauriers gefunden. Das Reptil aus der Gattung Platypterygius *lebte vor etwa 135 Millionen Jahren im Wasser.*

Eine Meerechse sonnt sich an der Küste einer Insel des Gala-pagos-Archipels.

Drei junge Breitschnauzen-kaimane grinsen in die Kamera. Die durch Filme wie „Crocodile Dundee" berühmt gewordene Alligatorenart lebt vor allem in Feuchtgebieten wie den Seitenarmen der verzweigten Flusssysteme Südamerikas.

licht wird. Der Rumpf ist mit hornigen, zumindest auf dem Rücken verknöcherten Platten bedeckt. Die Extremitäten sind relativ kurz, die Füße tragen vorn fünf und hinten vier Zehen, die hinteren Zehen sind durch Schwimmhäute miteinander verbunden. Krokodile werden zwischen 1,20 Meter bis über sieben, möglicherweise sogar bis zehn Meter lang, fossile Arten erreichten sogar Körperlängen von zwölf Metern. Krokodile wachsen ein Leben lang, allerdings mit abnehmender Geschwindigkeit, bis sie nur noch wenige Zentimeter pro Jahr beträgt.

Krokodile bevölkern hauptsächlich Flüsse und Seen der Tropen und Subtropen, bewegen sich aber auch im Brackwasser oder im küstennahen Meerwasser. Nach der Paarung verlassen die Weibchen ihre Gewässer und legen bis zu 100 hartschalige Eier in Nesthügel aus Laub und Ästen wie einige der Echten Krokodile und alle Alligatoren, oder in Sandgruben und bewachen danach das Gelege, manche auch noch eine Zeit lang die Brut. Krokodile sind als Fleischfresser geschickte und schnelle Jäger. Bei der Jagd gehen sie unspezifisch vor, greifen alles an, was sie mit ihrer Größe überwältigen können. Nur wenige Arten sind spezialisierter. Dies sind insbesondere die sehr schmalschnäuzigen Arten mit reusenartigen Zähnen wie der Gangesgavial, der Sundagavial oder das Australienkrokodil, die vor allem Fische erbeuten. Das Nilkrokodil verharrt zur Jagd untergetaucht und schnellt aus dem Wasser mit ungeheurem Vortrieb seines muskulösen Schwanzes. Haben sie ein Opfer

erbeutet, ertränken sie es unter Wasser. Zum Abreißen von Fleischstücken aus dem Beutetier, das durchaus die Größe eines Gnus haben kann, drehen sie sich selbst mit diesem mehrfach um die eigene Achse und zerteilen es in „mundgerechte" Stücke.

Das größte aller heutigen Krokodile ist das Leistenkrokodil *(Crocodylus porosus)*, auch *Salzwasserkrokodil* genannt, weil es in australasiatischen Flussmündungen, Mangroven, Brackwasser und Meeresgewässern lebt, sogar schon bis zu den Fidschi-Inseln vorgedrungen ist. Für ausgewachsene Tiere bilden Fische und Schildkröten die Hauptnahrung.

Gewässer liebende Reptilien sind auch in Europa anzutreffen, darunter die scheue Ringelnatter *(Natrix natrix)*, die sich von Molchen, Fröschen, Insekten, kleinen Nagetieren und als gute Schwimmerin auch von Fischen ernährt. Als typische Wassernattern benötigen sie kleine Tümpel, Weiher, Feuchtwiesen oder sehr langsam fließende Gewässer als Lebensraum. Diese müssen mit reichlich Vegetation verbunden sein, um ihr ausreichend Deckung zu liefern. Infolge rückläufiger Naturbiotope nehmen die Bestände der Ringelnatter immer weiter ab, sie steht bereits auf der roten Liste und ist geschützt. Ringelnattern werden in der Regel einen Meter lang, wobei das Weibchen etwas länger und dicker als das Männchen ausfällt. Die Grundfarbe der Ringelnatter geht von schiefergrau bis grün- oder olivbraun, ihr Erkennungsmerkmal sind die gelben, sogenannten „Halbmondflecken" auf beiden Seiten hinter dem Kopf. Der deutlich abgesetzte Kopf trägt runde Pupillen. Auffällig sind auch die großen Schuppen auf der Kopfoberseite. Ringelnattern jagen nur lebende Beute, deren Bewegungen sie anlockt. An Land orten sie durch Züngeln ihre Beute genau, schlängeln sich heran und fassen durch blitzartiges Zustoßen zu. Größere Beutetiere werden auch umwickelt, um sie zusätzlich zu strangulieren. Ringelnattern verfügen auch über eine Giftdrüse, die ein für den Menschen ungefährliches, schwaches Gift über den Speichel absondert, aber kleinere Beutetiere zu lähmen vermag. Doch dient dieses Gift wohl eher der Vorverdauung. Lebt die Beute nicht mehr, wird sie im Ganzen heruntergewürgt. Ringelnattern sind bis in den November hinein aktiv. Dann verbringen sie den Winter bis zum März in Winterstarre unter

großen Steinen, in Löchern oder anderen unterirdischen Verstecken. Nach der ersten Frühjahrshäutung paaren sie sich im April und Mai, dabei oft in großen Paarungsgruppen. Im Juli/August legen die Weibchen unter Laub oder Moos sechs bis dreißig Eier ab, aus denen nach zwei Monaten die zehn bis fünfzehn Zentimeter langen Jungen schlüpfen.

Das Leistenkrokodil ist das größte lebende Krokodil. Ausgewachsene Männchen erreichen Längen um sechs Meter.

In Drohhaltung fixiert eine Ringelnatter den Betrachter. Gefahr besteht jedoch nicht: Ringelnattern sind sehr scheu und beißen Menschen nur sehr selten. Zudem ist ihr schwaches Gift für den Menschen ungefährlich.

Vögel

Kaum vorzustellen, aber Vögel sind die Nachfahren der Dinosaurier! Es handelt sich um eine artenreiche Klasse der Wirbeltiere mit fast 10.000 Vertretern. Im Grundtypus handelt es sich um lungenatmende warmblütige Tiere mit Federn und unter starker Reduktion der fünf Finger zu Flügeln umgebildeter Vordergliedmaßen, deren Skelett sich durch dünne und hohle Knochen mit hoher Tragfähigkeit auszeichnet – die meisten von Ihnen sind daher flugfähig, nur wenige haben im Laufe der Evolution das Fliegen wieder verlernt. Solche Vögel haben dann andere lebenserhaltende Eigenschaften, wie etwa die Schwimm- und Tauchfähigkeit der Pinguine. Auch unabhängig von ihrer Flugfähigkeit sind viele Vögel hervorragende Schwimmer – die Wasservögel. Und können dazu oft auch hervorragend tauchen, wie etwa die Kormorane.

Enten sind die artenreichste Gruppe unter den Gänsevögeln, im engeren Sinne handelt es sich um Schwimmenten mit fast 50 Gattungen und 150 Arten. Sie sind durch einen starken Geschlechtsdimorphismus in Kehlkopfstruktur, Stimme und Gefieder gekennzeichnet. Das Erpel oder Enterich genannte Männchen trägt zur Paarungszeit ein Prachtkleid, die Weibchen sind tarnfarben. Enten suchen ihre Nahrung gewöhnlich auf dem Wasser durch Gründeln, die Tauchenten auch durch Untertauchen. Entenvögel sind über die gesamte Erde bis auf die Antarktis verbreitet. Am bekanntesten und auch mit am schönsten gezeichnet ist die 60 Zentimeter große Stockente *(Anas platyrhynchos)*, die in Europa, Asien und Nordamerika beheimatet ist. Von ihr stammen alle Haustierrassen ab, so die Pekingente, die Khakienten und vor allem die Legerassen. Durch den löffelartig verbreiterten Schnabel fällt die Löffelente *(Anas clypeata)* auf, ihr Schnabel ist durch die Anordnung feiner Lamellen zu einem Seihapparat entwickelt. Zu den Meeresenten gehört unter anderem die Eiderente *(Somateria mollissima)*. Die Männchen sind durch eine schwarz-weiße Zeichnung leicht zu erkennen, die Weibchen sind unscheinbar schwärzlich-braun gefiedert. Auffallend ist der keilförmige Schnabel der Eiderenten. Eiderenten leben in Küstennähe und tauchen nach Muscheln und anderen Kleintieren. Ihr Verbreitungsgebiet reicht von der Arktis bis ins Wattenmeer, der

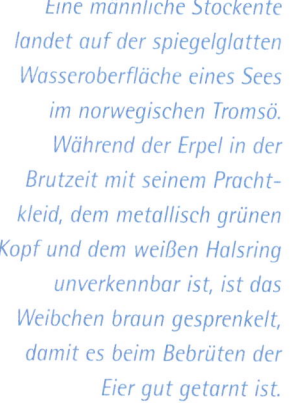

Eine männliche Stockente landet auf der spiegelglatten Wasseroberfläche eines Sees im norwegischen Tromsö. Während der Erpel in der Brutzeit mit seinem Prachtkleid, dem metallisch grünen Kopf und dem weißen Halsring unverkennbar ist, ist das Weibchen braun gesprenkelt, damit es beim Bebrüten der Eier gut getarnt ist.

Anmerkung: Wasservögel

Angeblich soll die Bezeichnung von schwimmfähigen Vögeln als „Wasservögel" auf Kaiser Friedrich II. zurückgehen, jenem begeisterten Ornithologen, der die Falknerei zu höchster Blüte geführt hat. Karl von Linné, der schwedische Naturwissenschaftler, auf den die bis heute für Botanik und Zoologie übliche binominale Nomenklatur zurückgeht, soll diesen Begriff wieder aufgegriffen haben. Unter diesem Begriff werden nicht näher miteinander verwandte Vogelgruppen bezeichnet, die häufig auf oder im Wasser schwimmend anzutreffen sind und dazu Anpassungen wie Schwimmhäute an den Füßen besitzen: Hierunter fallen Gänsevögel, Lappentaucher, Seetaucher, Rallenvögel, Ruderfüßer, Watvögel und Pinguine.

größte Bestand lebt auf Island. Die Vögel sind überwiegend standorttreu, nur die aus Spitzbergen ziehen im Winter südwärts. Eiderenten brüten in Brutkolonien, ihre Nester bauen die Weibchen in Meeresnähe und befinden sich zwischen Geröll und spärlicher Vegetation. Die Nester werden wird mit den eigenen Daunen gepolstert. Diese Daunen finden als sogenannte Eiderdaunen Verwendung als hochwertige Bettfüllung.

Auf besondere Weise dem Wasser verbunden sind auch die Lappentaucher. Weltweit ist diese Vogelordnung mit 22 Arten vertreten. Es sind Meister im Schwimmen und vor allem im Tauchen. Sie tragen sogenannte Schwimmlappen an den einzelnen Zehen ihrer weit hinten ansetzenden Beine, die deshalb auch Steißfüße genannt werden. Sie leben im Schilf von Binnengewässern und bauen ihre Nester schwimmend aus Pflanzenteilen. Viele der Lappentaucherarten tragen ihre Jungen auf dem Rücken, so auch der in

Sonnenuntergang am Hopfensee im Allgäu. Wie selbstverständlich gehören Stockenten mit zum idyllischen Bild: Denn die am weitesten verbreitete Schwimmente Europas ist in Deutschland an fast jedem stehenden oder langsam fließenden Gewässer zu finden.

Mitteleuropa allgemein verbreitete Hauben-taucher *(Podiceps cristatus)*. Es sind 50 Zenti-meter große Vögel, die im Sommer ein Schmuck-federkleid mit der Namen gebenden dunklen Haube tragen – im Schlichtkleid fehlt diese Haube. Ihr langer Hals mit rötlich-braun gefärbter bart-ähnlicher Halskrause ist vorne weiß, die Oberseite ist braun. Ihr auffälliges Balzritual und ihr unver-wechselbarer Ruf machen Haubentaucher zu den markantesten Wasservögeln mitteleuropäischer Gewässer. Besonders, wenn sie an einer Stelle blitzschnell untertauchen und erst weit entfernt wieder auftauchen, wo man sie gar nicht vermu-tet hätte. Sie können nicht nur weit, sondern auch schnell tauchen. Auf ihren Tauchgängen jagen sie hauptsächlich Fische, aber auch Kaulquappen, Krebstiere, Spinnen und Wasserinsekten. Aber auch Samen gehören zu ihrer Nahrung.

Noch imponierender sind die Tauchleistungen des bis 80 Zentimeter großen Eistauchers *(Gavia immer)* aus der Vogelordnung der Seetaucher. Sie können bis zu drei Minuten lang unter Wasser bleiben und jagen ihre Fischbeute auf Unterwasserstrecken von bis zu 200 Metern. Eistaucher sind in ihrem Brut-kleid unverwechselbar mit ihrem völlig schwarzen Zopf, schwarzem Schnabel und hellem, schwarz-weiß gestreiftem Halsband. Ihr Brutgebiet erstreckt sich vom arktischen Nordamerika, über Grönland bis Island. Im Winter tauchen sie auch vor der Küste Norwegens, in der Nord- und sogar in der Ostsee auf.

Ein gleichfalls guter Schwimmer und Taucher ist das Blässhuhn *(Fulica atra)*, das zur Ordnung der Rallen gehört. Es trägt seinen Namen wegen der Stirnblesse, eines lackweißen Hornschildes, das den Vogel weithin kenntlich macht. Außer der Blesse gehören eigentümliche Lappen an den Zehen zu den besonderen Kennzeichen dieses etwa 600 Gramm wiegenden Wasservogels. Auffallend ist ihr Nest, das bis zu 40 Zentimeter hoch aus Pflan-zenmaterial schwimmend auf dem Wasser gebaut wird. Die Vögel befestigen es mit einigen Halmen am Ufer. Eine Art Rampe führt vom Wasser zum Nest hinauf.

Eine weitere Gruppe der Wasservögel wird von den Ruderfüßern *(Pelecaniformes)*, einer Ordnung meist

Ein Haubentaucher-Muttertier trägt in seinem Rückengefieder zwei Jungtiere, um sie vor Fein-den zu schützen. Ihren Namen tragen die Wasservögel, die bis zu einer Minute lang untertau-chen können, weil sie im Sommer ein auffälliges Feder-büschel auf dem Kopf tragen.

Fisch fressender Vögel gebildet, an deren Füßen alle Zehen durch Schwimmhäute miteinander verbunden sind. Zur Gruppe zählen Fregattvögel, Kormorane, Pelikane, Tölpel und Tropikvögel. Viele dieser Fischfresser wurden, besonders wenn sie im Süßwasser auf Beutejagd gehen, als Konkurrenten der Fischer verfolgt. So wurde beispielsweise in Mitteleuropa der Kormoran *(Phalacrocorax carbo)* ausgerottet, bis man ihn unter Schutz stellte. In Deutschland gibt es inzwischen wieder über 20.000 Exemplare dieses hervorragenden Tauchers, von dem beispielsweise ein 63 Meter tiefer Tauchgang im Bodensee beobachtet wurde. Übrigens ist der Kormoran auf andere Weise von Nutzen für die Menschen. Die großen Kormorankolonien an der fischreichen Westküste Südamerikas produzieren Unmengen von Guano, dessen Stickstoff- und Phosphorgehalt ihn zu einem wertvollen Dünger machen.

Viele der Watvögel sind langbeinig. Sie leben in Feuchtgebieten und an Küsten. Es handelt sich um Bodenbrüter, deren Küken als Nestflüchter sofort selbst Nahrung suchen. Im gesamten eurasischen Raum, so auch an der Nordsee, tritt die Bekassine *(Gallinago gallinago)* mit dem typisch langen Schnabel aller Schnepfenvögel als früher einmal häufiger Vogel der Watt- und Feuchtgebiete auf. Ein massiver Bestandsrückgang hat die Bekassine in Deutschland auf die Rote Liste der bedrohten Tierarten gebracht, sind doch ihre Lebensräume durch Entwässerungsmaßnahmen für die Landwirtschaft stark eingeschränkt worden. Dort, wo der Winter im Lebensraum nicht allzu streng ist, verbleibt der Vogel im Brutgebiet, nordeuropäische Populationen überwintern in Westeuropa, im Mittelmeerraum und sogar südlich der Sahara. Eine eigenständige Vogelfamilie bilden die Wasseramseln, die als einzige Singvögel ihre Nahrung ausschließlich unter Wasser finden. Die unter anderem in Mitteleuropa beheimatete Wasseramsel *(Cinclus cinclus)* hat ungefähr die Größe einer Singdrossel. Sie ist von rundlicher Gestalt, trägt ihren kurzen Schwanz meist hochgestellt wie ein Zaunkönig. Ihre Flügel sind kurz. Männchen und Weibchen sind mit leuchtend weißer Kehle und Brust sehr ähnlich gefärbt und so mit anderen Vögeln kaum zu verwechseln. Als eine der wichtigsten Anpassungen an ihr Jagdleben unter Wasser besitzt sie eine Bürzeldrüse, mit deren Sekret sie ihr Gefieder wasserabweisend pflegt. Dazu besitzt sie ein besonders dichtes Federkleid als gute Wärmeisolation. Die kurzen Flügel eignen sich

Ein Kormoran startet zum Flug aus dem Wasser. Die eurasischen Wasservögel haben eine Flügelspannweite von 121 bis 149 Zentimetern.

weiße Bauchseite. Es sind flugunfähige Wasservögel, die zur Familie der Flossentaucher gehören. Ihr Körper ist an ein Leben im Wasser angepasst, die „umgebauten" Flügel benutzen sie als Ruder, die mit Schwimmhäuten versehenen Füße als Steuer. So sind Pinguine unter Wasser sehr flink und können Geschwindigkeiten von 50 Stundenkilometern erreichen. Ihr Verbreitungsgebiet liegt ausschließlich auf der Südhalbkugel der Erde in der Antarktis, Südafrika, Neuseeland, Südamerika und auf den Galapagosinseln, teilweise in sehr kalten Lebensräumen. Schutz bietet ihnen die dicke Fettschicht unter der Haut und ihr dichtes wasserundurchlässiges Gefieder. Die drei Zentimeter langen Federchen halten das Wasser ab. Unter dem Federkleid befindet sich eine isolierende Luftschicht. Pinguine ernähren sich hauptsächlich von Fischen und Krebsen. Ihre Feinde sind Delfine, Robben und größere Raubfische.

An Land bewegen sich Pinguine mit erhobenem Kopf watschelnd vorwärts, was recht tollpatschig aussieht, wobei sie die steifen Schwanzfedern als Stütze benutzen. Schneller rutschen sie auf dem Bauch über das Eis. Meist leben sie in Kolonien, in großen Gemeinschaften von mehreren Tausenden von Tieren. Partnerschaften halten oft viele Jahre. Die Pinguinpaare treffen sich aber nur während der Brutzeit, ansonsten leben sie voneinander getrennt. Bei den Pinguinen brüten Männchen und Weibchen abwechselnd die Eier aus, oft noch im antarktischen Winter, damit die Jungtiere dann im Sommer groß werden können.

besser zum Tauchen als zum Fliegen. Ihr Nase und ihre Ohren sind für Tauchgänge verschließbar. Die Augenlinsen sind für Unterwassersicht angepasst. Und sie hat eine spezielle Tauchtechnik entwickelt, um auf dem Grund laufend unter Steinen Insekten, Krebse und Schnecken aufzuspüren. Dazu stellt sie ihren Körper gegen die Strömung schräg nach unten, um so auf den Boden gedrückt zu werden. Zum Auftauchen richtet sie sich wieder auf und wird von der Strömung an die Oberfläche getrieben. Frackzwang herrscht unter den Pinguinen – sie sind rückseitig schwarz gefärbt und haben eine

Unter den 18 Pinguinarten ist der bis 40 Kilogramm schwere Kaiserpinguin *(Aptenodytes forsteri)* der größte. Bei ihm wird das einzige Ei vom Männchen über Tage lang auf den Füßen gehalten und in einer Brutfalte des Bauches bebrütet. Erst nach dem Schlüpfen des Jungen hilft das Weibchen beim Füttern. Weitere Pinguine sind der etwa 60 Zentimeter große Brillenpinguin *(Spheniscus demersus)* Südwestafrikas und der etwa 55 Zentimeter große Felsenpinguin *(Eudyptes chrysocome)*, der auf den subantarktischen Inseln vorkommt und sich durch verlängerte gelbe Schmuckfedern an den Kopfseiten auszeichnet. Der kleinste unter den Pinguinen ist der Zwergpinguin *(Eudyptula minor)* mit nur 30 Zentimeter Standhöhe und einem Körpergewicht von 1,2 Kilogramm.

Oben: Jedes Jahr im März verlassen die Kaiserpinguine den Meeresbereich und wandern in Gruppen wochenlang zu ihren Brutplätzen im Inneren der Antarktis. Die Kaiser der Antarktis werden etwa einen Meter groß und sind damit die größten Pinguine überhaupt. Unten: Nur ein wenig kleiner als die Kaiserpinguine sind die Königspinguine, die gewöhnlich zwischen 85 und 95 Zentimetern messen. Charakteristisch für sie ist der besonders lange, schmale Schnabel.

Säugetiere

Mit dem Aussterben der Dinosaurier durch eine erdumfassende Umweltkatastrophe wurden ökologische Nischen frei, die der Ausbreitung der Säugetiere *(Mammalia)* entsprechenden Raum gaben. Es handelt sich um die höchstentwickelte und weltweit verbreitete Klasse der Wirbeltiere mit mehr als 4.500 Arten von etwa drei Zentimetern bis über 30 Meter Länge und einem Gewicht von etwa zwei Gramm der kleinsten Fledermaus bis an die 100 Tonnen des Blauwals.

Eine besondere Spezialität von Säugetieren liegt in der Anpassung an den Lebensraum Wasser. In nachhaltiger Weise ist dieser Schritt von den sogenannten Meeressäugern vollzogen worden. Dies sind neben den Walen vor allem noch Seekühe, die sich an Land schon nicht mehr fortbewegen können. Robben und Seeotter leben noch teilweise an Land. Andere Säuger sind für ihr Leben auf Wasser angewiesen, es sind aber wie der Biber keine „Wasser"-Tiere.

Sauschnell: Bei den „Pig Olympics" 2005 liefen, sprangen und schwammen 20 Ringelschwänzler in einem großen Stadtpark in Shanghai vor Tausenden begeisterten Zuschauern um die Wette. Die sportlichen Schweine gehören zu einer speziellen Miniaturrasse aus Thailand.

Exkurs: Können Säugetiere schwimmen?

Die meisten Säugetiere können von Natur aus schwimmen, zumindest so, dass sie sich über Wasser halten können. Das gilt für Huftiere wie Kühe, Pferde, Elche oder Schafe und alle hunde- und katzenartigen Tiere. Einige von ihnen schwimmen sogar ausgesprochen gern und gut. Wer kennt nicht die Western-Filme, in denen immer wieder Rinderherden durch Flüsse getrieben werden, ohne dass ihnen etwas passiert. Dass Hauskatzen nicht gern ins Wasser gehen, ist hinreichend bekannt, in der Not kommen sie aber auch im Wasser zurecht. Und wie oft sieht man Hunde, die mit allergrößtem Vergnügen ins Wasser springen …

Hervorragende Schwimmer sind auch Wildschweine, die ohne weiteres Gewässer durchqueren und sich dabei beachtlich schnell fortbewegen. Selbst Mäuse können sich in der Not über Wasser halten. Dass Nilpferde schwimmen können, hält man für selbstverständlich, doch gehen sie eher durch das Flusswasser als dass sie richtig schwimmen.

Dagegen gibt es eine Reihe von Säugetieren, die von Natur aus nicht Schwimmen können. Dazu zählen neben dem Menschen auch die Menschenaffen wie Gorillas, Orang-Utans, die alle das Schwimmen erst erlernen müssen. Auch Seelöwen, die sich eigentlich an das Leben im Wasser angepasst haben, müssen das Schwimmen bzw. das Luftholen erst in flachen Meeresbuchten erlernen, bis sie sich ins offene Meer wagen können.

Übrigens – Giraffen können auch nicht schwimmen. Wen wundert's bei dem langen Hals …

Interessant sind die körperlichen Anpassungen der ausschließlich, überwiegend oder teilweise im Wasser lebenden Säuger. Solche Merkmalsausbildungen wurden in verschiedenen Entwicklungslinien vollzogen, ohne dass die entsprechenden Säuger untereinander verwandt sind. So wurden Vorderextremitäten paddelartig umgestaltet, um als Flossen zu dienen. Beim Eisbären zum Beispiel sind die Vordertatzen paddelförmig ausgebildet und mit Schwimmhäuten versehen. Hinterbeine bildeten sich bei Walen und Seekühen ganz zurück oder wurden wie bei den Robben zu einer einheitlichen Schwanzflosse zusammengelegt. Fellverlust ist ein weiterer Entwicklungsschritt, der durch eine dicke innere Fettschicht ausgeglichen wurde. Auch die Atmungsorgane wurden angepasst, um längeres Tauchen zu ermöglichen.

Neben den bereits genannten Tieren ist noch eine Vielzahl anderer Säugetiere an das Leben im Wasser angepasst. Beispielhaft seien in diesem Zusammenhang das Nilpferd, der Wasserbüffel, Wasserschwein, Waschbär, Bisam, Wasserratte und die Wasserspitzmaus genannt. Es gibt aber noch ganz andere Anpassungen, die durch Wasserknappheit hervorgerufen werden, wie es uns etwa das Kamel oder die Wüstenspringmaus zeigen.

Die nachhaltigste Anpassung an das Leben im Wasser haben unter allen Säugetieren die Wale vollzogen. Entwicklungsgeschichtlich stammen Wale von Huftieren ab, von denen sie sich vor etwa 50 Millionen Jahren lösten. Flusspferde stellen derzeit noch eine weitläufige Verwandtschaft der Wale dar. Heute sind Wale, fälschlicherweise auch als „Walfische" bezeichnet, eine weltweit verbreitete Ordnung von knapp 80 Säugetierarten mit etwa 1,25 bis 33 Metern Körperlänge und 25 Kilogramm bis über 100 Tonnen Gewicht. Bis auf einige Flussdelfine leben sämtliche Walarten im Meer. Man unterscheidet die Bartenwale wie die Glattwale oder Furchenwale von den Zahnwalen, den Delphinen.

Die Anpassung an das Leben im Wasser hat den Walen eine fischähnlich torpeduartige Form bei waagerecht gestellter Schwanzflosse, der Fluke, gegeben. Ihre Vorderextremitäten sind zu Flossen umgewandelt, die Hinterextremitäten zurückgebildet; eine Rückenfinne ist meist vorhanden. Mit der Ausnahme von einigen zerstreuten borstenartigen Haaren am Kopf ist das Säugetierfell bei Walen nicht mehr existent. Die von Schweiß- und Talgdrüsen befreite Haut ist von einer dicken Fettschicht unterlagert, die die Funktion der Wärmeisolierung übernommen hat. Vor allem die Fettschicht der Bartenwale wurde zuzeiten des Walfangs ausgekocht und stellte als Tran einen wertvollen Rohstoff dar.

Delfine springen oft mit ihrem ganzen Körper aus dem Meer, wenn sie sich mit großer Geschwindigkeit fortbewegen wollen. Die Großen Tümmler, die dieses Foto zeigt, wurden durch die Fernsehserie „Flipper" zur bekanntesten Delfinart.

Das Crystal River National Wildlife Refuge im Nordwesten Floridas gilt als das wichtigste Schutzgebiet der Rundschwanzseekühe. Unter Aufsicht dürfen Taucher im Crystal River in hautnahen Kontakt mit den bis zu 500 Kilogramm schweren aquatisch lebenden Dickhäutern kommen. Dort entstand diese Aufnahme eines Vertreters der gemütlichen Schwanzflossler.

Vom Grundmuster des Walorganismus gibt es nur wenige Abweichungen bei den unterschiedlichen Tierarten. Ihnen fehlt ein äußeres Ohr, ihre Augen sind klein und bieten nur einen geringen Gesichtssinn, Geruchs- und Gehörsinn sind meist gut entwickelt. Die Nasenlöcher sind als Blaslöcher paarig wie bei den Bartenwalen oder unpaarig wie bei den Zahnwalen angebracht und weit nach hinten auf die Oberseite des Kopfes verschoben. Hier bildet nur der Pottwal eine Ausnahme, dessen einziges unpaares Blasloch sich an der oberen Spitze des Kopfes auf der linken Seite befindet. Das Gebiss besteht aus zahlreichen gleichförmigen, kegelartigen Zähnen bei den Fisch fressenden Zahnwalen, oder ist teilweise rückgebildet wie bei den Tintenfisch fressenden Zahnwalen oder völlig reduziert und funktionell durch Barten ersetzt, jenen vom Oberkiefer in die Mundhöhle herabhängende Hornplatten, mit denen Bartenwale ihre Nahrung aus Kleingetier wie beispielsweise Krill aus dem Wasser seihen. Ausgeprägt ist das Sozialverhalten unter den Walen. Die gesellig lebenden Tiere verständigen sich durch ein umfangreiches, teilweise im Ultraschallbereich liegendes Tonrepertoire. In der Regel bringen Wale nach einer Tragzeit von elf bis sechzehn Monaten ein Junges zur Welt, das schon bei der Geburt etwa ein Viertel der Länge der Mutter hat.

Mehr noch als Kampagnen von Tierschützern gegen den Walfang haben die Darstellung von Walen in sachlichen wie unterhaltenden Film- und Fernsehproduktionen das Interesse der Menschen an den Meeressäugern geweckt. Diesen Medien ist in Kraft trat. Allerdings war dieses Abkommen kaum effektiv, da bedeutende Walfangnationen wie Norwegen und Großbritannien keine Mitglieder des Völkerbundes waren.

Zunächst ging der Walfang während des Zweiten Weltkriegs wieder zurück, um dann nach Beendigung der Kampfhandlungen umso intensiver wieder aufgenommen zu werden. Im neuen Geist der internationalen Zusammenarbeit der Nachkriegszeit beriefen die USA im November 1946 eine internationale Walkonferenz ein, die die *International Convention for the Regulation of Whaling* (ICRW = Internationales Abkommen zur Regelung des Walfangs) entwarf, das dann 1948 in Kraft trat. Das Abkommen führte zur Einrichtung der Internationalen Walfangkommission (IWC), die unter anderem Fangquoten festsetzte. 1986 wurden dann – nicht zuletzt aufgrund des immer heftigeren Widerstandes von Umweltschützern – mit dem „Moratorium" die Quoten für den kommerziellen Walfang insgesamt auf Null gesetzt. Das zunächst bis 1990 gültige Moratorium ist seither aber immer wieder ver-

längert worden und gilt auch heute noch. Nach dem Moratorium gibt es aber noch Ausnahmeregelungen, so für die indigene Bevölkerung zum örtlichen Verbrauch, wie ihn etwa die Inuit Grönlands betreiben, für wissenschaftliche Zwecke, was Japan für sich im großen Ausmaß in Anspruch nahm, und für die Staaten, die Einspruch gegen das Moratorium eingelegt haben, was ebenfalls für Japan und auch für Norwegen gilt.

unter anderem die Verbreitung des Wissens über die Intelligenz und hohe Sozialkompetenz dieser Tiere zu verdanken, was sich sowohl in den hohen Besucherzahlen von Meeresaquarien mit Wal- und Delphinshows als auch an der zunehmenden Teilnahme am *Whalewatching*, der Walbeobachtung von Booten aus, niederschlägt, wie es beispielsweise in Kanada oder auf den Kanarischen Inseln angeboten wird.

Die Seekühe sind die zweite Ordnung meeresbewohnender Säugetiere, die das Leben an Land verlernt haben. Ihre nächsten Verwandten sind die Elefanten. Im Gegensatz zu den Walen halten sich Seekühe in Küstennähe oder gar im Süßwasser und oft in sehr flachem Wasser auf. Heute gibt es noch vier Arten dieser bis vier Meter langen Pflanzenfresser. Im indisch-pazifischen Bereich lebt der Dugong *(Dugong dugon)* von der ostafrikanischen Küste bis zu den ozeanischen Inseln um Neuguinea. Der Karibik-Manati *(Trichechus manatus)* hält sich im Küstenbereich des Golfs von Mexiko, der karibischen Inseln und an den tropischen Küsten im Nordosten Südamerikas auf. Das

Amazonasgebiet bewohnt der Amazonas-Manati *(Trichechus inunguis)*, der Afrikanische Manati *(Trichechus senegalensis)* die Flusssysteme zwischen Senegal und Kongo.

Seekühe weisen flossenartige Vorder- und rückgebildete Hintergliedmaßen, zwei brustständige Zitzen und einen hornigen Gaumen auf. Ihr Gebiss ist weitgehend ebenfalls zurückgebildet, sie weiden den Pflanzenwuchs am Boden flacher Gewässer ab, vor allem Seegras im Salzwasser und Grundnesseln im Süßwasser. Dabei fressen sie täglich Wasserpflanzen in der Menge von einem Viertel ihres Körpergewichts. Dafür ist ihre große stumpfe Schnauze deutlich vom Kopf abgesetzt, aber noch von Tasthaaren umgeben. Auch einzelne Borsten am Rumpf verweisen noch auf das Säugetierfell. Als weitere Anpassung an die Lebensweise im Wasser sind die Nasenlöcher auf der Oberseite der Schnauze platziert. Seekuhweibchen gebären nach einer Tragzeit von 12 bis 14 Monaten ein Junges im Wasser, das direkt an die Wasseroberfläche schwimmt. Das Jungtier wird bis zu 18 Monate von der Mutter gesäugt. Es ist nach vier

Jahren geschlechtsreif. Die Lebenserwartung beträgt bis zu 50 Jahre. Während alle heute noch lebenden Seekuharten in tropischen Gewässern leben, lag der Lebensraum der von Robbenjägern ausgerotteten Stellers Seekuh *(Rhytina gigas)* in arktischen Gewässern, wo sie sich hauptsächlich von Tang ernährte.

Typischster Vertreter im Wasser lebender Huftiere ist das Flusspferd *(Hippopotamus amphibius)*, das zur Tierordnung der Paarhufer gehört. Es ist in den von Grasländern umgebenen Fluss- und Seengebieten Afrikas südlich der Sahara außer ganz im Süden des Kontinents verbreitet. Die Körperlänge der Bullen beträgt 3,50 Meter, die der Kühe 3,35 Meter, das Gewicht der Bullen 1.600 Kilogramm, das der Kühe 1.400 Kilogramm. Die graubraun gefärbten Tiere leben in Rudeln, die überwiegend aus Weibchen und Jungen beiderlei Geschlechts sowie einigen ausgewachsenen Bullen bestehen. Ihre plumpe und schwerfällige Erscheinung täuscht, denn die Tiere sind sehr wendig und schnell. Den größten Teil ihrer Zeit verbringen Flusspferde im Wasser. Beim Tauchen, wobei die Tiere nur vier bis fünf Minuten unter Wasser bleiben können, werden die Nasenlöcher fest geschlossen. Nilpferde sind reine Pflanzenfresser. Am späten Abend machen sich die Tiere auf den Weg, um auch über große Strecken zu geeigneten Weidegebieten zu gelangen. Während die Tiere ihr Futter mit den großen Schneidezähnen abweiden, dienen die unteren, stark verlängerten Eckzähne ausschließlich dem Kampf, wobei es um Revierabgrenzung und zwischen den Bullen um die Weibchen geht. Die Paarung findet immer im Wasser statt. Nach einer Tragezeit von etwa acht Monaten sondert sich die Mutter vom restlichen Rudel ab und kehrt erst einige Wochen später mit ihrem Jungen zurück. In der Regel wird ein einzelnes Junges geboren, wobei die Geburt sowohl auf dem Land wie auch im Wasser stattfinden kann. Der Nachwuchs wiegt bei der Geburt gute 50 Kilogramm. Bis zu einem Jahr lang wird das Junge von seiner Mutter gesäugt, wobei dies unter Wasser geschieht.

Im Naturschutzgebiet Massai Mara im Südwesten Kenias ruht sich eine Herde Flusspferde im Wasser aus. Die Herde besteht aus erwachsenen Kühen und Jungtieren – erwachsene Bullen leben von der Herde abgesondert.

Seehandel
und Seeschlachten

Bereits im frühen Altertum haben die Menschen größere Strecken auf dem Wasser überwunden und dafür boots-ähnliche Gefährte benutzt – wie anders hätten sonst die griechischen Inseln schon in vorgeschichtlicher Zeit besiedelt sein können? Neue Anreize zur gezielten Überwindung größerer Wasserstrecken brachte der Seehandel, der den Zugang zu den Kostbarkeiten ferner Länder bot. Den Nutzen aus dem Wasserverkehr haben sich die Menschen nur allzu oft gegen ihresgleichen erkämpft: Seekrieg und Handel gingen schon immer Hand in Hand. Seekrieg diente vor allem aber auch der Machtgewinnung und Machterhaltung, um sich andere Länder untertan zu machen und sie für sich zu erschließen.

Fernhandel im Altertum

Die ersten Hochkulturen im Vorderen Orient waren durch eine strenge Hierarchie gekennzeichnet, deren gottgleiche Herrscher und auch deren Hofstaat sich gern mit Luxus umgaben. Viele solcher Luxusgüter wurden über weite Strecken herbeigeschafft, so Smaragde aus dem Mittleren Osten, Weihrauch aus Südarabien und Zinn aus Britannien. Älteste Schiffsdarstellungen zeigen Papyrusboote in Ägypten 5000 v. Chr., aus etwa derselben Zeit stammen auch Hinweise auf antike Boote in Ostasien. Sagenumwoben sind die altägyptischen Expeditionen in das Goldland Punt, dessen genaue Lokalisierung bis heute nicht gelungen ist, das sich aber wahrscheinlich im Umfeld des Horns von Afrika befand. Ägypten bezog aus Punt schon seit dem 3. Jahrtausend v. Chr. neben dem Edelmetall Myrrhe, Ebenholz, Elfenbein, Straußenfedern und Felle. Schon im Alten und Mittleren Reich wurden unter den Pharaonen Mentuhotep II. und Sesostris I. Expeditionen nach Punt durchgeführt. Auf dem Annalenstein werden für die 5. Dynastie Punt-Fahrten erwähnt. Am berühmtesten ist die Punt-Expedition der Pharaonin Hatschepsut, die in der 18. Dynastie von 1479 bis 1458 v. Chr. regierte. Ein Bericht über diese Reise befindet sich als Relief im Totentempel Hatschepsuts an der Wand einer Pfei-

lerhalle mit der bekannten Darstellung der Willkommenszene der ägyptischen Delegation durch Fürst Parhu und seine fettleibige Gemahlin, die Fürstin Iti, sowie seine beiden Söhne und eine Tochter. Fernhandel und Schiffbau bildeten das Rückgrat des phönizischen Reiches. Dank ihrer vorzüglichen Kenntnisse als Seefahrer bereisten sie jenseits der Säulen des Herakles (= Straße von Gibraltar) die afrikanische und europäische Atlantikküste. Als die Phönizier um 600 v. Chr. für kurze Zeit unter ägyptische Oberhoheit gerieten, nutzte Pharao Necho II. die phönizischen Seefahrtskenntnisse zum Aufbau einer Kriegsflotte. Unter seiner Herrschaft sollen von Phöniziern auf der Sinai-Halbinsel gebaute, 40 Meter lange Schiffe in einer dreijährigen Expedition ganz Afrika umrundet haben und über Westafrika ins Mittelmeer zurückgekehrt sein. Unter den Griechen weitete sich dann der Seehandel weiter aus. Die Römer erklärten das Mittelmeer gar zum *mare nostrum* (= unser Meer). Die Versorgung ihrer Hauptstadt Rom mit den erforderlichen Gütern war längst nicht mehr aus dem Umland möglich. Große Schiffsflotten mussten den Warenverkehr über See, vor allem Getreidelieferungen aus Nordafrika, aufrechterhalten.

Amerika im Visier: Nach dem Scheitern seiner ersten Atlantiküberquerung 1969 mit dem Papyrusboot Ra I unternahm der norwegische Anthropologe und Forscher Thor Heyerdahl im Mai 1970 einen erneuten Versuch, seine Theorie zu beweisen, dass Seefahrer aus dem alten Ägypten mit ähnlichen Booten schon lange vor Kolumbus Amerika erreicht haben könnten. Mit der ebenfalls vollständig aus Papyrus hergestellten Ra II, die dieses Foto auf hoher See zeigt, erreichte Heyerdahl im Juli 1970 die Karibikinsel Barbados.

Wikinger und Hanse

Mit dem Untergang des Römischen Reichs ging nicht nur die antike Kultur verloren, auch der Handel kam zum Erliegen. Die Völkerwanderungszeit mit ihren kriegerischen Einfällen in das ehemalige Reichsgebiet bot auch zu wenig Sicherheit – aber auch die Nachfrage war verloren gegangen, die einen Handel in Schwung gehalten hätte. Als erstes bedeutendes Seefahrervolk des Mittelalters traten die Wikinger auf, die zunächst brandschatzend die Flüsse Europas heraufzogen und alle festen Bauwerke vernichteten. Mit ihren Langbooten, schnittigen Ruderbooten mit Segel und etwa 25 Mann Besatzung, waren sie zu schnell, um auf ernsthaften Widerstand zu stoßen. So wurden sie in den von ihnen heimgesuchten Gebieten auch sesshaft und bildeten eigene Staatswesen wie in der Normandie und auf Sizilien.

Nach der noch unruhigen Zeit des Frühmittelalters bildete sich in Zentraleuropa im Hochmittelalter das Stadtwesen aus. Der Versorgungsbedarf der Städte stieg im Zuge der handwerklichen Spezialisierung immer weiter an. Neben den Waren des täglichen Bedarfs verlangte städtischer Wohlstand auch nach höherwertigen Waren – man wollte es den Burgen und Schlössern gleichtun. Nicht mehr grobes Tuch war gefragt, sonders feines Leinen, später auch Damast und Seide. Doch weder Grundnahrungsmittel noch Gewürze, Schmuck und Spezereien waren in ausreichender Menge aus der Region selbst zu beschaffen.

Zur Grundversorgung trug der Hering bei, der zunächst verstärkt im Ostseeraum gefangen und durch Einsalzen haltbar und transportfähig gemacht wurde und der vor allem auch als Fastenspeise geeignet war. Der Aufstieg der Kaufmannsgilde der Hanse zum mächtigen Städtebund im Mittelalter ist untrennbar mit dem Heringsfang in der Ostsee verbunden. Später schlossen sich die Nordseehafenstädte bis in die Niederlande diesem Bund an und verschifften und handelten Produkte aus den rohstoffreichen Ostseegebieten – wie Getreide, Holz und Wachs – nach den Ländern Westeuropas, von wo sie Fertigprodukte wie zum Beispiel Tuche in den Osten brachten. Zum Ende des 15. Jahrhunderts waren die Heringsbestände der Ostsee überfischt, bis sie Mitte des 16. Jahrhunderts fast völlig ausblieben. Dagegen waren die Heringsbestände der Nordsee noch wenig angegriffen, hatte man sich an der Atlantikküste doch längst auf Kabeljau spezialisiert. Aber nun-

mehr begannen die Holländer mit der Küstenfischerei auf Hering. Es wird immer wieder argumentiert, dass mit dem Ende des Ostseeherings auch das Ende der Hanse eingeläutet war und der Aufstieg der Niederlande begann. Der eigentliche Grund für diese Entwicklung liegt jedoch in der Verschiebung der Handelsrouten vom Ostseeraum nach Westeuropa und vor allem Oberitalien. Denn die höchsten Gewinne im Fernhandel waren längst mit dem Vorderen und Hinteren Orient zu erzielen. Als Mittler im Handel zwischen Morgenland und Abendland fungierten die konkurrierenden Hafenstädte Genua und Venedig.

Die „Havhingsten fra Glendalough" (Seehengst von Glendalough), die weltgrößte Rekonstruktion eines Wikingerschiffs, segelt im August 2006 in den Fjord von Roskilde. Das Originalschiff – ein Kriegsschiff, mit dem die Wikinger ihre Züge gegen die Britischen Inseln oder das Frankenreich unternahmen – war etwa um 1042 in der Nähe von Dublin gebaut worden.

Exkurs: Kogge und Karavelle

Die wirtschaftlichen und politischen Voraussetzungen für den Fortschritt in der Seefahrt waren immer mit einem entsprechenden Fortschritt im Schiffbau verbunden. So wie es den Wikingern erst mit ihren schnellen und wendigen Booten möglich geworden ist, ganz Europa in Schrecken zu versetzen, so hat die Kogge erst das System des Hansehandels und die Karavelle erst die europäischen Kolonialreiche ermöglicht.

Die Kogge hat sich seit dem 13. bis zum 15. Jahrhundert als wichtigstes Transportmittel und Kriegsschiff der Hanse durchgesetzt. Es ist im Ursprung ein gedrungenes, breites, gewölbtes und hochbordiges Schiff mit viereckigem Rahsegel, das sich besonders gut für den Massengütertransport eignet. Vor- und Achterkastell schaffen Platz für Bewaffnung. Das Ruderblatt war erstmals am Hintersteven angebracht. Die Tragfähigkeit betrug zwischen 100 und 200 Tonnen. Die Kogge weist für die damalige Zeit viele schiffbautechnische Neuerungen auf, die laufend verfeinert wurden. Ihr Rumpf ist im Bodenbereich kraweel- und im Übrigen klinkergeplankt (aneinanderstoßend bzw. überlappend beplankt). Sie hat eine gerade, flache Kielplanke und besitzt einen geraden, schräg ausfallenden Vor- und Achtersteven. Starke Querbalken, deren Enden aus der Bordwand herausragen, dienen der Erhöhung der Rumpffestigkeit. Die Plankengänge sind untereinander durch ins Holz geschlagene Eisennägel fest verbunden. Im 14. Jahrhundert wurde die Kogge durch den Holk mit einer Tragkraft von circa 300 Tonnen und um die Mitte des 15. Jahrhunderts durch den vom Atlantik übernommenen dreimastigen glatt beplankten Kraweel mit circa 400 Tonnen Nutzlast ersetzt. Der Ursprung der Karavelle ist einerseits in arabischen Küstenschiffen ähnlich den heutigen Dhaus und andererseits in iberischen Fischerbooten zu suchen. Diese Bootstypen mussten nun den neuen Herausforderungen langer Wegstrecken und größerer Transportkapazität angepasst werden. Daraus entstand bis zum 15. Jahrhundert ein zunächst einmastiger, auch zweimastiger und lateinbesegelter Schiffstyp mit geringem Tiefgang, hohem Heckaufbau (Lateinsegel = schräg zum Mast gesetztes, dreieckiges oder trapezförmiges Segel). Heinrich der Seefahrer ließ aus diesem Schiffstyp die für längere Reisen besser geeignete, schlanke, dreimastige und ausschließlich lateinbesegelte *Caravela latina* entwickeln. Typisch für diese Schiffe ist die Kraweelbauweise, die auch schon von der Kogge bekannt war und deren glatte Wände gut gegen Bewuchs und Wurmfraß schützten. Die Fugen wurden kalfatert, sodass die Schiffe auch im Seegang nur wenig Wasser aufnahmen. Mit der Zeit ersetzten unterteilte Rahsegel das Lateinsegel des Großmastes, oder es wurde ein zusätzlicher Fockmast mit Rahsegeln angesetzt und der Schiffstyp zur sogenannten *Caravela redonda* weiterentwickelt, die vom 14. bis ins 16. Jahrhundert am weitesten verbreitet war (Rahsegel = Quersegel, die mit ihrer Oberkante an den querschiffs an den Masten angebrachten Rahen befestigt sind). Ihre guten Segeleigenschaften ließen selbst Schiffe mit 50 bis 100 Tonnen Ladefähigkeit noch immer zügig vorankommen. Übrigens ließ Christoph Columbus seine dreimastige *Niña* auf der ersten Reise von einer Latina zu einer Redonda umrüsten. Schon vorher waren an der ersten Umsegelung der Südspitze Afrikas unter Bartolomeu Dias zwischen 1487 und 1488 die Lateinersegelkaravellen *São Cristóvão* (Flaggschiff) und *São Pantaleão* beteiligt.

Rechts: Vom polnischen Ostseebad Międzyzdroje an der Nordseite der Insel Wolin aus segelt ein originalgetreuer Nachbau einer mittelalterlichen Hansekogge in die Pommersche Bucht.

Der Seeweg nach Indien

Im Vorort Belém in Lissabon wurde am Ufer des Flusses Tejo 1960 zu Ehren des 500. Todestages von Heinrich dem Seefahrer das „Padrão dos Descobrimentos" – das „Denkmal der Entdeckungen" – eingeweiht. An der Spitze eines Schiffbugs führt der Infant von Portugal mit einer Karavelle in der Hand seine Gefolgschaft aus Kapitänen, Wissenschaftlern und Missionaren an.

Die sagenumwobenen Länder des Fernen Ostens schienen für das mittelalterliche Europa schier unerreichbar zu sein. So war es fast zwangsläufig, dass der Bericht der venezianischen Reisenden Niccolò und Maffeo Polo, begleitet von ihrem 17-jährigen Sohn Marco Polo, über ihre Reise durch China und ihren Aufenthalt am Hof von Khublai Khan von 1271 bis 1295 zunächst Unglauben auslöste. Spätestens seit der Eroberung Konstantinopels durch die Osmanen im Jahr 1453 war der direkte Handelsverkehr mit Asien unterbrochen. Nunmehr verdienten auch die türkischen Sultane am Transit mit den orientalischen Kostbarkeiten. Pfeffer und Seide, Duftstoffe und Elfenbein wurden in Europa unerschwinglich. So begann die Suche nach dem Seeweg nach Indien, um den arabischen Zwischenhandel auszuschalten. Es blieb Spanien und Portugal vorbehalten, dieses Problem für das Abendland zu lösen. Portugal hatte sich schon im 13. Jahrhundert von der arabischen Vorherrschaft

Anmerkung: Heinrich der Seefahrer

Dom Henrique o Navegador (= Heinrich der Navigator, der Kursfinder), in Portugal als dritter Sohn König Johanns I. geboren, kam für die Thronfolge nicht in Betracht. An zwei portugiesischen Feldzügen war er aktiv beteiligt: 1415 an der geglückten Eroberung von Ceuta am marokkanischen Ufer der Straße von Gibraltar und 1437 am missglückten Angriff auf Tanger. Er setzte sich sein ganzes Leben für die Entdeckung und Eroberung der westafrikanischen Küste mit dem Ziel ein, der arabischen Vorherrschaft im afrikanischen Raum ein Ende zu bereiten. Dazu konzentrierte er sein ganzes wissenschaftliches Interesse auf Geografie und Seefahrt. In Sagres an der Südwestspitze Portugals führte er Kartografen, Astronomen und Seefahrer in einer Art Seefahrtschule zusammen. Er sandte Schiffe aus, deren Kapitäne ihm genauen Bericht über ihre Fahrten erstatten mussten. Mit finanziellen Mitteln war er als Administrator des Christusordens, der in Portugal den Templerorden übernommen hatte, ausreichend versehen, dienten seine Vorhaben doch auch der Bekämpfung des Islam und der Bekehrung der afrikanischen Heiden.
Bis zu Heinrichs Tod gelang es seinen Kapitänen, über Kap Verde hinaus nach Süden vorzudringen. Sie stellten dabei fest, dass in den Tropen die Sonne auch von Norden scheinen kann, entdeckten am Himmel das Kreuz des Südens, brachten afrikanische Pflanzen und Tiere mit nach Hause, legten aber auch Festungen an und stiegen in den Sklavenhandel ein, der mindestens so ertragreich wie der Gewürzhandel wurde.

lösen können. Der portugiesische Infant Heinrich (1394–1460), dem später der Beiname „der Seefahrer" gegeben wurde, verbrachte sein ganzes Leben mit der Erkundung der Seefahrtsroute nach Afrika. Er schuf die Voraussetzungen für die Entwicklung Portugals zur Seemacht und zur weltgeschichtlichen Bedeutung dieses kleinen Landes im Südwesten Europas.

Oceanica Classis

Im Jahr 1427 erreichten die von Heinrich ausgesandten Schiffe die Azoren, 1444 gelangte Kapitän Dinis Dias bis zum Cabo Verde, dem westlichsten Punkt Afrikas im heutigen Senegal, und auf der Weiterfahrt bis zu der Terra dos Guineus (= Guinea). Nach dem Tod Heinrichs drangen Kapitän Pedro de Cinta bis zum Kap Mesurado und 1471 José de Santarém über den Äquator hinaus vor. Auf der zweiten Entdeckungsfahrt unter Kapitän Diogo Cao, die bis 21° südlicher Breite führte, war Martin Behaim mit an Bord, der später zwischen 1490 und 1493 den ersten Globus herstellte – allerdings noch ohne den amerikanischen Kontinent und ohne den Pazifischen Ozean. Auch waren seine Maße der Erde um ein Drittel zu klein, ein Irrtum, dem auch Kolumbus erlegen war.

Unaufhaltsam wagten sich die portugiesischen Segler weiter südwärts. Im Jahr 1486 beauftragte König Johann II. Bartolomeu Diaz, der bereits 1481 an einer Expedition unter Diego de Azambuja zur Küste Guineas teilgenommen hatte, die Südspitze Afrikas zu suchen, sie zu umrunden und endlich den Seeweg nach Indien zu finden. Auf seiner 16-monatigen Fahrt 1487/88 gelang es Bartolomeu Diaz mit zwei Karavellen tatsächlich die Südspitze Afrikas zu umrunden. Von den in diesen Breiten üblichen Stürmen war er weit südlich abgetrieben worden, sichtete dann aber wieder auf nördlichem Kurs die südafrikanische Küste bei einer Bucht, die heute Mosselbaai heißt. Er segelte sogar noch ein Stück weiter an der Küste entlang, bis diese dann in nordöstlicher Richtung verlief und er sich sicher war, nunmehr im Indischen Ozean angelangt zu sein, der Portugal den Weg nach Indien eröffnete. Auf dem Rückweg entdeckte er dann das Kap der Stürme, das König Johann II. in Kap der guten Hoffnung umtaufen ließ. Diaz war dann Berater bei der Vorbereitung und sogar bis zu den Kapverdischen Inseln Teilnehmer der entscheidenden Reise unter Vasco da Gama, der am 20. Mai 1498 in Calicut an der indischen Küste landete und mit Gewürzen beladen nach Portugal zurückkehrte. Innerhalb weniger Jahre folgten mehrere portugiesische Flotten dem Weg da Gamas, schlugen eine arabische Flotte vor der indischen Küste vernichtend, bauten ein Netzwerk von Stützpunkten von der ostafrikanischen bis zur indischen Küste und übernahmen die Vorherrschaft im Indischen Ozean und damit im Gewürzhandel nach Europa. Spanien hatte beim Bestreben, eine Schifffahrts-

route nach Indien zu finden, zunächst Anlaufschwierigkeiten. Die letzten Mauren waren gerade erst vom spanischen Boden vertrieben, als die Katholischen Könige Ferdinand und Isabel Christoph Kolumbus beauftragten, diese Route zu suchen. Als Kolumbus 1492 in Westindien landete, war man zunächst tatsächlich der Auffassung, Indien erreicht zu haben. Doch war der Irrtum bald aufgeklärt. Kolumbus aber hielt bis zu seinem Lebensende daran fest, eine Route auf dem Seeweg nach „Hinterindien" entdeckt zu haben.

Wenn man die Situation der beiden iberischen Staaten an der Wende zum 16. Jahrhundert in der Konkurrenz um den direkten Zugang zum indischen Gewürzmarkt betrachtet, so muss man feststellen, dass Portugal eindeutig die Nase vorn hatte. Schon die erste Fahrt Vasco da Gamas brachte so hohen Ertrag, dass die Kosten der Expedition mehr als gedeckt waren. Mit den weiteren Fahrten wurden hohe Gewinne im Gewürzhandel erzielt. Im Gegensatz zum portugiesischen Erfolg brachte keine der vier Reisen des Kolumbus nach Westindien auch nur annähernd den Ertrag, den die Ausrüstung der Flotten das spanische Königspaar gekostet hatte.

Als Christoph Kolumbus im März 1493 von den neuentdeckten „indischen" Inseln nach Portugal zurückkehrte, sandte er einen Rechenschaftsbericht an den Schatzmeister des spanischen Königspaares, das seine Expedition finanziert hatte. Bereits im April 1493 wurde der Kolumbus-Brief in Barcelona gedruckt und schon im folgenden Monat erschien in Rom eine lateinische Übersetzung. Noch im Jahr 1493 ging diese Übersetzung in Basel in Druck, illustriert mit Holzschnitten aus der Hand eines schweizerischen Künstlers, der als der Meister des Haintz Narr bekannt ist. Zu ihnen zählt dieser Holzschnitt der „Santa Maria", dem Flaggschiff von Kolumbus' Expedition.

Vom Kolonialhandel zum Containerverkehr

Mit den spanischen und portugiesischen Entdeckungsfahrten an der Wende zum 16. Jahrhundert begann das koloniale Zeitalter. Portugal beherrschte nun für lange Zeit den Indischen Ozean und hatte auch längst seine Fühler nach Brasilien ausgestreckt, während Spanien noch viele Jahre warten musste, bis seine mittel- und südamerikanischen Expeditionen den gewünschten Erfolg brachten.

Mit der durch die Portugiesen eröffneten neuen Schifffahrtsroute zu den Gewürzmärkten Indiens verloren die traditionellen Handelswege über Oberitalien an Bedeutung. Die Gewürzmärkte verlagerten sich von Venedig und Genua nach Lissabon. Die traditionellen oberitalienischen und süddeutschen Handelshäuser mussten sich den neuen Verhältnissen anpassen und Kontakt nach Portugal aufnehmen. An diesem Kontakt war auch der portugiesische König interessiert, der über viel zu wenig Schiffe verfügte, um seine überseeischen Unternehmungen realisieren zu können. Und für den Aufkauf der Kostbarkeiten des Morgenlandes benötigte man Gold und Silber, über dessen spätmittelalterliche Produktionsstätten vor allem die süddeutschen Handelshäuser der Fugger und Welser verfügten. Ein Großteil des Schiffsmaterials für die portugiesischen Überseeunternehmungen kam zu diesem Zeitpunkt im Übrigen aus dem Norden des Deutschen Reiches.

So war das kleine Land Portugal auf Dauer nicht in der Lage, seine Vormachtstellung in Asien gegen die aufstrebenden europäischen Länder England, Frankreich und die Niederlande zu halten, die alle nach eigenem Kolonialbesitz strebten. Im Laufe der folgenden Zeit setzten sich die Niederländer in Indonesien und die Franzosen und Engländer in Indien fest. Im Siebenjährigen Krieg (1756–1763), der im Kern durch einen preußisch-österreichischen Konflikt ausgelöst worden war, schlossen sich fast alle anderen europäischen Mächte der einen oder der anderen Partei an. So wurde dieser Krieg auch in Übersee ausgetragen – der tatsächlich „erste" Weltkrieg, aus dem England als Sieger hervorging. Das 18. und 19. Jahrhundert standen ganz im Zeichen der englischen Vormachtstellung über die Weltmeere. Das Britische Reich umfasste Kolonien auf allen Erdteilen. Die britische Handelsflotte war die größte und modernste, die britische Kriegsmarine die mächtigste. Auch ökonomisch und technisch konnte das Land alle anderen europäischen Konkurrenten überrunden. Schließlich nahm die Industrialisierung der Welt ihren Ausgang im Britischen Reich. Englische Textilien und englische Maschinen eroberten die Weltmärkte.

Den Höhepunkt seiner Weltvormachtstellung erreichte das Britische Reich in der zweiten Hälfte des 19. Jahrhunderts. Diese Epoche war ganz vom britischen Imperialismus geprägt. Die Vormachtstellung war so stark, dass England sogar den freien Welthandel propagierte, um dadurch auch noch Zugang zu den Märkten zu gewinnen, die von den anderen europäischen Staaten dominiert wurden. Diese Ära des radikalen Freihandels begann 1846 mit der Aufhebung der Kornzölle. Die anderen Länder mussten nachziehen, aber England zog als wichtigster Industrielieferant und mächtigste Kapitalmacht den größten Nutzen daraus.

Doch die Konkurrenz schlief nicht. Die anderen europäischen Staaten „rüsteten" in der Industrialisierung auf, aber die Vereinigten Staaten waren auf Dauer die Sieger in diesem Wettbewerb. Sie gingen auch als die letztendlichen Sieger aus den beiden Weltkriegen des 20. Jahrhunderts hervor. Die Weltwirtschaftskrise, ausgelöst durch den New Yorker Börsenkrach vom 29. Oktober 1929, hatte zwar die amerikanische Industrie weit zurückgeworfen, aber Europa war in der Folge von der Rezession noch stärker betroffen.

Die außerordentliche Ausweitung des Seehandels als wichtiger Stütze des internationalen Warenaustausches ist Teil der seit dem Ende des Zweiten Weltkrieges Platz greifenden Globalisierung. Doch hatte der Seehandel schon zuvor außerordentlich

Auf der Bataviawerft in Lelystad, der Hauptstadt der niederländischen Provinz Flevoland, liegt die Dreimastbark „Batavia". Der originalgetreue Nachbau einer 1629 gesunkenen Galeone der Niederländischen Ostindien-Kompanie wurde von 1985 bis 1995 hergestellt.

an Bedeutung gewonnen. Nach der Zeit der Koggen und Karavellen verzeichneten Schiffbau und Nautik außerordentliche Entwicklungsfortschritte. Die Holländer traten nunmehr mit neuen, kleineren, Vliebooten genannten Schiffstypen auf. Aber je mehr sie sich im Überseehandel engagierten, desto größere Schiffe brauchten sie. Deshalb bauten auch sie die Galeonen, die im 17. Jahrhundert der Hauptschiffstyp auf den Weltmeeren waren. Es waren stark bewaffnete, große Schiffe mit drei oder vier Masten, die mit Rahsegeln bestückt waren und ebenso für den Truppen- wie für den Warentransport eingesetzt wurden. Ein Nachbau einer solchen Galeone ist das VOC-Schiff „Batavia", das in Flevoland im Hafen von Lelystad am Ijsselmeer besichtigt werden kann. Mit ihrer Übermacht an Schiffen konnten die Holländer im 17. Jahrhundert einen Handelsstützpunkt nach dem anderen in Mittel- und Südostasien erobern. Speziell für größere Frachten entwickelten die Holländer die sogenannten Ostindienfahrer, stabile Segelschiffe mit ein bis zwei Kanonendecks, die sich gegen Piraten wehren konnten, denen man in dieser Zeit überall begegnete. Es waren primär Handelsschiffe, aber sie konnten genauso gut für Kriegszwecke eingesetzt werden. Auch von diesem Schiffstyp gibt es einen Nachbau, die „Amsterdam", die vor dem neuen Technologiecenter NEMO im Amsterdamer Hafen liegt.

Im 17. Jahrhundert setzte auch die Spezialisierung der Schiffstypen ein. Für militärische Zwecke gab es nun Linienschiffe mit mehreren Kanonendecks und kleinere, wendigere Fregatten, in der kommerziellen Seefahrt erste Sklavenschiffe. Nun gab

es auch die ersten Trockendocks. Die immer größeren Schiffe wurden nicht mehr auf dem Strand, sondern in Werften gebaut. Doch die Kombination aus Kriegs- und Handelsschiff war auf Dauer unwirtschaftlich. Als reines Handelsschiff entwickelte sich aus der Brigg der Vollsegler, ein Großsegler mit drei rahgetakelten Masten, zu einer Zeit, als es schon die ersten Dampfschiffe gab. Schiffe dieses Typs hatten sich schon zuvor als Blockadebrecher im amerikanischen Unabhängigkeitskrieg bewährt. Doch bis sich Dampfschiffe ab Mitte des 19. Jahrhunderts durchsetzen konnten, gab es noch die Klipper als Perfektion des Vollschiffes. Fast sagenumwoben sind die Rennen dieser Schnellsegler mit dem Ziel, als Erster die neue Teeernte aus China in England anzulanden. Dies war nicht nur ein sportliches Rennen – es ging um viel Geld. Wer als Erster die neue Ernte auf den Markt brachte, erzielte nämlich auch die höchsten Preise.

Die frühen Dampfschiffe waren zunächst Segelschiffe mit einer Dampfmaschine, deren Energie auf Schaufelräder übertragen wurde. Die Schiffsschraube konnte erst eingesetzt werden, nachdem der Österreicher Josef Ressel 1836 einen solchen Propeller praxistauglich entwickelt hatte. Die ersten Dampfschiffe fuhren zwar schon 1783 bzw. 1788, aber erst das Dampfschiff von Robert Fulton war richtig brauchbar und wurde ab 1809 sogar im Liniendienst an der amerikanischen Ostküste eingesetzt. Fulton hatte im Übrigen im Jahr 1800 auch schon das erste fahrtüchtige U-Boot gebaut. Im Laufe des 19. Jahrhunderts setzte sich dann das Dampfschiff durch. Aus den Frachtseglern wurden Frachter, aus den Linienschiffen, von de-

Ein moderner Mythos: die „Titanic", der größte Schnelldampfer seiner Zeit, der bereits auf seiner Jungfernfahrt in der Nacht vom 14. auf den 15. April 1912 mit einem Eisberg im Nordatlantik kollidierte und versank. Zwischen 1490 und 1517 von über 2.200 an Bord befindlichen Personen starben bei der Katastrophe.

Ein vollbeladenes Containerschiff liegt bei Nacht im Hamburger Hafen.

nen die größten um 1800 mit bis zu 100 Kanonen bestückt waren, wurden Schlachtschiffe.

Später ersetzten Dieselmotoren die Dampfmaschinen. Atomantrieb hat sich praktisch nur im militärischen Bereich durchgesetzt, so für U-Boote und für Flugzeugträger. Auch der Bau der sowjetischen Atomeisbrecher erfolgte eher aufgrund militärischer Ziele. Atomantrieb auf Frachtschiffen hat sich nicht durchgesetzt. Das deutsche Versuchs-Atomfrachtschiff „Otto Hahn" fährt heute dieselgetrieben unter der Flagge Maltas.

Im Zuge der beginnenden Globalisierung setzte sich – neben der Tankschifffahrt – der Containerverkehr immer mehr als Logistiksystem durch, das in der Kombination aus Schiffs-, Straßen-, Eisenbahn- und Luftverkehr heute im Stückgutverkehr führend ist. Maßgeblich sind nach wie vor 20-Fuß-Container, es gibt auch doppelt so lange Container und sogar 45-Fuß-Container, die in den riesig gewordenen Containerschiffen auf Deck geladen werden müssen. Wenn so ein majestätisches Containerschiff an der Elbe oder an der Schelde an einem vorbeifährt, glaubt man, ein Gebirge aus Containern vor sich zu haben.

Die ersten Containerschiffe entstanden in den 1950er-Jahren. Für diese neue Art des Warentransports musste erst einmal eine völlig neue Infrastruktur aufgebaut werden. Die Häfen benötigten Container-Terminals, der Eisenbahnverkehr, der Lastwagenverkehr und die Binnenschifffahrt mussten darauf eingestellt werden. Auch für die

Luftfracht sind Container maßgeblich. Die größten Containerhäfen befinden sich heute in China und Singapur, Rotterdam als größter europäischer Containerhafen hat nur wenig mehr als ein Drittel des Umschlags wie Singapur. Hamburg ist übrigens der zweitgrößte Containerhafen Europas und profitiert von der Marktöffnung Osteuropas seit den 1990er-Jahren. Die größten Containerschiffe der Welt sind 400 Meter lang und fassen 13.000 dieser 20-Fuß-Container in über zehn Etagen des Schiffsrumpfes. Anschlüsse zur Kühlung sind selbstverständlich. Werften, die so etwas bewältigen können, befinden sich in Odense in Dänemark, weil in Dänemark die größte Containerreederei ihren Sitz hat, ansonsten in Ostasien. Schiffe bis 300 Meter Länge werden auch auf spezialisierten deutschen Werften gebaut.

Wie alle anderen Wirtschaftsbereiche hat sich die Schifffahrt immer spezifischer auf die Bedürfnisse der Weltwirtschaft eingestellt. Tanker und Containerschiffe sind nur zwei Beispiele in dieser Richtung. Das Passagierschiff hat eine ebensolche Entwicklung durchlaufen. Vom Auswandererschiff des 19. Jahrhunderts entwickelte es sich zum Fahrgastschiff im Liniendienst der ersten Hälfte des 20. Jahrhunderts – für die jeweils schnellste Überquerung des Nordatlantiks gab es das „Blaue Band". Der erste deutsche Schnelldampfer, der diese Auszeichnung 1898 erhielt, war die 199 Meter lange und 14.350 Bruttoregistertonnen große „Kaiser Wilhelm der Große". Die US-amerikanische „United States" war der letzte Schnelldampfer, der das Band mit einer Geschwindigkeit von 34,2 Knoten erhielt. Dann löste der Luftverkehr den Transatlantik-Schiffspassagierdienst ab. Die Luxusliner der heutigen Zeit sind die Kreuzfahrtschiffe. Sie sind bis zu 150.000 Bruttoregistertonnen groß, haben 4.700 Passagiere und kreuzen vorwiegend in der Karibik. Die größten Kreuzfahrtschiffe sind die „Freedom of the Seas" und die „Liberty of the Seas", die beide für die Royal Caribbean International Reederei fahren. Drittgrößtes Kreuzfahrtschiff ist die „Queen Mary II" der Cunard Linie. Weitere Kreuzfahrtziele sind das Mittelmeer, die Arktis und Antarktis, auf die sich das deutsche Kreuzfahrtschiff „Europa" spezialisiert hat, und das Nordkap. Hier dominiert die Reederei Hurtigruten, die aus dem norwegischen Küstenpostdienst hervorgegangen ist. Immer beliebter werden Flusskreuzfahrten, so auf dem Rhein, der Donau, aber beispielsweise auch auf dem Amazonas.

Weitere Spezialisierungen im Tankschiffbau sind Chemikalien- und Gastanke. Für den Übersee-Autotransport gibt es spezielle Schiffe, im Hafen bugsieren Schlepper die Schiffe an den Kai, Lotsenboote bringen die Lotsen an Bord. Feuerschiffe sind überflüssig geworden, da es heute ganz andere Navigationsmöglichkeiten gibt. Fischereifahrzeuge unterschiedlicher Größe und Bauart gehen auf große Fahrt oder auf Küstenfahrt. Eine interessante Neuentwicklung für die Binnenschifffahrt stellen die Schubverbände dar. Zu den Spezialschiffen zählen unter anderem Forschungsschiffe, Löschboote, Baggerschiffe, Seenotrettungskreuzer, Fährschiffe und Hausboote. Zudem gibt es die vielen Freizeitschiffe, angefangen von dem kleinen Segelschiff bis zum größten Kabinenkreuzer.

Ein Kreuzfahrtschiff ankert in der Bucht von Labadee, einer schmalen Landzunge im Norden Haitis.

Nordwestpassage – Nordostpassage

Im 15. Jahrhundert beschäftigten sich alle Seefahrernationen mit der Suche nach einem neuen Weg über die Meere zu den Gewürzländern des Morgenlandes. Zu mächtig waren die Araber, die auf dem direkten Weg den Gewürzhandel mit satten Gewinnen betrieben. Die Spezereien im Abendland waren so teuer, dass sich die Investitionen für denjenigen, der diesen Weg fände, allemal lohnen würden. Die Portugiesen fanden diesen Weg um Afrika – und wurden entsprechend belohnt. Die Spanier fanden den Weg nach Westen, der zunächst überhaupt keinen Ertrag abwarf. Erst später konnten sie Gold und Silber aus Amerika heimbringen. Beide Seemächte beherrschten die Weltmeere. Aber könnte man die Gewürzländer Asiens nicht auch auf dem nördlichen Weg um Asien oder Amerika herum erreichen? Man konnte: Der Seeweg von Europa nach Asien beträgt heute durch den Suezkanal 21.100 Kilometer, auf der Nordwestpassage, dem Schifffahrtsweg vom Atlantik durch den Kanadisch-Arktischen Archipel und die Beaufortsee über die Beringstraße zum Pazifik, nur noch 15.900 Kilometer, auf der Nordostpassage, dem Schifffahrtsweg vom nördlichen Atlantischen Ozean durch das Nordpolarmeer längs der Nordküste Eurasiens bis zur Beringstraße zum Pazifik, gar nur noch 13.000 Kilometer.

Die Nordwestpassage

Das Seegebiet zwischen Grönland und Neufundland war im ausgehenden 15. Jahrhundert Zielgebiet für portugiesische Fischer geworden, die hier auf Kabeljaufang gingen. Kabeljau hatte zu dieser Zeit als Stockfisch allergrößte wirtschaftliche Bedeutung, mehr noch als der Hering, der nur durch aufwendiges Einsalzen haltbar zu machen war. Baskische und bretonische Fischer folgten schon bald den Portugiesen. Und auch für die nordeuropäischen Länder gewann dieses Zielgebiet zunehmend an Interesse – noch heute kommen die größten Stockfischlieferungen von den Lofoten. Und wo auf See hohe Gewinne zu erzielen waren, folgten Piraten den Spuren der christlichen Seefahrer und Fischer.

Vor diesem Hintergrund ist die Expedition im Auftrag König Christian I. von Dänemark und Norwegen in den Nordatlantik unter Leitung des aus Hildesheim stammenden und in Hamburger, dann in dänischen Diensten stehenden deutschen Seefahrers Didrik Pining zu sehen, der sich als Piratenjäger schon einen Namen gemacht hatte. Diese Expedition fand in den Jahren 1471 bis 1473 statt. Nicht bekannt ist, ob sie der Erkundung der Fanggründe, der Piratenjagd oder gar der Suche nach der Nordwestpassage galt. Jedenfalls führte die Reise bis Grönland, wahrscheinlich auch bis Neufundland. Möglicherweise hat an dieser Reise als portugiesischer Abgesandter der Seefahrer João Vaz Corte-Real teilgenommen, dem 1474 vom portugiesischen König Land auf der Azoreninsel Terceira für die Entdeckung von Terra Nova do Bacalhau (= Neues Land des Kabeljaus) geschenkt wurde – man vermutet, dass es sich um Neufundland gehandelt hat.

Zwischen 1492 und 1495 befuhr dann der portugiesische Seefahrer Joao Fernades Lavrador die

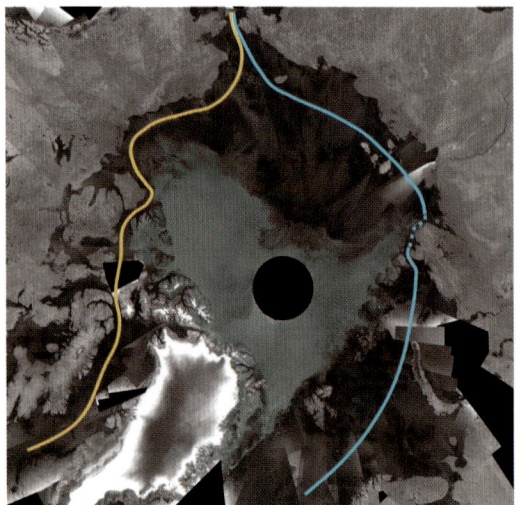

Die Karte zeigt die Seewege der Nordost- und der Nordwestpassage in der Arktis, die Ende August 2008 beide erstmals gleichzeitig eisfrei und für Schiffe befahrbar waren. Langfristig erwarten Wissenschaftler einen beständigen Rückgang der Meereisflächen rund um den Nordpol – und damit auch weiterhin eisfreie Nordost- und Nordwestpassagen.

Ein Jahr zuvor, im September 2007, veröffentlichte die Europäische Weltraumorganisation ESA dieses Satellitenbild, auf dem die Nordwestpassage zum ersten Mal seit Beginn der Satellitenaufzeichnungen im Jahr 1978 als komplett eisfreies Band zu erkennen ist. Die Nordostpassage ist auf der Aufnahme nur noch an einer Stelle von Eis blockiert.

Gewässer nördlich von Neufundland. Jedenfalls wurde der kanadische Festlandzipfel Labrador an der Neufundlandbank nach ihm benannt. Eindeutig auf der Suche nach der Nordwestpassage war der venezianische Seefahrer Giovanni Caboto, der als John Cabot im Auftrag von König Heinrich VII. von England nordwärts segelte. Auf seiner ersten Fahrt 1496 kam er nur bis Grönland, auf seiner zweiten Fahrt 1497 bis zur amerikanischen Nordküste im Bereich von Neuengland, Neufundland oder Labrador, von seiner dritten Fahrt 1498 mit fünf Schiffen kehrte er nicht mehr zurück.

Weitere Suchen nach der Nordwestpassage wurden dann von Martin Frobisher (1576–78), John Davis (1585–87) und zahlreichen späteren Expeditionen unternommen. Es gab auch mehrere vergebliche Versuche vom Pazifik aus, so die russische Rurik-Expedition von 1815 bis 1818 unter der Leitung des baltischen Offiziers Otto von Kotzebue. Tragisch endete die dritte Franklin-Expedition 1845, seit der ihr Leiter John Franklin verschollen ist. Mehrere Suchexpeditionen blieben ergebnislos. Die erste tatsächliche Durchfahrt von Osten nach Westen gelang von 1903 bis 1906 Roald Amundsen mit mehreren Überwinterungen: Auf seiner Reise fand Amundsen auch Skelettreste und Geräte der Franklin-Expedition. Henry Asbjorn Larsen gelang die Durchquerung der Nordwestpassage in West-Ost-Richtung von 1940 bis 1942 sowie 1944 die Hin- und Rückfahrt in einer Saison. 1969 wurde die Nordwestpassage vom amerikanischen Tanker „Manhattan" befahren. Für die Handelsschifffahrt ist die Nordwestpassage weiterhin ungeeignet, da sie zwar inzwischen im Sommer immer eisfrei ist, das Packeis aber zu große Risiken für nicht umgerüstete Schiffe mit sich bringt. Auch fehlt die erforderliche Infrastruktur längs der Route bei eventuellen Havarien.

Die Nordostpassage

Die eigentliche Suche nach der Nordostpassage begann gleichfalls im 16. Jahrhundert. Unter den Expeditionsleitern sind so berühmte Namen wie Willem Barents (1550–1597) und Vitus Bering (1680–1741). Adolf Erik Nordenskiöld gelang in den Jahren 1878 und 1879 die erste Gesamtdurchfahrt mit einer Überwinterung und 1932 mit dem Eisbrecher Alexander Sibirjakow die erste Direktdurchfahrt. Die sowjetische Regierung hatte

aus politisch-ökonomischen Gründen großes Interesse an der Durchfahrt und richtete erste Posten an der Strecke ein. So konnte im Sommer 1940 der deutsche Hilfskreuzer „Komet" mit Hilfe russischer Eisbrecher durch die Nordostpassage unbemerkt in den Pazifik gelangen. In den Nachkriegsjahren baute die Sowjetunion die Strecke aus, deren westlicher Teil inzwischen im Sommer relativ unproblematisch befahrbar ist. Unberechenbar bleibt das Packeis im östlichen Teil. Trotzdem bewältigten die sowjetischen Atomeisbrecher die Strecke in nur noch drei Wochen. Mit dem Ende der Sowjetunion ging zunächst das politische Interesse an der Strecke zurück, aus wirtschaftlicher Sicht wurde sie wegen der hohen Kosten weitgehend uninteressant.

Oben: Sonnenuntergang über der Wilkizkistraße im Arktischen Ozean. Die Meerenge ist benannt nach dem Russen Boris Wilkizki, der 1915 erstmals die Nordostpassage von Osten nach Westen bewältigte.

Unten: Der niederländische Seefahrer Willem Barents suchte Ende des 16. Jahrhunderts die Nordostpassage nach Asien. Dieser Kupferstich aus dem Jahr 1598 illustriert eine Eisbärenjagd, die auf einer seiner Fahrten stattfand.

Seeschlachten

So haben Seeschlachten die Geschichte der Menschheit ganz entscheidend geprägt: Denken wir nur an die Seeschlacht von Salamis, in der die Griechen die persische Flotte 480 v. Chr. vernichtend schlugen – und so dem Abendland zu seiner weiteren Entwicklung und Ausbreitung verhalfen. Die Seeschlacht von Actium im Jahr 31 v. Chr. war entscheidend für die weitere Entwicklung Roms. In dieser Schlacht besiegte Octavians Flotte die des Marcus Antonius. Dadurch konnte sich Octavian als späterer Kaiser Augustus im Reich durchsetzen, inneren Frieden herbeiführen und das Reich nach außen erweitern.

Ein gleichermaßen drastischer Einschnitt in der Seekriegsgeschichte war die Schlacht in der Meerenge von Lepanto – so der italienische Name der griechischen Stadt Naupaktos – in der Bucht zwischen Patras und den südlichen Ionischen Inseln am 7. Oktober 1571, in der die venezianisch-spanische Flotte der Heiligen Liga unter Juan de Austria die zahlenmäßig überlegene Flotte der Osmanen besiegte. Es war die letzte große Galeerenschlacht und mit knapp 200.000 eingesetzten Soldaten auch eine der blutigsten Schlachten, die den Niedergang der osmanischen Vorherrschaft im Mittelmeer einleitete. Mit für

Anmerkung: Die Seeschlacht bei Actium

Augustus (63 v. Chr.–14 n. Chr.), geboren als Gaius Octavius, war Großneffe, Adoptivsohn und Erbe von Julius Caesar und bekämpfte nach dessen Ermordung 44 v. Chr. seinen Gegenspieler Marcus Antonius, mit dem er sich aber zunächst in einem Triumvirat das Römische Reich teilte. Octavius erhielt den Westen, Antonius den Osten des Römischen Reichs und Lepidus als Dritter im Bunde Afrika. Lepidus wurde schon bald ausgeschaltet, und nach Octavius Sieg über Antonius und Kleopatra bei Actium am 2. September 31 v. Chr. wurde er mit dem Ehrennamen Augustus (= der Erhabene) Alleinherrscher und erster Kaiser des Römischen Reiches.

Der Schauplatz der Seeschlacht von Actium war am Golf von Ambrakia (Arta) an der griechischen Westküste. Die Flotte des Octavius unter dem Oberbefehl von Marcus Vipsanius Agrippa stand gegen die vereinigten Streitkräfte Marcus Antonius und der ägyptischen Königin Kleopatra. Marcus Antonius griff mit seiner Flotte von annähernd 160 schweren Großkampfschiffen und weiteren 60 Schiffen der Kleopatra als Reserve die des Octavian aus der Nähe an, die aus 260 leichteren, jedoch besser manövrierfähigen Liburnen bestand, wie sie vor allem von illyrischen Piraten eingesetzt wurden. Der Kampf verlief zunächst unentschieden; dann aber befahl Kleopatra, durch ein Manöver des Feindes beunruhigt, dem ägyptischen Schiffskontingent den Rückzug und zwang dadurch Antonius, ihr mit seinen Schiffen zu folgen. Die Flotte von Antonius und Kleopatra musste sich schließlich Octavian ergeben.

Interessant an der Seeschlacht von Actium ist nicht nur ihre Auswirkung auf das Römische Reich, das nun unter Augustus sich einer langen Friedensperiode (Pax Augusta) erfreuen konnte, sondern auch ihre strategiegeschichtliche Bedeutung. Repräsentierten die schwer bewaffneten Schiffe des Antonius noch die Fortsetzung des Landkrieges auf See, so hatte Octavian mit dem Einsatz seiner wendigen Schiffe dem Seekrieg erstmals zu einer strategischen Eigenständigkeit verholfen – mit Erfolg!

den Schlachtausgang entscheidend war der Einsatz moderner venezianischer Galeassen, einer Weiterentwicklung der Galeere mit etwa 50 Meter Länge und zwischen 800 und 1.200 Mann an Bord. Galeassen waren höher gebaut als Galeeren und konnten so nur schwer geentert werden.

Zu den Seeschlachten mit nachhaltiger geschichtlicher Wirkung zählt auch die Seeschlacht bei Trafalgar am 21. Oktober 1805, einem Kap an der Südküste Spaniens vor dem westlichen Eingang der Straße von Gibraltar, in der die englische Flotte unter Lord Nelson die französisch-spanische Flotte schlug und dadurch die britische Seeherrschaft über die Weltmeere sicherte. Damit war Napoleon jede Möglichkeit genommen, Großbritannien zu erobern, wodurch seine Herrschaft über Europa nicht mehr von Dauer sein konnte – wie sich später auch zeigte.

Über die Seeschlacht am Skagerrak inmitten des Ersten Weltkriegs am 31. Mai und 1. Juni 1916 zwischen der deutschen Hochseeflotte und der Grand Fleet der Royal Navy ist viel geschrieben worden. Sicher ist, dass die unkluge Flottenpolitik Kaiser Wilhelms II. entscheidend zum Ausbruch dieses Krieges beigetragen hat. Doch war seine Kriegsflotte, wenn auch moderner und technisch auf besserem Stand, nicht in der Lage, der britischen Flotte eine solche Niederlage beizubringen, dass damit ihr Weg in den Atlantik offen war. Die britischen Verluste in der Schlacht waren größer, aber die deutsche Flotte weiter zur Untätigkeit in den Stützpunkten verdammt. Kriegsökonomisch gesprochen war die deutsche Schlachtflotte eine Fehlinvestition, eine Vergeudung von Ressourcen, die an anderer Stelle fehlten.

Insgesamt gesehen hatten sich die Schlachtschiffe schon im Ersten Weltkrieg nicht bewährt. Dennoch wurden sie im Vorfeld des Zweiten Weltkriegs größer, schneller und schwerer weitergebaut. Das deutsche Schlachtschiff „Bismarck" konnte zwar auf dem Weg zum Handelskrieg im Atlantik am 27. Mai 1941 das größte britische Schlachtschiff „MS Hood" mit nur wenigen Geschützsalven zur Explosion bringen, aber nur wenige Tage später wurde es von einem britischen Flugzeugträger aus von einem Flugzeugtorpedo entscheidend getroffen und dann von anderen britischen Schlachtschiffen versenkt: Damit war das Ende der Ära des Schlachtschiffs eingeläutet. Das bekamen die Japaner zu spüren, als sie nach dem Überfall auf Pearl Harbour im Dezember 1941 antraten, um in der Schlacht von Midway die amerikanische Marine vernichtend zu schlagen. Der japanische Flottenbefehlshaber Admiral Yamamoto hatte seine Flagge auf dem Schlachtschiff „Yamato" gesetzt, einem Ungetüm von 68.000 Tonnen, das unbestritten das größte und mit seinen neun 46-Zentimeter-Geschützen auch das schwerstarmierte Kriegsschiff der Welt war – weit größer und stärker als die „Bismark". Yamamoto befehligte eine Flotte von 200 Schiffseinheiten mit 11 Schlachtschiffen, 8 Flugzeugträgern, 22 Kreuzern, 65 Zerstörern und 21 Unterseebooten, dazu 700 Flugzeugen. Trotz ihrer gewaltigen Überlegenheit an Kampfeinheiten wurden die Japaner geschlagen, weil es den amerikanischen Flugzeugträgerpiloten gelang, die japanischen Träger auszuschalten. Die Japaner verloren in dieser Schlacht vier ihrer sechs großen Flugzeugträger. Sie konnten den daraus resultierenden strategischen Nachteil nicht mehr ausgleichen. Die Schlacht von Midway am 4. Juni 1942 gilt als früher und entscheidender Wendepunkt im pazifischen Geschehen des Zweiten Weltkriegs.

Bis heute stellen die Flugzeugträger das Rückgrat der US-amerikanischen Marine dar. Diese verfügt über elf solcher Großkampfschiffe, von denen zehn atomgetrieben sind, mit entsprechenden Begleitverbänden, die an jeder Stelle der Welt zur Absicherung amerikanischer Machtinteressen eingesetzt werden können. Zu diesen Interessen zählt insbesondere die Sicherung der wichtigsten Schiffstransportwege – vor allem der Wege, die die Erdöltanker zu den Vereinigten Staaten nehmen.

In der Schlacht bei Trafalgar am 21. Oktober 1805 schlug die englische Flotte unter Lord Nelson die französisch-spanische Armada. Das Gemälde von William Turner verdichtet mehrere aufeinander folgende Ereignisse: Am Mast der „Victory" weht Nelsons berühmtes Flaggensignal („England erwartet, dass jeder Mann seine Pflicht tun wird"), im Hintergrund brennt die französische „Achille" und im Vordergrund sinkt die „Redoutable".

Wasser –
Ökonomie und

Ökologie

Siedlungsorte am Wasser oder an Brunnen waren immer bevorzugte Standorte, weil man so den direkten Zugang zu diesem Lebenselixier hatte. Wasser dient nicht nur als „Lebens"-Mittel, es dient als Rohstoff für alle gewerblichen Produktionen, Wasser dient der Hygiene, Flüsse dienen als Transportmittel und liefern Energie, und von Flussmündungen am Meer aus kann man auch Seehandel betreiben. Wasserrecht spielt eine zentrale Rolle für die Menschen, und die kulturgeschichtliche Bedeutung des Wassers hat in allen Religionen Einzug gehalten. Wasser ist auch Kunstgegenstand, wie beispielsweise bei der Gestaltung von Brunnen, Gärten und Wasserspielen deutlich wird.

Mensch und Wasser in vorindustrieller Zeit

Lebten die Menschen seit ihrer Entwicklung vor drei bis vier Millionen Jahren als Jäger und Sammler vorwiegend in den warmen Steppenregionen der Erde, so mussten sie sich schon in der Eiszeit auf schwierigere Lebensumstände einstellen. Dass ihnen dies hervorragend gelungen ist, zeigt allein schon die Tatsache, dass sie sich weltweit über alle Klimazonen verbreiten konnten. Der zunehmenden Vereisung verdanken sie sogar, dass sie auch die letzten von ihnen noch nicht erreichten Kontinente besiedeln konnten. Mit dem sinkenden Meeresspiegel während der letzten Eiszeit entstanden Landbrücken zwischen Asien und Amerika sowie zwischen Asien und Australien, so dass dort schon Menschen lebten, als die Europäer des Kolonialzeitalters für sich beanspruchten, diese Kontinente erst entdeckt zu haben.

Während der langen Entwicklungsgeschichte der Menschheit sicherte die jagende und sammelnde Lebensweise ihre Existenz. Die Menschen ernährten sich von den Früchten, die die Natur hervorbrachte, erlegten Wild und fingen Fische. Der Übergang von dieser jagenden und sammelnden Lebensweise zur produzierenden Lebensweise fand im Erdzeitalter des Neolithikums (= Jungsteinzeit) statt. Ackerbau und Viehzucht mit der damit verbundenen Vorratshaltung bedingten gleichermaßen den Übergang von der nomadischen zur sesshaften Lebensweise. Am nachhaltigsten hat dabei das Aufkommen der Landwirtschaft diesen Epochenwechsel für die Menschheit bewirkt. Heute geht man davon aus, dass dieser Prozess an drei Stellen auf der Erde fast gleichzeitig, aber unabhängig voneinander begonnen hat: im Fruchtbaren Halbmond des Nahen Ostens, in Südchina und in Mittelamerika.

Man nimmt heute an, dass der Beginn der Landwirtschaft vor 13.000 Jahren im Fruchtbaren Halbmond von Unterägypten über die Levante und in einem Bogen zu den Flusslaufgebieten von Euphrat und Tigris anzusetzen ist. Da die nacheiszeitliche Erwärmung sich in Wellen vollzog, wechselten sich auch hier im Vorderen Orient trockenere Zeiträume mit winterfeuchten Zeiträumen ab, die zwar höhere Ernten von Naturfrüchten brachten, aber die Sommerversorgung nicht sicherten. Daraus ergab sich die Notwenigkeit, das Getreide nicht nur zu sammeln, sondern auch auszusäen. Einkorn und Emmer gelten als die ersten Getreidesorten, die zielgerichtet angebaut wurden. Im weiteren zeitlichen Verlauf traten Erbsen, Linsen und Kichererbsen als weitere Kulturpflanzen auf. Die mit der weiteren Erwärmung einhergehende Austrocknung der Landschaft zwang zu ersten Bewässerungsmaßnahmen. Dafür boten die Flusstäler von Nil, Euphrat und Tigris die besten Voraussetzungen. Fast parallel zu den durchgreifenden Ereignissen im Fruchtbaren Halbmond wurden Hirse, Reis und Sojabohnen seit 12.500 Jahren in Südchina und zeitlich später Mais und Bohnen in Mittelamerika sowie Kartoffeln in Südamerika angebaut.

Ein Bauer fördert mithilfe eines Esels Wasser für die Bewässerung seiner Felder im Niltal in Ägypten. Die Bewässerung weitläufiger Felder hat im Niltal eine jahrtausendealte Tradition.

Bewässerungsfeldbau an Euphrat, Tigris und Nil

Bis heute lässt sich nicht genau zurückverfolgen, wann Menschen mit der Bewässerung von Feldern begonnen haben. Man kann davon ausgehen, dass dies etwa seit 3000 v. Chr. betrieben wurde. Zu dieser Zeit war die nacheiszeitliche Erwärmung schon so weit vorangeschritten, dass die Niederschläge in der mesopotamischen Wüste bei zunehmender Verdunstung auf 200 Millimeter pro Jahr gesunken waren. Feldertrag war unter diesen Umständen nur noch mittels Zufuhr von Wasser zu erreichen. So begann man, das Wasser der Flüsse auf die Felder auszubringen. Zunächst waren die Beamten der Tempel für die Organisation und Überwachung des Kanalbaus verantwortlich. Nach dem Ende der Tempelwirtschaft übernahm diese Aufgabe der König als weltlicher Herrscher des Landes.

Vor allem König Hammurabi (1792–1750 v. Chr.), der Mesopotamien unter seiner Herrschaft einte, widmete den Bewässerungskanälen große Aufmerksamkeit. Er ließ viele solcher Kanäle anlegen und die Instandhaltung der Bewässerungsanlagen nicht nur nach Naturkatastrophen und Kriegen überwachen. So ist es auch selbstverständlich, dass in seinem Gesetzeswerk Codex Hamurabi die Pflichten der Feldbesitzer klar geregelt wurden. Vernachlässigte ein Bauer die Pflege des Deiches und kam es deshalb zu Überflutungen, so wurde er hart bestraft.

Der Unterhalt der Kanäle war sehr aufwendig, weil der Schlamm der großen Flüsse sich in den langsam fließenden Kanälen absetzte und dann samt Pflanzenbewuchs wieder aus ihnen entfernt werden musste. Vor allem die Schilfgürtel wuchsen oft schneller, als sie sich entfernen ließen. Dennoch neigten die Kanalbetten zur Anhebung und mussten auch deshalb teilweise zugunsten neu ausgehobener Kanäle wieder aufgegeben werden, was sich heute anhand von Luftaufnahmen zeigt. Waren größere Arbeiten an Kanälen erforderlich, die nicht von den Bauern geleistet werden konnten, so mietete der König zusätzliche Arbeiter an.

Es ist eine großartige kulturgeschichtliche Leistung, die in Mesopotamien über Jahrtausende mit der Bewässerungswirtschaft vollbracht wurde. Doch das, was hier geschaffen wurde, brachte auf Dauer mehr Schaden. Denn mit der fließenden Feldbewässerung waren die Ackerflächen unter den klimatischen Bedingungen Mesopotamiens hoher Verdunstung ausgesetzt, mit der Mineralien aus dem Boden an die Oberfläche gerieten, die dann den Boden versalzten und für den weiteren Anbau immer ungeeigneter wurden. Die Probleme dieser Art der Bewässerung sind also seit Jahrtausenden bekannt, trotzdem hat man angesichts der Dammbauwut nach dem Zweiten Weltkrieg weiterhin nach dieser Technik gearbeitet, weil sie am preiswertesten ist und auch von Kleinbauern am besten bewerkstelligt werden kann. Das Bewusstsein für eine erforderliche Drainage war im antiken Mesopotamien nicht vorhanden, weil auch die Problematik nicht bekannt war. Damals hat sich mit den für unsere heutige Zeit schwach dimensionierten Bewässerungsanlagen das Problem des Ertragrückganges durch Versalzung erst über Generationen gezeigt, konnte also nicht erfasst und somit auch nicht an die Folgegenerationen weitergegeben werden. Die Kunst des Bewässerns geht also weit über die Anlage eines solchen Systems hinaus und verlangt einen so langfristigen Einsatz, wie ihn vergleichsweise nur die Forstwirtschaft verlangt, wo erst hundertjährige Eichen den richtigen Ertrag bringen.

So wie in Mesopotamien Euphrat und Tigris die Existenzgrundlage der Staatswesen bildeten, hatte im pharaonischen Ägypten der Nil diese Funktion. Die jährlichen Hochwasser überfluteten die Felder des Niltals und hinterließen Sedimente als fruchtbaren Schlamm. Durch entsprechende wasserbauliche Maßnahmen wurden diese Schlammmassen kanalisiert und gaben den Feldern höhere Ertragssicherheit. Die Grundlage dieses komplexen wasserbaulichen Systems mit entsprechendem sozialem Unterbau bildeten die Schwankungen des Nilpegels, die an verschiedenen Wasserstandsmessstellen entlang des Flussverlaufs mit sogenannten Nilometern erfasst wurden. Aufgrund dieser Ergebnisse erfolgte sowohl die Wasserzuteilung als auch gleichzeitig die Steuererhebung. Doch konnte man sich in Ägypten nicht auf die Regelmäßigkeit des Eintreffens dieser Nilhochwasser verlassen, wie die Bibel in der Geschichte von Josef schon von den sieben fetten und den sieben mageren Jahren zu berichten weiß. Denn das Klima in der Quellregion des Nils in Ostafrika und damit die Menge seines Wasserabflusses nach Unterägypten werden unter anderem nicht nur durch den El-Niño-Zyklus im Pazifik beeinflusst, sondern auch durch Klimavariationen im Nordatlantik.

Im Zuge der wissenschaftlichen Betrachtung der antiken Nilwasserstände wurden mehrere Zyklen von unterschiedlicher Dauer entdeckt. Ein vierjähriger und ein zweijähriger Zyklus waren bereits bekannt, die beide auf den Einfluss der El-Niño-Oszillation zurückgeführt werden. Einige längere Zyklen, mit einer Dauer von 256, 64, 19 und 12 Jahren, haben ihre Ursachen eher in astronomischen Ursachen. Zusätzlich entdeckte man in den Daten einen bislang unbekannten Sieben-Jahres-Zyklus, wie er in der Bibel in der Geschichte von Josef erwähnt wird, der wohl auf die sogenannte Nordatlantische Oszillation zurückzuführen ist.

Dieser Klimazyklus, dessen Stärke anhand des Luftdruckunterschieds zwischen Island und den Azoren bestimmt wird, beeinflusst das Wetter bis in den Mittelmeerraum und Nordafrika.

Es gibt aber wohl einen grundsätzlichen Unterschied zwischen den Bewässerungssystemen an Euphrat, Tigris und Nil. Im antiken Mesopotamien fand für die Felder Oberflächenbewässerung ohne erforderliche Entwässerung statt, so dass durch Verdunstung Mineralien aus dem Boden gezogen wurden und die Felder versalzten. Im pharaonischen Ägypten wurde mit dem Nilwasser Nilschlamm auf die Felder verteilt, was der Versalzung entgegenwirkte. Und obwohl diese Bewässerungsprobleme seit der Antike hinreichend bekannt sind, wandte man bei der nach dem Zweiten Weltkrieg ausgebrochenen „Dammbauwut" vor allem in den ariden Gebieten Indiens, Südost- und Zentralasiens wiederum die Oberflächenbewässerung der Felder an. Zugegebenermaßen wurden mit diesen Maßnahmen die Nahrungsmittelversorgungsprobleme Indiens und Chinas im Grundsatz gelöst und weitere Hungersnöte vermieden, auch muss man feststellen, dass die Oberflächenbewässerung die preiswerteste unter aller Bewässerungsarten und die am leichtesten von einer kleinbäuerlichen Bevölkerung zu handhabende ist: Aber all diese Erfolge wurden um den Preis erzielt, dass in diesen Regionen den nachfolgenden Generationen der Boden im wahrsten Sinne des Wortes „versalzen" wurde.

Wasserversorgung in Rom

Der Pont du Gard in Südfrankreich, der sich auf diesem Foto im Wasser des Flusses Gardon spiegelt, gilt als die schönste Wasserleitung der Welt. Die imposante, aus drei Arkadenreihen bestehende römische Aquäduktbrücke war Teil einer fast 50 Kilometer langen Wasserleitung, mit der Wasser von der Eure-Quelle nahe Ucetia (Uzès) zur römischen Metropole Nemausus (Nîmes) transportiert wurde.

Groß waren die Unterschiede zwischen Arm und Reich in Rom. Die Benachteiligten lebten eng zusammengepfercht in Mietskasernen unter denkbar schlechten hygienischen Verhältnissen. Ausgeprägt war der Wunsch der Begüterten, sich davon abzusetzen, ein Leben in Saus und Braus und in Wohlgerüchen zu führen. Dazu war der Zugang zu frischem Wasser erforderlich, denn was der Tiber noch mit sich führte, war in hohem Maße verseucht. Man führte Quellwasser aus den umliegenden Bergen heran, wofür eigens Fernwasserleitungen gebaut wurden. Meistens verliefen diese Leitungen unterirdisch, aber zur Überbrückung von Tälern wurden auch Bogenbrücken errichtet. Ein erstes solcher Aquädukte entstand bereits 312 v. Chr. unter Appius Claudius und begann an der Via Praenestina, floss circa 17 Kilometer unterirdisch und wurde über die Porta Capena in die Stadt zum Campus Martius geführt. In den folgenden Jahrhunderten entstanden insgesamt elf solcher Aquä-

dukte von insgesamt 450 Kilometern Länge, die Rom mit Frischwasser versorgten. Bis heute liefern noch drei dieser Aquädukte Wasser in die Stadt, versorgen den Trevi- und Mosesbrunnen sowie die Fontana dell'Acqua Paola. Alle diese drei Brunnen entstanden in ihrer heutigen Pracht zwar erst im 17. und 18. Jahrhundert, wurden aber nach vorheriger Sanierung der antiken Wasserleitungen an diese angeschlossen. Auch andere Städte des Römischen Reiches erhielten Frischwasserleitungen. Berühmt sind die noch bestehenden Bogenbrücken von Segovia und die Pont du Gard, die Nîmes versorgte. Die längste dieser Wasserleitungen war die Eifelwasserleitung nach Köln mit annähernd 100 Kilometern Länge. Auch diese Leitung wurde weitgehend unterirdisch geführt, weswegen davon auch noch große Teile erhalten sind. Die Aquädukte wie beispielsweise das über das Tal der Swist existieren nicht mehr, weil ihre Steine im Mittelalter als Baumaterial „missbraucht" wurden.

Wasserversorgung der mittelalterlichen Städte

Das Schulwandbild aus dem Jahr 1904 illustriert ideal-typisch das Innere einer Stadt im 15. Jahrhundert: Zur Versorgung der mittelalterlichen Stadt mit Trinkwasser steht auf einem zentralen Marktplatz ein Brunnen. Vor allem in deutschen und italienischen Ländern wurden künstlerisch besonders schön gestaltete Brunnen oft zum Wahrzeichen der Stadt.

Mit dem Niedergang des Römischen Reiches ging auch die antike Stadtkultur in Mitteleuropa darnieder. Nur wenige der römischen Städte existierten noch in der frühen Frankenzeit. Erst mit der neuen Ordnung im Karolingerreich bildeten sich neue städtische Siedlungen, die vielfach auch noch dörflichen Charakter hatten – noch weit in das Mittelalter hinein wurde auch in den Städten Landwirtschaft und vor allem auch Tierhaltung betrieben und viele Bauern mit Feldern hatten ihren Wohnsitz als Ackerbürger in der Stadt.

Die mittelalterlichen Städte waren durch ihre Verteidigungswälle gekennzeichnet, die im Laufe der Zeit zu Stadtmauern ausgebaut wurden. Der Markt bildete ihren Mittelpunkt, große Städte hatten auch mehrere Marktplätze für verschiedene Waren. Im Zentrum standen die oft schon steinernen Häuser der Patrizier, das Rathaus und die Hauptkirche. Die Pracht der Patrizierhäuser und der großen Kirchen stand im Kontrast zu den engen Gassen, wo die Handwerker und ärmeren Stadtbewohner lebten. In diesen Fachwerkgassen, wo eben auch Landwirtschaft betrieben wurde, war es um die Sauberkeit auf den ungepflasterten Straßen ohne Kanalisation nicht zum Besten bestellt. Die drei Hauptprobleme mittelalterlicher Städte, die sich aus dieser Bestandsaufnahme ergeben, waren die Wasserversorgung, die Abfallbeseitigung und die Verschmutzung der Umwelt durch gewerbliche Betätigung.

In den noch nicht so dicht bebauten Städten des frühen Mittelalters war es den Einwohnern in der Regel noch möglich, Abfälle als Dünger in Gärten und auf Feldern, als Futter für Haustiere, Baumaterial oder Brennstoff selbst zu verwerten. Doch mit der Zunahme der Bevölkerung in mittelalterlichen Städten durch Zuzug („Stadtluft macht frei!") und durch Bevölkerungsvermehrung wurde der Platz innerhalb der mittelalterlichen Stadtmauern, die man nicht beliebig erweitern konnte, immer

INNERES EINER STADT
(XV. Jahrhundert)

P. A. Norstedt & Söners Förlag

enger. Gärten und freie Flächen im Stadtinnern wurden zunehmend bebaut, die Zahl der Stockwerke erhöht, die Straßen wurden für die neuen Häuserhöhen zu eng, Freiflächen hinter den Häusern zu Hinterhöfen ausgebaut. Dadurch verschwanden immer mehr Möglichkeiten zur Eigenverwertung. Auch bei den von vielen Bewohnern weiter gehaltenen Haustieren überwog bald die hygienische Belastung ihren Nutzen als Abfallvertilger.

Die häusliche Wasserversorgung war noch weitgehend Privatsache, der Hausmüll wurde auf die Straße geworfen und das Abwasser lief die Gosse hinunter. Erst gegen Ende des Spätmittelalters verbesserten sich die Lebensumstände durch öffentliche Grundwasserbrunnen, bessere Trinkwasserleitungen sowie strengere Auflagen bei der Entsorgung des Abfalls und der gewerblichen Abwässer. Verfügungen der Stadtobrigkeit sollten das Ablagern von Mist auf den Gassen, das Hinausschütten von Kehricht und „Unlust" aus den Fenstern oder die Einleitung von Abwässern in Brunnen und städtische Bäche einschränken. Die Sauberhaltung der Stadt und ihrer Wasserversorgung gab auch neuen Berufen ein Arbeitsfeld: Der Abdecker beseitigte Tierkadavern, der Scuppler (= Schaufler) beseitigte Straßendreck und hob Abwassergräben aus, der Grabenfeger reinigte diese Abwassergräben, der Brunnenmeister konstruierte und kontrollierte die Wasserwege, der Brunnenputzer reinigte verschmutzte Brunnen und der Heimlichkeitsfeger entsorgte die „heimlichen Gemächer" in den Häusern bzw. den entsprechenden Gruben.

Exkurs: Wasser- und Abwasserwege der mittelalterlichen Stadt

In der mittelalterlichen Stadt stank es buchstäblich zum Himmel. Das gefiel den Stadtoberen immer weniger, wollten sie sich doch mit ihrem steigenden Wohlstand von der Hauptmasse der armen Stadtbevölkerung absetzen. In den von Grachten durchzogenen holländischen Städten hat es den Patriziern so gestunken, dass sie sich hinter den Dünen an der Küste Herrenhäuser errichteten, um sich den vor allem im Sommer aus den Kanälen ausbreitenden üblen Dünsten zu entziehen und in Meeresnähe die frische Seeluft zu genießen. Doch lag eine ausreichende Wasserversorgung den Stadtoberen aus mehreren Gründen sehr am Herzen. Mit der Anlage eines Brunnensystems in den mittelalterlichen Städten sollte nämlich nicht allein die Trinkwasserversorgung der Bekämpfung gesichert werden, sondern auch Löschbecken für Brandkatastrophen bereitgestellt werden. Dabei gab es in fast allen spätmittelalterlichen Städten sowohl öffentliche als auch private Brunnen, die durch ein System von zumeist aus Holz bestehenden Leitungen miteinander verbunden waren. Und da sich Stadtobere gern ein Denkmal setzen, waren Brunnen nicht immer nur reine Zweckbauten: Vor allem die Marktplatzbrunnen wurden als repräsentative Anlagen ausgestaltet.

Die Bevölkerung der mittelalterlichen Städte wuchs unaufhörlich heran, ihr Bedarf an Trink- und Brauchwasser gleichermaßen. Neben der Verschmutzung der Brunnen durch das Tränken von Tieren war die Wasserqualität vor allem durch das Einleiten von gewerblichem Brauchwasser und Fäkalien in die Stadtbäche bedroht. Die Folgen verschmutzter Brunnen für die Gesundheit aller Stadtbewohner waren schon hinreichend bekannt, so dass man im Spätmittelalter mit hohen Geldstrafen gegen Brunnenverunreinigungen vorging. Für die Abwässer der Gerber, Färber oder Lederer beispielsweise wurden besondere Auflagen erlassen, um Kontamination zu verhindern. Dass Hygieneproblem mit all seinen Folgen für Bewohner und Umwelt konnten die Städte allerdings letztendlich im Mittelalter nicht befriedigend lösen.

Frankreichs neue „Kanal-Wirtschaft"

Die Entwicklung von der immer arbeitsteiligeren handwerklichen Wirtschaft des Mittelalters bis zum Beginn industrieller Wirtschaftsweisen war durch die Übergangsphase der sogenannten Frühmoderne gekennzeichnet. Zweifelsohne ist Großbritannien das Land, von dem Ende des 18. Jahrhunderts die industrielle Revolution ausging. Doch viele der ordnungspolitischen Voraussetzungen, die diese industrielle Revolution erst möglich gemacht haben, wurden nicht in England selbst geschaffen, sondern gingen von Frankreich aus.

In Frankreich hatte sich nach den Revolutionskriegen die Monarchie als zentrale Kraft vor allem gegenüber dem Adel etablieren können. Es galt nun, diese neue Macht zu demonstrieren und abzusichern. Dafür musste ein stehendes Heer finanziert und das Geld für repräsentative Bauten und allen Pomp beschafft werden.

Die Finanzminister Sully und Jean-Baptiste Colbert führten die Maßnahmen ein, die als „Merkantilismus" das Wirtschaftsleben der folgenden zwei Jahrhunderte bestimmten. Denn auch die ökonomischen Rahmenbedingungen hatten sich geändert. Anstelle des Warentauschs wurden Geschäfte zunehmend im Geldverkehr abgewickelt. Kolonien eröffneten ungeahnte Bezugs- und Absatzmärkte, die Bevölkerung wuchs, die binnenländische Nachfrage stieg. Die handwerkliche Produktion kam nicht nach, so wurden gewerbliche Produktionen gefördert und zu ihrem Schutz Zölle und Außenhandelsabgaben eingeführt. Flankierende Maßnahmen bestanden in der Vereinheitlichung von Maßen, Münzen und Gewichten, der Beseitigung der Binnenzölle und der Schaffung eines einheitlichen Zoll- und Marktgebietes. Vor allem galt es, eine gewerbefördernde Infrastruktur auszubauen, um den zunehmenden Warenverkehr auch abwickeln zu können.

Im Grunde stellt der Merkantilismus ein Bündel von protektionistischen Maßnahmen zur Wirtschaftsförderung dar, der den ersten Übergang zur globalisierten Wirtschaft von heute bedeutete. In Frankreich ging es bei diesen Maßnahmen letztlich darum, die Finanzkraft des absolutistischen Staates zu stärken.

Als in England dann die technisch-industriellen Voraussetzungen für die Massenproduktion von Gütern geschaffen waren, wollte das Land seinen Vorsprung bestmöglichst vermarkten und realisierte nunmehr im Liberalismus seine Markt-chancen als führende Industrienation des 18. und 19. Jahrhunderts.

Für den Merkantilimus waren Schiffe und Boote die wichtigsten Transportmittel, da sie weit größere Gütermengen von einem Ort zum anderen bringen konnten als Fuhrwerke. Insofern wurde Frankreich seit dem 17. Jahrhundert mit einem Netz von Binnenkanälen versehen, die noch bis heute vorhanden sind. Dieses damals größte Binnenwasserstraßennetz Westeuropas wurde heute durch den Fremdenverkehr wiederbelebt. Abertausende von Freizeitkapitänen durchqueren heute Frankreich durch seine bezaubernden Landschaften an touristischen Sehenswürdigkeiten vorbei und genießen die vielseitigen Möglichkeiten des Wasserwanderns. Mehr als die Hälfte dieses immer noch 8.000 Kilometer langen Kanalnetzes wird von der Berufsschifffahrt nicht mehr befahren.

Der endgültige Ausbau des französischen Binnenwasserstraßennetzes erfolgte im 19. Jahrhundert. Mit dieser technischen Meisterleistung gelang es, die Flusssysteme von Rhein, Rhône und Loire miteinander zu verbinden. Das Kernstück dieses Binnenwasserstraßensystems befindet sich in Burgund, wo sich bis heute den Freizeitkapitänen ein zusammenhängendes Netz von Kanälen bietet, zu dem sie aus großen Teilen Europas auf dem Wasserwege gelangen können.

Die historischen französischen Kanäle wurden für den damals typischen Lastkahn (péniche) von 5 Metern Breite, 40 Metern Länge und nur 1,80 Meter Tiefgang ausgelegt. Die Brücken mussten 3,50 Meter hoch sein, um die Frachtschiffe unter sich hindurch zu lassen. Mittels Schleusen wurde es möglich, die Höhe des Wasserspiegels an die Umgebung anzupassen. Diese Schleusen sind mit ihren Wärterhäuschen wegen ihrer Ursprünglichkeit weitgehend bewahrt geblieben. In den frühen Zeiten des Wassertransportes wurden die Frachtkähne noch von Pferden gezogen. Um Tiere und Besatzung vor der Sonneneinstrahlung zu schützen, säumte man die Kanäle mit Bäumen, vorrangig mit Schatten spendenden Pappeln oder Platanen. Dadurch entstanden an den Ufern der Kanäle wunderschöne Alleen, die als Promenaden nunmehr Wanderer und Radfahrer vor der Sonne schützen.

Exkurs:
Canal de Bourgogne

Das reizvollste Teilstück des historischen französischen Kanalnetzes wird vom Canal de Bourgogne gebildet. Mit einer Länge von 242 Kilometern verbindet er mit 191 Schleusen und Überwindung von 294 Höhenmetern die Yonne mit der Saône – und damit das Mittelmeer mit dem Atlantik.

Planungs- und Bauzeit des Canal de Bourgogne zogen sich über einen langen Zeitraum hin. Pläne entstanden schon unter der Regierungszeit von König Louis XII. (1498–1515) und seinem Nachfolger François I. (1515–1547). Aber erst unter Henri IV. (1589–1610) wurden die Pläne konkreter, blieben aber „in der Schublade". Fast hundert Jahre später, 1696, zeigte der geniale Festungsbaumeister Sébastien Le Prestre de Vauban unter Louis IVX. Möglichkeiten einer Realisierung auf. Doch war erst 1774 Baubeginn, erste Teilstücke konnten unter Napoleon fertiggestellt werden. 1832 erreichte schließlich das erste Boot über die Saône Dijon. Doch war noch der Bau weiterer Stauwerke erforderlich, um den Wasserfluss im Kanal mit seinen vielen Schleusen zu gewährleisten.

Der Canal de Bourgogne führt an reizvollen Landschaftsbildern, an Weinhängen, kleinen Städten und bedeutenden Schlössern vorbei. Gleich zu Beginn erhebt sich hoch über dem Kanal die spätgotische Kirche St. Forentin im gleichnamigen Ort. Der Kanal folgt weiter dem Tal des Armançon aufwärts. In Tonnerre steht der von Margarete von Burgund 1293 gestiftete Krankensaal Hôpital Notre-Dame des Fontenilles, der heute eine umfängliche Kunstausstellung beherbergt. Weiter aufwärts führt der Kanal an den großartigen Schlossbauten von Tanlay und d'Ancy-le-Franc vorbei, Meisterwerken der frühen Renaissancearchitektur in Frankreich. Über Montbard geht es an Buffon vorbei, wo La Grande Forge als frühes Industriedenkmal einer großartigen Schmiede aus dem Jahr 1768 steht. Nur wenige Kilometer nordöstlich von Montbard steht auf einem weitgehend erhaltenen Klostergelände die Abteikirche von Fontenay – eine der beeindru-

ckendsten Klosteranlagen Frankreichs. Venarey-les-Laumes ist die letzte Stadt vor dem Anstieg zum Scheitelpunkt des Kanals. Vier Kilometer östlich liegt das Dorf Alise Sainte-Reine, wo Cäsar 52 v. Chr. Vercingetorix besiegte und Gallien schließlich unter römische Herrschaft brachte – hier steht eine riesige Statue des gallischen Heerführers. Nach dem Tunnel von Pouilly-en-Auxois bietet sich nach der Schleuse von Vandenesse aus ein atemberaubender Ausblick auf Châteauneuf, einer wehrhaften Burg aus dem 12. Jahrhundert, die im späten 15. Jahrhundert ausgebaut wurde. Nach einer Kehre in Pont-d'Ouche folgt der Kanal dem waldreichen Tal der Ouche, wo nach mehreren Kilometern die Abbaye de la Bussière-sur-Ouche steht, ein Zisterzienserkloster aus dem Jahr 1271, eingebettet in einen schattigen französischen Garten. Den letzten großen Höhepunkt vor dem Kanalende in Saint-Jean-de-Losne an der Saône bietet die Durchquerung der historischen Hauptstadt der Region Burgund – Dijon ist eine der interessantesten Städte Frankreichs. Die alte Herzogsstatt bietet den Palais des Ducs, die Kathedrale Saint-Bénigne, die Pfarrkirche Notre-Dame, die Renaissancekirche Saint-Michel, Herrenhäuser, Stadtpalais, Museen, Parks, Gärten und nicht zuletzt die ehemalige Chartreuse de Champmol, deren berühmtestes Kunstwerk, der Mosesbrunnen (Puits de Moïse), von dem aus Flandern zugewanderten Claus Sluter und seinem Neffen Claus de Werve geschaffen wurde.

Blick auf das pittoreske Dorf Châteauneuf-en-Auxois am Canal de Bourgogne etwa 40 Kilometer westlich von Dijon. Beherrscht wird das Tal des Auxois von dem wehrhaften Gemäuer des Schlosses Châteauneuf aus dem 12. Jahrhundert.

Wasserwirtschaft

Wasser ist nicht nur Leben spendendes Wirtschafts- und Kulturgut, sondern gleichzeitig auch eines der großen Probleme der Menschheit, wie bei allen Katastrophen deutlich wird, bei denen Wasser auslösender Faktor ist. So ist die Lösung anstehender wasserökonomischer und wasserökologischer Probleme seit jeher eines der Hauptaufgabenfelder menschlicher Gemeinschaftswesen gewesen. Landwirtschaft, Industrie und das Zusammenwachsen menschlicher Siedlungen zu Ballungszentren stellen Herausforderungen dar, für welche die moderne Technik viele Antworten gefunden hat.

Eine immer schwierigere Aufgabe wird dabei die Aufbereitung benutzten Wassers, das durch hoch spezialisierte Produktionsweisen immer größeren Belastungen ausgesetzt ist. Früher war es selbstverständlich, Wasser der Natur zu entnehmen sowie Unrat, Müll und gewerbliche Abfälle wieder über die Natur zu entsorgen. Die punktuellen Bemühungen, Wasser „rein" zu halten, wie wir sie aus der mittelalterlichen Stadtgeschichte kennen und die bis in das 19. Jahrhundert keine wesentlichen Verbesserungen erfahren haben, führten angesichts weiterer Urbanisierung zu katastrophalen hygienischen Bedingungen mit der Ausbreitung von Seuchen wie Pest, Cholera und Diphterie – solche Bedingungen kennen wir bis heute von den Slums der Millionenstädte der Entwicklungsländer. Aus der Notwendigkeit heraus, diese unhaltbaren Zustände zu ändern, erwuchsen immer geschlossenere Systeme der Wasseraufbereitung, die in hoch entwickelten Ländern vom Grundsatz der Nachhaltigkeit geprägt sind: Wasser muss so genutzt und benutzt werden, dass es hinterher wieder dem allgemeinen Wasserkreislauf zugeführt werden kann.

Der nachhaltige Umgang mit Wasser betrifft alle vier Hauptaufgabenfelder der Wasserwirtschaft:

- die Bewirtschaftung der Gewässer für Transport, Landwirtschaft, Energiegewinnung, Fischfang und Freizeit
- die Nutzung des Grundwassers
- die Wassergewinnung für Trinkwasser und für gewerbliche Zwecke
- die Abwasseraufbereitung

Wasserwirtschaft bedeutet dabei nach heutigem Verständnis, das gezielte, planmäßige menschliche Einwirken auf das ober- und unterirdische Wasser so zu gestalten, dass der daraus resultierende Nutzen im Einklang mit dem Wohl der Allgemeinheit steht. Während Beeinträchtigungen zu vermeiden sind und das ökologische Gleichgewicht zu wahren ist, soll eine einwandfreie Wasserversorgung der Einzelnen und der Gemeinschaft gewährleistet werden. Das sind ehrgeizige Ziele: Aber wenn diese Ziele nicht angestrebt würden, sähe die Menschheit einer Katastrophe entgegen.

Beinahe so idyllisch wie ein Wasserschloss liegt der Backsteinbau der Wasserkraftanlage Wolfzahnau in einem Landschaftsschutzgebiet im Norden von Augsburg. Das 1903 errichtete Werk versorgt heute rund 15.000 Privatpersonen mit Strom.

Flussbegradigung

Wasserregulierungen werden seit der Antike vorgenommen. Im Ursprung dienten diese Maßnahmen der Sicherung und Intensivierung der landwirtschaftlichen Produktion, später angesichts zunehmender Arbeitsteilung auch dem Transport. Der Wassertransport bot dabei über Jahrtausende die größten Kapazitäten. Auf den Flüssen wurde seit der „Erfindung" der Boote getreidelt, genauso war es auch auf dem mittelalterlichen Rhein üblich. Knechte zogen ein Boot vom Ufer aus an einer langen Leine, die an einem Mast im Vorschiff befestigt war. Treidelpfade und Treideldienst waren überörtlich organisiert. Je nach dem Zustand der einzelnen Stromabschnitte waren sieben bis zehn Mann (oder ein Pferd) für eine Ladung von zehn bis 15 Tonnen erforderlich.

Als Beispiel für flussregulierende Maßnahmen wollen wir den Oberrhein herausgreifen, wo das Treideln durch die vielen Flussschleifen besonders aufwendig war. Daher war es nur allzu verständlich, wenn die Anrainerstaaten versuchten, diesem Problem Abhilfe zu verschaffen. So beauftragte der Markgraf von Baden im Jahr 1804 den in seinem Dienste stehenden Hauptmann Johann Gottfried Tulla mit der Leitung des Rheinbaus und dem Ausbau der badischen Nebenflüsse des Rheins mit dem Ziel der Schiffbarmachung des Rheins für Handelsschiffe. Ab 1818 wurden die Arbeiten in Angriff genommen. Als 1824 bei der großen Rheinflut die schon bearbeiteten Gebiete wunschgemäß verschont blieben, wurden weitere Durchstiche auch gegen aufkommenden Widerstand der Bewohner von Flusssiedlungen durchgeführt. Die Arbeiten wurden auch nach Tullas Tod 1832 weitergeführt und 1879 abgeschlossen. Wenn auch die Erwartungen der Schifffahrt noch lange nicht erfüllt waren, denn die von Norden kommenden Schiffe gelangten nur bis Mannheim, so erleichterte sich das Leben für die Menschen, die in der Nähe des Rheins lebten. Durch die nun ausbleibenden Überschwemmungen konnten die Niederungen besiedelt und die Auenwälder der einst überschwemmten Gebiete genutzt werden und Seuchen blieben aus.

Der Tulla'schen „Rheinrektifikation" folgten ab 1878 erste Überlegungen zur Rheinregulierung. Acht Schleusen mit je einem Wasserkraftwerk und ein seitlicher Kanal sollten die Flussschifffahrt stromaufwärts über Straßburg bis Basel erleichtern. Vor dem Ersten Weltkrieg geschah noch nichts, vor dem Zweiten Weltkrieg wurde mit der Staustufe bei Kembs begonnen. Um weitere ökologische Nachteile der Ausbaupläne zu vermeiden, wurde 1956 ab Vogelgrün der Ausbau zum kontinuierlichen Seitenkanal aufgegeben und durch die sogenannte Schlingenlösung ersetzt, die für jede Staustufe ein Wehr mit einem Kraftwerk auf dem Rhein vorsah. Oberhalb wurde der Rhein eingedeicht, ein Umgehungskanal mit zwei Schleusen führt unterhalb dieser Bauwerke wieder in den Rhein. So konnte ein Mindestrheinpegel gehalten werden, Basel wurde zu einem richtigen Binnenhafen und die Wasserkraftwerke produzierten reichlich Strom. Aber Erosion und Grundwasserabsenkung blieben ein Problem. Der Rhein wurde komplett eingedeicht, die Staustufen bei Gambsheim und Iffezheim in den 1970er-Jahren stromgerecht ausgebaut. So wird nun das Oberrheintal nicht mehr überschwemmt, dafür gibt es weiter nördlich regelmäßige Überschwemmungen vom Mittelrhein bis in die Niederlande. Was für Wirtschaft und Verkehr von großem Vorteil ist, wurde durch die komplette Veränderung einer Landschaft mit einem einst mäandrierenden Strom nur mit einem entsprechenden Eingriff in die Fischfauna erreicht. Das gesamte Ökosystem der Oberrheinauen ist hiervon betroffen, die Funktion des Rheins als Lebensader der Auengebiete und seine soziale Funktion als Wohnort für Generationen von Fischern, Forst- und Landwirten wurden der Elektrizitätsgewinnung und der Schifffahrt geopfert. Der schnellere Durchfluss durch die begradigten Flussabschnitte bewirkt außerdem eine völlig unterschätzte Tiefenerosion. Das Flussbett sinkt ab und der Grundwasserspiegel sinkt weiter.

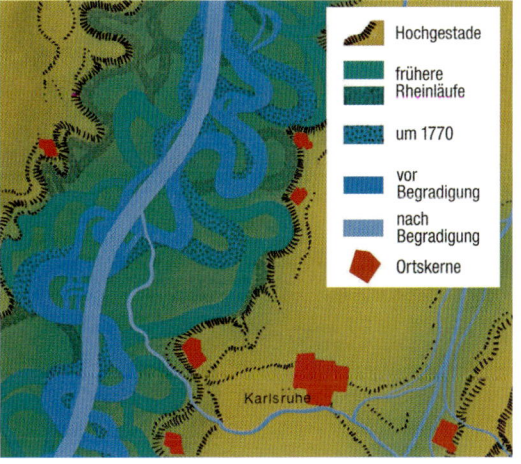

Hochgestade
frühere Rheinläufe
um 1770
vor Begradigung
nach Begradigung
Ortskerne

Karlsruhe

Die Karte zeigt den Flusslauf des Rheins aus der Vogelperspektive mit seinen Veränderungen im Laufe der Zeit.

Kanalbau

Kanäle werden nicht nur gebaut, um Flüsse für die Schifffahrt nutzbar zu machen. Solche seit der Antike errichteten Wasserwege dienen auch der Trinkwasserversorgung, der Bewässerung und der Abwasserentsorgung. In Mesopotamien und Ägypten wurden wahre Meisterleistungen im Kanalbau vollbracht. So fing man schon im 6. Jahrhundert v. Chr. unter den Pharaonen mit einem Vorläuferbau des Suezkanals an, der in römischer Zeit wieder hergestellt wurde und bis zum 8. Jahrhundert teilweise noch benutzt werden konnte. Auch die Chinesen waren großartig im Kanalbau. Aus dem 6. Jahrhundert stammt der Hong-Kanal, der den Gelben Fluss mit dem Huai He verband und der bis ins 14. Jahrhundert als Schifffahrtsweg genutzt wurde. Das imposanteste Bauwerk Chinas ist nach der Großen Mauer zwei-

felsohne der Kaiserkanal, dessen bauliche Anfänge bis in das 6. und 5. Jahrhundert v. Chr. zurückreichen. Er diente dem Transport von Tributleistungen und von Truppen, später zunehmend dem Transport von Handelsgütern. Das heutige Kanalnetz des Kaiserkanals misst eine Länge von 1.782 Kilometern und überwindet dabei 42 Höhenmeter. Seine Eckpunkte sind Beijing (= Peking) im Norden, Xi'an im Westen und Hangzhou in der Provinz zwei Autostunden südlich von Shanghai. Wurden in der Frühzeit des Kanals die Steigungen durch Rutschen bewältigt, so baute man ab dem 10. Jahrhundert Schleusen ein. Der endgültige Ausbau erfolgte im 13. Jahrhundert. Die Bedeutung des Kaiserkanals für den Handel hielt bis zur Mitte des 19. Jahrhunderts an. Durch eine natürlich aufgetretene Änderung im Lauf des Gelben Flusses

In der Abendsonne fährt ein Boot in der ostchinesischen Stadt Wuxi auf dem Kaiserkanal einer Bogenbrücke entgegen. Mit einer Länge von mehr als 1.800 Kilometern ist der Kanal die längste von Menschen geschaffene Wasserstraße der Welt.

verlor der Kanal jedoch ein Teilstück und war demzufolge nicht mehr durchgehend schiffbar. 1958 zum durchgehenden Schifffahrtsweg ausgebaut, dient er nun auch der Be- und Entwässerung.

In Europa war es schon immer das Ziel gewesen, die bedeutendsten Wasserstraßen Rhein und Donau miteinander zu verbinden und damit einen direkten Verkehrsweg von der Donau zum Schwarzen Meer zu schaffen. Bereits Karl der Große hatte mit diesem Projekt begonnen. Er ließ die *Fossa Carolina*, einen Kanal zwischen Main und Donau, graben, letztlich scheiterte er jedoch an technischen Problemen. Reste dieses Kanalaushubs sind heute noch zu sehen. König Ludwig I. von Bayern hatte mehr Erfolg: Auf 178 Kilometern Länge und mit 100 Schleusen schuf er zwischen den Jahren 1836 bis 1846 den Ludwig-Donau-Main-Kanal zwischen Main und Donau. Ab 1926 wurde dann mit dem Bau des Rhein-Main-Donau-Großschifffahrtsweges von Bamberg am Main bis Kehlheim an der Donau begonnen. Seine Streckenlänge beträgt insgesamt 171 Kilometer mit 16 Schleusen. Die europäische Hauptwasserscheide überwindet er auf 406 Metern über dem Meeresspiegel. Südlich der Wasserscheide führt der Main-Donau-Kanal durch das Sulztal, das Ottmaringer Tal und das Altmühltal zur Donau. Wegen der schwerwiegenden Eingriffe in das Landschaftsbild und in die Ökologie, insbesondere im Altmühltal, gab es heftige Proteste von Umweltschützern gegen den Kanalbau. Doch ist es den Landschaftsplanern gelungen, das Gelände nach Fertigstellung vorbildlich zu renaturieren. Bedeutung als zentrale Fernwasserstraße hat er jedoch nie erlangen können, weil die heutigen Schubverbände auf den Binnenwasserstraßen von ihm nicht bewältigt werden können.

Heute durchzieht ein modernes Netz von Binnenwasserstraßen den gesamten Wirtschaftsraum zwischen Frankreich, den Benelux-Staaten und Deutschland. Die Kanäle sind für große Binnenschiffe ausgebaut, moderne Schleusen haben fast alle alten Schiffshebewerke ersetzt. Duisburg am Schnittpunkt von Rhein-Ruhr und mehreren Kanälen ist mit seinen mehr als zwanzig Hafenbecken längst der größte Binnenhafen der Welt. Der Warenumschlag beträgt hier jährlich mehr als 110 Millionen Tonnen – mehr als in manchem großen Seehafen.

Oben: Gezogen von einem Kaltblüter, gleitet ein Treidelschiff mit Ausflugsgästen auf dem Ludwig-Donau-Main-Kanal bei Burgthann dahin. Das restaurierte Treidelschiff aus der königlich-bayerischen Kanalschifffahrt legt die eineinhalb Kilometer lange Strecke in etwa einer Stunde zurück.

Unten: In der Hafenstadt Brunsbüttel an der Westküste Schleswig-Holsteins verbinden Schleusenanlagen das südwestliche Ende des Nord-Ostsee-Kanals mit der Elbmündung in die Nordsee.

Talsperren

Blick auf die Staumauer des Wasserkraftwerks von Nurek in Tadschikistan. Der rund 300 Meter hohe Damm staut den Fluss Wachsch zu einem See, der zur Bewässerung der Karschi-Steppe genutzt wird.

Talsperren sind Bauwerke zur Rückstauung von Flüssen in einem dafür geeigneten Tal. Die Sperre staut das Fließgewässer im Tal zu einem See auf, wobei die gegenüberliegenden Talhänge den seitlichen Halt der Talsperre und die Begrenzung des Stausees bilden.

Staudämme werden je nach Höhe aus einfachem, wasserdichtem Material aufgeschüttet oder bei größerer Belastung mit Fels-, Stein- oder Grobstoffschüttungen auf der Wasserseite oder im Kern versehen. Sperrt ein Damm das Tal, so ist er im Gegensatz zur Staumauer im Querschnitt wesentlich breiter als hoch. Staumauern werden auf verschiedene Weise errichtet, so in Massivbauweise als Gewichts-Staumauern im Kern aus Mauerwerk oder Beton, als Bogenstaumauern oder Bogengewichtsstaumauern aus Stahlbeton, wobei der Staudruck auf die Widerlager in den Talflanken abgeleitet wird, bzw. als Pfeilerstaumauern, wobei Pfeiler der Betonmauer den Druck in den Untergrund ableiten.

Talsperren dienen meist mehreren wasserwirtschaftlichen Zwecken, so der Bewässerung, der Trinkwasserversorgung, dem Hochwasserschutz, der Wasserkraftgewinnung, der Flusswasseranreicherung, der Schiffbarmachung sowie nicht zuletzt der Fischzucht.

Die Geschichte der Talsperren reicht weit zurück. Vor 6.000 Jahren gab es solche Sperren im Fruchtbaren Halbmond im heutigen Jordanien und seit fast 5.000 Jahren im alten Ägypten. Babylonier, Ägypter, Griechen und Römer benutzten Wasser zur Energiegewinnung, um damit beispielsweise Mühlsteine anzutreiben. Im Mittelalter setzte sich das Wasserrad als allgemeine Antriebsmaschine durch. Hierbei spielten Klöster, die viele ihrer Anlagen mit Wasserkraft betrieben, eine wesentliche Rolle. Zudem begünstigte die Einführung der sogenannten Daumenwelle die rasche Ausbreitung der Wasserradtechnik. Mit Hilfe solcher Daumenwellen ließen sich erstmals Drehbewegungen in eine Hin- und Herbewegung umwandeln. Auf diese Weise hielt das Wasserrad auch in Schmieden, Schleifereien, Sägewerken, Tuchwalkereien sowie später in Webereien und beim Bergbau Einzug. Die damit ausgelöste Produktivitätssteigerung führte zum Ausbau gewerblicher Betriebe am Ende des Mittelalters und verschaffte dem Wasserrad bis zum 19. Jahrhundert eine herausragende Stellung als Antriebsquelle.

Die moderne Wasserkraftnutzung begann mit der Herstellung von gusseisernen Wasserrädern. Solange noch keine leistungsstarken Dampfmaschinen zur Verfügung standen, diente Wasserkraft auch noch als Antrieb in den neu entstehenden Fabriken. Erst als Kohle billiger wurde und Dampfmaschinen leistungsfähiger wurden, ersetzten diese zunehmend die alten Wasserkraftanlagen, da man mit Maschinen auch standortunabhängiger wurde. 1880 wurde zum ersten Mal mit Wasserkraft Strom erzeugt. Damit begann die eigentliche, weltumspannende Ära des Staudamm-Baubooms. Seither sind weltweit an die 50.000 Staudämme gebaut worden, davon etwa die Hälfte in China. Gigantomanie spielt dabei eine große Rolle – nur allzu gern setzten sich Herrscher ein Denkmal mit einem immer größeren Damm.

Mit über 5.000 Quadratkilometern Staufläche weist der Nassersee, der vom Assuan-Damm aufgestaut wird, ein Fassungsvermögen von 165.000 Millionen Kubikmetern auf. Noch größer ist der Kariba-Stausee im Grenzbereich von Sambia und Zimbabwe mit 5.580 Quadratkilometern Fläche und 180.000 Millionen Kubikmetern Fassungsvermögen.

Mit 300 Metern Höhe weist der von 1961 bis 1980 gebaute Nurek-Staudamm in Tadschikistan, der den Wachsch, einen Nebenfluss des Amudarja, aufstaut, bisher die höchste aller Staumauern auf. Er ist wegen der Erdbebengefahr in der Region als Erdschüttdamm mit über 50 Millionen Kubikmeter Volumen und einem abdichtenden Kern errichtet worden. Mit 335 Metern Höhe soll der seit langem auf seine Fertigstellung wartende Rogun-Damm

am gleichen Fluss den Nurek-Damm noch übertreffen. Die mit 285 Metern zweithöchste Staumauer der Erde besitzt zurzeit der Lac de Dix im Schweizer Kanton Wallis.

Den Zwecken und Vorteilen von Staudammbauten stehen gravierende Nachteile gegenüber, die punktuell bereits angesprochen wurden. So können die Menschen nicht mehr in den aufzustauenden Talabschnitten leben, sondern müssen an anderer Stelle neu angesiedelt werden. Zudem gehen beim Staudammbau immer wieder wertvolle Kulturdenkmäler verloren. So ragt gleichsam als stumme Anklage gegen die Staudammbauwut der Turm der Kirche von Alt-Graun aus dem Wasser des Reschenstausees im Südtiroler Vinschgau. Die größte Umsiedlungskatastrophe aller Zeiten wurde aber durch den Bau des Drei-Schluchten-Staudamms von 1993 bis 2006 in China ausgelöst. Nach vorläufigen Schätzungen mussten 1,2 Millionen Menschen die Talsohle des Jangtsekiang verlassen, viele ohne je eine neue Bleibe zugewiesen bekommen zu haben. Manche Schätzungen gehen sogar von zwei Millionen betroffenen Menschen aus.

Die ökologischen Beeinträchtigungen von Natur und Landschaft durch veränderte Wasserhaushalte im Zuge des Dammbaus und seiner Folgemaßnahmen haben sich oft als verheerend erwiesen. In diesem Zusammenhang ist vor allem die Versalzung der Böden bei Bewässerungsprojekten in semiariden und tropisch-ariden Regionen zu nennen. In der Folge versiegen die Unterläufe der Flüsse, Flora und Fauna werden im Stausee und im Flusslauf darunter beeinträchtigt, werden nicht nur in Dritte-Welt-Gebieten zu Abfall-Kloaken, Mündungs-Landstriche verändern sich, ganze Mangrovenwälder verschwinden und Wirbelstürme haben mit ihren Wassergewalten vom Meer her viel leichter Zugang in das Hinterland – mit immer katastrophaleren Auswirkungen für die dort lebende Bevölkerung.

Vor allem bei den großen Prestigeobjekten des Talsperrenbaus ist der Nutzen oft viel geringer als der Schaden, der durch diese Maßnahmen angerichtet wird. Das hängt auch damit zusammen, dass bei vordergründigen Nutzenanalysen nur angegeben wird, wie viel Strom erzeugt und wie viel Land zusätzlich bewässert wird. Die unmittelbaren Folgewirkungen werden verschwiegen, in ihrer Langfristigkeit nicht erkannt, aufgrund von Par-

tikularinteressen vernachlässigt und so weiter ...

Beginnen wir mit dem Rio Grande, im Unterlauf Grenzfluss zwischen den Vereinigten Staaten und Mexiko. Er entspringt in den wasserreichen Rocky Mountains und mündet nach über 3.000 Kilometer Flusslauf bei Boca Chico in den Golf von Mexiko – wenn dann überhaupt noch Wasser bis dorthin kommt. Denn heute wird der Fluss zum Bewässerungsanbau von Baumwolle, Zitrusfrüchten und Gemüse im US-Bundesstaat New Mexico zum Elephant-Butte- und Caballo-Reservoir sowie in Texas bzw. in Mexiko zum Amistad-Reservoir aufgestaut. Im Bereich des großartigen Big-Bend-Nationalparks an der großen Schleife des Rio Grande, wo einst das Wasser tosend durch die Talschlucht herabschoss, ist die Wassermenge schon auf ein Sechstel des früheren Durchflusses geschrumpft.

Wie ein Mahnmal gegen die Staudammbauwut ragt der Glockenturm von Alt-Graun aus dem Reschensee im westlichen Südtirol. Der See war 1950 trotz heftiger Proteste der Bevölkerung aufgestaut worden. Dabei wurde das gesamte Dorf Graun und ein Großteil des Dorfes Reschen in den Fluten des Stausees versenkt.

Einst erschien der Rio Grande im Big-Bend-Nationalpark im Süden von Texas an der Grenze zu Mexiko wie eine langgezogene Oase – heute gleicht er eher einem Rinnsal.

Wenden wir uns nun dem Indus zu. Als wichtigster Fluss Pakistans entspringt er im Transhimalaya, durchbricht den Himalaya, durchfließt den Punjab und ganz Pakistan, um dort unterhalb von Hyderabad in einem großen Delta in das Arabische Meer zu münden. In seinem Mittellauf wird sein Wasser in einer Vielzahl von Staustufen für die umfangreichste Bewässerungsfläche der Erde eingesetzt. Das Projekt wurde bereits unter britischer Kolonialherrschaft begonnen und von der pakistanischen Regierung weiter betrieben. 1976 entstanden hier der Tarbeladamm als damals größter Stausee und mehrere weitere Dämme, mit denen die bewässerte Fläche auf 160.000 Quadratkilometer stieg. Zunächst einmal ist dies eine enorme Leistung, die zu einer weit verbesserten Grundversorgung Pakistans mit agrarwirtschaftlichen Gütern geführt hat. Doch das Salz, das der Indus mit sich trägt – es sind 22 Millionen Tonnen im Jahr – wird nur noch zu Teilen in das Arabische Meer gespült. Die Hauptmenge verbleibt auf den Feldern, wo sich angesichts der hohen Verdunstungsrate, mit der zusätzlich Mineralien aus der

Tiefe an die Oberfläche gefördert werden, weithin sichtbar eine weiße Salzkruste bildet. Ein Zehntel der Anbaufläche ist bereits verloren, und die Bevölkerung Pakistans steigt rapide an. 180 Millionen Kubikkilometer Wasser führt der Indus im Jahresdurchschnitt, davon gehen 70 Kubikkilometer in den Reisanbau und weitere 50 Kubikkilometer in den Baumwoll- und Getreideanbau. Doch ist die Flusswassermenge kontinuierlich zurückgegangen, während die Wasserentnahme dabei eher angestiegen ist. Und im Delta, wo kaum noch Wasser ankommt, verschwinden die Mangrovensümpfe und immer mehr auch das Ackerland und dringt das Meer in das Land vor. Das Indusdelta ist eine wahre Öko-Katastrophe!

In China war der Gelbe Fluss für seine Überflutungen gefürchtet, nun geht ihm das Wasser aus. Der Pegel von Chinas zweitlängstem Strom ist auf einen historischen Tiefstand gesunken. Wasserkraftwerke können nur noch eingeschränkt arbeiten. Der Gelbe Fluss entspringt im Nordosten des Hochlandes von Tibet, fließt in großen Windungen am Südrand der Gobi und um das Ordosplateau herum

Exkurs: Wasser, Wind und Wellen

Energiegewinnung ist eine der Hauptaufgaben des Talsperrenbaus. Doch regt sich überall auf der Welt hauptsächlich aus ökologischen Gründen der Widerstand gegen die weitere Anlage solcher Bauwerke.

Angesichts der zunehmenden Energieknappheit sucht man deshalb nach neuen Wegen, Strom mit Hilfe von Wasser zu erzeugen. Auch solche Ansätze werden inzwischen nicht mehr kritiklos hingenommen: Aber beispielsweise ist der Widerstand gegen Offshore-Windparks geringer als gegen die „Verunzierung" der Landschaft mit weiteren großflächigen Windparks im Inland. Und der Widerstand gegen Gezeitenkraftwerke ist geringer als der gegen den Talsperrenbau.

Insgesamt bieten die deutlich höheren Windgeschwindigkeiten auf See in Kombination mit einer weiterentwickelten Anlagentechnik selbst bei höheren Investitionen für Technik und Netzanbindung angesichts der Verteue-

rung fossiler Energien gute Zukunftsaussichten für die Stromerzeugung in Offshore-Windparks gegenüber landgebundenen Windparks. Entscheidend für ihre Wirtschaftlichkeit sind dabei die Wassertiefe und die Distanz von der Küste. Daher rentieren sich Offshore-Windparks vorrangig in küstennahen Bereichen mit einer Wassertiefe von bis zu 30 Metern. Dabei müssen gerade in Küstennähe gegebene Schifffahrts-, Fischerei-, Verteidigungs- und Naturschutzinteressen berücksichtigt werden, sodass nur eingegrenzte Flächenpotenziale für die Nutzung von Offshore-Windenergie in Betracht kommen. Theoretisch können unter diesen Bedingungen in den deutschen Nord- und Ostseeflächen nach Untersuchungen des deutschen Bundesumweltministeriums 20.000 bis 25.000 Megawatt installierter Leistung in Betracht kommen.

Insgesamt gesehen kann man den Nord- und Ostseeraum als weltweiten Motor bei der Entwicklung der Offshore-Windenergienutzung sehen. In den angrenzenden Ländern hat die Landnutzung der Windenergie schon einen hohen Standard erreicht, allerdings sind entscheidende Landstandorte auch schon erschlossen. Aber vor allem weisen die Nord- und Ostsee als Schelfmeere eine geringe Gewässertiefe und große Nähe zu Ballungszentren mit hohem Energieverbrauch auf. So steht denn auch der erste große deutsche Windpark „Alpha Ventus" 45 Kilometer vor Borkum in einer Wassertiefe von 30 Metern. Bis heute ist allerdings nicht endgültig geklärt, in welcher Weise sich Offshore-Windparks auf die Lebenswelt in den betroffenen küstennahen Gewässern auswirken.

Ökologische Vorbehalte gegen die Errichtung neuer Gezeitenkraftwerke sind gleichermaßen gegeben. Man weiß eben nicht genau, inwieweit Flora und Fauna in den jeweils geeigneten Küstengebieten beeinträchtigt werden, inwieweit der natürliche Zwölf-Stunden-Zyklus hinter einem solchen Gezeitenkraftwerk in den Phasen verschoben wird und inwieweit die Wanderung von Wassertieren aus und in die Bucht sowie in dort einmündende Flüsse behindert wird.

Die Geschichte der Nutzunge der Gezeitenenergie, ausgelöst durch die unterschiedlichen Wasserstände von Ebbe und Flut, reicht bis in das 17. Jahrhundert zurück, als man erste Gezeitenmühlen errichtete. Einige solcher Anlagen sind noch in England zu sehen. Das erste Turbinen-Gezeitenkraftwerk wurde 1966 bei Saint-Malo in Frankreich errichtet, wo der Tidenhub über zehn Meter betragen kann. Bei Flut wird eindringendes Wasser in eng zulaufenden Buchten gestaut, das bei Ebbe wieder abfließt. Die dabei entstehenden Strömungen treiben die Turbinen an. Inzwischen kommen neue Techniken zum Einsatz, mit denen man Turbinen im Boden von Meeresgebieten mit energiereicher Tidenströmung verankert. Die ertragreichsten Gebiete hierfür liegen vor der Westküste Großbritanniens. Inzwischen träumen Anlagenplaner von groß dimensionierten Meeresströmungs-Energieparks. Solche Seaflow-Anlagen bestehen bereits als Prototypen. Besonders geeignet wären Meeresengen mit hoher Strömungsgeschwindigkeit, wie etwa die Straße von Messina.

An der Westküste Großbritanniens ging im 20 Meter tiefen Wasser des Bristolkanals zwischen Cornwall und Wales im Jahr 2003 der Unterwasserrotor „Seaflow" offiziell in Betrieb. Der auf der Grafik abgebildete Rotor erschließt unter der Meeresoberfläche ein Energiepotenzial, das in den Gezeitenströmungen schlummert. Im Bristolkanal werden die Gezeiten derart verstärkt, dass hier die höchsten Tidenhübe von ganz Großbritannien entstehen.

Nicht nur in der Millionenstadt Lanzhou im Nordwesten Chinas sieht man nicht mehr den mächtigen Strom, der der Gelbe Fluss einmal war: Der zweitlängste Fluss der Volksrepublik nach dem Jangtsekiang trocknet auf seinem ganzen Lauf aus.

in die Große Ebene. Seinen Namen verdankt er den mitgeführten Sinkstoffen aus den Lössprovinzen Gansu, Shaanxi und Shanxi – fast eine Milliarde Kubikmeter dieser Sedimente hat er einst im Unterlauf in der Großen Ebene abgelagert oder ins Meer geführt. Der Jahresdurchfluss des Flusses ist aber nicht nur wegen sinkender Niederschläge, sondern vor allem wegen zu großer Wasserentnahmen für Landwirtschaft, Industrie und Städte zurückgegangen. Teilweise ist die Entnahme längst größer als der Durchfluss, sodass es schon Jahre gegeben hat, in denen der Fluss an 225 Tagen im Jahr am Unterlauf ausgetrocknet war. Das Problem ist deswegen so groß, weil der Fluss etwa 150 Millionen Menschen und 15 Prozent der

landwirtschaftlich genutzten Fläche des Landes mit Wasser versorgt. Der zunehmende Wohlstand und die wachsende Bevölkerung machen das Wassermanagement in China ohnehin in Zukunft noch schwieriger. Der Fluss ist im Übrigen auch für eine der größten Katastrophen in der Menschheitsgeschichte verantwortlich: Als 1938 japanische Truppen in das Innere Chinas vordrangen, ließen die chinesischen Generäle in einem bis dahin einmaligen Akt der Zerstörung den Huayuankou-Damm am Gelben Fluss sprengen. Damit setzten sie die chinesische Tiefebene unter Wasser, um so den weiteren Vormarsch der feindlichen Truppen aufzuhalten. Eine Million Chinesen kamen in den Fluten um.

Staudammkatastrophen

Bei aller Problematik von Staudammprojekten darf man ihren Nutzen nicht vergessen. Weltweit werden weit über ein Sechstel der elektrischen Energie durch Wasserkraftwerke erzeugt. In Norwegen ist dieser Prozentsatz am höchsten, das Land deckt fast seinen gesamten Elektrizitätsbedarf aus Wasserkraft, in Brasilien sind es noch vier Fünftel und in Deutschland keine vier Prozent. Die größten Wasserkraftwerke der Welt liefern ungeheure Energiemengen. Die größten Kapazitäten haben der besonders umstrittene Drei-Schluchten-Damm in China mit 18.200 Megawatt und der Itaipú-Damm (Brasilien/Paraguay) mit 14.000 Megawatt Leistung. Das japanische Kernkraftwerk Kashiwazaki als größtes Kernkraftwerk der Welt hat eine Leistung von 8.212 Megawatt.

Doch je größer die Wasserkraftwerke sind, umso größer ist das Risiko, das sie in sich bergen. Dazu muss man wissen, dass die Investitionskosten für Wasserkraftwerke ungewöhnlich hoch sind. Sie müssen also auf eine viel längere Lebenszeit ausgerichtet sein als andere Kraftwerke – und mit zunehmendem Alter nimmt ihr Risiko nochmals zu. Dies gilt insbesondere für Erdbebengebiete. In der Auflistung der Staudammkatastrophen, die viel länger ist, als man gemeinhin annehmen würde, tauchen dann auch immer wieder Dammbrüche infolge von Erdbeben auf.

Staudammbrüche sind schon aus der Antike dokumentiert, so in Babylonien und in Ägypten. Ein erster Dammbruch in Deutschland ist für den 26. Dezember 1733 dokumentiert: Damals brach der wenige Jahre zuvor angestaute Untere Schalker Teich in Schulenberg im oberen Harz, der darunterliegende Bergbauschächte über Gräben mit Wasser versorgte. Die Flut ergoss sich in die Oker und tötete neun Menschen. 1783 brach der Damm des Filzteiches im Erzgebirge, eine der ältesten deutschen Talsperren aus dem Ende des 15. Jahrhunderts, die ebenfalls für den Bergbau angelegt worden war. Diesmal waren 18 Tote zu beklagen, mehrere Häuser und eine Mühle im abwärtsführenden Zschorlaubachtal wurden dabei zerstört.

Die größte Staudammkatastrophe Spaniens fand 1802 statt. Die Talsperre von Puentes war von 1785 bis 1791 von der Königlichen Kanalgesellschaft von Murcia als über 50 Meter hohe Bruchsteinmauer errichtet worden. Zunächst füllte sich der Stausee wegen geringer Niederschläge nur bis 25 Meter Höhe. Im Katastrophenfrühjahr ließ eine außergewöhnliche Schneeschmelze den Wasserspiegel um weitere 20 Meter steigen, was in die Staumauer ein Loch riss. 600 Todesopfer waren zu beklagen.

Über 1.000 Tote forderte 1868 der Bruch des zu Beginn des 17. Jahrhunderts in Japan zur Reisfeldbewässerung errichteten Iruhaike-Damm. Ein Fall von Wirtschaftskriminalität verursachte den Bruch des South-Fork-Damms im US-Staat Pennsylvania. Der Mitte des 19. Jahrhunderts für Kanalzwecke errichtete Damm wurde privatisiert. Die neuen Besitzer erhöhten den Wasserspiegel, richteten einen Angel- und Jagdclub ein und unterließen offensichtlich erforderliche Wartungsarbeiten. Beim Dammbruch im Frühjahr 1889 starben 2.200 Menschen in der unterhalb liegenden Industriestadt Johnstown. Als 1923 die gerade fertiggestellte Gleno-Talsperre in den italienischen Alpen offensichtlich wegen Baumängeln barst, starben 600 Menschen. Den Bruch der Möhnetalsperre in Deutschland verursachte ein englischer Bombenangriff am 17. Mai 1943. Die Flutwelle ergoss sich durch die Möhne in die Ruhr, wo an die 1.600 Menschen starben. Der in derselben Nacht auf gleiche Weise zerstörte Damm der Edertalsperre kostete zwar weniger Menschenleben, führte aber zu weit größeren Überschwemmungen mit entsprechenden materiellen Schäden.

Der Bruch der Staumauer der Malpesset-Talsperre in Südfrankreich 1959 erschütterte ganz Europa. Die Bogenstaumauer war einige Jahre zuvor errichtet worden. Ursache des Bruchs war eine nicht erkannte tektonische Störung oberhalb der Mauer, die dadurch ihre Festigkeit verlor. Die Mauer brach auch deswegen vollständig zusammen, weil der Stausee zu diesem Zeitpunkt erstmals richtig vollgelaufen war. Zunächst erreichte die anfänglich 40 Meter hohe Flutwelle die Orte Malpasset und Bozon und dann nach 20 Minuten Fréjus. 421 Menschen starben.

Der Oros-Staudamm in Brasilien brach 1962 noch während der Bauphase durch Überflutung aufgrund außerordentlich hoher Regenfälle am Oberlauf des Flusses. Da das Unglück vorhersehbar war, konnten die Menschen unterhalb der Baustelle evakuiert werden, es starben jedoch immer noch rund 1.000 Menschen. 1963 ereignete sich die Katastrophe von Longarone in den italienischen Alpen nördlich von Venedig. Ein Bergrutsch von drei Kilometern Länge in den Stausee verursachte eine

riesige Flutwelle, die über die Staumauer schwappte, zwei Dörfer vernichtete und in der Stadt Longarone an die 3.000 Menschenleben kostete.

Am 8. August 1975 brachen in der zentralchinesischen Provinz Henan 62 Staudämme, etwa 231.000 Menschen starben direkt in den Wassermassen oder später an ausgebrochenen Epidemien. In Henan hatte man in Erwartung hoher Niederschläge und immer wiederkehrender Flutwellen Täler „verdammt", also mit einer Vielzahl hintereinander folgender Dämme versehen, deren freie Kapazitäten die Flutwellen auffangen sollten. Beim Bau der Staudämme war sparsam vorgegangen worden, Warnungen von Fachleuten wurden ignoriert, vor allem die Zahl der Fluttore entgegen den Planungen der chinesischen Wasserbauingenieure verringert. Auch wurden aus Kostengründen nicht genügend freie Wasserkapazitäten für den Ernstfall vorgehalten. Bei einem schweren Taifun brach zuerst der Shimantan-Staudamm.

Die Ausmaße des Drei-Schluchten-Damms sind ähnlich gewaltig wie die Bedenken der Kritiker des Projekts. 185 Meter hoch und 2.309 Meter lang ist die Staumauer – und mehr als 1,4 Millionen Menschen mussten wegen des Stausees bereits ihre Heimat verlassen. Bis zu vier Millionen weitere Anwohner sollen in den kommenden Jahren umgesiedelt werden.

Exkurs: Drei-Schluchten-Damm

Nach 13-jähriger Bauzeit wurde der Drei-Schluchten-Staudamm als das umstrittenste Staudammprojekt der Welt offiziell im Jahr 2006 fertiggestellt. Für die 2,3 Kilometer lange und 185 Meter hohe Staumauer dieses gewaltigen chinesischen Prestigeobjektes wurden 27 Millionen Kubikmeter Beton und 280.000 Tonnen Metall verbraucht. Er soll zukünftig die berüchtigten Überschwemmungen des Jangtsekiang bändigen. Die Leistung seiner Turbinen – rund 85 Milliarden Kilowattstunden jährlich – soll als weltgrößte Wasserkraftanlage helfen, den weiter wachsenden Energiebedarf der boomenden chinesischen Wirtschaft zu decken.

Nach offiziellen Angaben kostete der Drei-Schluchten-Damm umgerechnet knapp 20 Milliarden Euro. Die rund eine Million bisherigen Bewohner der Dörfer und Städte, die bald komplett unter Wasser liegen werden, wurden zwangsumgesiedelt. Es wird beklagt, dass Korruption die hierfür bereitstehenden Gelder in falsche Kanäle lenkt. Viele der Umgesiedelten fühlen sich in der neuen Umgebung nicht wohl. Vor allem Bauern klagen, dass das ihnen zugewiesene neue Land schlechter ist.

Die Bedenken der Umwelt- und Naturschützer gegen den Damm sind groß. Sie warnen, dass sich die Wasserqualität des Flusses weiter verschlechtern, die Artenvielfalt in seinem Einzugsbereich abnehmen und der Damm selbst in der entfernten Küstenstadt Schanghai noch zur Erosion führen wird. Der auf bis zu 156 Meter Tiefe und 600 Kilometer Länge aufgestaute Stausee könnte sich einigen Prognosen zufolge zu einem Becken aus Abwässern und Industrieabfällen aus der Millionen-Metropole Chongqing flussaufwärts verwandeln. Zudem sehen Kritiker in der Wasserregulierung durch den Damm nur eine Verlagerung der Überflutungsproblematik, da der Rückstau des Jangtsekiang dann die Flüsse am Oberlauf rascher über die Ufer treten lassen werde. Immer heftigere Monsunregen im Zuge der globalen Erwärmung könnten dazu führen, dass die Rückhaltekapazität des Drei-Schluchten-Damms doch überschritten wird. Und nicht zuletzt hätte ein Dammbruch im Falle eines Erdbebens noch schlimmere Auswirkungen als alle bisherigen Flutkatastrophen.

Dessen Wasser ergoss sich in den See des Banqiao-Staudamms, der infolgedessen auch brach. Anschließend brachen die weiteren Staudämme kaskadenartig, sodass der angerichtete Schaden immer weiter kumulierte.

Der Bruch des fast 100 Meter hohen Teton-Staudamms im US-Bundesstaat Idaho im Jahr 1976 kostete über zehn Menschenleben und verursachte eine Milliarde Dollar Schaden. Als wichtige Konsequenz dieses Unfalls entbrannte in Amerika eine Diskussion über Sicherheit, Kosten, Nutzen und ökologische Auswirkungen von Staudammbauten. Alle vorhandenen Dämme wurden auf ihre Standfestigkeit überprüft.

Jedes Jahr ereignen sich mehrere Staudamm-Unfälle. Insgesamt kann man feststellen, dass in den industrialisierten Ländern inzwischen ein durchgehendes Sicherheitsmanagement aller Dammbauten stattfindet. In anderen Regionen der Erde besteht hier noch großer Nachholbedarf, vor allem auch in China, wo es die meisten Talsperren der Erde gibt.

Die Befürchtungen, dass nach dem großen Erdbeben vom 12. Mai 2008 in Sichuan, das rund 70.000 Menschenleben forderte sowie verwüstete Häuser, Leid und Chaos hinterließ, auch Staudämme brechen könnten, führte zunächst zu größeren Evakuierungsaktionen. Die Katastrophe in der zentralchinesischen Provinz zeigt aber auch, wie anfällig Dämme in diesem Land sind. Insgesamt muss hier noch weit mehr gegen die Gefahren von Dammbrüchen und sonstigen Problemen von Talsperren unternommen werden, als da sind die Auslösung von Erdbeben durch das Gewicht der gestauten Wassermassen, die Verschlammung der Stauseen durch Sedimente, die Bodenverschlechterung durch Bewässerung und die mögliche Schwallwasserbildung. Gerade in den Monsungebieten, wo die Wasserstände in Talsperren stark schwanken, können sich schnell gefährliche Hochwasser bilden, wenn weit oberhalb der Gefahrenstelle ein Wasserkraftwerk seinen Betrieb wegen eines technischen Schadens sehr schnell beenden muss.

Nach dem verheerenden Erdbeben in der Provinz Sichuan in Südwestchina im Mai 2008 drohte den Opfern neue Gefahr durch beschädigte Staudämme wie den Zipingku-Damm nahe der Stadt Dujiangyan, den dieses Foto zeigt. Kaum eine andere Provinz in China weist eine solche Dichte von Staudämmen auf wie die Bergregion von Sichuan.

Die Ausbeutung des Grundwassers

In der algerischen Sahara schöpfen Tuareg Wasser aus einem Brunnen. Seit einigen Jahren beklagen Bewohner der Wüste, dass immer mehr Brunnen versiegen würden. Es wird vermutet, dass das „Great-Man-Made-River-Projekt" in Libyen, in dessen Rahmen fossiles Wüsten-Grundwasser abgezapft wird, den Wasserspiegel sinken lässt.

In der Landwirtschaft bezeichnet man als „Minimumfaktor" denjenigen Produktionsfaktor, der im Verhältnis zu anderen Faktoren am wenigsten vorhanden ist. Dieser Minimumfaktor stellt den entscheidenden Mangelfaktor dar, der sich auf das gesamte Produktionsergebnis begrenzend auswirkt. Der Minimumfaktor kann auch nicht durch überschüssig vorhandene andere Faktoren kompensiert werden. Wenn die Verfügbarkeit des Minimumfaktors gesteigert wird, sind zunächst sogar überproportionale Ertragssteigerungen zu erzielen. Diesen Zusammenhang hatte der deutsche Chemiker Justus von Liebig (1803–1873) bereits 1835 eindrucksvoll am Beispiel mangelnden Düngers aufgezeigt. Heute stellt sich vor allem in den am dichtesten besiedelten Regionen der Erde Wasser als der entscheidende Minimumfaktor heraus. Umfängliche Kraftanstrengungen wurden unternommen, um Oberflächenwasser zur Bewässerung von Landwirtschaftsflächen zu erschließen – weltweiter Staudamm- und Kanalbau sind das Ergebnis dieser Bemühungen. Doch zeigt sich zunehmend die Erschöpfung dieser Ressource in den entscheidenden ariden und semiariden Gebieten, wo die Niederschläge zurückgehen, der Wasserdurchfluss abnimmt und weniger Oberflächenwasser zur Verfügung steht, das mancherorts auch schon überstrapaziert wird. Als Wasserressource steht aber nicht nur das Oberflächenwasser, sondern auch das Grundwasser zur Verfügung.

Grundwasser ist Wasser, das aufgrund von Niederschlägen oder durch Schmelzen von Schnee und Eis im Boden oder Gestein versickert und die dort vorhandenen Hohlräume zusammenhängend füllt. Dort, wo die Versickerung größer als Verdunstung, Abfluss und Entnahme ist, steigt der Grundwasserspiegel – und es bilden sich vielleicht Seen oder Moore an der Oberfläche. Dort, wo die Versickerung geringer als Verdunstung, Abfluss und Entnahme ist, sinkt der Grundwasserspiegel – und die Brunnen versiegen. Solche Brunnen haben sich die Menschen seit der Jungsteinzeit angelegt, zunächst als Mulden, in denen sich das Wasser sammelte, und dann auch schon mittels kleiner, in den Fels getriebener Schächte. Die bisher ältesten solcher Brunnenschächte hat man in Nordzypern in der rund 10.000 Jahre alten Siedlung Mylouthakia gefunden. Im Laufe der Zeit verstanden es die Menschen, solche Brunnenschächte immer tiefer in die Erde bzw. den Fels zu treiben. Mit modernen Pumpen gelang es dann, mehr als nur Sickerwasser im Brunnen an die Oberfläche zu befördern: Nun konnte man das Grundwasser aus seinem Speichermedium herauspumpen. Die Pumpen sind längst so leistungsfähig, dass man mit ihnen mehr Grundwasser aus den Speichermedien entnehmen kann, als durch Niederschlag oder Zufluss nachläuft: Grundwasserspeicher können heute leergepumpt werden. Dies ist besonders problematisch in den Trockengebieten der Erde, die noch über unterirdische Wasserreservoirs verfügen, die sich in vorangegangenen niederschlagsreichen

Zeiten dort angesammelt haben. Solch „fossiles Wasser" unter den Wüsten der Erde stammt noch aus der letzten Eiszeit – und ist seither nicht mehr aufgefüllt worden, weil der wenige Regen heute in diesen Gebieten verdunstet, bevor er tief in den Boden einsickern kann. Aber auch in niederschlagsreicheren Gebieten der Erde, wo das Oberflächenwasser nicht mehr für den wachsenden Bedarf ausreicht, ist es mit preiswerter Bohrtechnik Landwirtschaft und Industrie möglich, auf Tiefenwasser zurückzugreifen. Längst fehlt allen staatlichen Stellen der Überblick darüber, wo überall nach Wasser gebohrt wird – legal oder illegal. Man kann davon ausgehen, dass in den bevölkerungsreichsten Ländern mit großen Trockengebieten Grundwasser zunehmend zur Bewässerung herangezogen wird, und dies nicht nur von Großgrundbesitzern, sondern auch von Kleinbauern, die sich inzwischen entsprechende Pumpen anschaffen können. Fred Pearce erläutert in seinem Buch „Wenn die Flüsse versiegen" (2007), *„dass allein in Indien, China und Pakistan jährlich schätzungsweise 400 Millionen Kubikkilometer Wasser aus dem Boden gezogen werden, was mehr als die Hälfte des weltweit in der Landwirtschaft verwendeten Grundwassers ausmacht."* Und über das Schicksal dieser Bauern führt er aus: *„Indem sie die Wasserreserven ihres Kontinents ausbeuten, graben sie sich selbst das Grab."* Selbst in einem Land wie Vietnam soll es inzwischen über eine Million Pumpen geben. In Indien, China und Pakistan übersteigt nach Auffassung von Pearce der Grundwasserverbrauch die Grundwasserbildung um vielleicht 150 bis 200 Millionen Kubikkilometer. Und auf diesem Niveau bewegt sich die Grundwasserentnahme inzwischen seit rund 20 Jahren, sodass das Austrocknen der Böden bis in größte Tiefen vorprogrammiert ist: Die Folgen wären verheerend. Ein deutliches Zeichen für die immer gravierender werdende Problematik dieser Entwicklung zeigt sich darin, dass in den betroffenen Gebieten immer tiefer gebohrt werden muss, um überhaupt noch an Wasser zu gelangen.

Die Problematik überstrapazierter Grundwasservorräte lässt sich anhand einiger konkreter Beispiele aufzeigen. Es ist hinlänglich bekannt, dass die Vereinigten Staaten sehr verschwenderisch mit den Ressourcen dieser Erde – und mit ihren landeseigenen Ressourcen – umgehen. So auch mit ihrem Grundwasser. An sich sind große

Teile der USA ausreichend mit Wasser versorgt. Das gilt aber nicht für ihre semiariden und ariden Gebiete im Süden und Südwesten. Unter dem semiariden Mittleren Westen der Great Plains erstreckt sich das Ogallala-Aquifer als größter Grundwasserspeicher des Landes über ein Gebiet von insgesamt 450.000 Quadratkilometern. Die Mächtigkeit der Grundwasser führenden Schichten reicht von wenigen Metern bis zu 366 Meter in der Tiefe. Es handelt sich überwiegend um Schneeschmelzwasser, das sich im Zuge der Wiedererwärmung nach der letzten Eiszeit hier sammelte. Angesichts des derzeitigen Klimas mit geringen Niederschlägen bei hoher Verdunstung beträgt die natürliche Ergänzung des Aquifers durch die Infiltration des Regenwassers nur noch wenige Millimeter pro Jahr.

In der libyschen Sahara sind in Aquiferen große Mengen Grundwasser gespeichert. Die Falschfarben-Satellitenaufnahme zeigt das größte künstliche Speicherbecken für Wasser, das aus solchen Aquiferen abgezapft wurde: das Grand-Omar-Mukhtar-Reservoir in der Nähe der Stadt Suluq. Runde, dunkelblaue Reservoirs mit Wasser sind unten und oben rechts zu sehen.

In der Stadt Yatta südlich von Hebron im Westjordanland füllt ein Palästinenser aus einem Brunnenschacht Wasser in Kanister. Die palästinensischen Gebiete leiden unter generellem Wassermangel. In den Sommermonaten haben viele Dörfer und Städte oft monatelang zu wenig Wasser.

Die kleinen Farmpächter der Great Plains wurden in den 1930er-Jahren von einer schweren Dürre heimgesucht, die viele von ihnen zur Aufgabe zwang: Sie zogen westwärts und fristeten dann ihr Leben als Farmarbeiter in Kalifornien. Doch mit der Elektrifizierung des ländlichen Raums und dem technischen Fortschritt wurde es nach dem Zweiten Weltkrieg möglich, zusätzliches Wasser kostengünstig aus dem Untergrund zu fördern. Die Bewässerung aus dem Ogallala-Aquifer führte zur nachhaltigen Ausdehnung der Landwirtschaftsflächen mit hohen Erträgen insbesondere beim Anbau von Mais. Derzeit wird etwa ein Drittel des gesamten in den USA zur Bewässerung verwendeten Wassers aus diesem Grundwasserreservoir entnommen. Der hohe Verbrauch hat in den vergangenen Jahrzehnten jedoch zu großen Problemen durch die Übernutzung des Grundwasservorkommens geführt. Schon Ende der 1940er-Jahre stellte man hier eine Absenkung des Grundwasserspiegels fest. Bis in die 1980er-Jahre erreichte die Absenkung teilweise mehr als 30 Meter. Auch in den 1990er-Jahren hat sich der Grundwasserspiegel weiter abgesenkt. Nach verschiedenen Untersuchungen wird für 2020 die vollständige Erschöpfung prognostiziert. Experten meinen, dass nur eine Extensivierung der Landwirtschaft in den Great Plains mit der Abkehr von der Rinderhaltung auf der Basis von wasserintensiver Futtermittelproduktion wie Mais und Alfalfa das Problem in der Zukunft lösen kann.

Auch unter der Sahara, der größten Wüste der Erde, erstrecken sich große Grundwasserkörper. Ihr Wasser ist teilweise sogar bis zu einer Million Jahre alt. Entdeckt wurden diese Aquifere in den 1950er-Jahren bei Ölbohrungen. Als Oberst Muammar al-Gaddafi 1969 die Herrschaft in Libyen übernahm,

schwebte ihm vor, aus seinem Land eine grüne Oase zu machen. Mit den Einnahmen aus der Ölförderung finanzierte er Grundwasserbohrungen in der Wüste und lässt seit Mitte der 1980er-Jahre das Wasser in mannshohen Pipelines als „Great-Man-Made-River" (= großer Fluss von Menschenhand) an die Küste befördern, um dort die Felder zu bewässern. Dabei zapft er nicht nur die unter dem eigenen Land befindlichen Aquifere an, sondern auch den Nubischen Aquifer, der sich vom Sudan und Ägypten über Libyen bis zum Tschad erstreckt. 27 Milliarden US-Dollar hat Gaddafi in das Projekt gesteckt, doch der Weizen will in den versalzenen Böden am Mittelmeer nicht gedeihen. Außerdem korrodierten die Leitungen durch die Mineralgehalte des fossilen Wassers. Die Anlagen waren teilweise nur zu 20 Prozent ausgelastet. Zudem meinen Experten, dass das Wüstenwasser nicht wie propagiert Hunderte von Jahren, sondern höchstens 50 Jahre hält. Und dann hinterlässt Gaddafi den nachfolgenden Generationen verschwendete, geleerte Grundwasserbecken, die nicht mehr zu erneuern sind – aber er verschwendet auch das Wasser der Nachbarländer. Ohnehin wäre es weit wirtschaftlicher gewesen, anstelle der teuren Wasserförderung auf Entsalzung von Meerwasser zu setzen.

Besonders heikel ist die Wassersituation in Palästina, wo es praktisch keine ganzjährig wasserführenden Flüsse gibt. Israel als mächtigster Staat der Region bedient sich zu seiner Wasserversorgung der drei großen Aquifere, die sich unter der West Bank ausbreiten. Seit Israel auch über das palästinensische Gebiet der West Bank regiert, sind dort die lokalen Wasserversorgungsanlagen kaum ausgebaut worden, wohingegen die Israelis mit modernen Bohrungen vor allem den Westaquifer anzapfen. So versorgt dieser Westaquifer (Yarkon-Tanninim-Aquifer) Israel mit 340 Millionen Kubikmeter Wasser jährlich, von denen 40 Millionen Kubikmeter über die „Grüne Linie" nach Palästina gepumt werden; die Palästinenser fördern aus diesem Aquifer jährlich 20 Millionen Kubikmeter. Der Nordaquifer (Nablus-Bilboa-Aquifer) versorgt Israel mit 128 Millionen Kubikmetern, von denen Palästina 25 Millionen Kubikmeter verbraucht. Vom Ostaquifer verbraucht Israel 40 Millionen Kubikmeter, Palästina 60 Millionen Kubikmeter. Rechnet man alles zusammen, zieht Israel den größeren Nutzen aus den Wasservorräten unter der West

Bank. Die Hauptverwender dieses Wassers sind die Kibbute, die ihre Ackerflächen und Obstkulturen damit bewässern. Auch aus sicherheitspolitischen Gründen bewahrt sich Israel den Zugriff auf das Wasser. So verläuft der von Israel seit 2003 errichtete Sicherheitszaun „gegen" Palästina nicht genau auf der vereinbarten „Grünen Linie", sondern hier im ergiebigsten Brunnengebiet der West

Bank auch schon einmal weiter landeinwärts. Damit kamen einige jüdische Siedlungen auf die israelische Seite des Zauns, während viele palästinensische Dörfer von ihrer Wasserversorgung abgeschnitten wurden. Der arabisch-israelische Konflikt war nicht erst seit der Gründung des Staates Israel schon immer auch ein Konflikt um den Zugang zu den Wasserressourcen der Region!

Exkurs: Virtuelles Wasser – 140 Liter Wasser in einer Tasse Kaffee

Wir Menschen müssen mindestens drei Liter Flüssigkeit täglich zu uns nehmen, verbrauchen tatsächlich aber 4.000 Liter am Tag – davon aber nur 126 Liter Leitungswasser. Diese Wassermenge nämlich ist erforderlich, um all das zu produzieren, was wir in Deutschland verbrauchen. Für diese Wassermenge wird heute der Begriff „virtuelles Wasser" verwendet. So benötigt man 140 Liter Wasser, um den Kaffee zu erzeugen, den man für eine Tasse dieses Getränks benötigt. Teetrinker sind sparsamer, denn für eine Tasse Tee werden lediglich 35 Liter virtuelles Wasser benötigt. Zum Vergleich: Für ein Baumwoll-T-Shirt benötigt man etwa 2.000 Liter Wasser.

Weltweit werden 70 Prozent des Wassers, das der Mensch verbraucht, in der Landwirtschaft eingesetzt. Extrem hoch ist der Wassereinsatz in der Rindfleischproduktion. Rinder saufen zwar viel, aber den größten Wasserverbrauch entwickeln sie über ihre Futtermittel – für die Erzeugung von Mais und Alfalfa wird nun einmal viel Wasser benötigt. Deshalb braucht man für die Erzeugung von einem Kilogramm Steak 14.000 Liter Wasser.

Die mit dem Begriff „virtuelles Wasser" verbundene Problematik wird am besten am Beispiel des Baumwollanbaus deutlich. Baumwolle wird überwiegend in heißen, semiariden Regionen mit Bewässerung angebaut. Dabei handelt es sich zumeist um Länder, die ohnehin unter zunehmendem Wassermangel leiden. So hat die UNESCO in einer Studie ermittelt, dass die Bundesrepublik Deutschland mit ihren Baumwollimporten aus Usbekistan etwa zu einem

Fünftel zum Schrumpfen des Aralsees beiträgt. Des Weiteren muss bei der Betrachtung der Problematik des virtuellen Wassers berücksichtigt werden, was aus dem einmal verbrauchten Wasser wird, wie es in die Natur zurückfließt. Nach dieser Studie nimmt Baumwolle einen Anteil an der weltweiten Landwirtschaftsfläche von 2,4 Prozent ein, für diese Monokultur werden aber 24 Prozent des weltweiten Insektizidenverbrauchs aufgewendet.

Im Zuge der weiteren Globalisierung wird der internationale virtuelle Wasserexport noch zunehmen. Bisher umfasste er ein Sechstel der virtuellen Wassernutzung. Auf etwa 1.000 Kubikkilometer pro Jahr wird der weltweite Handel mit virtuellem Wasser geschätzt, das Zwanzigfache des Nils.

Der britische Wissenschaftler John Anthony Allan entwickelte das Konzept des „virtuellen Wassers" für die Menge von Wasser, die in die Produktion von Nahrungsmitteln und Konsumgütern eingeht. Mit diesem Modell errechnete der Forscher, dass für eine Tasse Kaffee ganze 140 Liter Wasser verbraucht werden.

Wassergewinnung

Wasser wird als Trinkwasser oder als Brauchwasser gewonnen. Man entnimmt es den Niederschlägen, der Oberfläche oder dem Grund.

Unter Trinkwasser versteht man für menschlichen Genuss geeignetes Wasser. In den hoch entwickelten Ländern gibt es hierfür Rechtsnormen, die die Mindestanforderungen an die Qualität von Trinkwasser regeln. In Deutschland sind dies die *Leitsätze für die zentrale Trinkwasserversorgung* und die *Leitsätze für die Einzel-Trinkwasserversorgung.* So muss Trinkwasser als unersetzbares Lebensmittel frei von Krankheitserregern sein und darf keine gesundheitsschädigenden Eigenschaften besitzen. Außerdem muss es keimarm, appetitlich, farb- und geruchlos, kühl und geschmacklich einwandfrei sein. Darüber hinaus darf es nur einen geringen Gehalt an gelösten Stoffen aufweisen und keine unverhältnismäßigen Korrosionsschäden am Leitungsnetz hervorrufen. Schließlich sollte es in genügender Menge mit ausreichendem Druck zur Verfügung stehen.

Im Gegensatz zum Trinkwasser dient Brauchwasser, das heute im fachlichen Sprachgebrauch als Betriebswasser bezeichnet wird, gewerblichen, industriellen, landwirtschaftlichen oder ähnlichen Zwecken mit entsprechend unterschiedlichen Güteeigenschaften.

In den letzten Jahren war der Trinkwasserverbrauch in Deutschland stetig rückläufig. Für diesen Rückgang werden verschiedene Gründe angeführt, unter anderem der Anstieg der Abwassergebühren, wassersparende Armaturen und der Betrieb der Toilettenspülung mit weniger Wasser.

Die Wassergewinnung aus Niederschlägen wie Regen, Schnee, Hagel oder Graupel ist kostengünstig, aber unzuverlässig. Außerdem ist auch Niederschlag oft nicht mehr kontaminationsfrei, wie etwa das Beispiel des Sauren Regens zeigt, mit dem ganze Wälder in Ostdeutschland und anderen Ländern Osteuropas beeinträchtigt wurden. Auch ist Regen nicht unbedingt als Trinkwasser geeignet, das im reinen Zustand überhaupt keine Salze aufweist.

Die Wassergewinnung aus Flüssen ist gleichfalls nicht unproblematisch. Ihre Wasserstände variieren im Jahresverlauf, sodass die Versorgung nicht sicher gewährleistet ist. Auch ist Flusswasser heute weltweit mehr oder weniger stark verunreinigt und trotz aller Wasserqualitätsverbesserung auch in Deutschland noch weit davon entfernt, als Trinkwasser verwendet werden zu können. Auch Sedimente bereiten Schwierigkeiten. Vielfach behilft man sich, Wasser aus Uferfiltraten zu gewinnen. Ist die Filterstrecke durch die Flusskiesschichten lang genug, kann das Wasser dabei so gut werden, dass es Trinkwasserqualität bekommt.

Die Verunreinigungsproblematik betrifft auch die Wasserentnahme aus Seen. Außerdem können flache Seen Algen enthalten. Naturseen dienen oft auch der Freizeitnutzung, was ihr Wasser als Trinkwasser beeinträchtigt. Auch kann auf Dauer einem See nicht mehr Wasser entnommen werden, als ihm zufließt.

Zur Sammlung von Wasser, zum Ausgleich variierender Flusswasserpegel und meist zusätzlich zur Stromgewinnung können Wasserreserven gebildet werden, die eine dauerhafte Versorgung gewährleisten. Solche Stauseen können gleichfalls für Freizeitzwecke genutzt werden, wenn sie primär der Brauchwassergewinnung dienen. Die älteste Trinkwassertalsperre Deutschlands ist übrigens die 1891 bei Remscheid gebaute Eschbachtalsperre.

Meerwasser eignet sich nur in entsalzter Form als Trink- oder Brauchwasser. Gerade vielen der ariden und semiariden Länder mit Zugang zum Meer wäre mit Meerwasserentsalzung sehr geholfen, wenn dieses Verfahren nicht sehr aufwendig wäre. Vor allem in den Erdölländern des Nahen Ostens wird intensiv an der Verbesserung der Methoden der Meerwasserentsalzung gearbeitet. Aber auch in anderen Gegenden der Erde ist es notwendig, die Wasserversorgung durch Meerwasserentsalzung zu gewährleisten. Das gilt speziell für Inseln ohne ausreichende Niederschläge, wie etwa Curaçao.

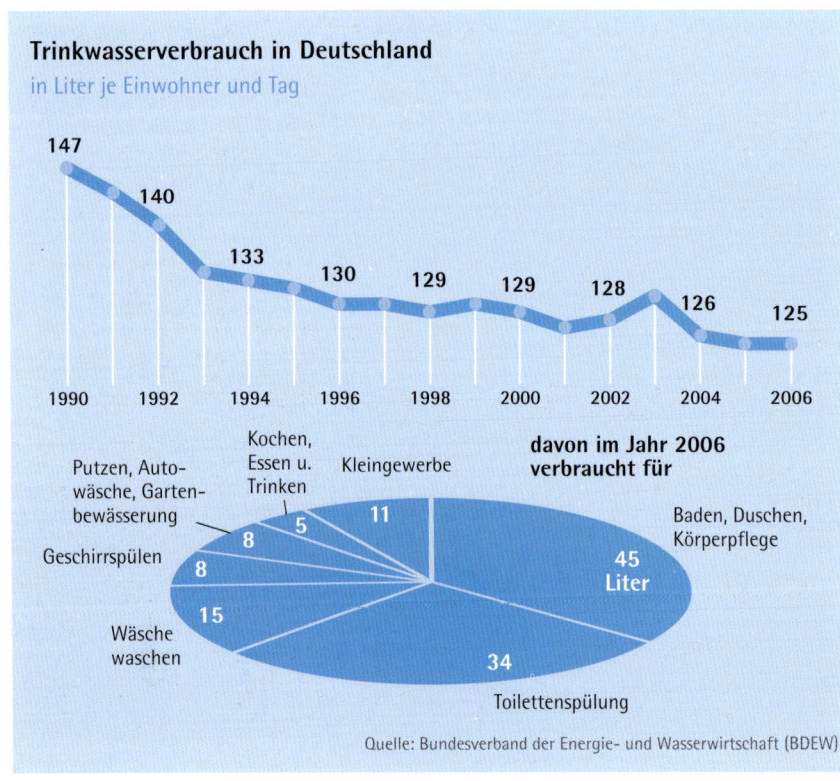

Trinkwasserverbrauch in Deutschland
in Liter je Einwohner und Tag

147 · 140 · 133 · 130 · 129 · 129 · 128 · 126 · 125

1990 · 1992 · 1994 · 1996 · 1998 · 2000 · 2002 · 2004 · 2006

davon im Jahr 2006 verbraucht für

Putzen, Autowäsche, Gartenbewässerung — 8
Kochen, Essen u. Trinken — 5
Kleingewerbe — 11
Geschirrspülen — 8
Wäsche waschen — 15
Baden, Duschen, Körperpflege — 45 Liter
Toilettenspülung — 34

Quelle: Bundesverband der Energie- und Wasserwirtschaft (BDEW)

Anmerkung: Meerwasserentsalzung

Es gibt verschiedene Methoden der Meerwasserentsalzung. Im Laufe der Zeit hat der technische Fortschritt auf diesem Sektor zu grundlegenden Rationalisierungen geführt. Dass für die Meerwasserentsalzung aber immer noch große Energiemengen erforderlich sind, wirkt angesichts der nachhaltigen Verteuerung von Erdöl als begrenzender Faktor.

Die Ausgangsmethode der Meerwasserentsalzung war die Destillation. Pro Tonne Trinkwasser benötigt man mit dieser Methode etwa 620 kWh (= Kilowattstunden) Verdampfungsenthalpie (Enthalpie = die Energie, die aufgebracht werden muss, um eine gegebene Menge einer Flüssigkeit bei gegebener Temperatur zu verdampfen). In technischen Anlagen wird ein vielstufiger Entspannungsverdampfer (MSF = multiple stage flash evaporator) eingesetzt, der circa 100 kWh pro Tonne (unter 2 bar Heißdampf) und 3,5 kWh pro Tonne elektrischer Energie für Pumpen benötigt.

Im Vergleich zum Entspannungsverdampfer kann der Energiebedarf einer Umkehrosmoseanlage (RO = reverse osmosis) zur Produktion von Trinkwasser mit Gesamtsalzgehalt von weniger als 500 ppm (= part per Million, Teile pro Million) einstufig aus Meerwasser (= 3,7 Prozent Gesamtsalz) auf bis zu 7 kWh pro Tonne Trinkwasser in Form von elektrischer Energie für die Pumpen bei großen Anlagen mit Druck-Rückgewinnung reduziert werden. In kleineren Anlagen kann der Pumpdruck nicht rückgewonnen werden. Dann muss man mit einem Verbrauch von 30 bis 40 kWh pro Tonne Trinkwasser rechnen.

Bei der Elektrodialyse mit Ionenaustauschermembran ist die Triebkraft der elektrische Strom, der die Ionen des zu entsalzenden Wassers aus diesem entfernt. Dabei ist der benötigte Strom dem Salzgehalt proportional. Bei niedrigen Salzgehalten wie zum Beispiel beim Brackwasser oder bei salzhaltigen Quellen, wie dies bei stark ausgebeuteten Süßwasserquellen in Meeresnähe der Fall ist, kann dieses Verfahren wesentlich günstiger arbeiten: Dann beträgt der Energiebedarf noch 3 bis 8 kWh je Tonne Trinkwasser, wohingegen er bei stark salzhaltigem Wasser zwischen 20 und 30 kWh pro Tonne liegt.

In dem israelischen Kibbuz Palmachim etwa 12 Kilometer südlich von Tel Aviv direkt am Mittelmeer wurde im Jahr 2007 diese Meerwasserentsalzungsanlage in Betrieb genommen. Zwei Jahre zuvor, 2005, war die erste Großanlage zur Meerwasserentsalzung in Israel in der Stadt Aschkelon im Süden des Landes eingeweiht worden. Israel plant eine ganze Serie von Entsalzungsanlagen entlang der Mittelmeerküste.

Exkurs: Trinkwasserverunreinigung

Eines der größten Probleme der Trinkwasseraufbereitung ist die Verunreinigung von Grundwasser, Fluss- und Seewasser bis hin zu den Meeren. Solche Verunreinigungen werden durch Haushalte, Gewerbe und Industrie, Landwirtschaft und das Transportwesen verursacht. In den letzten Jahrzehnten sind vor allem in den hoch entwickelten Ländern große Fortschritte auf dem Weg zur Verringerung der Wasserverunreinigungen erzielt worden. So verbietet schon seit langem die Gesetzgebung die Einleitung von verschmutztem Wasser in Böden und Flüsse. Hochmoderne Kläranlagen sorgen für die Reinigung des Wassers. Bei Störfällen kommt es aber immer wieder zu Verunreinigungen. Dünger und chemische Pflanzenschutzmittel gelangen durch versickerndes Niederschlagswasser über den Boden in Bäche und Flüsse. Immer noch wird Abfall in internationalen Gewässern in das Meer gekippt oder es werden andere Industrierückstände in das Meer verklappt. Häufig handelt es sich dabei um flüssige Abfälle wie zum Beispiel Dünnsäure oder um Schwerölrück-

stände, die bei Schiffs- oder Tankreinigungen auf See entsorgt werden. Der Begriff „Verklappung" rührt daher, dass die dafür früher verwendeten Spezialschiffe auf hoher See die Klappen oder Ventile ihrer Abfallbehälter öffneten, sodass die Abfallstoffe abfließen konnten. Solche Verklappungen sind im EU-Bereich schon lange verboten, wurden aber Ende der 1980er-Jahre noch durch Großbritannien und Deutschland in der Nordsee vorgenommen. Durch Leckagen der Schiffe fließen oft große Mengen Mineralöl in das Meer und verschmutzen Wasser und Strände. Am verheerendsten sind große Tankerkatastrophen, wie etwa die Havarie der „Exon Valdes" an der Küste von Alaska, bei der 1989 an die 40.000 Tonnen Rohöl in das Meer flossen. Doppelwandige Schiffsrümpfe und hohe Sicherheitsauflagen sollen solche Unglücke in Zukunft verhindern. Auch als 2002 ein 30 Jahre alter Tanker vor der galizischen Küste auseinanderbrach, trieben 70.000 Tonnen Schweröl in der Biskaya und verschmutzten die spanisch-portugiesische Küste. Tausende von ölverklebten Seevögeln verendeten, Küsten und Strände waren mit Öl verseucht, über 5.000 Menschen, die hier vom Fischfang lebten, mussten um ihre Existenz bangen. Es handelte sich noch um einen Tanker ohne doppelwandigen Schiffsrumpf. Man schätzt, dass heute immer noch über eine Million Tonnen Öl jährlich in die Weltmeere fließen. Allein an die 400.000 Tonnen treten bei der Off-Shore-Ölgewinnung ins Meer aus, vor allem im Persischen Golf, im Golf von Mexiko, aber auch in der Nordsee. Etwa 500.000 Tonnen trägt das Alltagsleben der Menschen zu dieser Ölverschmutzung bei. Im Einzelnen sind das zwar kleine Mengen, die aber in der Summierung eine große Gefahr darstellen. Die tropfende Ölwanne eines Rasenmähers, vergossenes Benzin beim Betanken des Autos, ein in freier Natur „liegen gelassener" verölter Lappen – all das trägt zum Grundproblem bei. Hinzu kommen 7.000 Tonnen Kerosin, die Flugzeuge jährlich über dem Meer ablassen, sei es als unverbrannter Treibstoff der Triebwerke oder angesichts einer Notlandung.

Während des Krieges um Kuwait Anfang 1991 gelangten etwa eine Million Tonnen Rohöl in den Persischen Golf. Zu den Tierarten, die von der Ölkatastrophe besonders getroffen wurden, zählt der Sokotra-Kormoran, der ausschließlich am Persischen Golf und in Südarabien vorkommt. Er verlor in dem Gebiet, das von der Ölpest erfasst wurde, etwa 50 Prozent seiner Bestände.

Ein weiteres Problem stellt die Eutrophierung von Gewässern dar, die durch die Düngergaben und Gülleausbringung der Landwirtschaft sowie beispielsweise auch durch phosphorhaltige Waschmittel aus Haushalten, Gewerbe und Industrie eingebracht werden. Durch die Überfrachtung von Flüssen und Meeren mit Stickstoff- und Phosphorverbindungen kommt es in vielen Gewässern zur Algenblüte, was sich vor allem in der wärmeren Jahreszeit – also genau in der Ferienzeit – bemerkbar macht. Diese Algenblüte verursacht beispielsweise in der Nord- und Ostsee sowie im Mittelmeer Massensterben von Fischen, Robben sowie anderen Meeresorganismen und löst gleichzeitig eine Quallenpest aus. Vor allem die Sommerurlauber an den Nord- und Ostseestränden haben aber bemerken können, dass es solche „Quallenüberfälle" nicht mehr gibt. Auch sind die Benzinlappen in den Strandhotels, mit denen man früher die vom Strand an den Füßen festklebenden Teerklumpen löste, verschwunden – weil auch der Teer vom Strand verschwunden ist.

Das größte Problem bereiten langlebige chemische Verbindungen. Das wird am Beispiel von Medikamentenrückständen ersichtlich. Medikamentenreste werden beispielsweise vom menschlichen wie auch von tierischen Körpern aus der Intensivmast teilweise wieder ausgeschieden. Auch entsorgen viele Menschen immer noch ihre nicht aufgebrauchten oder überalterten Medikamente über die Toilette. Besonders schlecht abbaubar sind die pharmakologisch wirksamen Stoffe wie zum Beispiel Röntgenkontrastmittel oder Sexualhormone, die durch den Wasserkreislauf wieder in das Trinkwasser gelangen und so zu systemischen Risiken führen. Man weiß bis heute nicht, wie auch nur minimalste Medikamentenrückstände im Trinkwasser langfristig auf den menschlichen Organismus wirken. Die Schwermetallbelastung der Böden und des Trinkwassers ist in Deutschland stark zurückgedrängt worden und stellt heute kein grundsätzliches Problem mehr dar. Doch gibt es immer noch in Altbauten Bleileitungen und andere korrodierende Metallleitungen aus früheren Zeiten, wobei dieses Risiko am ehesten in ostdeutschen Regionen, aber auch in Großstädten besteht. Insgesamt kann man sagen, dass vor allem in Deutschland, Österreich, der Schweiz, den Niederlanden und den skandinavischen Ländern Trinkwasser das am intensivsten kontrollierte Lebensmittel ist – und also trotz aller genannten Fakten einwandfrei genossen werden kann. Das ist in anderen Regionen der Erde nicht der Fall. Vor allem in den weniger entwickelten Ländern stellt die Trinkwasserhygiene das vielleicht größte Gesundheitsrisiko dar. Schon in Südeuropa weicht die Qualität des Trinkwassers teilweise ab, es ist aber durch Abkochen auf jeden Fall noch zu genießen. Einer Milliarde Menschen ist aber der Zugang zu einwandfreiem Trinkwasser immer noch verwehrt. Der Genuss kontaminierten Trinkwassers führt zu Erkrankungen wie Cholera, Malaria oder Bilharziose und führt vielfach auch zum Tod, auf jeden Fall zu erhöhter Kindersterblichkeit. Am schlechtesten ist dabei nach wie vor die Versorgung der Bevölkerung Afrikas südlich der Sahara mit einwandfreiem Trinkwasser. Doch bereitet hier das Wasser nicht nur Qualitätsprobleme, sondern vor allem auch zunehmende Beschaffungsprobleme. Wasserbeschaffung ist in Schwarzafrika vornehmlich Frauenarbeit. Frauen müssen das lebensnotwendige Wasser über immer große Entfernungen herbeischleppen. Einer US-Studie zufolge legen viele Frauen längst Transportwege von mehr als zehn Kilometern zurück, im östlichen Uganda wendet ein normaler Haushalt gar 660 Stunden im Jahr für den Wassertransport auf. Das ist Zeit, die für andere Tätigkeiten dringend erforderlich wäre, so für andere Arbeiten, aber auch beispielsweise für Ausbildung – eine der Grundvoraussetzung für die Verbesserung der Lebenssituation dieser Menschen.

Verunreinigtes Trinkwasser verursacht viele vermeidbare Krankheiten und ist jedes Jahr für den Tod von Millionen von Menschen verantwortlich. Täglich sterben allein rund 5.000 Kinder in armen Ländern an den Folgen des Verzehrs solchen Wassers.

Zugang zu sauberem Wasser

Länder mit niedrigem und mittlerem Einkommen	Zugang zu sauberem Wasser (in % der Bevölkerung)
Afrika südlich der Sahara	56
Europa und Zentralasien	92
Lateinamerika und Karibik	91
Naher Osten und Nordafrika	89
Ostasien und Pazifik	79
Südasien	84
Industrieländer mit hohem Einkommen	100

Quelle: Weltbank 2007

Exkurs: Wahnbachtalsperre

Beim Anflug auf den Flughafen Köln-Bonn hat man die Wahnbachtalsperre genau im Blick. Sie wurde zwischen 1955 und 1958 zur Trinkwasserversorgung der Einwohner des Großraumes Bonn, des Rhein-Sieg-Kreises und von Teilen des Kreises Ahrweiler errichtet. Bis zu 41,4 Millionen Kubikmeter beträgt das Volumen dieses Stausees, dessen Staumauer 55,2 Meter hochragt. Unterhalb befindet sich die reizvolle Klosteranlage Seligenthal, die heute als Hotel-Restaurant betrieben wird und besonders beliebt für Trauungen ist.

Aufgrund ihrer Funktion als Trinkwasserreservoir unterliegt die Wahnbachtalsperre mit ihrem gesamten Einzugsgebiet besonderen Schutzmaßnahmen. So sind etwa die Waldflächen, die unmittelbar an den Stausee angrenzen, nicht als Waldwege erschlossen und dürfen auch nicht bewirtschaftet werden. Zur Betreibung der Talsperre wurde der Wahnbachtalsperrenverband (WTV) gegründet, dessen größte Errungenschaft die Aufbereitungsanlage auf den Siegelsknippen ist, die mit nur geringem Zusatz von chemischen Mitteln Trinkwasser höchster Qualität produziert – diese Anlage gilt als eine der modernsten Trinkwasseraufbereitungsanlagen der Welt. Das sehr weiche, kalkfreie und korrosionschemisch günstige Wasser liegt im Härtebereich zwischen 1 und 2 °dH (= Deutsche Härte). Mittels eines Dükers (= Unterwasserleitung) wird das Wahnbachtalsperrenwasser unter dem Rhein in die linksrheinischen Versorgungsgebiete geleitet. Dieser Düker wurde zur Kostensenkung zusammen mit zwei Gasleitungen etwa 1,20 Meter unterhalb des natürlichen Rheinbetts verlegt.

Obwohl die Wahnbachtalsperre nicht zur Naherholung angelegt wurde, wird sie von Wanderern und Naturliebhabern gern als Ausflugsziel angesteuert. Der Besucher kann hier viele Vogelarten, Reptilien und auch Fische beobachten.

Abwasseraufbereitung

Abwasser ist verwendetes Wasser, das abgeleitet wird und dessen natürliche Eigenschaften und Inhaltstoffe in der Regel durch Gebrauch verändert werden. Abwasser entsteht durch häusliche, gewerbliche, industrielle, landwirtschaftliche und sonstige Verwendung, aber auch als abfließendes Niederschlagswasser vom Boden oder von versiegelten Flächen.

Die Ableitung des Wassers erfolgt – wo vorhanden – in die Kanalisation, von dort geklärt in oberirdische Gewässer oder direkt in oberirdische Gewässer oder in das Grundwasser. Abwasser enthält in der Regel vielfältige Verunreinigungen an löslichen oder unlöslichen Stoffen, leicht oder schwer abbaubaren organischen Stoffen, Pflanzennährstoffen, Schwermetallverbindungen oder Salzen. Zum Schutz der Gewässer müssen die Verunreinigungen durch entsprechende Aufbereitung des Abwassers beseitigt werden. Das gelingt durch verbesserte technische Aufbereitungsanlagen, aber gerade die Eliminierung komplizierter langlebiger chemischer Verbindungen stellt weiterhin eine große Herausforderung für die Abwasserwirtschaft dar. Auch die Menge des Abwassers ist ein Problem – immerhin fallen beispielsweise in Deutschland zwischen 50 und 400 Litern Abwasser pro Einwohner an.

Abwasser setzt sich zunächst aus Schmutzwasser und Regenwasser zusammen. Immer üblicher werden getrennte Systeme, bei denen Regenwasser in separaten Rohrleitungen zur Kläranlage geführt und nach Reinigung in einem Klärbecken direkt in einen Flusslauf geleitet wird. Bei Mischsystemen muss Vorsorge getroffen werden, dass zusätzliches Regenwasser nicht die Kläranlage überfordert. Dafür gibt es zur Regenentlastung Überlaufbecken, ansonsten muss die Kläranlage eine entsprechend größere Kapazität aufweisen.

Der Weg des Abwassers führt aus dem Kanalsystem zunächst durch eine Rechenanlage, die wie ein grobes Sieb wirkt, aus dem grobe Schmutzpartikel wie Hygieneartikel, Steine, Laub oder auch tote Tiere entnommen werden. Alle Rückstände werden ausgepresst, verbrannt, kompostiert oder auf einer Deponie abgelagert. Danach kommt ein Sandfang als Absetzbecken, in dem der Sand nach unten absinkt und mit einer Saugpumpe vom Boden abgesaugt wird. Es folgt ein Vorklärbecken, in dem schwebende Teile nach unten sinken und dann in einem Trichter gefangen und in einen Faulturm

gepumpt werden. Überschüssiges Trübwasser wird abgezogen und dem Klärprozess wieder zugeführt. Fett an der Oberfläche wird in eine Rinne geschoben und entfernt. In das anschließende Belebungsbecken wird Luft geblasen, damit aerobe, Sauerstoff verbrauchende Bakterien und andere Mikroorganismen die im Becken vorhandenen Kohlenstoffverbindungen weitgehend zu Kohlenstoffdioxid abbauen. Andere Bakterien spalten aus den organischen Verbindungen zunächst Ammoniak ab, das dann mit Sauerstoff zu Nitrat oxidiert. Im Nachklärbecken sinken die „vollgefressenen" Bakterien nach unten. Der Bakterienschlamm am Boden wird in einem weiteren Trichter gesammelt und ebenfalls in den Faulturm gepumpt. Das gesäuberte Wasser fließt über den Beckenrand in eine Rohrleitung, die zum abführenden Fluss führt. In die Faultürme gepumpter Klärschlamm vom Beckenboden der Vorklärbecken und der Nachklärbecken lagert dort etwa drei Wochen, wobei anaerobe Bakterien den Klärschlamm zu Faulschlamm und Klärgas abbauen. Das Klärgas besteht im Wesentlichen aus einem Gemisch aus Methan, Kohlendioxid und geringeren Bestandteilen an Wasserstoff und Schwefelwasserstoff. In gereinigter Form kann mit Gasmotoren daraus Strom erzeugt werden.

Der ausgefaulte Klärschlamm kann mit Tankwagen flüssig oder in getrockneter Form mit Kalk gebun-

Die 1990 erbaute Kläranlage am Innkanal in Waldkraiburg gehört zu den modernsten Einrichtungen dieser Art in Bayern.

Aus Rohwasser wird Reinwasser: Damit aus dem Wasserhahn Trinkwasser kommt, das auch wirklich gesund schmeckt, muss das Grundwasser erst im Wasserwerk aufbereitet werden. Dabei wird das zunächst sehr sauerstoffarme Rohwasser belüftet, anschließend werden Eisen und Mangan aus ihm entfernt und schließlich wird das Wasser noch einmal belüftet und entsäuert.

den auf Äcker als Dünger ausgebracht werden. Eine andere Methode ist, den Klärschlamm in Schilfbecken zu pumpen, wo er viele Jahre ablagert und sein Wasser verdunstet, sodass Kompost daraus entsteht. Klärschlamm ist zweifelsohne ein wertvoller Dünger, enthält er doch viele organische Stoffe – aber er enthält eben auch bedenkliche Rückstände aus der Abwasserklärung. Hohe Schwermetallgehalte haben schon vor Jahrzehnten zu einem teilweisen Ausbringungsverbot auf Wiesen und Felder geführt, in manchen Ländern und Landesteilen ist die Ausbringung ganz untersagt. Denn inzwischen sieht man immer mehr Risiken aufgrund von persistenten, das heißt nicht abbaubaren Substanzen im Klärschlamm. Solche

Stoffe können langfristig in die Nahrungskette gelangen oder die Bodenfruchtbarkeit beeinträchtigen. Dagegen sind die Schwermetallbelastungen wieder rückläufig. Insofern setzt beispielsweise die deutsche Klärschlammverordnung der Klärschlammausbringung enge Grenzen: Sie ist – wenn überhaupt – nur auf Ackerflächen zulässig, nicht auf Dauergrünland oder auf Obst- und Gemüseanbauflächen. Einwandfreier Klärschlamm gilt sogar auch formell als Düngemittel. Aber nach eigenen Angaben der deutschen Abwasserwirtschaft wird nur noch etwa die Hälfte der Klärschlämme als Dünger verwendet, der Rest muss in Müllverbrennungsanlagen oder vergleichbaren Einrichtungen entsorgt werden.

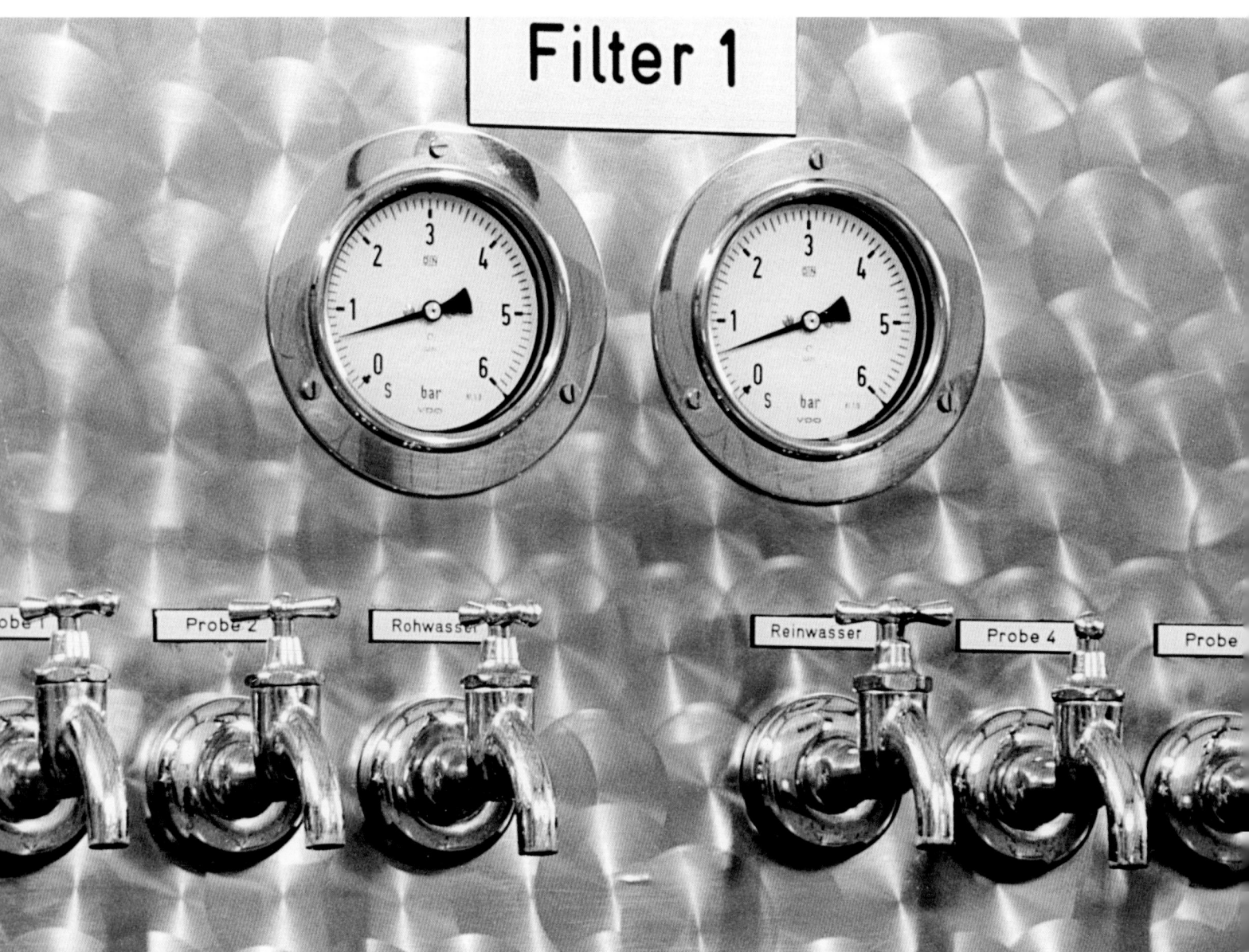

Exkurs: Kanalisation

Nie war ein städtisches Kanalisationssystem berühmter als durch den Film „Der Dritte Mann" von Carol Reed, gedreht 1949 nach einer Vorlage von Graham Greene mit der bis heute bekannten Zithermelodie von Anton Karas und Orson Welles als Hauptdarsteller. Die Handlung spielt im Wien der Nachkriegszeit, wo der Schieber Harry Lime als „Dritter Mann" Schwarzmarktgeschäfte mit verdünntem Penicillin zwischen dem sowjetischen und dem amerikanischen Sektor betreibt. Als er auffliegt, dient ihm die Wiener Kanalisation als Fluchtweg – vergeblich.

Kanalisationssysteme dienen der meist unterirdischen Zusammenführung von Abwasser, um es einer Kläranlage zuzuführen, von wo aus es dann gereinigt in Oberflächengewässer abgegeben wird. Bei getrennten Kanalisationssystemen wird Regenwasser in einem separaten Kanalsystem gesammelt, das als Vorfluter für die direkte Weiterleitung in Oberflächengewässer dient.

In dem Maße, wie menschliche Siedlungen größer wurden, ergab sich auch ein zunehmendes Abwasserproblem. Abwassersysteme gab es schon im Orient im 3. und 2. Jahrtausend v. Chr. Sie sind auch in kretisch-mykenischen Palästen mit direktem Anschluss ans Meer vorhanden gewesen. Der große Palast von Minos in Knossos enthielt ein gut durchdachtes Kanalisationssystem. Das Regenwasser wurde vom Dach aus durch eingemauerte Rohre bis in unterirdische Abflusskanäle geleitet, ebenfalls das Abwasser aus Badezimmern. In Rom war das Abwassersystem schon weiter entwickelt. Meist wurde das Abwasser in offenen Gräben abgeleitet, es gab auch unterirdische Ableitungen, deren berühmteste die *cloaca maxima* war. Auch in Köln ist noch ein Stück der römischen Kanalisation vorhanden.

Im Mittelalter waren die Straßen eng und ungepflastert. Abfälle und Kot versetzten sie in einen schlimmen Zustand. Vielerorts lief noch die Jauche auf die Straße, Schweine und anderes Hausgetier tummelten sich dort. Im Zuge der Industrialisierung und des enormen Wachstums der Städte verschlimmerten sich die hygienischen Probleme. Wien war die erste Stadt, die schon im 18. Jahrhundert kanalisiert war, Mitte des 19. Jahrhunderts folgten London und Hamburg.

Das öffentliche Kanalnetz hat in Deutschland eine Gesamtlänge von fast 500.000 Kilometern, über 90 Prozent der Bevölkerung sind daran angeschlossen. Hinzu kommen fast 800.000 Kilometer Abwasserleitungen auf Privatgrundstücken. Das kommunale Abwasser wird durch die Kanalisation von den Haushalten zur Kläranlage abgeleitet. Probleme bereiten heute das Alter dieser Systeme und die Tatsache, dass sie nicht mehr genügend ausgelastet sind. Das wird im Osten Deutschlands besonders deutlich, wo nicht nur die Bevölkerung, sondern wie überall auch der Wasserverbrauch der Haushalte rückläufig ist. Bei den immer dringender erforderlichen Reparaturen soll moderne Technik die Handarbeit ablösen: Schon jetzt filmen bewegliche Kanalkameras die Schäden da, wo der Mensch nicht hinkommen kann. Löcher und Risse stopfen inzwischen schon Roboter, doch ist das keine dauerhafte Lösung. Immer dringender wird die komplette Sanierung und Erneuerung. Man schätzt, dass für die Erneuerung der öffentlichen Abwassersysteme in Deutschland Investitionskosten in Höhe von 100 Milliarden Euro anfallen werden.

Die Verfolgungsjagd auf Orson Welles alias Harry Lime durch das weitverzweigte Kanalsystem im geteilten Nachkriegs-Wien in dem Film „Der Dritte Mann" wurde weltberühmt – und mit ihr die Wiener Kanalisation.

Exkurs: Belebtes Wasser – gesundes Wasser?

Ein ausreichender Wassergenuss ist für unsere Gesundheit von unschätzbarem Wert. Die einen sagen, dass dafür Leitungswasser völlig ausreichend sei. Andere greifen lieber zum Mineralwasser. Noch andere sagen, dass Leitungswasser zwar als Trinkwasser hygienisch einwandfrei sei, aber durch seine vielfachen Behandlungsschritte seine Vitalität verloren habe. Nur belebtes, vitalisiertes Wasser sei in der Lage, den Gesundheitszustand und die Stimmung seiner Konsumenten zu verbessern.

Da Wasser die Grundvoraussetzung für das Leben bildet, haben die Menschen diesem Lebenselixier schon immer besondere Eigenschaften unterstellt. Vor allem frischem sprudelndem Quellwasser maßen sie heilende Wirkung bei. Viele solcher Heilquellen wurden zu heiligen Stätten erhoben, wundertätige Heilungen durch den Genuss solchen Quellwassers mystifizierten diese Stätten. Ein typisches Beispiel solcher Wunderheilungen bietet der Adelheidisbrunnen in Vilich bei Bonn. Die später im 17. Jahrhundert heiliggesprochene Adelheid war Äbtissin des 978 gegründeten Benediktinerinnenklosters Vilich. Ihre berühmte Tat bestand darin, während einer großen Dürre ihren Äbtissinnenstab in den Boden gestoßen zu haben, aus dem dann wie durch ein Wunder Wasser sprudelte. Dieses Wasser der Adelheidispütz (rheinisch *Pütz* = Brunnen) besaß heilende Wirkung und linderte vor allem Augenleiden. Die Pilger und Kranken strömten zum Brunnen, daraus entstand Pützchens Markt, heute die größte, jährlich im September stattfindende Kirmes im Rheinland.

Übrigens hatten schon die Römer Kunde von germanischen Heilquellen. Deren Heilwasser war in Rom außerordentlich beliebt, aber aufgrund seines hohen Preises nicht für jedermann erschwinglich. In Europa gibt es seit dem 17. Jahrhundert einen organisierten Heilwasserversand. Mineralwasser wurde aber erst seit dem 19. Jahrhundert für breitere Schichten bezahlbar und hat sich vor allem in Deutschland bis heute zu einem ausgesprochenen Lifestyle- und Trendprodukt entwickelt. Im Gegensatz zum Trinkwasser, das wir der Leitung entnehmen (= Leitungswasser), entstammt natürliches Mineralwasser unterirdischen Wasservorkommen, deren (Mineral-)Wasser an der Quelle abgefüllt wird. Als natürliches Mineralwasser darf beispielsweise in Deutschland oder Österreich nur solches bezeichnet werden, das amtlich anerkannt ist. Mineralwasser darf Kohlendioxid (= Kohlensäure) entzogen oder zugesetzt werden, Eisen- und Schwefelverbindungen dürfen ganz oder teilweise entfernt werden (= „enteisentes" oder „entschwefeltes" Mineralwasser). Der Mineralstoffgehalt von Mineralwasser wird zwischen 50 Milligramm und mehr als 1.500 Milligramm pro Liter eingestuft. Je nach Kohlensäuregehalt unterscheidet man zwischen kohlensäurereichem Mineralwasser mit einem Kohlendioxidgehalt von 7 bis 8 Gramm pro Liter, kohlensäurearmem Mineralwasser mit einem Kohlendioxidgehalt von 2 bis 5,5 Gramm pro Liter (= Bezeichnung „still" oder „medium") und kohlensäurefreiem Mineralwasser mit einem Kohlendioxidgehalt von maximal 1 Gramm pro Liter. Künstliche Mineralwässer werden als Tafelwasser bezeichnet. Solches Tafelwasser besteht hauptsächlich aus Trinkwasser, das mit Mineralien und Kohlensäure angereichert werden darf. Quellwasser entstammt ebenfalls natürlichen Quellen, darf aber Spuren von Verunreinigungen enthalten – und braucht keine staatliche Anerkennung. Heilwasser ist ein Wasser, das aufgrund des Nachweises einer heilenden, lindernden oder vorbeugenden Wirkung als Arzneimittel zugelassen wurde. Der Mineralstoff- und Spurenelementgehalt von Heilwässern liegt meistens in ähnlicher Größenordnung wie bei natürlichen Mineralwässern. Übrigens: Die Deutschen sind Weltmeister im Mineralwasserverbrauch.

Die Idee des belebten Wassers geht auf die Gedankengänge Viktor Schaubergers (1885–1958) zurück, eines österreichischen Försters und Erfinders, der ein völlig neues Energieverständnis postulierte. Nach seiner Auffassung ist es „naturrichtig", um Energie oder Bewegung zu erzeugen, die aufbauenden, levitierenden Kräfte zu nutzen, die durch einen geeigneten Bewegungsanstoß freigesetzt werden. Diesen Bewegungsmodus nennt Schauberger die „Lebenskurve" – es ist dieselbe Bewegung, die ein nicht begradigter Fluss in seinen Mäanderformen vollzieht und die sich in den Wellen und Wirbeln einer Baumrinde beobachten lässt, „der ein Apfel oder unsere Herzen ihre Gestalt verdanken". Nach seiner Auffassung ist Wasser aus begradigten Flüssen oder aus Leitungen „unbelebt". Durch Verwirbelung „aufgeladenes" Wasser erhielt Schauberger, indem er es durch verschiedene Methoden eindrehte, etwa in hyperbolischen Kupfertrichtern oder in blattartigen Wasserläufen.

Eine weitere Methode der Wasserbelebung ist die Levitation, die von dem 1924 geborenen deutschen Physiker Wilfried Hacheney propagiert wird. Für ihn verliert durch Leitungen gepresstes Wasser an „innerer Oberfläche", weil der Druck die Wassercluster zu großen Clustern zusammenpresst. Wasser, das auf natürliche Weise entgegen der Schwerkraft aus Quellen entspringt, hat dagegen eine sehr kleinteilige Cluster-Struktur. Je größer die „innere Oberfläche" des Wassers sei, desto aktiver und gesünder sei das Wasser. Hacheney prägte daher den Begriff der „Levitation" als Gegenpol zur Gravitation. Nach Hacheney ergibt sich *„die physikalische Levitation aus der Anwendung der Gravitationsmetamorphose, die Verwandlung von Druck in Zugkräfte. Wir sprechen von einer levitativen Flüssigkeit, wie insbesondere Wasser, wenn in dieser Flüssigkeit mikropartiell Zugkräfte zur Wirkung gebracht werden".* Levitation bringe Wasser in einen „nicht gravitativen, mikropartiellen Zustand", wodurch es eine deutlich bessere Qualität bekomme. Durch Rotation in einem „Levitationsgerät" wirbelt Leitungswasser, das dann nach einigen Minuten der Rotation „energetisiert" sein soll.

Die Wirkungsweise solcher Methoden der Wasserbelebung ist bis heute wissenschaftlich nicht nachgewiesen, so auch keine bleibende Umstrukturierung der Wassercluster durch Wasserbelebung. Heilerfolge, wie sie tatsächlich auch in der Homöopathie oder der Bach-Blüten-Anwendung erzielt werden, sind auch bei der Verwendung sogenannten belebten Wassers auf Placebo-Effekte zurückzuführen.

Wasser ist ein ganz besonderes Element – nicht wenige sprechen ihm heilende Kräfte zu.

Faszination Wasser – Wohnen, Wellness und Tourismus

Wasser ist die größte Herausforderung der Menschheit: Wir sind weit mehr auf Wasser angewiesen als andere Lebewesen mit rationellerem Wasserhaushalt. Schon als Jäger und Sammler mussten unsere Vorfahren täglich Wasserstellen aufsuchen: Dort zu leben war gefährlich, denn Wasser wird gleichermaßen von Raubtieren aufgesucht. Der Mensch kann zwar schwimmen und tauchen – aber auch das können andere Lebewesen besser. So hatte der Mensch schon immer gehörigen Respekt vor dem Wasser. Doch im Lauf seiner Entwicklung vom Jäger und Sammler zum zivilisierten Wesen hat er die „Herausforderung Wasser" angenommen, seine Vorbehalte gegenüber dem nassen Element abgebaut, leider nicht immer den nötigen Respekt vor dem Wasser bewahrt, aber seine verbindenden Eigenschaften erkannt und für sich genutzt.

Bauen im Wasser

Hier lässt es sich leben: Die Lagune von Manihi, einem zu den König-Georg-Inseln gehörendem flachen Korallenatoll, bietet einen traumhaften Ausblick für jeden Südseeliebhaber.

Dass Menschen schon immer auch Wasser als Wohnort aufgesucht haben, zeigt sich am Pfahldorf in Unteruhldingen am Ufer des Bodensees. Und dass Wasser bis heute seine Faszination als Wohnort nicht verloren hat, beweisen unter anderem die Hausboote in Amsterdam. Bei diesen handelt es um außer Betrieb genommene alte Binnenschiffe, die durch entsprechende Umbauten und zusätzliche Aufbauten zu Wohnzwecken hergerichtet wurden – und ganz entscheidend zum romantischen Anblick der Amsterdamer Grachten beitragen. Allerdings kann nicht jedermann einfach mit einem alten Kahn in Amsterdam anlegen. Für ein Wohnboot braucht man genauso behördliche Genehmigungen wie für ein Haus. Da gibt es dann beispielsweise Vorschriften über die Größe, die Hausboote müssen eine Hausnummer haben und natürlich Anschluss an Gas,

Wasser und Elektrizität, genauso wie an die öffentliche Kanalisation.

Nicht zuletzt spielt das Hausboot in der Freizeitwirtschaft eine immer wichtigere Rolle. Schöne Hausbootreviere für Freizeitkapitäne bietet beispielsweise das niederländische Gewässersystem. Aber die reizvollsten Strecken findet man in Frankreich, dessen längst veraltetes Kanalsystem aus merkantilistischer Zeit heute zauberhafte Eindrücke vom ländlichen Frankreich vermittelt.

Auf Hollands Gewässern werden inzwischen auch schwimmende Wohnhäuser angeboten, die ähnlich wie Reihenhäuser unmittelbar aneinander an Kanalufern liegen. Auch sind beispielsweise in der Marina von Sonwik in der Flensburger Förde längst Wasserhäuser gebaut worden: Sie bieten den Freizeitkapitänen unmittelbaren Zugang zu ihren Booten, die an den Stegen der Marina vertäut sind.

The Palm Dubai

Gigantisch ist das Vorhaben in Dubai, zwei künstliche Inseln namens „The Palm Jumeirah" und „Jebel Ali" für mehrere Milliarden Dollar vor der Küste des Emirats anzulegen. Das Projekt „The Palm Dubai" erfordert bautechnische Meisterleistungen, um die zwei 50 Quadratkilometer großen Inseln in Palmenform anzulegen. Die scharfen Konturen der Inseln sind mit dem bloßen Auge vom Weltraum aus zu sehen. Das futuristische Urlaubsparadies mit jeweils 17 Palmwedeln in einem Durchmesser von fünf Kilometern bietet Platz für 2.000 Villen, 40 Luxushotels, Shoppingzentren und Jachthäfen samt 120 Kilometer Sandstrand. Denn Dubai setzt für die Zukunft nach dem Öl auf den Tourismus.

Da Wüstensand als Bausand zu feinkörnig ist, wird der Sand für die Palmeninseln den Sandbänken vor der Küste Dubais entnommen. Eine niederländische Spezialfirma formte mit ihren Schiffen aus 100 Millionen Kubikmetern Sand die erste Palmeninsel. Dazu führen die Schiffe per Kran riesige Saugrohre auf den Meeresgrund, die wie überdimensionale Staubsauger tonnenweise Sand verschlingen. Ganze Sandbänke werden so in die Laderäume befördert. Von Satelliten geleitet, bringen die Frachter ihre Ladung gezielt an die jeweilige Stelle, wo die entstehenden Luxusinseln aus dem Meer wachsen sollen. Zum Vermeidung von Erosion schützt ein Ring aus massiven Steinen den künstlichen Strand.

Oben: Die Satellitenaufnahme aus dem Jahr 2006 zeigt entlang der Küste von Dubai von Süden nach Norden die künstlich aufgeschütteten Inseln „Palm Jebel Ali", „Palm Jumeirah" und „The World".
Unten: Die künstliche Insel „Palm Jumeirah" reicht fünf Kilometer weit ins Meer. Der Fußpunkt der „Palme" ist über eine 300 Meter lange Brücke mit dem Festland verbunden.

Amsterdam

die Spanier schloss sich Amsterdam 1578 an. Nach der Eroberung Antwerpens durch die Spanier (1585) wuchs Amsterdam rasch und war im 17. Jahrhundert die führende Handelsstadt Europas. Die Grachtenringe zeigen bis heute die Erweiterungen der Stadt vom 15. bis zum 17. Jahrhundert an. Die reich gewordenen Kaufleute zogen aus den engen Gassen im Zentrum an die neuen Grachten, wo sie sich großzügige Wohn- und Lagerhäuser mit prächtigen Renaissancegiebeln errichteten. Die bis heute komplett erhaltene geschlossene historische Bebauung vor allem an der Herengracht, Keizersgracht und der Prinsengracht zeugen noch von dieser großen Zeit Amsterdams.

Exkurs: NAP – der Amsterdamer Wasserstandspegel

Amsterdam entwickelte sich im Laufe der niederländischen Geschichte zum wichtigsten Wirtschaftsstandort des Landes. Hier wurden die Geschäfte mit den Kolonien abgewickelt, hier sammelte sich das Kapital an, mit dem auch die Eindeichungen und Landgewinnungen in Holland finanziert wurden. Doch kämpften die Amsterdamer Segelschiffkapitäne von Anfang an mit dem Problem der Wasserstände. Damals führte der Zugang zum Amsterdamer Hafen nur über die offene Zuiderzee. Angesichts der Schwierigkeit, bei Ebbe den Hafen zu verlassen, mussten die Kapitäne im Vorhinein über die Wasserstände Bescheid wissen. Insofern brachte man zunächst einmal an den Kaimauern Markierungen an, die den Wasserstand zwischen Ebbe und Flut angaben – dies war der Amsterdams Peil. Später brachte man ähnliche Markierungen in anderen Häfen an. Mit der Verbesserung der Messtechniken konnten diese Pegel dann einheitlich zum Normaal Amsterdams Peil (NAP) justiert werden. Dieser sogenannte Amsterdamer Nordsee-Normalpegel dient heute als Orientierungsmaß für alle wasserbaulichen Maßnahmen in den Niederlanden – wie gleichermaßen in Deutschland als Bezugsgröße für Höhenmessungen.

Der Amsterdamer Grachtengürtel trug der Hauptstadt der Niederlande den Beinamen „Venedig des Nordens" ein.

Amsterdam entstand aus einem Fischerdorf auf einem Damm an der Mündung der Amstel in den Ij. Urkundlich wurde die Ansiedlung erstmals 1275 erwähnt. Um 1300 erhielt Amsterdam Stadtrechte. Die Stadt erlebte einen rasanten wirtschaftlichen Aufschwung als Mitglied der Hanse durch den Ostseehandel. Dem Aufstand Hollands gegen

Venedig

Die Ursprünge Venedigs gehen in die Völkerwanderungszeit zurück, als die Ost- und Westgoten in Oberitalien eindrangen. Dadurch flohen im 5. Jahrhundert die Veneter, die das venetische Festland bewohnten, auf die Laguneninseln vor der adriatischen Küste. Nach dem Einfall der Langobarden und Hunnen Ende des 6. Jahrhunderts kam es zur dauerhaften Besiedlung der Inseln, in deren weiterer Entwicklung das Amt der auf Lebenszeit gewählten Dogen an Bedeutung gewann. Seit dem 10. Jahrhundert breitete Venedig seine Macht an der Ostküste der Adria über Dalmatien und Istrien hinaus aus und errang in ständiger Konkurrenz mit Genua die wirtschaftliche Vormachtstellung in der Levante und die Seeherrschaft im östlichen Mittelmeer.

Das einzigartige Stadtbild Venedigs mit seinen über 150 Kanälen, 400 Brücken und engen Gassen wird durch Paläste, Herrenhäuser und Kirchen geprägt. Alle Gebäude der Stadt sind wie in Amsterdam auch auf tief in den Boden eingerammten Pfählen gegründet. Das Zentrum der Stadt wird vom Markusplatz gebildet. An seiner Ostseite erhebt sich der fünfkuppelige Markusdom aus dem 11. Jahrhundert. An der nördlichen Seite befinden sich die Alten Prokuratien aus dem 16. Jahrhundert und an der Südseite die Neuen Prokuratien aus dem 16. und 17. Jahrhundert. Überragt wird der Platz vom mächtigen Campanile, der Anfang des 16. Jahrhunderts erneuert wurde. An der Piazzetta mit den beiden Säulen des heiligen Theodor und des Markuslöwen erhebt sich der zwischen 1309 und 1442 errichtete Dogenpalast, dessen Südfront durch die Seufzerbrücke mit dem ehemaligen Staatsgefängnis verbunden ist.

Das Symbol der Lagunenstadt Venedig sind die schwarzen, langgezogenen Gondeln, die wahrscheinlich im 11. Jahrhundert aufkamen. Die Farbe Schwarz schrieb im Jahr 1562 der Doge Girolamo Privli für alle Gondeln vor, um die ausufernde Prunksucht venezianischer Bürger zu zügeln.

Wasser und Wellness

Der Schwetzinger Schlossgarten zählt zu den Glanzstücken der europäischen Gartenbaukunst des 18. Jahrhunderts. Den Barockgarten des Schlosses mit dem Arions-Brunnen im Zentrum ließ der kunstsinnige Kurfürst Karl Theodor von der Pfalz ab 1752 nach französischer Art in streng geometrischen Formen anlegen.

Freizeit und Urlaub sind feste Bestandteile unseres Lebensablaufs. Muße kann sich aber nur derjenige leisten, der auch die Zeit dafür erübrigen kann. Muße war früher den Privilegierten vorbehalten, den Herren und den Herrschern. Das einfache Volk durfte die Gärten der Semiramis in Babylon nicht betreten. Es musste ja auch tagein, tagaus werktätig sein, um die Versorgung des Gemeinwesens und seines „Überbaus" aus König (Pharao), Adeligen und Priestern sicherzustellen. Und wenn in Ägypten beschäftigungsarme Zeit herrschte, weil die Fluten des Nil die Äcker noch nicht erreicht hatten und diese dann noch nicht bestellt werden konnten, requirierte der Pharao sein Volk zum Pyramidenbau.

Im antiken Griechenland füllten sich die Amphitheater schon mit einer großen Zahl von Zuschauern. Das griechische Theater war den freien Bürgern vorbehalten, Sklaven waren ausgeschlossen. Die römischen Amphitheater hatten schon bis zu 70.000 Plätze. Hier wurde das römische Proletariat mit *panem et circenses* (= Brot und Spiele) versorgt. Und in großzügigen Thermenanlagen vertrieben sich die eher vornehmen Römer die Zeit. In der nachrömischen Zeit entwickelte sich die mittelalterliche Ritter- und Minnekultur, während die unfreien Bauern an die Scholle gebunden für Pachtzins und Zehnten rackerten. Ihren letzten Höhepunkt erreichte diese Feudalkultur am Hof der Burgunder Herzöge. Doch zu diesem Zeitpunkt war schon die Renaissance angebrochen. Die neuen adeligen Herren errichteten sich ihre Renaissancepaläste im Grünen mit wunderschönen Gärten und Wasserspielen – typisch ist die auf antike Vorbilder zurückgehende geometrische Anordnung der Beete und Wege. Von Italien aus verbreitete sich

die Schlosskultur der beginnenden Neuzeit über ganz Europa. Ein Beispiel für einen solchen frühen deutschen Barockgarten ist an der Gudenau zu finden, einem der prägnantesten Wasserschlösser im Rheinland. Der Barockgarten setzte diese Tradition fort, machte Park und Schloss zu einem architektonischen Ganzen, in dem absolutistischer Herrschaftsanspruch, Macht und Wohlstand durch die auf diese Weise gebändigte Natur zum Ausdruck kam. Hier verlustierten sich die Höflinge zwischen Beeten, Teichen, Brunnen und Fontänen. Typisch für die Barockgärten ist die Verwendung von weiten Wasser- und Rasenflächen, die Anlage eingefasster Beete und tiefer Sichtachsen, die bis in den sich im Hintergrund anschließenden Wald führen. Schloss Versaille wurde europaweit zum Vorbild, der Verherrlichung des Sonnenkönigs Ludwig XIV. diente die *Etikette,* eine genau festgesetzte Abfolge höfischer Zeremonien. Der Garten blieb dem König und seinem Hofstaat vorbehalten. Das gemeine Volk war ausgeschlossen. Das änderte sich erst mit der Französischen Revolution.

Anmerkung: Römische Thermen

Bereits aus dem antiken Griechenland sind kleine Badeanlagen bekannt, so aus Olympia aus dem 5. bzw. 4. Jahrhundert v. Chr., schon heizbar, mit Sitzwannen und offenen Becken. Unter den Römern entwickelte sich das Badewesen in Thermen zu gesellschaftlichen und kulturellen Zentren. Thermen gibt es in Rom seit dem 2. Jahrhundert v. Chr. sowohl in Privathäusern als auch als öffentliche Einrichtungen. Edle Römer und Kaiser übertrumpften sich später im Bau immer prächtigerer Thermen. Diese Thermen zählen mit ihren Tonnengewölben und Kuppeln zu den großartigsten Bauwerken, die in Rom errichtet wurden. Es gibt den sogenannten „kleinen Kaisertyp", der mit Umkleideraum (apodyterium), Warmluftraum (sudatorium), Warmwasserbad (caldarium), Abkühlraum (tepidarium), Kaltwasserbad (frigidarium) und einem Säulenhof (palaestra) versehen ist. Beim „großen Kaisertyp" kommen mehrere Palaestren und ein Freibad (natatio) dazu. Weitere Einrichtungen der Thermen bestanden in Gärten, Wasserspielen, Wandelgängen, Massage- und Aufenthaltsräumen. Seit Beginn des 1. Jahrhunderts wurden die bis dahin üblichen Feuerheizbecken durch „moderne" Hypokaustenanlagen ersetzt: Hierbei handelt es sich um Warmluftzentralheizungen, bei denen durch Holzfeuer erhitzte Luft durch Kanäle im Stein- oder Ziegelfußboden, später auch durch Hohlziegel der Wände geleitet wurde. Die größten öffentlichen Thermen Roms wurden unter Kaiser Caracalla mit Ausmaßen von 337 × 328 Metern und unter Kaiser Diokletian mit Ausmaßen von 380 × 370 Metern errichtet.

Große Thermen gab es über das gesamte Römische Reich verstreut, so beispielsweise in Carnuntum und Baden bei Wien, in Bad Breisig, in Xanten und in der Kaiserstadt Trier. Hier entstanden am Ende des 3. Jahrhunderts n. Chr. im südlichen Palastbezirk die Kaiserthermen zusätzlich zu den schon 150 Jahre zuvor am Moselufer errichteten Barbarathermen. Noch heute sind die 19 Meter hohen antiken Mauern aus dem Bereich des Caldariums erhalten.

Rund 20 Kilometer südwestlich von Rom liegen an der Mündung des Tibers die Ruinen der Stadt Ostia Antica, die im zweiten Jahrhundert nach Christus zu den bedeutendsten Hafenstädten im Mittelmeerraum gehörte. Die Thermen des Neptun im östlichen Teil der Stadt, deren Ruinen das Foto zeigt, sind mit hervorragend erhaltenen Bodenmosaiken ausgeschmückt.

Etwa ab 1742 ließ ein Londoner Bankier im Südwesten Englands den Park von Stourhead anlegen, der zu den einflussreichsten englischen Gärten zählt.

Blick auf den Palace Pier von Brighton. Die Stadt an der Küste des Ärmelkanals ist das bekannteste Seebad in England.

Angesichts der politischen Veränderungen im Europa des Übergangs zum 19. Jahrhundert entwickelte sich der englische Landschaftspark als Gegensatz zum höfischen Barockgarten. Nunmehr ging es nicht mehr darum, die Natur in eine geometrisch exakte Form zu zwingen, sondern dem Prinzip der natürlichen Landschaft Geltung zu verschaffen. Es sind offene Gestaltungen, offen für das, was die Natur an Ausblicken zu bieten hat – und offen für die neue Gesellschaft. Denn nunmehr hatte das Bürgertum zunehmend das Sagen im politischen Geschehen. Seine Tugenden Leistung, Fleiß und Sparsamkeit verschafften ihm Wohlstand und mit dem Wohlstand auch Freizeit. Man fuhr hinaus in die Natur oder an die See.

Die ersten Seebäder entstanden Ende des 18. Jahrhunderts in England, wo sich Adelige, Industrielle und reiche Bürger zur Sommerfrische an das Meer begaben. Den Anfang machte der kleine Fischerort Brightelmstone an der südenglischen Küste, von London aus gut erreichbar, der später als Brighton Furore machte. Auch hatte die Medizin erkannt, dass Seeluft und Meerwasserkuren gesundheitsfördernd sind und Haut- sowie Infektionskrankheiten vorbeugen. Vor allem der englische Arzt Richard Russel hat sich mit seinen Veröffentlichungen ab Mitte des 18. Jahrhunderts als Wegbereiter der Thalassotherapie (= Meerwasserkur) einen Namen gemacht.

In Deutschland entstanden die ersten Seebäder in Bad Doberan 1793 und auf Norderney 1797. Schnell folgten zu Beginn des 19. Jahrhunderts Travemünde, Boltenhagen, Wangerooge, Wyk auf Föhr, Helgoland, Büsum, Sassnitz, Scharbeutz und Westerland. So wurde die Badekultur in den Seebädern

Anmerkung: Thalassotherapie

Der Begriff „Thalasso" kommt aus dem Griechischen (thalassa) und bedeutet „das Meer". So stehen auch die Heilkräfte des Meeres im Mittelpunkt der Thalassotherapie, die mit Meerwasser, Meerluft, Algen, Meersalz und -schlamm in Form von Bädern, Massagen, Inhalationen, Gymnastik und anderen Anwendungsarten arbeitet. Jod, Minerale und Spurenelemente sorgen für die Anregung der Blutzirkulation und des Stoffwechsels, helfen bei der Entschlackung und Gewebestraffung und tragen insgesamt zur Entspannung und Regeneration bei. Thalassotherapieformen wirken gegen Rheuma, Arthrose, Atemwegs- und Hauterkrankungen sowie Herz- und Gefäßerkrankungen. Seit dem 20. Jahrhundert schicken Mediziner vor allem auch Kinder mit Abwehrschwäche in das Reizklima der Küste. Große Vorreiterrollen in der Thalassotherapie spielten die französischen Seebäder am Atlantik und am Ärmelkanal. Heute wird die Thalassotherapie auch an der Nord- und Ostseeküste angeboten. Darüber hinaus hat sich auch Tunesien auf Thalassotherapien spezialisiert.

Parallel zu den Seebädern entstanden im Inland Heilbäder als Kurorte. Dazu zählen Thermalheilbäder, Moorheilbäder, Kneipp-Kurorte und Luftkurorte. Vor allem die Thermalheilbäder können bereits auf eine antike Tradition zurückblicken. Im alten Griechenland sind schon seit dem 5. Jahrhundert v. Chr. Badeeinrichtungen an Thermalquellen nachweisbar, und im Römischen Reich hatte sich neben der Badekultur in Thermen auch schon die Badekultur an heißen Quellen etabliert. Größter Thermalkurort ist Budapest. Hier gab es

Oben: Am Ufer des Toten Meeres trägt eine junge Frau Heilschlamm auf. Der rund 600 Quadratkilometer große Salzsee ist das salz- und mineralreichste Gewässer der Welt. Unten: Blick auf den Badestrand von Heiligendamm. Die „Weiße Stadt" in der Mecklenburger Bucht ist der älteste Seebadeort Deutschlands.

zum großen Vergnügen der *Haute Volaute*, der Schönen und Reichen des 19. Jahrhunderts. Äußerst sittsam ging es zu. Es bestand strikte Geschlechtertrennung am Strand und es galt als unschicklich und anstößig, wenn eine Dame in Sichtweite von Männern badete, dabei enthüllte die damals übliche Badebekleidung kaum etwas. Dafür standen Badekarren zum Umziehen am Strand bereit, die von Pferden ins Wasser gezogen wurden. So bot sich vor allem Frauen die Möglichkeit, sittlich korrekt und ungesehen ins offene Meer zu gleiten. Freikörperkultur (FKK) war unter diesen Umständen undenkbar. Dabei gab es damals schon vereinzelte Bestrebungen zum Nacktbaden als Wiederbelebung altgriechischer Nacktkultur. Doch fand die FKK-Bewegung erst zu Beginn des 20. Jahrhunderts größere Verbreitung. Zwischen den beiden Weltkriegen entstanden FKK-Strände an Nord- und Ostsee.

bereits im 2. Jahrhundert n. Chr. im damals römischen *Aquincum* 14 Thermen. Heute speisen 120 Thermalquellen mehr als 20 öffentliche, teils bis zu 450 Jahre alte Bäder, deren Bauten von hohem architektonischem Rang sind.

Vorreiter der Entwicklung spezieller Kurorte war wiederum England, wo sich die gehobene Gesellschaft in Bath oder in Harrogate an den heißen Quellen einfand. Diese Entwicklung erfasste auch bald das europäische Festland, wo aus Orten wie Marienbad, Karlsbad, Bad Ischl oder Gastein in Österreich, Sotschi in Russland oder Baden-Baden in Deutschland mondäne Treffpunkte des Adels oder des reichen Bürgertums entstanden.

Heute können Orte in Deutschland mit ausreichenden Einrichtungen für Kurmaßnahmen ein Prädikat als Kurort erhalten und dürfen dann die Bezeichnung „Bad" in ihrem Ortsnamen tragen. Dazu zählen neben den Thermalbädern auch Moorheilbäder, in denen Moorbäder unter Nutzung von Torf ver-

abreicht werden, Heilbäder nach dem Kneipp-Heilverfahren und Soleheilbäder, die Sole zur Gesundheitsförderung anbieten. In all diesen Bädern können Kuren zur Stärkung einer (schwachen) Gesundheit und zur Unterstützung der Genesung von Krankheiten und Leiden verschiedenster Art durchgeführt werden. Solche Maßnahmen der medizinischen Vorsorge und Rehabilitation werden von den Versicherungsträgern in Deutschland, hauptsächlich der Rentenversicherung und den Krankenkassen, anteilig oder sogar ganz getragen. Die Knappheit dieser Kassen hat jedoch in letzter Zeit zu einem erheblichen Rückgang kassenfinanzierter Kuren geführt, worauf sich die deutschen Heilbäder einstellen mussten. Neben den eigentlichen Kuren bieten diese Orte jetzt auch vermehrt Wellness-Kuren an, die stärker auf die individuellen Wünsche der Kurgäste eingehen – mancher Kurort hat von dieser Entwicklung profitiert und sein Profil erheblich schärfen können.

Exkurs: Kneipp-Kur

Sebastian Anton Kneipp (1821–1897) stammte aus einem armen Elternhaus im bayerischen Stephansried. Gönner ermöglichten ihm den Besuch des Gymnasiums. 1948 konnte er das Studium der Theologie beginnen. 1849 erkrankte er an Tuberkulose. Durch kalte Wasserbäder stellte er seine Gesundheit wieder her. 1952 erhielt er die Priesterweihe. Zu dieser Zeit hatte er schon damit begonnen, die von ihm entwickelte Hydrotherapie, die Anwendung des Wassers als Abhärtungs- und Heilmittel, zu propagieren, wurde deswegen angefeindet und auch gerichtlich belangt. Seine Wasserkur mit Wassertreten ist heute ein anerkanntes Kurverfahren der Hydrotherapie, eines umfassenden, auf Wasseranwendungen beruhenden Behandlungsverfahrens, das über kräftige mechanische, thermische und chemische Hautreize anregend auf Kreislauf- und Nervensystem, Stoffwechselvorgänge und etwa auch die Wärmeregulation wirkt. Zur Hydrotherapie gehören neben dem Wassertreten vor allem auch Waschungen, Auflagen und Wickel, medizinische Bäder und Gussbehandlungen.

Alpen-Wellness im Tiroler Stubaital: Ein etwa ein Kilometer langer „Erlebnisweg" vom Speicherteich am Waxeck zur Schlickeralm endet mit einem Kneippgang in frischem Bergwasser.

Wassertourismus

Egal ob man lieber die Seele baumeln lassen oder sich sportlich betätigen möchte: Im oder auf dem Wasser ist für jeden Geschmack etwas dabei.

Die ersten Ansätze touristischer Freizeitgestaltung liegen Jahrhunderte zurück, konnten aber zunächst nur von den wirtschaftlich gehobenen Gesellschaftsschichten wahrgenommen werden. Die Entwicklung zum Massentourismus hat erst nach dem Zweiten Weltkrieg eingesetzt. Zwei Grundvoraussetzungen mussten dafür im Wesentlichen erfüllt sein, die ausreichende Freizeit und die erforder-

liche Kaufkraft. Beides bot das Wirtschaftswunder in Deutschland, aber der wirtschaftliche Aufschwung verlief zeitversetzt in ganz Westeuropa, Nordamerika und Japan und hat jetzt auch Schwellenländer vor allem in Südostasien erfasst. Aus einer Studie der Welttourismusorganisation geht hervor, dass jährlich etwa 700 Millionen Menschen eine Auslandsreise unternehmen, fast doppelt so viele wie vor 15 Jahren. Man schätzt, dass die Hälfte davon ihr Ziel im Mittelmeerraum findet. Wasser ist also zum Hauptziel des Massentourismus geworden. Hat der Mensch früher noch gehörigen Respekt vor dem Wasser gehabt, so sucht er heute das nasse Element mit seinen Stränden zum Baden, Surfen oder Kitesurfen, zum Segeln, Kanu- und Kajakfahren, zum Angeln, zum Tauchen, zum Wasserski und zum Rafting auf – um nur einige der wichtigsten Wassersportarten zu nennen. Sogar Kreuzfahrten, die früher reiner Luxus wahren, sind heute durch die modernen, riesigen Kreuzfahrtschiffe Teil des am Medium Wasser orientierten Massentourismus geworden. Übrigens erfreuen sich heute Flusskreuzfahrten genauso großer Beliebtheit neben wie Meereskreuzfahrten.

Hinter jeder dieser Branchen des Massentourismus steht eine Riesenindustrie, angefangen beim Bootsbauer über den Angelshop bis zum Reiseveranstalter. Die Freizeitwirtschaft boomt weltweit, doch sind die Einnahmen daraus sehr ungleich verteilt. Vor allem die lokale Bevölkerung in den weniger entwickelten Ländern – aber mit den schönsten Stränden ... – hat nur geringeren Anteil daran. Doch das ist nur eines der vielen Probleme, die der Massentourismus mit sich bringt. Seine ökologischen Folgen sind weitreichend. Es erwachsen Umweltprobleme aus hohem Land-, Energie- und Wasserverbrauch. Gerade, was den Wasserverbrauch betrifft, sind die schönsten Strandgebiete auch diejenigen Gebiete, die Probleme mit der Wasserversorgung haben. In solchen semiariden Gebieten, in denen die Sonne am schönsten scheint, gehen im Zuge des Klimawandels die Niederschläge immer weiter zurück. Gerade in Spanien, wo die Touristenhotels mit ihrem Umfeld (Golfplätze etc.) nach der Landwirtschaft die größten Wasserverschwender sind, weiß man ein Lied davon zu singen. Durch Massentourismus werden nicht nur für den Fremdenverkehr bereits erschlossene Gebiete weiter strapaziert, sondern

bislang noch unberührte Küsten- und Meeres-
systeme durch die weitere Zunahme des Tourismus
drastisch verändert. Zusätzliche Probleme bringt
die Abwasser- und Abfallentsorgung mit sich. Der
wachsende Flächenverbrauch für touristische
Infrastruktur führt zu einer Zersiedelung der
Landschaft, die in Strand- und Küstennähe besonders deutlich wird. Der Kerosinverbrauch steigt
mit der Zunahme des Kerntourismus überproportional an und kontaminiert die Atmosphäre. Jeder
Fluggast verbraucht auf dem Weg von Europa bis
an den Äquator so viel Energie wie ein Personen-
wagen durchschnittlich in einem halben Jahr ver-
fährt.

Nicht zu übersehen sind auch die sozialen Folgen
des Massentourismus. Das ist besonders deutlich
auf Mallorca zu sehen, der größten Ferieninsel mit
den schönsten Stränden des Mittelmeers. Bis in
die 1960er-Jahre herrschte noch Auswanderung
auf der Insel vor. Inzwischen stammt ein Viertel
der Bewohner nicht mehr von der Insel selbst und
die Zahl der Ausländer nimmt ständig zu. Die Ein-
heimischen beginnen, sich gegen den „Ausverkauf"
der Insel zu wehren. Doch ist auch der wirtschaftliche Vorteil hier allerorten zu spüren. Die sozialen
und kulturellen Auswirkungen des Tourismus sind
in den Ländern der Dritten Welt noch deutlicher:
Durch das Aufeinandertreffen mit fremden Kulturen und Verhaltensweisen verändern sich lokale

Strukturen, häufig werden soziale Ungleichge-
wichte verstärkt. Traditionelles Brauchtum und
Kunsthandwerk wird vermarktet und oft zur Ware
degradiert.

Auf der anderen Seite wird dem Tourismus auch
eine wichtige Rolle beim Erhalt der natürlichen
Ressourcen zugesprochen. Zielländer müssen, um
als Urlaubsdestination attraktiv zu bleiben, land-

*Oben: Seit Mitte der 1980er-
Jahre gewinnt das Rafting auf
wilden Gewässern immer mehr
Fans.*

*Unten: Ein Paradies für Taucher
sind farbenprächtige Korallenriffe in tropischen Gewässern.*

schaftliche Schönheiten schützen. Beispielsweise wären manche Nationalparks und andere Schutzgebiete wohl ohne die Aussicht auf eine touristische Vermarktung nie eingerichtet oder in so gutem Zustand erhalten worden. Natürlich bringt der Massentourismus auch Geld ins Land – es könnte allerdings besser verteilt sein. Hinzu kommen sekundäre Vorteile: Die Infrastruktur wird ausgebaut und es entstehen zusätzliche Arbeitsmöglichkeiten. Zudem gibt es völlig neue Ansätze im Tourismusgeschäft, die sehr viel stärker örtliche Belange sozialer, kultureller und ökologischer Art berücksichtigen. Diese Bemühungen werden unter dem Begriff „Sanfter Tourismus" zusammengefasst. Dabei wird den ressourcenvernichtenden und umweltfeindlichen Aspekten des Massentourismus das Bemühen um einen human- und umweltorientierten Tourismus entgegengesetzt, bei dem es gilt, die Zielkonflikte von Freizeit und Umwelt zu entschärfen, indem die Bedürfnisse der erholungsuchenden Menschen mit den sozialen, wirtschaftlichen und ökologischen Interessen der ortsansässigen Bevölkerung besser in Einklang gebracht werden.

Die einen lieben die Meeresstrände wegen ihrer Wellen, die anderen wegen des Sonnenbades im warmen Sand. Wassersport und Wassertourismus gehören zu den wichtigsten Bereichen der Freizeitwirtschaft.

Nachwort

Die Wasserbombe platzt

Wir sind am Ende unserer Reise durch die Welt des Wassers angekommen. Es ist eine facettenreiche Welt – dem Wasser entstammt das Leben, Wasser schafft Leben, Wasser erhält Leben, Wasser kann aber auch Leben vernichten. Wasser ist der Stoff, aus dem das Leben ist. So kann es kaum verwundern, dass Wasser schon in den frühen Glaubensvorstellungen eine zentrale Rolle gespielt hat.

In der griechischen Mythologie tauchen Quellnymphen auf, junge schöne Wassergottheiten, die Musik und Tanz liebten und oft als Bräute von Satyrn und Göttern auftraten. Sie konnten die Zukunft voraussagen und sich die Menschen gefügig machen. Poseidon, der Gott des Meeres, trug als Zeichen seiner Würde den Dreizack, mit dem er Erdbeben und Stürme hervorrief, Felsen spaltete und Quellen aus der Erde entspringen ließ. Regengottheiten gibt es in der mesopotamischen und aztekischen Religion. Für die großen Weltreligionen hat Wasser einen gleichermaßen hohen Stellenwert. Im Islam steht Wasser für Schöpfung, Geborgenheit, Reinheit und Heilung. Allah wird oft mit dem grenzenlosen Ozean verglichen, der den Menschen, den Pflanzen und allen anderen Lebewesen sein Wasser schenkt. Mit rituellen Waschungen vor dem Gebet kommt im islamischen Glauben die reinigende Kraft des Wassers zum Ausdruck. Im Tauchbad der Mikwe erfolgen die in der jüdischen Religion vorgesehenen rituellen Reinigungen durch vollständiges Untertauchen. Für das Christentum ist Wasser das Urelement des Lebens. „... und der Geist Gottes schwebte auf dem Meer", heißt es im 1. Buch Mose, Kapitel 1,1. Für die christliche Kirche bedeutet die Taufe die Hinwendung zu Gott und den Eintritt in die Gemeinde. Weihwasser wird in der katholischen Kirche und der orthodoxen Kirche zu liturgischen Segnungen durch Besprengen und von den Gläubigen zur Selbstbekreuzigung verwendet – in der Volksfrömmigkeit kommen dem Weihwasser von Sünden reinigende und vor bösen Einflüssen schützende Wirkungen zu.

Wenn man sieht, wie die Menschen inzwischen mit dem Wasser umgehen, so scheint dieser Stoff zur Konsumware zu degradieren. Wasser ist aber eben nicht allseits vorhanden und immer verfügbar. Wasser steht nur in minimalsten Anteilen für den menschlichen Gebrauch zur Verfügung. Wir müssen uns bewusst sein, dass sich Wasser nur bedingt durch Regen erneuert und in entscheidenden Bereichen keine regenerative Ressource mehr ist. Das gilt vor allem für die großen Grundwasservorkommen, die immer hemmungsloser ausgenutzt werden, deren oft fossiles Wasser sich durch äußere Zuflüsse nicht mehr ausreichend erneuert. Und wir müssen feststellen, dass ausgerechnet dort, wo Wasser ohnehin schon knapp ist, durch den vom Menschen verursachten Klimawandel in Zukunft noch weniger Niederschlag fällt. Andernorts, so vor allem in den gemäßigten Breiten, die weit besser mit Wasser versorgt sind und die zu den wohlhabenderen Regionen der Erde zählen, wird es sogar eine weitere Verbesserung geben. Wir stehen also vor der immer offensichtlicheren Tatsache, dass der wohlhabende Teil der Menschheit, der überproportional am anthropogenen Klimawandel beteiligt ist, von der Natur dafür eher noch belohnt wird, wohingegen die Menschen in den ohnehin schon benachteiligten Regionen vom Klimawandel noch zusätzlich benachteiligt werden. Der Klimawandel gräbt den Trockengebieten der Erde mit über einer Milliarde Bewohnern auch noch den Rest des Wassers ab.

Der Konflikt ist vorprogrammiert. Die Benachteiligten der Erde ertrinken im Meer oder verdursten in der Wüste. Dort, wo lebenswichtige Güter knapp werden, beginnen die Auseinandersetzungen um diese Güter. Waren früher Gewürze das Ziel der Begehrlichkeiten, wurden es dann Kohle und Eisen, sind es heute Erdöl und Erdgas, so wird es in Zukunft Wasser sein. Das Wasser wird uns dann eher versiegen als die fossilen Rohstoffe. Das Problem betrifft vor allem die in den Slums der Großstädte und die im wirtschaftlich rückständigen Raum der Dritten Welt unter schlechten sozialen, wirtschaftlichen und hygienischen Bedingungen lebenden Menschen – Afrika südlich der Sahara gilt heute als der Teil der Welt mit der schlechtesten Trinkwasserversorgung. Als Klimaflüchtlinge verlassen die Menschen ihr Land, ziehen in die Städte, wo es ihnen kaum besser geht, und versuchen ihr Glück dann im reichen Europa oder Amerika. Sie kommen in Booten, klettern über Zäune und keine Sicherheitsmauer wird sie auf Dauer von ihrem Vorhaben abhalten können. Irgendwann werden solche Mauern überrannt und die Wasserbombe ist geplatzt. Man sollte sich jetzt schon einmal damit beschäftigen, was dann passiert.

Literatur

Detlev Ahrens: Das Wasser von Köln – Streifzüge durch Natur, Kultur und Geschichte.
Köln: Greven Verlag 2004

Philip Ball: H_2O – Biographie des Wassers. München und Zürich: Piper Verlag 2001

Maude Barlow/Tony Clarke: Blaues Gold – Das globale Geschäft mit dem Wasser.
München: Verlag Antje Kunstmann 2004

Karsten Brandt: Treibhaus Rheinland – Der Klimawandel im Rheinland und seine Auswirkungen.
Bonn: Bouvier Verlag 2007

FAZ: Klima, Umwelt, Wetter – Wie der Mensch die Erde verändert. FAZ-CD-ROM 2007

Ernst Peter Fischer/Klaus Wiegand (Hrsg.): Die Zukunft der Erde – Was verträgt unsere Erde noch?
Frankfurt am Main: Fischer Taschenbuch Verlag 2006

Uwe George: In den Wüsten dieser Erde. Hamburg: Verlag Hoffmann & Campe 1976

Will Jäger: Was verträgt unsere Erde noch? – Wege in die Nachhaltigkeit.
Frankfurt am Main: Fischer Taschenbuch Verlag 2007

Robert Kunzig: Der unsichtbare Kontinent – Die Entdeckung der Meerestiefe.
Hamburg: marebuchverlag 2002

Mojib Latif: Bringen wir das Klima aus dem Takt? – Hintergründe und Prognosen.
Frankfurt am Main: Fischer Taschenbuch Verlag 2007

Fred Pearce: Wenn die Flüsse versiegen. München: Verlag Antje Kunstmann 2007

Stefan Rahmstorf/Katherine Richardson: Wie bedroht sind die Ozeane –
Biologische und physikalische Aspekte. Frankfurt am Main: Fischer Taschenbuch Verlag 2007

Stefan Rahmstorf/Hans Joachim Schellnhuber: Der Klimawandel. München: C.H. Beck Verlag 2007

Ulrich Reuter: Klimawandel – Kollabiert unsere Erde? Holzgerlingen: Verlag Hänssler 2007

Friedrich Schmidt-Bleek: Nutzen wir die Erde richtig? –Die Leistungen der Natur
und die Arbeit des Menschen. Frankfurt am Main: Fischer Taschenbuch Verlag 2007

Vandana Shiva: Der Kampf um das Blaue Gold – Ursachen und Folgen der Wasserverknappung.
Zürich: Rotpunktverlag 2003

Toralf Staud/Nick Reimer: Wir Klimaretter – So ist die Wende noch zu schaffen.
Köln: Verlag Kiepenheuer & Witsch 2007

Günter A. Ulmer: Wasser – Unser wichtigstes „Lebens"-Mittel. Tübingen: Ulmer Verlag 1998

Hermann-Josef Wagner: Was sind die Energien des 21. Jahrhunderts? –
Der Wettlauf um die Lagerstätten. Frankfurt am Main: Fischer Taschenbuch Verlag 2007

Harald Welzer: Klimakriege – Wofür im 21. Jahrhundert getötet wird.
Frankfurt am Main: S. Fischer Verlag 2008

Josef Zerluth/Michael Gienger: Gutes Wasser – Das Wesen und Wirken des Wassers.
Saarbrücken: Verlag Neue Erde 2005

Register

Abbildungsnachweis

Berndt & Fischer, Berlin: 241

Michael Böttinger, Deutsches Klimarechenzentrum (DKRZ), IPCC MPI-M:
182, 183, 184, 185, 186, 187 o.

DigitalGlobe: 124

Christian Griesche: 38

Christoph Holzhäuer: 322

mauritius images: Cover (5), 15, 16, 18, 26, 32 o., 34 o., 34 u., 35, 42, 46, 48, 49, 51, 54, 56, 57, 66, 67 o., 77 o., 79, 80, 82 (2), 83, 87, 100, 101 u., 102, 106, 108 M., 109, 111, 116 u., 117, 120, 130, 131 o., 141 u., 144 o., 148 u., 153, 164 u., 165, 169 o., 170, 171 u., 172, 174, 196, 201, 204, 217 u., 219 u., 220, 226, 232, 233, 234, 246, 253 o., 259, 263 o., 263 u., 266, 267, 268 o., 272, 281, 284, 285, 286, 289 o., 314, 320, 323, 324, 327, 328, 330, 334, 335, 336 o., 336 u., 337 o., 337 u., 339

MEV Verlag: 33, 36, 37, 39 (2), 45 (2), 55 (2), 58, 64 u., 65 u. l., 73 u., 74, 77 u., 103, 113 (2), 115, 118, 119, 131 u., 132 (2), 133 o., 145 u., 146 o., 149 o., 151 o., 152 o., 154 u., 155 (2), 156 (2), 159, 160 o., 161 (2), 166 o., 167 (2), 203 (2), 205, 206 o., 207, 208, 212 u., 213, 214, 216 (2), 217 o., 221 (2), 235, 236 (2), 242, 244, 245, 247 u., 248 (2), 254 (3), 256 (2), 257, 258, 261 u., 262, 265, 269 u., 287, 297, 302, 305 u., 317, 332 (2), 333 (2), 340 (2), 341 (2), 343 u.

NASA: 175
NASA/GSFC: 10 (Reto Stöckli/MODIS/USGS), 11 (Reto Stöckli/MODIS/USGS), 69 o. (Jesse Allen/ GES DAAC), 71 (Jacques Descloitres, MODIS Land Rapid Response Team), 76 (Jacques Descloitres, MODIS Land Science Team), 101 o. (ORBIMAGE/SeaWiFS Project), 108 o. (Landsat Science Team & Australian Ground Receiving Station Teams), 112 (Landsat Science Team), 122 (MODIS Oceans Group), 129 (Liam Gumley, MODIS Atmosphere Team), 157 o. (ORBIMAGE/SeaWiFS Project), 160 u. (Jacques Descloitres, MODIS Land Rapid Response Team), 162 o. (George Riggs), 179 (TOMS Science Team & Scientific Visualization Studio), 181 (Scientific Visualization Studio), 212 o. (MODIS Atmosphere Group), 222 o. (Jeff Schmaltz), 225 (2) (Jim Williams, Scientific Visualization Studio & Landsat Science Team), 228 (Reto Stöckli/MODIS/USGS), 240 (ORBIMAGE/SeaWiFS Project)
NASA/GSFC/METI/ERSDAC/JAROS, and U.S./Japan ASTER Science Team: 62, 116 o., 149 u., 152 u., 222 u., 315 (Jesse Allen), 331 o.
NASA/JPL/NIMA/SRTM Team: 224

NOAA/OAR/NURP: 139

picture-alliance/akg-images: 98 (Erich Lessing), 142, 188, 195, 276, 283, 289 u., 291, 296 (2) (Erich Lessing), 298, 325
picture-alliance/chromorange: 221 u.
picture-alliance/dpa: Cover (1), 12, 14, 31, 44, 60 o., 61 (2), 63, 64 o., 65 u. r., 67 u., 68, 72, 78 o., 84 u., 89 (dpaweb), 92 u., 94, 96, 99 u., 107 o., 110, 123, 136 (dpaweb), 138, 145 o., 146 u., 147 (2), 150, 151 u., 158, 163 u., 168 u., 169 u., 171 o., 193, 199, 206 u., 210, 215, 218 (dpaweb), 237 (dpaweb), 238, 239, 252, 255, 261 o., 264, 270, 273, 278, 279, 282, 288 u., 294, 303, 305 o., 306, 307 u., 309, 310, 312, 313, 316, 319, 331 u. (dpaweb), 343 o.
picture-alliance/dpa-Grafik: 288 o.
picture-alliance/Chad Ehlers: 92 o.
picture-alliance/HB-Verlag: 47
picture-alliance/Bildagentur Huber: 43, 52, 73 o., 84 o., 144 u., 154 o., 157 u., 164 o., 166 u., 168 o., 304, 307 o., 333 o., 338, 342
picture-alliance/Burkhard Juettner/vintage.de: 40, 301
picture-alliance/Helga Lade Fotoagentur GmbH: 41, 50, 104, 107 u.